"十四五"职业教育国家规划教材

建筑设备

（第三版）

主　编　陈桂凤　赵乃志
副主编　刘　水　胡　爽　郭园园
参　编　朱明凯　陈东军
主　审　张苏俊

南京大学出版社

图书在版编目(CIP)数据

建筑设备 / 陈桂凤，赵乃志主编. — 3 版.
南京 ：南京大学出版社，2024. 7. -- ISBN 978 - 7 - 305
- 26777 - 2

Ⅰ. TU8

中国国家版本馆 CIP 数据核字第 2024S9E407 号

出版发行 南京大学出版社
社　　址 南京市汉口路 22 号　　　　邮　编 210093
书　　名 建筑设备
　　　　 JIANZHU SHEBEI
主　　编 陈桂凤　赵乃志
责任编辑 朱彦霖　　　　　　　　　编辑热线 025 - 83597482

照　　排 南京南琳图文制作有限公司
印　　刷 常州市武进第三印刷有限公司
开　　本 787 mm×1092 mm　1/16　印张 19.25　字数 498 千
版　　次 2018 年 8 月第 1 版　2021 年 5 月第 2 版
　　　　 2024 年 7 月第 3 版　2024 年 7 月第 1 次印刷
ISBN 978 - 7 - 305 - 26777 - 2
定　　价 55.00 元

网址：http://www.njupco.com
官方微博：http://weibo.com/njupco
官方微信号：NJUyuexue
销售咨询热线：(025) 83594756

编委会

Editorial board

前言

Preface

随着现代建筑，特别是高层建筑的迅猛发展，人民物质生活水平提高，对建筑的使用功能和质量提出了越来越高的要求，以至建筑设备投资在建筑总投资中的比重日益增大，建筑设备在建筑工程中的地位也日渐重要。

近年来，“节约不可再生资源，发展和利用可再生资源”呼声日益高涨，从事建筑类各专业工作的工程技术人员只有对现代建筑物中的给排水、供暖、通风、空调、燃气供应、消防、供配电、智能建筑等系统和设备的工作原理和功能及其在建筑中的设置应用情况有所了解，才能在建筑和结构设计、建筑施工、室内装饰、建筑管理等工作中合理的配置及使用能源和资源，真正做到既能完美体现建筑的设计和使用功能，又尽量减少能量的损耗和资源的浪费。

党的二十大报告中提出推动绿色发展，促进人与自然和谐共生，协同推进降碳、减污、扩绿、增长，推进生态优先、节约集约、绿色低碳发展。推动经济社会发展绿色化、低碳化是实现高质量发展的关键环节。加快推动产业结构调整优化，实施全面节约战略，推进各类资源节约集约利用，推进建筑业清洁低碳转型。

为适应目前教学的需要，我们编写了本教材。全书共分三篇十二章，第一篇建筑给水排水，包括第一章建筑给水系统，第二章建筑排水系统，第三章高层建筑给水排水，第四章建筑给水排水施工图。第二篇为供暖、通风与空调调节，包括第五章建筑采暖系统，第六章建筑热水与燃气供应系统，第七章建筑通风与空调系统。第三篇消防及电气设备自动化，包括第八章建筑供电及配电，第九章建筑电气照明，第十章火灾自动报警系统，第十一章建筑电气施工图，第十二章安全用电和建筑防雷。本次修订在第二版基础上增加了微课视频资源，更新了相关规范，并修正了前一版部分错漏。

本书由扬州工业职业技术学院陈桂凤、江苏城乡建设职业学院赵乃志两位老师主编，扬州工业职业技术学院张苏俊教授主审。全书由陈桂凤老师制订编写大纲并编写了第一、二、三、五、十章；赵乃志老师编写前言、目录和参考文献并编写第六、八、九章；佛山水务环保股份有限公司高级工程师刘水编写了第四章；沈阳铝镁设计院胡爽高级工程师编写了第七章；天津城市建设管理职业技术学院郭园园老师编写了第十一章，朱明凯、陈东军老师编写了第十二章。最后由陈桂凤老师负责全书的修改和定稿工作。

由于业务水平所限，书中仍然难免会有错误和不足之处，敬请读者批评指正。

编 者

2024 年 4 月

目录

Contents

第一篇　建筑给水排水

第二篇 供暖、通风与空气调节

第三篇 消防及电气设备自动化

立体化资源目录

Contents

（续表）

第一篇
建筑给水排水

第 1 章 建筑给水系统

教学要求

通过本章的学习，让读者了解建筑室内给水系统的分类和组成、掌握建筑给水系统的给水方式，熟悉建筑给水管材、附件，了解给水升压和储水设备，管道的布置和敷设。掌握建筑消火栓给水系统的组成，自动喷水灭火系统的类型、组成及工作原理。

建筑给水工程是以给人们提供卫生舒适、实用经济、安全可靠的生活与工作环境为目的，以合理利用与节约水资源、系统合理、造型美观和注重环境保护为约束条件的关于建筑给水、消防给水、建筑中水、建筑水处理等系统。

拓展视频

我国水资源形势依然严峻

价值引领

水是生命之源，我国水资源短缺，水污染严重，水量分布严重不均匀，西部、北部地区水资源严重缺乏，制约了经济和社会的发展；节约用水，保护好水资源，减少污染，合理利用好水资源，是每个公民，尤其是现代大学生应尽的责任，党的二十大提出推动绿色发展，促进人与自然和谐共生。

1.1 给水水质和用水定额

建筑给水系统的任务，是经济合理地将水由室外给水管网输送到室内的各种配水龙头、生产设备、消防设备处，满足用户对水质、水量、水压的要求，并保证安全可靠。

1.1.1 给水水质

水质标准，是指用水对象所要求的各种水质参数应达到的指标和限值。不同的用水对象，要求的水质标准不同。随着“饮用水与健康”科学研究的深入、工业工艺过程的发展所引起的水质新要求，以及水质检验技术的进步，水质标准正在不断地修改、补充之中。

我国于 1956 年首次颁发《生活饮用水卫生标准(试行)》，2006 年起实施《生活饮用水标准》(GB 5749—2006)，再到 2022 年修订完成最新的《生活饮用水卫生标准》(GB 5749—2022)并于 2023 年 4 月 1 日起正式实施，该标准在 60 多年间修订了多次，不断适应水质环境的变化。

生活饮用水水质应符合下列基本要求，保证用户饮用安全：

(1) 生活饮用水中不得含有病原微生物。

(2) 生活饮用水中化学物质不得危害人体健康。

(3) 生活饮用水中放射性物质不得危害人体健康。

(4) 生活饮用水的感官性状良好。

(5) 生活饮用水应经消毒处理。

另外在有些情况下，对生活饮用水的某些指标要求更高，比如，某些医疗单位要求更低的总硬度和浊度，有些高级宾馆和饮料厂对总硬度、浊度、细菌学指标等有更高的要求。这时，应对生活饮用水进行进一步的处理。

我国水资源匮乏，为了节约新水资源，还设置杂用水系统，供给非饮用和不与身体接触的用水，如冲厕、车辆冲洗、城市绿化、道路清扫、消防、建筑施工等杂用的再生水。这些水是城市污水经适当再生工艺处理后，达到一定水质要求，可以进行有益使用的水，其水质应符合《城市污水再生利用　城市杂用水水质》(GB/T 18920—2020)的要求。

工业用水或生产用水的水质因生产性质不同差异很大，应按生产工艺要求确定。工业用水的水质优劣与工业生产的发展和产品质量的提高关系极大。各种工业用水对水质的要求由有关工业部门制订。消防用水水质一般无具体要求，但要保证足够的水量。

1.1.2 用水定额

建筑内部给水包括生产、生活和消防用水三部分。

建筑内部生产用水量根据工艺过程、设备情况、产品性质、地区条件等确定。生产用水在整个生产班期间都比较均匀而且有规律性，其计算方法有两种：一种是按消耗在单位产品上的水量计算，一种是按单位时间内消耗在某种生产设备上的水量计算。

消防用水量大且集中，与建筑物的使用性质、规模、耐火等级和火灾危险程度等密切相关。为保证灭火效果，建筑内部消防水量应按需要同时开启的消防用水设备用水量之和计算。

建筑内部生活用水量受当地气候、生活习惯、建筑物使用性质、卫生器具和用水设备的完善程度以及水价等多种因素的影响，所以用水量不均匀。特别是住宅，一天中用水量的变化较大，但卫生器具越多，设备越完善，用水的不均匀性越小。生活用水量是根据用水定额(经多年的实测数据统计得出)、小时变化系数和用水人数，按下式计算出来的。

$$Q_d = mq_d \tag{1-1}$$

$$Q_p = Q_d / T \tag{1-2}$$

$$Q_h = Q_P \cdot k_h \tag{1-3}$$

式中：Q_d——最高日用水量(L/d)；

m——用水人数或床位数等，工业企业建筑为每班人数；

q_d——最高日生活用水定额[L/(人·d)、L/(床·d)或L/(人·班)]；

Q_p——平均小时用水量(L/h)；

T——建筑物的用水时间，工业企业建筑为每班用水时间(h)；

k_h——小时变化系数；

Q_h——最大小时用水量(L/h)。

若工业企业为分班制工作，其最高日用水量 $Q_d = mq_d n$，n 为生产班数，若每班生产人数不等，则 $Q_d = \sum mq_d n$。各类建筑的生活用水定额及小时变化系数见表 1－1 和表 1－2。

表 1－1　住宅生活用水定额及小时变化系数

住宅＼类别		卫生器具设置标准	最高日用水定额(L/人·d)	平均日用水定额(L/人 d)	最高日小时变化系数 K_h
普通住宅	Ⅰ	有大便器、洗脸盆、洗涤盆、洗衣机、热水器和沐浴设备	130～300	50～200	2.8～2.3
	Ⅱ	有大便器、洗脸盆、洗涤盆、洗衣机、集中热水供应(或家用热水机组)和沐浴设备	180～320	60～230	2.5～2.0
别墅		有大便器、洗脸盆、洗涤盆、洗衣机、洒水栓、家用热水机组和沐浴设备	200～350	70～250	2.3～1.8

注：1. 当地主管部门对住宅生活用水定额有具体规定时，应按当地规定执行；

2. 别墅用水定额中含庭院绿化用水和汽车抹车用水，不含游泳池补充用水。

表 1－2　公共建筑生活用水定额及小时变化系数

序号	建筑物名称		单　位	生活用水定额(L)		使用时数(h)	最高日小时变化系数 K_h
				最高日	平均日		
1	宿舍	设室内卫生间	每人每日	150～200	130～160	24	3.0～2.5
		设公共盥洗卫生间		100～150	90～120		6.0～3.0
2	招待所、培训中心、普通旅馆	设公用卫生间、盥洗室	每人每日	50～100	40～80	21	3.0～2.5
		设公用卫生间、盥洗室、淋浴室		80～130	70～100		
		设公用卫生间、盥洗室、淋浴室、洗衣室		100～150	90～120		
		设单独卫生间、公用洗衣室		120～200	110～160		
3	酒店式公寓		每人每日	200～300	180～240	24	2.5～2.0
4	宾馆客房	旅客	每床位每日	250～400	220～320	24	2.5～2.0
		员工	每人每日	80～100	70～80	8～10	2.5～2.0

（续表）

序号	建筑物名称		单 位	生活用水定额(L)		使用时数(h)	最高日小时变化系数 K_h
				最高日	平均日		
5	医院住院部	设公用卫生间、盥洗室	每床位每日	100～200	90～160	24	2.5～2.0
		设公用卫生间、盥洗室、淋浴室		150～250	130～200		
		设单独卫生间		250～400	220～320		
		医务人员	每人每班	150～250	130～200	8	2.0～1.5
	门诊部、诊疗所	病人	没病人每次	10～15	6～12	8～12	1.5～1.2
		医务人员	每人每班	80～100	60～80	8	2.5～2.0
	疗养院、休养所住房部		每床位每日	200～300	180～240	24	2.0～1.5
6	养老院托老所	全托	每人每日	100～150	90～120	24	2.5～2.0
		日托		50～80	40～60	10	2.0
7	幼儿园、托儿所	有住宿	每儿童每日	50～100	40～80	24	3.0～2.5
		无住宿		30～50	25～40	10	2.0
8	公共浴室	淋浴	每顾客每次	100	70～90	12	2.0～1.5
		浴盆、淋浴		120～150	120～150		
		桑拿浴(淋浴、按摩池)		150～200	130～160		
9	理发室、美容院		每顾客每次	40～100	35～80	12	2.0～1.5
10	洗衣房		每千克干衣	40～80	40～80	8	1.5～1.2
11	餐饮业	中餐酒楼	每顾客每次	40～60	35～50	10～12	1.5～1.2
		快餐店、职工及学生食堂		20～25	15～20	12～16	
		酒吧、咖啡馆、茶座、卡拉OK房		5～15	5～10	8～18	
12	商场	员工及顾客		5～8	4～6	12	1.5～1.2
13	办公楼	坐班制办公	每人每班	30～50	25～40	8～10	1.5～1.2
		公寓式办公	每人每日	130～300	120～250	10～24	2.5～1.8
		酒店式办公		250～400	220～320	24	2.0
14	科研楼	化学	每工作人员每日	460	370	8～10	2.0～1.5
		生物		310	250		
		物理		125	100		
		药剂调剂		310	250		
15	图书馆	阅览者	没座位每次	20～30	15～25	8～10	1.2～1.5
		员工	每人每日	50	40		

(续表)

<table>
<tr><th rowspan="2">序号</th><th rowspan="2" colspan="2">建筑物名称</th><th rowspan="2">单　位</th><th colspan="2">生活用水定额(L)</th><th rowspan="2">使用时数(h)</th><th rowspan="2">最高日小时变化系数 K_h</th></tr>
<tr><th>最高日</th><th>平均日</th></tr>
<tr><td rowspan="2">16</td><td rowspan="2">书店</td><td>顾客</td><td>每平方米营业厅每日</td><td>3～6</td><td>3～5</td><td rowspan="2">8～12</td><td rowspan="2">1.5～1.2</td></tr>
<tr><td>员工</td><td>每人每班</td><td>30～50</td><td>27～40</td></tr>
<tr><td rowspan="2">17</td><td rowspan="2">教学、实验楼</td><td>中小学校</td><td rowspan="2">每学生每日</td><td>20～40</td><td>15～35</td><td rowspan="2">8～9</td><td rowspan="2">1.5～1.2</td></tr>
<tr><td>高等院校</td><td>40～50</td><td>35～40</td></tr>
<tr><td rowspan="2">18</td><td rowspan="2">电影院、剧院</td><td>观众</td><td>每观众每场</td><td>3～5</td><td>3～5</td><td>3</td><td>1.5～1.2</td></tr>
<tr><td>演职员</td><td>每人每场</td><td>40</td><td>35</td><td>4～6</td><td>2.5～2.0</td></tr>
<tr><td>19</td><td colspan="2">健身中心</td><td>每人每次</td><td>30～50</td><td>25～40</td><td>8～12</td><td>1.5～1.2</td></tr>
<tr><td rowspan="2">20</td><td rowspan="2">体育场(馆)</td><td>运动员淋浴</td><td>每人每次</td><td>30～40</td><td>25～40</td><td>4</td><td>3.0～2.0</td></tr>
<tr><td>观众</td><td>每人每场</td><td>3</td><td>3</td><td>4</td><td>1.2</td></tr>
<tr><td>21</td><td colspan="2">会议厅</td><td>每座位每次</td><td>6～8</td><td>6～8</td><td>4</td><td>1.5～1.2</td></tr>
<tr><td rowspan="2">22</td><td rowspan="2">会展中心(博物馆、展览馆)</td><td>观众</td><td>每平方米展厅每日</td><td>3～6</td><td>3～5</td><td rowspan="2">8～16</td><td rowspan="2">1.5～1.2</td></tr>
<tr><td>员工</td><td>每人每班</td><td>30～50</td><td>27～40</td></tr>
<tr><td>23</td><td colspan="2">航站楼、客运站旅客</td><td>每人次</td><td>3～6</td><td>3～6</td><td>8～16</td><td>1.5～1.2</td></tr>
<tr><td>24</td><td colspan="2">菜市场地面冲洗及保鲜用水</td><td>每平方米每日</td><td>10～20</td><td>8～15</td><td>8～10</td><td>2.5～2.0</td></tr>
<tr><td>25</td><td colspan="2">停车库地面冲洗水</td><td>每平方米每次</td><td>2～3</td><td>2～3</td><td>6～8</td><td>1.0</td></tr>
</table>

注:1. 高等院校、兵营等宿舍设置公用卫生间和盥洗室,当用水时段集中时,最高日小时变化系数 K_h 宜取最高值 6.0～4.0;其他类型宿舍设置公用卫生间和盥洗室时,最高日小时变化系数 K_h 宜取低值 3.5～3.0。

2. 除注明外,均不含员工生活用水,员工最高日用水定额为每人每班 40 L～60 L,平均日用水定额为每人每班 30 L～45 L。

3. 大型超市的生鲜食品区按菜市场用水。

4. 医疗建筑用水中已含医疗用水。

5. 空调用水应另计。

设计工业企业建筑时,管理人员的生活用水定额可取(30～50)L/(人·班),车间工人的生活用水定额应根据车间性质确定,宜采用(30～50)L/(人·班);用水时间宜取 8 h,小时变化系数宜取 2.5～1.5。

工业企业建筑淋浴用水定额,应根据《工业企业设计卫生标准》(GBZ 1—2010)中车间的卫生特征分级确定,可采用(40～60)L/(人·次),延续供水时间宜取 1 h。

表 1-3　汽车冲洗用水量定额　　单位:L/(辆·次)

冲洗方式	高压水枪冲洗	循环用水冲洗补水	抹车、微水冲洗	蒸汽冲洗
轿车	40～60	20～30	10～15	3～5
公共汽车 载重汽车	80～120	40～60	15～30	—

注:当汽车冲洗设备用水量定额有特殊要求时,其值应按产品要求确定。

1.2 建筑给水系统的分类和组成

建筑给水系统是将城镇给水管网或自备水源给水管网的水引入室内，经配水管送至生活、生产和消防用水设备，并满足用水点对水量、水压和水质要求的冷水供应系统。

1.2.1 建筑给水系统的分类

建筑给水系统的分类

根据用户对水质、水压、水量、水温的要求，并结合外部给水系统情况进行划分。给水系统分类基本有三种：生活给水系统、生产给水系统和消防给水系统。

(1) 生活给水系统

该系统提供人们在日常生活中饮用、烹饪、盥洗、沐浴、洗涤、冲厕、清洗地面和其他生活用途的用水。其中又可按直接进入人体及与人体接触，或用于洗涤衣物、冲厕等分为两类，前者水质应满足《生活饮用水卫生标准》，后者水质要求满足《城市污水再生利用城市杂用水水质》，但一般情况下都是共用给水管网，在缺水地区可采用生活饮用水和杂用水两类给水系统。近年，随着人们对饮用水品质要求的不断提高，在某些城市、地区或高档住宅小区、综合楼等实施分质供水，管道直饮水给水系统已进入住宅。

(2) 生产给水系统

该系统提供生产过程中的工艺用水、清洗用水、冷饮用水、生产空调用水、稀释用水、除尘用水、锅炉用水等。由于工艺过程和生产设备的不同，这类用水的水质要求有较大的差异，有的低于生活用水标准，有的远远高于生活饮用水标准。

(3) 消防给水系统

该系统提供消防灭火设施的用水，主要包括消火栓、消防卷盘和自动喷水灭火系统喷头等设施的用水。消防水用于灭火和控火，即扑灭火灾和控制火势蔓延。

在一幢建筑内，可以单独设置以上三种给水系统，也可以按水质、水压、水量和安全方面的需要，结合室外给水系统的情况，组成不同的共用给水系统。如生活、生产共用给水系统；生产、消防共用给水系统；生活、生产、消防共用给水系统等。

当两种及两种以上用水的水质相近时，应尽量采用共用的给水系统。根据具体情况，也可以将生活给水系统划分为生活饮用水系统和生活杂用水系统(中水系统)。

在工业企业内部，由于生产工艺不同，生产过程中各道工序对水质、水压的要求各有不同，所以，将生产给水按水质、水压要求分别设置多个独立的给水系统也是合理的。例如，为了节约用水、节省电耗、降低成本，将生产给水系统再划分为循环给水系统、重复利用给水系统等。

消防给水系统又划分为消火栓灭火系统和自动喷水灭火系统等。

消防用水对水质要求不高，但必须按照建筑防火规范要求保证供给足够的水量和水压。

1.2.2 建筑给水系统的组成

通常情况下，建筑室内给水系统如图 1-1 所示，一般由引入管、给水管道、给水附件、给水设备、配水设施和计量仪表等组成。

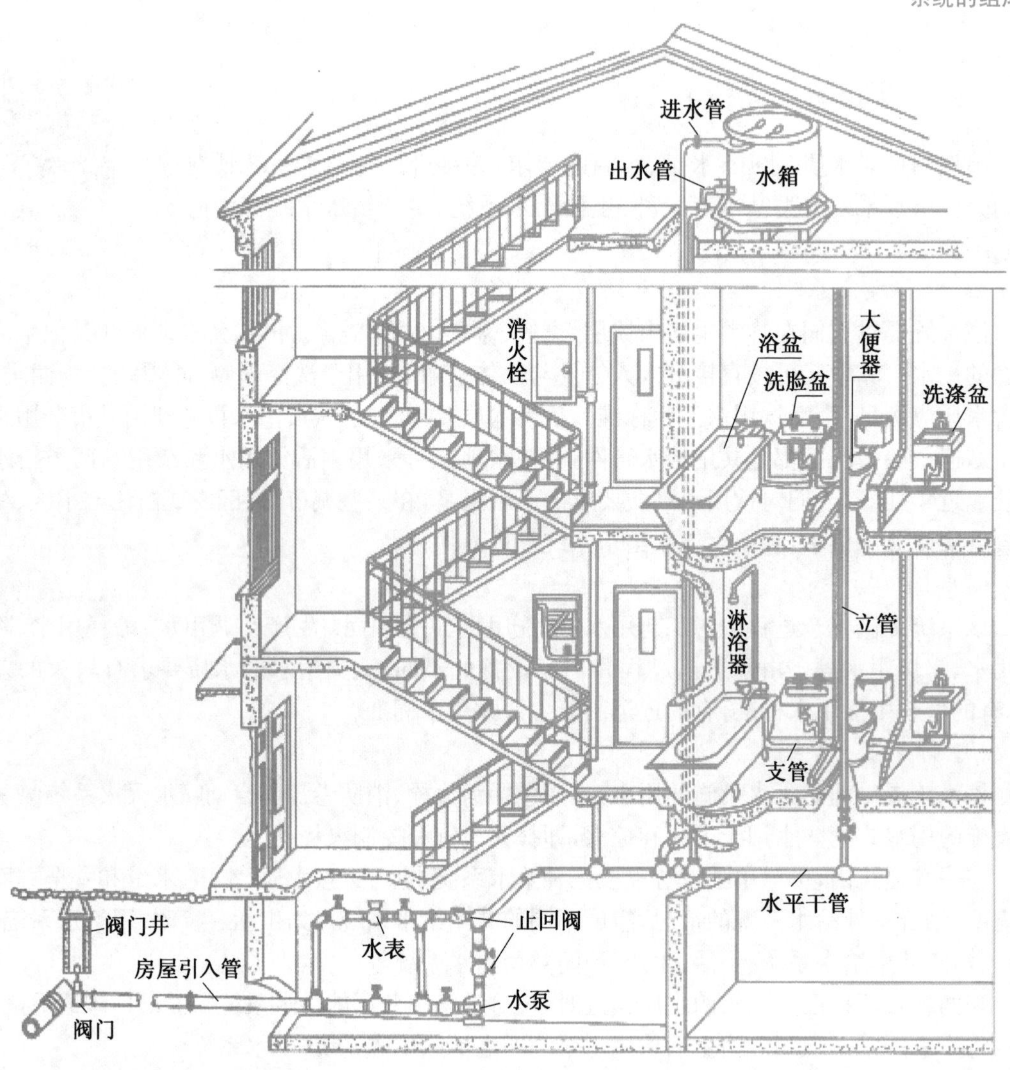

图 1-1 建筑室内给水系统

(1) 引入管

自室外给水管将水引入室内的管段，也称进户管，是室外和室内给水系统的连接管。

(2) 水表节点

室内给水系统一般采用水表计量系统的用水量，一般在建筑物的给水引入管上装设水表。引入管上的水表及其前后设置的阀门和泄水装置等共同构成水表节点。

(3) 给水管道

由干管、立管和支管等组成。干管是将引入管送来的水输送到各给水立管的水平管道，立管将干管送来的水沿垂直方向输送到各楼层的给水横管或给水支管的竖直管道，支管将来自立管的水输配到用水设备的管道。

(4) 配水装置和用水设备

如各类卫生器具和用水设备的配水龙头和生产、消防等用水设备。

(5) 给水附件

指管道系统中调节水量、水压，控制水流方向，以及关断水流，便于管道、仪表和设备检修的各类阀门，如闸阀、止回阀、安全阀和减压阀等。

(6) 增压和贮水设备

当室外给水管网的水压、水量不能满足建筑用水要求，或要求供水压力稳定、确保供水安全可靠时，应根据需要，在给水系统中设置水泵、气压给水设备和水池、水箱等增压贮水设备。

1.3 建筑给水系统所需压力与给水方式

1.3.1 给水系统所需压力

建筑室内给水系统所需的水压应保证配水最不利点(通常位于系统的最高、最远点)，为获得额定流量(根据卫生器具和用水设备用途要求而规定的，其配水装置单位时间的出水量)，具有足够的流出水头。流出水头是指各种配水装置为克服给水配件内摩阻、冲击及流速变化等阻力，而放出额定流量所需的最小静水压。室内给水系统所需的水压如图1-2所示，其计算公式如下：

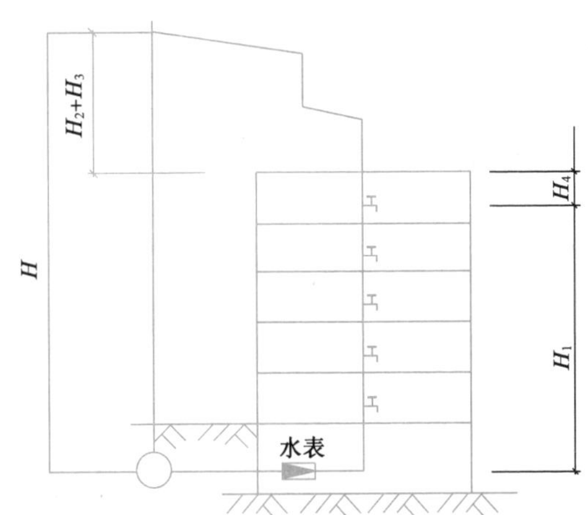

图1-2 建筑室内给水系统所需的压力

$$H=H_1+H_2+H_3+H_4 \tag{1-4}$$

式中：H——建筑室内给水系统所需的水压(kPa)；

H_1——引入管起点至配水最不利点位置所要求的静水压(kPa)；

H_2——引入管起点至配水最不利点的给水管路(即计算管路)的沿程与局部水头损失之和(kPa)；

H_3——水流通过水表时的水头损失(kPa);

H_4——配水最不利点所需的流出水头(kPa),见表 1-4。

表 1-4 卫生器具的给水额定流量、当量、连接管公称管径和最低工作压力

<table>
<tr><th>序号</th><th colspan="2">给水配件名称</th><th>额定流量
(L/s)</th><th>当　量</th><th>连接管
公称管径
(mm)</th><th>最低工作
压力
(MPa)</th></tr>
<tr><td rowspan="3">1</td><td rowspan="3">洗涤盆、
拖布盆、
盥洗槽</td><td>单阀水嘴</td><td>0.15~0.20</td><td>0.75~1.00</td><td>15</td><td rowspan="3">0.100</td></tr>
<tr><td>单阀水嘴</td><td>0.30~0.40</td><td>1.5~2.00</td><td>20</td></tr>
<tr><td>混合水嘴</td><td>0.1~0.20
(0.14)</td><td>0.75~1.00
(0.70)</td><td>15</td></tr>
<tr><td rowspan="2">2</td><td rowspan="2">洗脸盆</td><td>单阀水嘴</td><td>0.15</td><td>0.75</td><td rowspan="2">15</td><td rowspan="2">0.100</td></tr>
<tr><td>混合水嘴</td><td>0.15(0.10)</td><td>0.75(0.50)</td></tr>
<tr><td rowspan="2">3</td><td rowspan="2">洗手盆</td><td>感应水嘴</td><td>0.10</td><td>0.50</td><td rowspan="2">15</td><td rowspan="2">0.100</td></tr>
<tr><td>混合水嘴</td><td>0.15(0.10)</td><td>0.75(0.5)</td></tr>
<tr><td rowspan="2">4</td><td rowspan="2">浴盆</td><td>单阀水嘴</td><td>0.20</td><td>1.00</td><td rowspan="2">15</td><td rowspan="2">0.100</td></tr>
<tr><td>混合水嘴(含带淋浴转换器)</td><td>0.24(0.20)</td><td>1.2(1.0)</td></tr>
<tr><td>5</td><td>淋浴器</td><td>混合阀</td><td>0.15(0.10)</td><td>0.75(0.50)</td><td>15</td><td>0.100~0.200</td></tr>
<tr><td rowspan="2">6</td><td rowspan="2">大便器</td><td>冲洗水箱浮球阀</td><td>0.10</td><td>0.50</td><td>15</td><td>0.050</td></tr>
<tr><td>延时自闭式冲洗阀</td><td>1.20</td><td>6.00</td><td>25</td><td>0.100~0.150</td></tr>
<tr><td rowspan="2">7</td><td rowspan="2">小便器</td><td>手动或自动自闭式冲洗阀</td><td>0.10</td><td>0.50</td><td rowspan="2">15</td><td>0.050</td></tr>
<tr><td>自动冲洗水箱进水阀</td><td>0.10</td><td>0.50</td><td>0.020</td></tr>
<tr><td>8</td><td colspan="2">小便槽穿孔冲洗管(每 m 长)</td><td>0.05</td><td>0.25</td><td>15~20</td><td>0.015</td></tr>
<tr><td>9</td><td colspan="2">净身盆冲洗水嘴</td><td>0.10(0.07)</td><td>0.50(0.35)</td><td>15</td><td>0.100</td></tr>
<tr><td>10</td><td colspan="2">医院倒便器</td><td>0.20</td><td>1.00</td><td>15</td><td>0.100</td></tr>
<tr><td rowspan="3">11</td><td rowspan="3">实验室化验
水嘴
(鹅颈)</td><td>单联</td><td>0.07</td><td>0.35</td><td rowspan="3">15</td><td>0.020</td></tr>
<tr><td>双联</td><td>0.15</td><td>0.75</td><td>0.020</td></tr>
<tr><td>三联</td><td>0.20</td><td>1.00</td><td>0.020</td></tr>
<tr><td>12</td><td colspan="2">饮水器喷嘴</td><td>0.05</td><td>0.25</td><td>15</td><td>0.050</td></tr>
<tr><td>13</td><td colspan="2">洒水栓</td><td>0.40
0.70</td><td>2.00
3.50</td><td>20
25</td><td>0.050~
0.100</td></tr>
<tr><td>14</td><td colspan="2">室内地面冲洗水嘴</td><td>0.20</td><td>1.00</td><td>15</td><td>0.100</td></tr>
<tr><td>15</td><td colspan="2">家用洗衣机水嘴</td><td>0.20</td><td>1.00</td><td>15</td><td>0.100</td></tr>
</table>

注:1. 表中括弧内的数值系在有热水供应时,单独计算冷水或热水时使用;

2. 当浴盆上附设淋浴器时，或混合水嘴有淋浴器转换开关时，其额定流量和当量只计水嘴，不计淋浴器。但水压应按淋浴器计；
3. 家用燃气热水器，所需水压按产品要求和热水供应系统最不利配水点所需工作压力确定；
4. 绿地的自动喷灌应按产品要求设计；
5. 当卫生器具给水配件所需额定流量和最低工作压力有特殊要求时，其值应按产品要求确定。

对层高不超过 3.5 m 的建筑，在未进行系统精确计算前，为选择给水方式，可按建筑物层数粗略估计自室外地面算起所需的最小保证压力值。一般给水系统所需压力(自室外地面算起)可用经验法估算：1 层为 100 kPa，二层为 120 kPa，三层以上每增加一层，所需压力增加 40 kPa。当引入管或室内管道较长或层高超过 3.5 m 时，上述值应适当增加。

1.3.2 给水方式

建筑室内给水方式

给水方式是指建筑室内给水系统的供水方案。给水方式的基本类型(不包括高层建筑)有以下几种：

(1) 直接给水方式

当室外给水管网提供的水压、水量和水质都能满足建筑要求时，可由室外给水管网直接供水，是最简单、经济的给水方式，如图 1-3 所示。

(2) 单设水箱的给水方式

当室外给水管网供应的水压大部分时间能满足室内需要，仅在用水高峰出现不足时，可采用单设高位水箱的给水方式。在室外给水管网提供的水压大于室内所需压力时向水箱进水，当室外给水管网水压不足时水箱出水，即用水高峰时水箱出水，用水低谷时水箱充水，如图 1-4 所示。

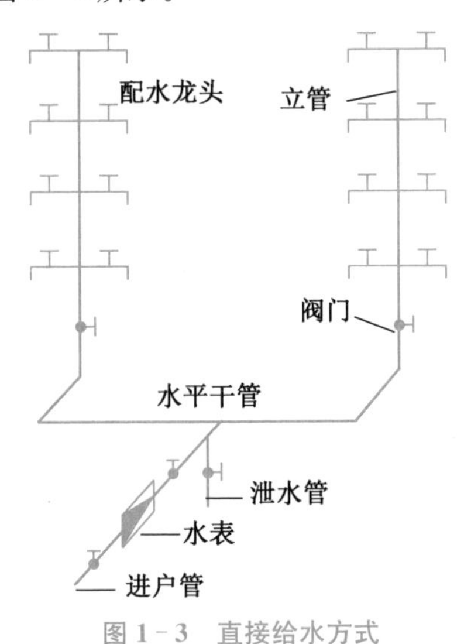

图 1-3 直接给水方式

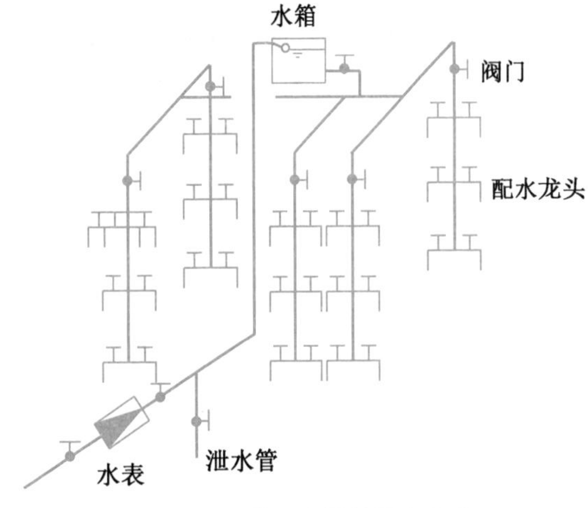

图 1-4 单设水箱的给水方式

(3) 单设水泵的给水方式

当室外给水管网水压经常不足时，可采用单设水泵的给水方式，当从外网直接抽水时须经供水部门批准。如图 1-5 所示。

(4) 设贮水池、水泵和水箱的联合给水方式

当室内用水量大而均匀时，可用恒速泵供水；当室内用水量不均匀时，应采用一台或多台水泵变速运行方式，以提高工作效率，降低电耗。水泵直接从室外管网抽水时，会使室外管网水压降低，影响附近用户用水，所以，在系统中一般须设贮水池。当室外给水管网压力低于或经常不能满足建筑内部给水管网所需的水压，且室内用水不均匀时采用设水泵和水箱的给水方式。其优点是水泵能及时向水箱供水，可缩小水箱容积，而且因水箱的调节作用，水泵出水量稳定，能保持在高效区运行。如图 1-6 所示。

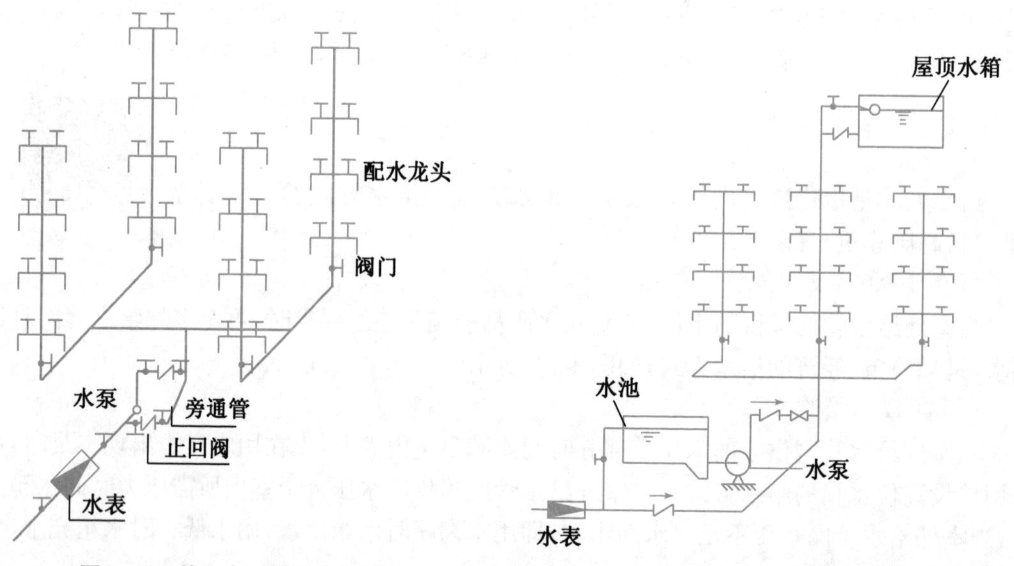

图 1-5　单设水泵的给水方式　　图 1-6　设贮水池、水泵和水箱的联合给水方式

(5) 分区给水方式

在层数较多的建筑中，室外给水管网的水压只能满足下面几层时，可采用分区供水。如图 1-7 所示，室外给水管网水压线以下楼层为低区，由外网直接供水；给水管网水压线以上

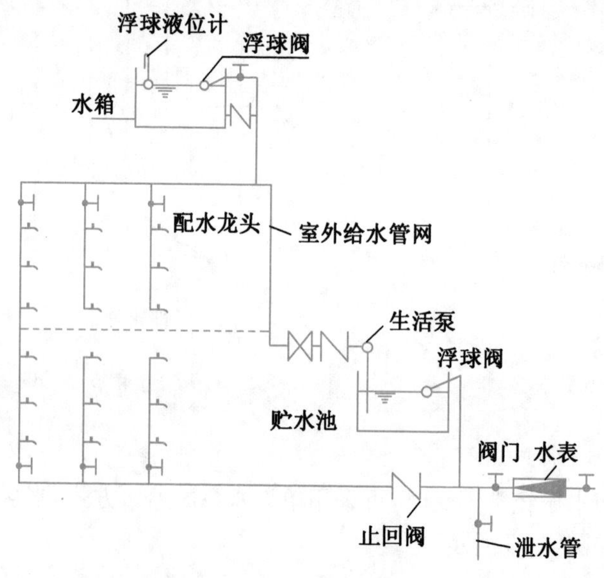

图 1-7　分区给水方式

楼层为高区，由水泵和水箱联合供水；两区之间，由1根或2根立管连通，在分区处装设闸阀，必要时可使整个管网全由水箱供水或由室外给水管网直接向水箱充水。

(6) 设气压给水设备的给水方式

当室外给水管网提供的水压低于或经常不能满足建筑内给水管网所需水压，室内用水不均匀，且建筑又不宜设置高位水箱时，可考虑设置气压给水设备，利用该设备的气压水罐内气体的可压缩性，升压供水。气压水罐的作用相当于高位水箱，但其位置设置灵活，可根据需要设置在高处或低处，如图1-8所示。

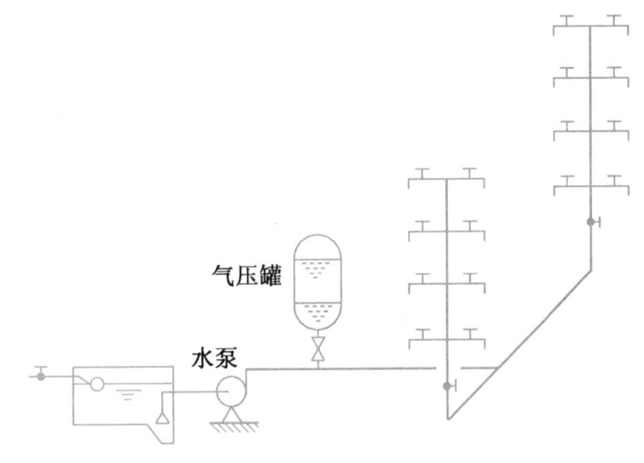

图1-8 气压给水设备给水方式

(7) 调频水泵给水方式

水泵的出水量和出水水压，除了与水泵型号和叶轮大小有关外，还与水泵的转速有关。一般水泵型号确定了之后，出水量和水压也就基本确定了。这是因为其型号、叶轮尺寸和转速是不可变动的。

调频装置(变频装置)是可以通过改变水泵电机的供电频率来使水泵改变转速的装置，通过一套自动监控系统，使水泵自动按建筑供水水压来调整自己的转速，可实现建筑内恒压供水并可免去高位水箱，但水泵必须连续运行。该系统如图1-9所示。有人论证过，采用恒压变频调速水泵供水能耗比高位水箱与水泵联合供水高。

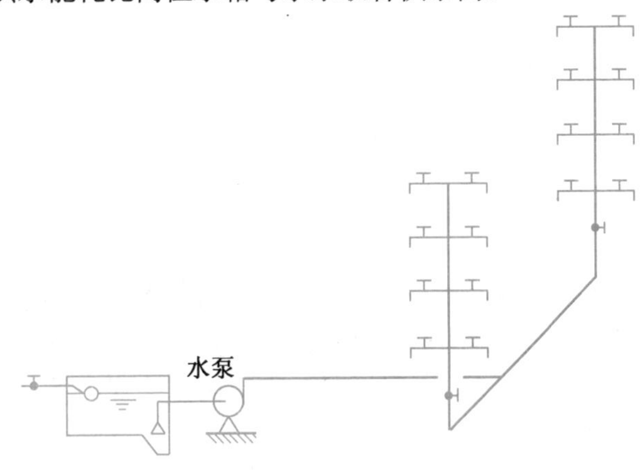

图1-9 调频水泵给水方式

(8) 无负压供水方式

无负压供水方式是采用一套完整的供水设备,直接与市政供水管网连接、在市政管网剩余压力基础上串联叠压供水而确保市政管网压力不小于设定保护压力的二次加压供水方式。

无负压供水设备由无负压罐、泵组、控制柜、稳压罐及管阀附件组成,其最大限度利用了市政自来水管网的原有压力,对市政自来水管网不发生负压,用无负压罐替代老式水池,减少了用水二次污染,是供水范畴的新一代节能产品。

图 1-10　无负压供水设备

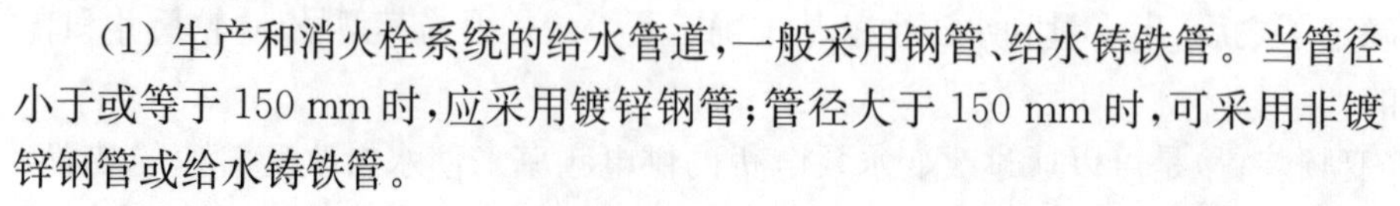

1.4　室内给水管材、管件及附件

1.4.1　室内给水常用管材、管件

1. 管材选用

室内给水常用管材

室内冷水供应最常用的管材有钢管、铸铁管、塑料管、复合管材等。管材的使用应符合以下规定:

(1) 生产和消火栓系统的给水管道,一般采用钢管、给水铸铁管。当管径小于或等于 150 mm 时,应采用镀锌钢管;管径大于 150 mm 时,可采用非镀锌钢管或给水铸铁管。

(2) 生活给水管管径小于或等于 150 mm 时,应采用给水塑料管、复合管材。

(3) 大便器、小便器、大便槽的冲洗水管,宜采用给水塑料管。

(4) 根据水质要求和建筑物使用要求等,生活给水管可采用铜管、塑料管、铝塑复合管或钢塑复合管等管材。

根据以上规定,建筑内常用的管材有以下几种。

2. 常用管材、管件

(1) 钢管

钢管按照制造方法可分为无缝钢管和焊接钢管(有缝钢管)。焊接钢管又分为镀锌钢管(白铁管)和非镀锌钢管(黑铁管)两种。镀锌钢管是在钢管的内外表面镀上一层锌,可防止管道生锈腐蚀后使水质变坏,延长管道的使用寿命。焊接钢管的纵向有一条缝,不能承受高压。无缝钢管采用较少,只有当焊接钢管不能满足压力要求或在特殊情况下才采用。钢管具有强度高、承受内压力大、韧性大、抗震性能好、重量比铸铁管轻、接头少、内外表面光滑、容易加工和安装等优点,但其抗腐蚀性差,造价较高。

(2) 铸铁管

给水铸铁管与钢管相比,具有耐腐蚀性强、使用期长、造价低等优点。因此,在管径大于

75 mm 时常用作埋地管道。但其缺点是材质脆、重量大、长度小、不便于运输、接口处容易漏水等。我国生产的给水铸铁管有低压管(≤0.45 MPa)、普压管(≤0.75 MPa)和高压管(≤1.0 MPa)三种,给水管道一般使用普压给水铸铁管。

(3) 塑料管

塑料管和传统金属管相比,具有重量轻、耐腐蚀、卫生安全、水流阻力小、安装方便等特点,因此,近年来塑料管得到广泛应用。

塑料管种类有聚氯乙烯(PVC)管、聚乙烯(PE)管、聚丙烯(PP)管、铝塑复合(PE-Al-PE)管和 ABS 工程塑料管(热塑性丙烯腈-丁二烯-苯乙烯三元共聚体)等。形成主导产品的有铝塑复合(PAP)管、交联聚乙烯(PEX)管和无规共聚聚丙烯(PPR)管。它们除了具有比一般塑料管重量轻、耐腐蚀、不结垢、使用寿命长等特点外,还具有良好的卫生性能,较好的耐温、耐热性能,安装方便,连接可靠。

近年来,塑料管在建筑给水、排水中普遍采用。自 2000 年 6 月 1 日起,在新建住宅中,禁止使用镀锌钢管作为给水管,推广应用塑料管。

(4) 铜管

铜管一般用于输送酸类、盐类等具有腐蚀性的流体,也可用于建筑物中的冷、热水配水管,具有经久耐用、节能节流、水质卫生、质量轻等优点。在现代建筑中,特别是中高档建筑中,给水系统冷、热水管常使用薄壁紫铜管。

(5) 铝塑复合管和钢塑复合管

铝塑复合管和钢塑复合管,兼有两种材质性能,既有良好的耐腐蚀性能,又有较好的机械强度,适用于有腐蚀介质的化工、食品、医药、冶金、环保等行业的给水管道,近年来也广泛用于民用建筑的生活给水管道。

(6) 不锈钢管

不锈钢管是一种中空的长条圆形钢材,广泛用于石油、化工、医疗、食品、轻工、机械仪表等工业输送管道以及机械结构部件等。在折弯、抗扭强度相同时,其重量较轻,所以也广泛用于制造机械零件和工程结构。同时也常用作家具厨具等。

不锈钢管按材质分为普通碳素钢管、优质碳素结构钢管、合金结构管、合金钢管、轴承钢管、不锈钢管以及为节省贵重金属和满足特殊要求的双金属复合管、镀层和涂层管等。不锈钢管的种类繁多,用途不同,其技术要求各异,生产方法亦有所不同。

不锈钢管安全可靠、卫生环保、经济适用,管道的薄壁化以及新型可靠、简单方便的连接方法的开发成功,使其具有更多其它管材不可替代的优点,工程中的应用会越来越多,使用会越来越普及,前景看好。

3. 给水管道的连接

(1) 钢管常用的连接方法有螺纹连接、法兰连接、焊接连接和卡箍连接等。

螺纹连接也称丝扣连接,是钢管最常采用的一种连接方法。它是利用各种形式的带螺纹的管件将管子连接起来,适用于管径小于 50 mm 的各种管材,管件如图 1-11 所示。

法兰连接具有强度高、严密性好和拆卸方便等优点。

焊接连接的优点是强度高、接口严密性强、不需要接头零件、安装方便,缺点是不能拆卸。因焊接时镀锌层会遭破坏而脱落,加快管道锈蚀,因此镀锌钢管不得采用焊接。

卡箍连接是由锁紧螺母和带螺纹管件组成的专用接头而进行管道连接的一种连接形

式。常用于复合管、塑料管和DN＞100 mm的镀锌钢管的连接。

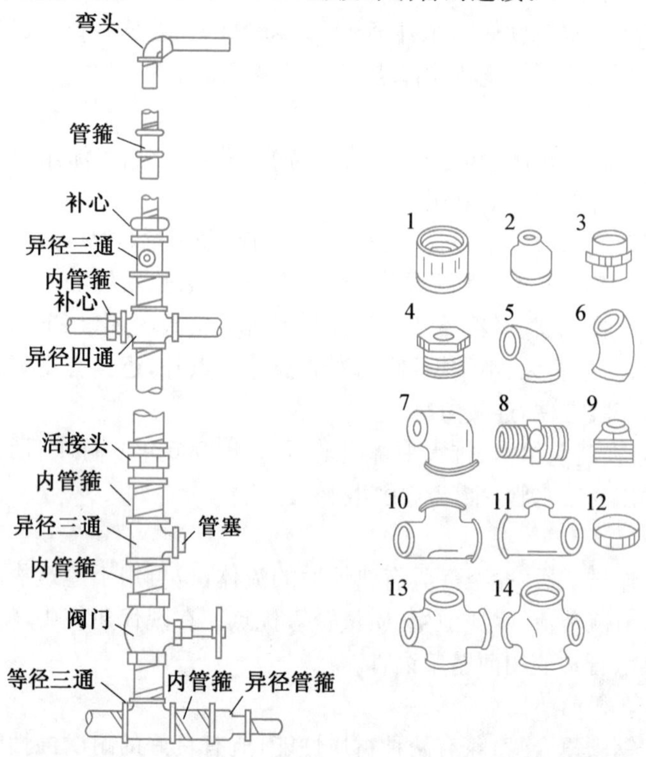

1—管箍；2—异径管箍；3—活接头；4—补心；5—90°弯头；6—45°弯头；7—异径弯头；8—外螺丝；9—堵头；10—等径三通；11—异径三通；12—根母；13—等径四通；14—异径四通

图1-11　螺纹接口钢管连接件

(2) 铸铁管的连接方法有承插连接和法兰连接。

承插接口孔隙用石棉水泥、膨胀水泥和铅等材料填充。常用的给水铸铁管管件如图1-12所示。

(3) 铜管

铜管常采用焊接或螺纹连接。

(4) 塑料管

塑料管可采用热熔连接、螺纹连接(配件为注塑制品)、焊接(热空气焊)、法兰连接、黏结等。

(5) 铝塑复合管和钢塑复合管

铝塑复合管和钢塑复合管可采用法兰连接、螺纹连接和压盖连接。一般来说，管径在50 mm以下的管道采用螺纹连接和压盖连接，而管径在20～150 mm的管道可采用法兰连接。不同的连接方法，应采用相应的管配件。

(6) 不锈钢管

不锈钢管的连接方式多样，常见的管件类型有压缩式、压紧式、活接式、推进式、推螺纹式、承插焊接式、活接式法兰连接、焊接式及焊接与传统连接相结合的派生系列连接方式。这些连接方式，根据其原理不同，适用范围也有所不同，但大多数均安装方便、牢固可靠。

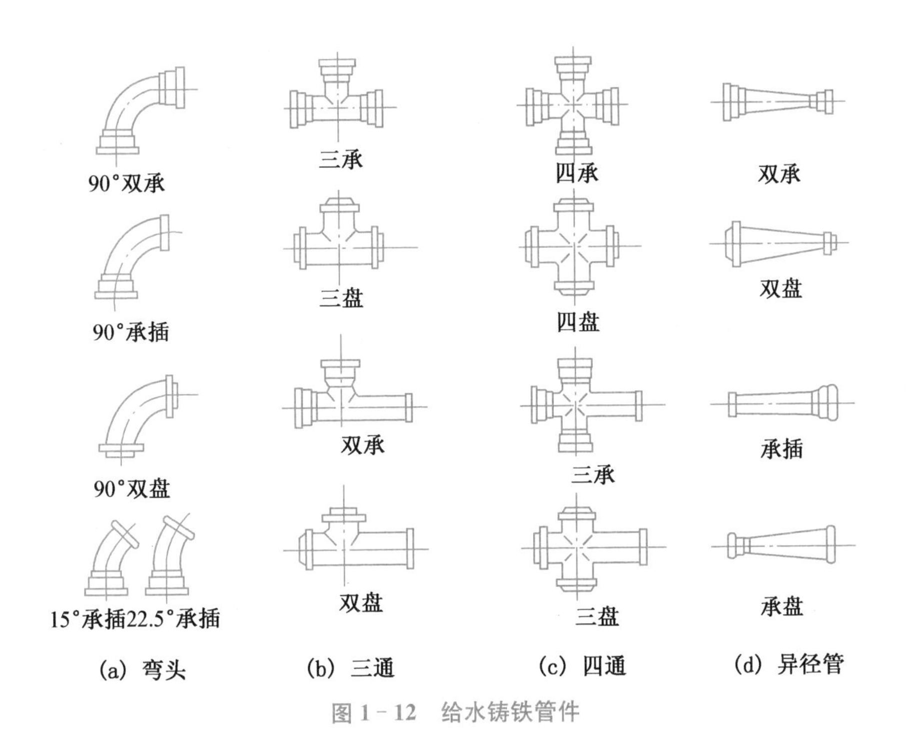

图 1-12 给水铸铁管件

1.4.2 给水管道附件

给水管道附件是对安装在管道及设备上的启闭和调节装置的总称，一般分为配水附件和控制附件两大类。

给水管道附件、给水升压和贮水设备

1. 配水附件

是指装在给水支管末端，供卫生器具或用水点放水用的各式配水龙头，用以调节和分配水流。如普通的配水龙头、截止阀式配水龙头、旋塞式配水龙头和混合水龙头，如图 1-13 所示。

此外，还有许多根据特殊用途制成的水龙头，如用于化验室的鹅颈水龙头、用于医院的肘式水龙头以及小便斗水龙头等。

2. 控制附件

(1) 截止阀

是一种可以开启和关闭水流但不能调节水量的阀门，如图 1-14(a)所示。此阀关闭严密，但水流阻力较大，用于管径小于或等于 50 mm 和经常启闭的管段上。安装时应注意方向，使水流低进高出，防止装反。

(2) 闸阀

用来开启和关闭管道的水流，也可以用来调节水流，如图 1-14(b)所示。此阀全开时水流呈直缝通过，阻力小；但水中有杂质落入阀座后，会使阀不能关闭到底，因而易产生漏水。

截止阀适用于口径小于或等于 50 mm 的管段上或经常开启的管段上；管径大于 50 mm 时宜用闸阀，在双向流动的管段上应采用闸阀。

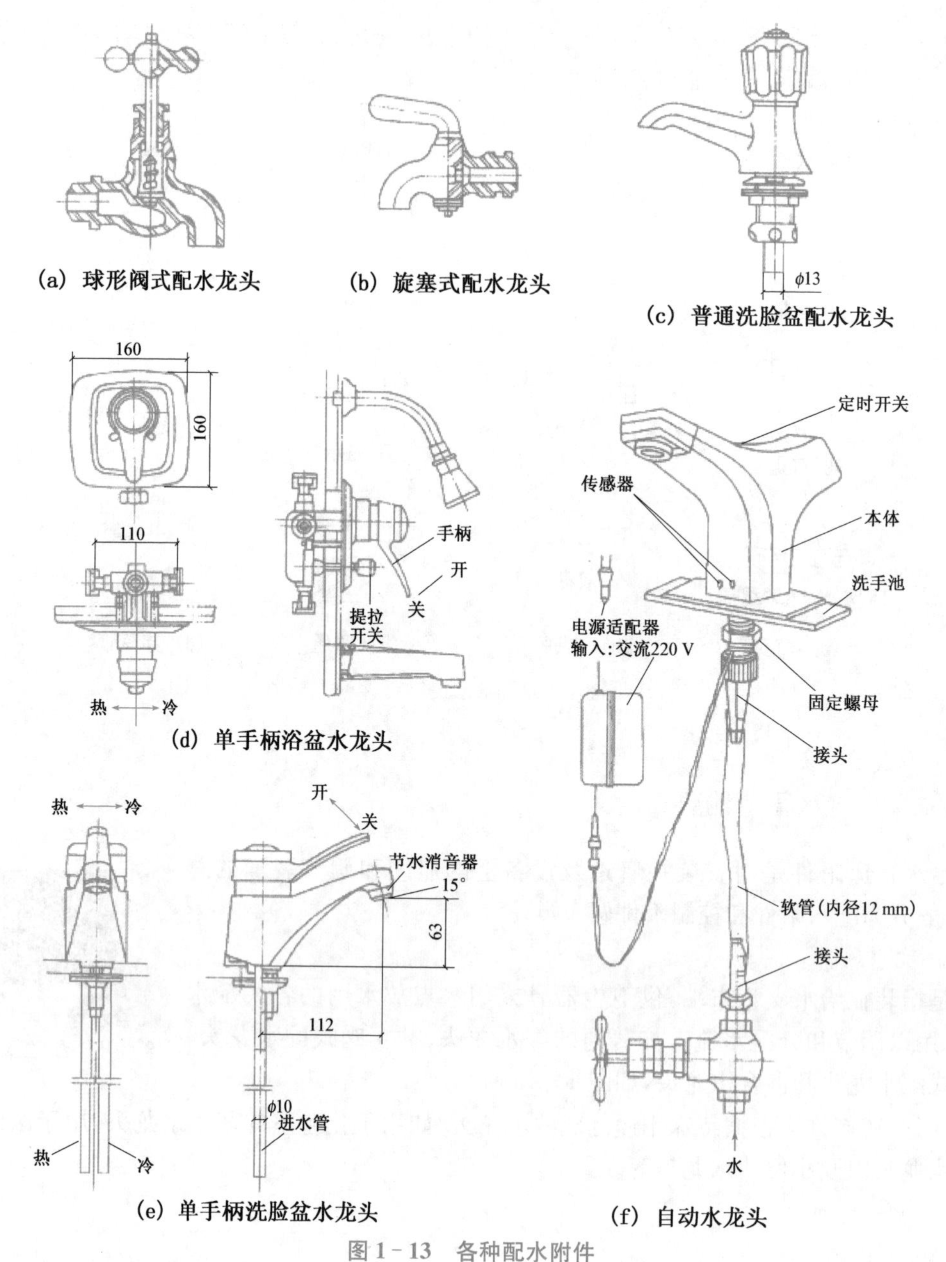

图 1-13　各种配水附件

(3) 蝶阀

此阀为盘状圆板启闭件,绕其自身中轴旋转改变管道轴线间的夹角来控制水流通过,如图 1-14(c)所示。具有结构简单、尺寸紧凑、启闭灵活、重量轻、开启度指示清楚、水流阻力小等优点。主要缺点是蝶板占据一定的过水断面,增大水头损失,易挂积杂物和纤维。

(4) 止回阀

用来阻止水流的反向流动,有两种类型:升降式止回阀,如图 1-14(d)、(e)所示,装于水平管道上,水头损失较大,只适用于小管径;旋启式止回阀,如图 1-14(f)所示,一般水平、垂直管道上均可安装。

以上两种止回阀安装都有方向性。阀板或阀芯启闭既要与水流方向一致，又要在重力作用下能自行关闭，以防止常开不闭的状态。

(5) 浮球阀

是一种可以自动进水、自动关闭的阀门，多装在水箱或水池内，如图1-14(g)所示。当水箱充水到既定水位时，浮球随水位浮起，关闭进水口；当水位下降时，浮球下落，进水口开启，于是自动向水箱充水。浮球阀口径为15～100 mm。

(6) 减压阀

其作用是调节管段的压力。采用减压阀可以简化给水系统，因此在高层建筑和消防给水系统中它的应用较广泛。

(7) 安全阀

安全阀如图1-14(h)、(i)所示，是一种保护器材，为了避免管网和其他设备中压力超过规定的范围而使管网、器具或密闭水箱受到破坏，须装此阀。

(8) 旋塞阀

是用带通孔的塞体作为启闭件，通过塞体与阀杆的转动实现启闭动作的阀门，如图1-14(j)所示。旋塞阀结构简单，启闭迅速，流体阻力小，近年来作为历史上最早被人们采用的阀门之一，不但没再被球阀等形式的阀门所代替，反而市场呈现愈来愈火爆的趋势。

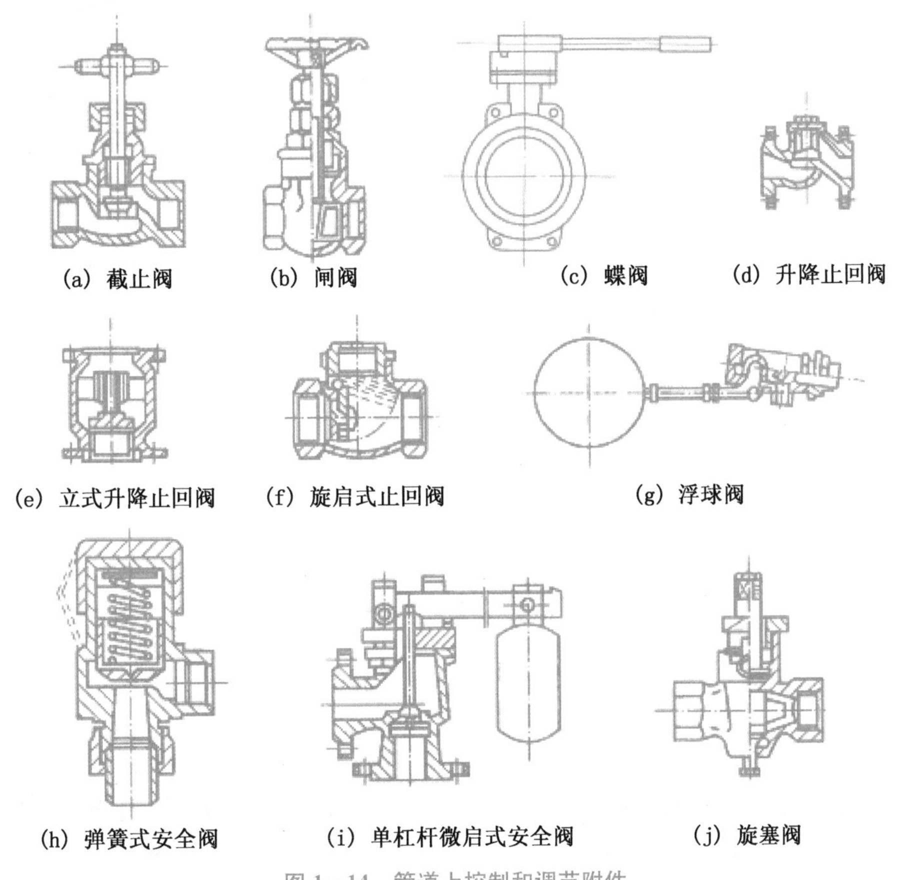

图1-14 管道上控制和调节附件

3. 水表

水表用以计量建筑物的用水量。室内给水系统中，广泛采用流速式水表，它是根据管径一定时水流速度与流量成正比的原理制作的。水流通过水表推动叶轮旋转，流速大，叶轮旋转快，旋转次数经轮轴联动齿轮传递到记录装置，在计量表盘上便可读到流量累计值。流速式水表按计数机件浸在水中或与水隔离，分为湿式水表和干式水表。湿式水表构造简单，计量准确，但对水质要求高，如果水中含有杂质，会降低水表精度；干式水表精度较低，但计数机件不受水中杂质影响。流速式水表按翼轮构造不同可分为两类：① 叶轮转轴与水流方向垂直的旋翼式水表，如图 1－15(a)所示。旋翼式水表由旋转轴、叶片、齿轮组和表盘四部分组成。其水流阻力较大，始动流量和计量范围较小，适用于用水量及逐时变化幅度小的用户。② 叶轮转轴与水流方向平行的螺翼式水表，如图 1－15(b)所示。其水流阻力小，水表口径大，始动流量及计量范围较大，适用于用水量较大的用户。

水表的选择需首先考虑水表的工作环境，如水的温度、工作压力、工作时间、计量范围、水质情况等，然后按通过水表的设计流量(不包括消防流量)，以不超过水表的额定流量确定水表直径，并以平均每小时流量的 6%～8%校核水表灵敏度。对生活消防共用系统，还需要加消防流量复核，使总流量不超过水表的最大流量值。

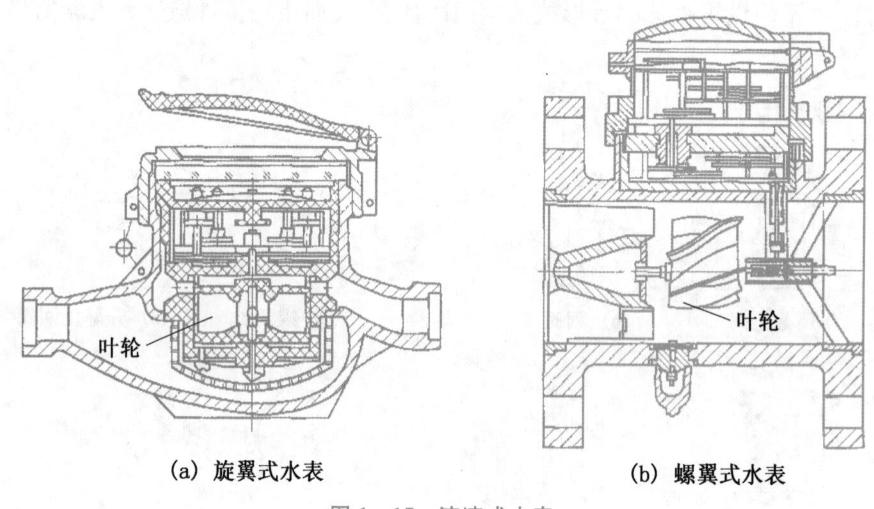

(a) 旋翼式水表　　(b) 螺翼式水表

图 1－15　流速式水表

1.5　给水升压和贮水设备

1.5.1　水泵

水泵是给水系统中的主要升压设备。在建筑给水系统中，一般采用离心式水泵(离心泵)。

1. 离心泵的工作原理

离心泵主要由泵壳、泵轴、叶轮、吸水管、压水管等部分组成，如图 1－16 所示。

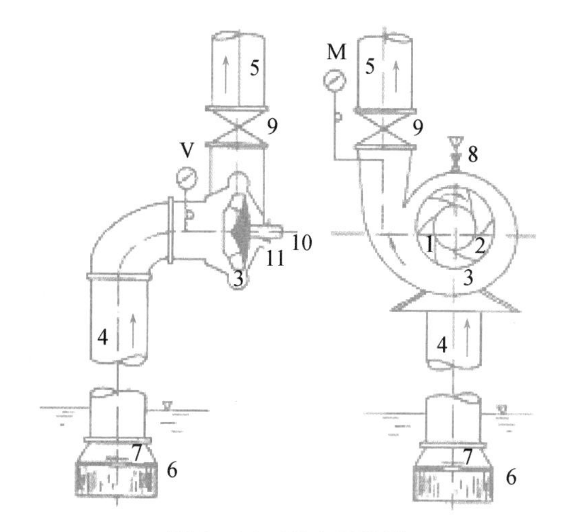

图 1-16 离心泵装置

1—叶轮;2—叶片;3—泵壳;4—吸水管;5—压水管;6—格栅;7—底阀;8—灌水口;9—阀门;10—泵轴;M—压力表;V—真空表

离心泵通过离心力的作用来输送和提升液体。水泵启动前,要使水泵泵壳及吸水管中充满水,以排除泵内空气。当叶轮高速转动时,在离心力的作用下,水从叶轮中心被甩向泵壳,使水获得动能与压能。由于泵壳的断面是逐渐扩大的,所以水进入泵壳后流速逐渐减小,部分动能转化为压能,因而泵出口处的水便具有较高的压力,流入压水管。在水被甩走的同时,水泵进口形成真空,由于大气压力的作用,将吸水池中的水通过吸水管压向水泵进口,进而流入泵体。由于电动机带动叶轮连续旋转,因此离心泵是均匀地连续供水。

水泵从水池抽水时,其启动前的充水方式有两种,一是"吸水式",即泵轴高于水池最低设计水位;二是"灌入式",即水池最低水位高于泵轴。后者可省去真空泵等灌水设备,也便于水泵及时启动,一般应优先采用。

离心泵工作性能的基本参数有:

(1) 流量(Q),指单位时间内水通过水泵的体积,单位为 L/s 或 m^3/h;

(2) 扬程(H),单位重量的水,通过水泵时所获得的能量,单位为 mH_2O 或 kPa;

(3) 轴功率(N),水泵从电动机处所得到的全部功率,单位为 kW;

(4) 效率(η),因水泵工作时,本身也有能量损失,因此水泵真正得到的能量即有效功率 N_r,小于 N,效率 η 为二者之比值,即 $\eta = N_r/N$;

(5) 转速(n),叶轮每分钟的转动次数,单位为 r/min;

(6) 允许吸上真空高度(H_s),当叶轮进口处的压力低于水的饱和蒸汽压时,水就发生汽化形成大量气泡,致使水泵产生噪声和振动,严重时甚至发生"气蚀现象"而损伤叶轮。为此,真空高度须加以限制,而允许吸上真空高度就是这个限制值,单位是 kPa(或 mH_2O)。

水泵的各基本工作参数是相互联系和影响的,工作参数之间的关系可用水泵性能曲线来表示,如图 1-17 所示。

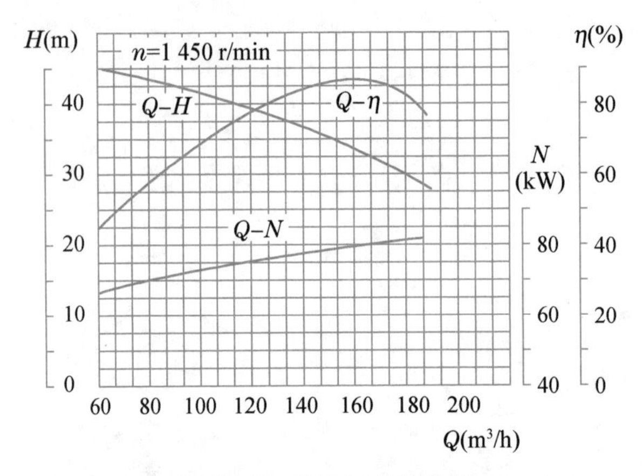

图 1-17　离心泵特性曲线

从图中看出，当流量 Q 逐渐增大时，扬程 H 逐渐减小，水泵的轴功率逐渐增大，而水泵的效率曲线存在一峰值。我们称效率最高时的流量为额定流量，其扬程为额定扬程，这些额定参数标注于水泵的铭牌上。

2. 离心泵的选择

从水泵性能曲线 $Q-H$ 曲线看到，选择水泵应使水泵在给水系统中保持高效运行状态。水泵的高效运行区间的技术数据均载于水泵样本的水泵性能表中。

水泵的型号可根据给水系统的流量和扬程来选定。

(1) 流量

在生活(生产)给水系统中，无屋顶水箱时，水泵流量需满足系统高峰用水要求，其流量应以系统最大瞬时流量即按设计秒流量确定。有水箱时，因水箱能起调节水量作用，水泵流量可按最大时流量或平均时流量确定。

(2) 扬程

水泵自贮水池抽水时，水泵扬程可按下式确定：

$$H=H_1+H_2+H_3+H_4 \tag{1-5}$$

式中：H——水泵扬程(m)；

H_1——贮水池最低水位至水箱最高水位或最不利配水点的高度(m)；

H_2——水泵吸水管和压水管上的沿程和局部水头损失总和(mH_2O)；

H_3——考虑水泵效能降低的富裕水头(mH_2O)；

H_4——最不利点的流出水头损失。

由上确定流量和扬程后，查水泵样本选择合适的水泵。

1.5.2　气压供水装置

气压给水设备是根据波义耳-马略特定律，即在定温条件下，一定质量气体的绝对压力和它所占的体积成反比的原理制造的。它利用密闭罐中压缩空气的压力变化，调节和压送水量，在给水系统中主要起增压和水量调节作用。

气压供水装置是水泵与气压罐的联合工作装置，水泵在向楼层供水的同时，还须将水压入存有压缩空气的密闭罐内，罐内存水增加，压缩空气的体积被压缩，达到一定水位时水泵停止工作，罐内的水在压缩空气的推动下，向各用水点供水。其功能与高位水箱相似，所不同的是罐的送水压力是压缩空气而不是高位水箱的位置高度，因此只需调整好罐内空气压力。气压装置可以设在任何位置，如地下室、地面或楼层中，应用灵活；可替代屋顶层的高位水箱，减轻建筑屋顶荷载；有利于抗震。其缺点是水压变化大，而罐容量小，调节容量也小，水泵启闭频繁，电耗大，投资也高。适用于不宜设高位水箱的情况。

按气压给水设备输水压力稳定性不同，可分为变压式和定压式两类。

1. 变压式气压给水设备

变压式气压给水设备在向给水系统供水过程中，供水水压处于 $P_1 \sim P_2$ 范围内，如图 1－18 所示。罐内的水在压缩空气的起始压力 P_2 的作用下，被送至给水管网中；随着罐内水量的减少，压缩空气体积膨胀，压力减小。当压力减小至最小工作压力 P_1 时，压力信号器动作，使水泵启动。水泵在对管网供水的同时，向罐内补充水。随着罐内水量的增加，水位上升，空气重新被压缩，罐内压力逐渐增大。当罐内压力达到 P_2 时，压力信号器动作，关闭水泵，气压罐再次向管网供水。

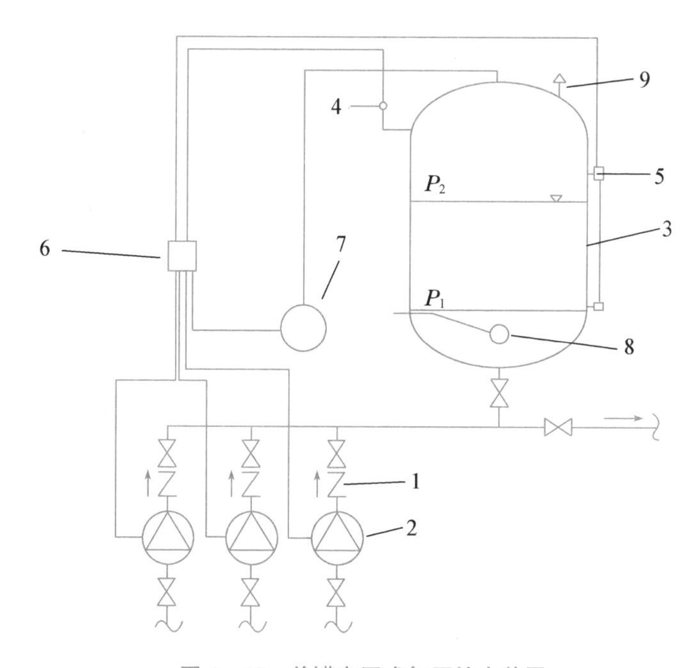

图 1－18 单罐变压式气压给水装置

1—止回阀；2—水泵；3—气压水罐；4—压力信号器；5—液位信号器；6—控制器；7—补气装置；8—排气阀；9—安全阀

气压罐供水初期，气压高，水压也高，到气压罐供水末期，气压最小水压也变小。其供水水压是在变化的，而且变化幅度较大。

2. 定压式气压装置

在要求供水水压稳定的情况下，可采用定压式气压装置。当用户用水、水罐内水位下降时，空气压缩机即自动向气罐内补气，而气罐内的压缩空气又经自动调压阀（调节气压恒为定值)向水罐补气。当水位降至设计最低水位时,泵即自动开启向水罐充水,故它既能保证水泵始终稳定在高效范围内运行,又能保证管网始终以恒压向用户供水。但需增设空气压缩机,并且启动次数较频繁,定压式气压给水设备在向给水系统输水过程中,水压相对稳定。如图 1-19 所示。

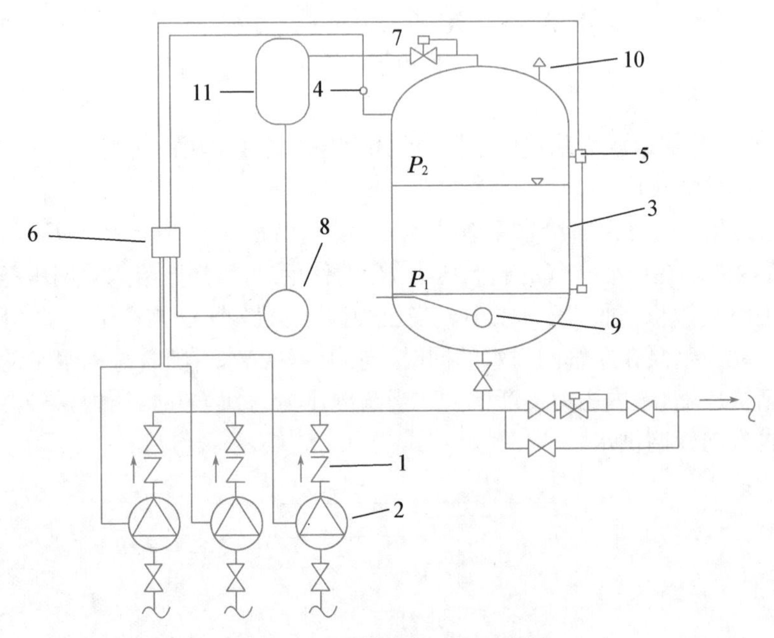

图 1-19 单罐定压式气压装置

1—止回阀;2—水泵;3—气压水罐;4—压力信号器;5—液位信号器;6—控制器;7—压力调节阀;8—补气装置;9—排气阀;10—安全阀;11—储气罐

按气压给水设备罐内气、水接触方式不同分为补气式和隔膜式两类。工程中主要采用隔膜式。

气压给水设备的优点是:灵活性大,设置位置不受限制,便于隐蔽,安装和拆卸都很方便,成套设备均在工厂生产,现场集中组装,占地面积小,工期短,土建费用低,实现了自动化操作且便于维护管理。气压水罐为密闭罐,不但水质不易污染,同时还有助于消除给水系统中水锤的影响。其缺点是:调节容积小,贮水量少,一般调节水量仅为总容积的 20%~30%,又因为是压力容器,所以耗用钢材较多。变压式气压给水设备供水压力变化较大,对给水附件的寿命有一定的影响。

根据气压给水设备的特点,它适用于有升压要求,但又不适宜设置高位水箱的小区或建筑的给水系统,如地震区、人防工程或屋顶立面有特殊要求的建筑的给水系统,小型、简易或临时给水系统和消防给水系统等。

1.5.3 贮水池、吸水井

1. 贮水池

用作调节和贮备室内生活及消防用水量。当城市管网的流量满足不了室内最大小时流量或设计秒流量时,或者室内用水量用于消防,设计规范要求贮备一定水量时,均应设置贮水池。贮水池可设于建筑内底层或室外的水泵房附近。贮水池的有效容积与水源供水能力、室内用水情况有关。其有效容积应根据生活(生产)调节水量、消防贮备水量和生产事故备用水量确定,可按下式计算:

$$V=(Q_b-Q_L)T_b+V_f+V_s \tag{1-6}$$

$$Q_L T_L \geqslant (Q_b-Q_L)T$$

式中:V——贮水池有效容积(m^3);

Q_b——水泵出水量(m^3/h);

Q_L——水池进水量(m^3/h);

T_b——水泵最长连续运行时间(h);

V_f——消防贮备水量(m^3);

V_s——生产事故备用水量(m^3);

T_L——水泵运行的间隔时间(h)。

消防贮备水量应根据消防要求,以火灾延续时间内所需消防用水量计。生产事故备用水量应根据用户安全供水要求、中断供水后果和城市给水管网可能停水等因素确定。当资料不足时,生活(生产)调节水量$(Q_b-Q_L)T_b$可以不小于建筑日用水量的15%~20%计。

当室外给水管网能满足建筑内所需水量,而供水部门不允许水泵直接从外网抽水时,可设置仅满足水泵吸水要求的吸水井。吸水井的有效容积应大于最大一台水泵3 min出水量,且满足吸水管的布置、安装、检修和防止水深过浅水泵进气等正常工作要求,其最小尺寸如图1-20所示。

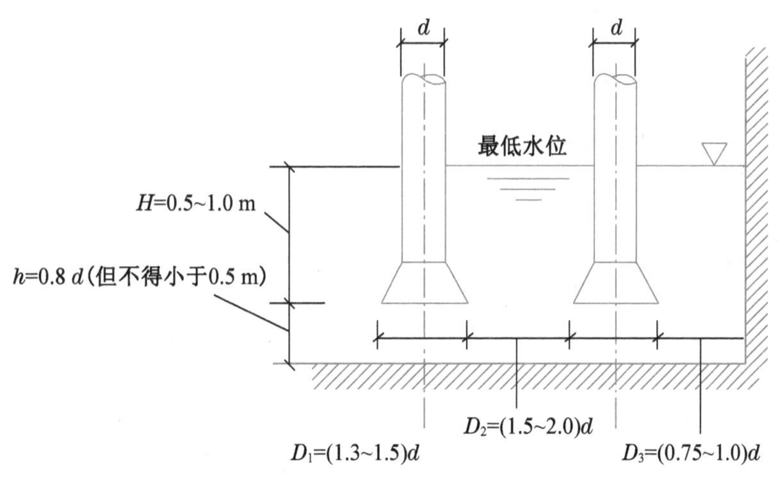

图1-20 吸水管在吸水池中布置的最小尺寸

2. 水箱

根据水箱的用途不同,有高位水箱、减压水箱、冲洗水箱、断流水箱等多种类别。其形状通常为圆形或矩形,特殊情况下也可设计成任意形状。其制作材料有钢板、钢筋混凝土、塑料和玻璃钢等。如图1-21所示是给水系统中的高位水箱,它能保证水压和贮存、调节水量。

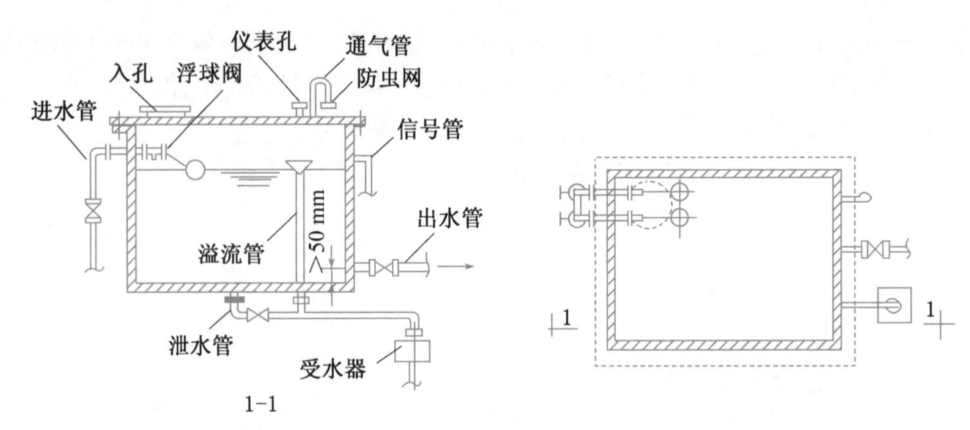

图 1-21 水箱配管、附件示意

(1) 水箱的有效容积

水箱的有效容积应根据调节水量、生活和消防贮备水量确定。

调节水量应根据用水量与流入量的变化曲线确定,如无资料,可估算。如水泵为自动开关时,不得小于日用水量的 5%;水泵为人工开关时,不得小于日用水量的 12%。仅在夜间进水的水箱,生活用水贮备量按用水人数和用水定额确定。消防贮备水量一般取 10 min 的消防用水量,消防贮水量在平时不得被动用。

(2) 高位水箱的设置高度

高位水箱的设置高度,应按最不利处的配水点所需水压计算确定。水箱出水管安装标高计算公式如下:

$$H=H_1+H_2+H_3 \tag{1-7}$$

式中:H——水箱出水管安装标高(m);

H_1——最不利配水点标高(m);

H_2——水箱供水到管网最不利配水点计算管路总水头损失(m);

H_3——最不利配水点的流出水头(m)。

对于贮存有消防水量的水箱,水箱安装高度难以满足顶部几层消防水压的要求时,需另行采取局部增压措施。

(3) 水箱的配管

在水箱上通常需要设置进水管、出水管、通气管、溢流管、泄水管、水位信号管等管道,如图 1-21 所示。

① 进水管

当水箱直接由室外给水管进水时,为防止溢流,进水管上应安装水位控制阀,如液压阀、浮球阀,并在进水端设检修用的阀门。若采用浮球阀,不宜少于两个,且因液压阀体积小,应优先采用。进水管入口距水箱盖的距离,应满足装设阀门的要求。当水箱由水泵供水,并采用控制水泵起闭的自动装置时,不需设水位控制阀。进水管管径可按水泵出水量或管网设计秒流量计算确定。

② 出水管

出水管由水箱侧壁接出时,其管底至箱底的距离应大于 50 mm,由箱底接出时,其管顶入水口距箱底的距离也应大于 50 mm，以防沉淀物进入配水管网。其管径按设计秒流量确定。

③ 通气管

设在水箱的密闭箱盖上，管上不设阀门，管口朝下，并设防止灰尘、昆虫和蚊蝇进入的滤网。

④ 溢流管

溢流管口应设在水箱最高设计水位以上 50 mm 处，管径应按水箱最大流入量确定，一般应比进水管大一级，溢流管上不允许设阀门，为防止水质污染，溢流管出口应设置网罩，且不得与排水管直接相连接。

⑤ 泄水管

泄水管从箱底接出，管上应设阀门，管径为 40～50 mm，用以检修或清洗时泄水，管上应设阀门，可与溢流管连接后用同一管道排水，但不得与排水管道直接相连接。

⑥ 水位信号管

安装在水箱壁溢流管口以下 10 mm 处，另一端需引至值班人员房间的洗脸盆、洗涤盆处。其管径以 15～20 mm 为宜。若采用电信号报警，可不设水位信号管。

水箱内有效水深，一般采用 0.70～2.50 m。水箱的最低水位，应仍保持一定的安全容积，以免放空影响使用，一般最低水位应高出水箱出水管 0.2～0.5 m。

(4) 水箱的布置和安装

水箱应设置在便于维修、光线和通风良好且不结冻的地方(如有可能结冰，水箱应当保温)。它一般布置在屋顶或闷顶内，在我国南方地区，水箱大部分设置在平屋顶上。水箱底距屋面应有不小于 800 mm 的净空，以便安装管道和进行检修。

如水箱布置在水箱间内，则水箱间的位置应便于管道布置，尽量缩短管线长度。水箱间应有良好的通风、采光和防蚊蝇措施，室内最低净高不得低于 2.2 m，同时，还应满足水箱布置要求。水箱布置间距要求见表 1-5。

表 1-5 水箱布置间距

单位：m

水箱形式	水箱外壁到墙面的距离		水箱之间的间距	水箱至建筑物结构最低点距离
	有浮球阀一侧	无浮球阀一侧		
圆形	0.8	0.5	0.7	0.6
方形或矩形	1.0	0.7	0.7	0.6

注：在水箱旁装有管道时，表中距离从管道外面算起。

1.6 室内给水管道的布置与敷设

1.6.1 给水管道的布置要求

室内给水管道的布置与敷设

1. 布置要求

给水管道的布置是在确定给水方式后，在建筑图上布置管道和确定各种给水设备(高位水箱、气压罐、水泵、贮水池等)的位置。其布置受建筑结构、用水要求、配水点和室外给水管道的位置以及供暖、通风、空调和供电等其他建筑设备工程管线布置等因素的影响。进行管线布置时，要协调和处理好各种相关因素的关系，而且要满足以下基本要求：

(1) 确保供水安全和水力条件良好，力求经济合理。室内给水管道一般布置成枝状，单向供水。对于不允许间断供水的建筑物，在室内应连成环状，双向供水。管道一般沿墙、梁、柱平行布置，并尽可能走直线。给水干管尽可能靠近用水量大或不允许间断供水的用水点，以保证供水安全可靠，减少管道的转输流量，使大口径管道长度最短。

(2) 保护管道不受损坏。埋地给水管道应避免布置在可能被重物压坏处或设备振动处，管道不得穿过设备基础，必须穿过时应与有关部门协商处理。给水管道不宜穿过伸缩缝，必须通过时应设置补偿管道伸缩和剪切变形的装置，一般可采取下列措施：

① 在墙体两侧采取柔性连接。

② 在管道或保温层外皮上下留有不小于 150 mm 的净空。

③ 在穿墙处做成方形补偿器，水平安装。

(3) 不影响生产安全和建筑物的使用。在生产车间内，管道应避免布置在可能被重物压坏或设备振动处，管道不得穿过设备基础，如必须穿过时应与有关部门协商处理。给水管道不得穿过橱窗、壁柜、木装修等，并不得穿过大、小便槽，当给水立管距小便槽端部小于或等于 0.5 m 时，应采取建筑隔断措施。

(4) 便于安装维修。管道安装时，周围要留有一定的空间，以满足安装、维修的要求。给水横管宜设 0.002～0.005 的坡度坡向泄水装置，以便检修时放空和清洗。对于管道井，当需进入检修时，其通道宽度不宜小于 0.6 m。

给水管道与其他管道和建筑结构的最小净距见表 1-6。

表 1-6 给水管与其他管道和建筑结构之间的最小净距 单位：mm

<table>
<tr><th colspan="2" rowspan="2">给水管道名称</th><th rowspan="2">室内墙面</th><th rowspan="2">地沟壁和其他管道</th><th rowspan="2">梁、柱、设备</th><th colspan="2">排水管</th><th rowspan="2">备注</th></tr>
<tr><th>水平净距</th><th>垂直净距</th></tr>
<tr><td colspan="2">引入管</td><td>—</td><td>—</td><td>—</td><td>1 000</td><td>150</td><td>在排水管上方</td></tr>
<tr><td colspan="2">横干管</td><td>100</td><td>100</td><td>50(此处无焊缝)</td><td>500</td><td>150</td><td>在排水管上方</td></tr>
<tr><td rowspan="5">立管</td><td>管径</td><td rowspan="2">25</td><td colspan="5" rowspan="6"></td></tr>
<tr><td><32</td></tr>
<tr><td>32～50</td><td>35</td></tr>
<tr><td>75～100</td><td>50</td></tr>
<tr><td>125～150</td><td>60</td></tr>
</table>

2. 布置形式

(1) 按供水可靠程度，给水管道的布置可分为枝状和环状，枝状管网单向供水，供水安全可靠性差，但节省管材，造价低；环状管网管道相互连通，双向供水，安全可靠，但管线长，造价高。一般建筑内给水管网宜采用枝状布置。

(2) 按水平干管的敷设位置

给水管道的布置可分为下行上给式、上行下给式和中分式。下行上给式水平干管埋地，设在底层或地下室内。上行下给式水平干管设在顶层天花板下、吊顶内。中分式水平干管设在中间技术夹层内、中间某层吊顶内，由中间向上、下两个方向供水。

1.6.2 给水管道的敷设

1. 敷设形式

室内给水管道的敷设，根据建筑物对卫生、美观方面的要求不同，分为明装和暗装两类。

明装是指管道在室内沿墙、梁、柱、楼板下、地面上等暴露敷设。其优点是造价低，施工安装与维修管理方便；缺点是管道表面易积灰、结露，影响美观和卫生。明装适用于一般民用建筑和生产车间。

暗装是指管道可在地下室、地面下、顶层吊顶或管井、管槽、管沟中隐蔽敷设。其优点是卫生条件好、美观、整洁；缺点是施工复杂，造价高，检修困难。暗装适用于对卫生、美观要求高的建筑，如宾馆、高级公寓和要求无尘、洁净的车间、实验室、无菌室等。

2. 敷设要求

给水横管穿承重墙或基础、立管穿楼板时均应预留孔洞，暗装管道在墙中敷设时，也应预留墙槽，以免临时打洞、刨槽影响建筑结构的强度。管道预留孔洞和墙槽的尺寸，见表1-7。横管穿过预留洞时，管顶上部净空不得小于建筑物的沉降量，以保证管道不会因建筑沉降而损坏，一般不小于0.1 m。

引入管进入建筑内有两种情况：一种是从建筑物的浅基础下通过，另一种是穿越承重墙或基础，其敷设方法如图1-22(a)、(b)所示。在地下水位高的地区，引入管穿地下室外墙或基础时，应采取防水措施，如设防水套管。室外埋地引入管要防止地面活荷载和冰冻的破坏，在行车道下其管顶覆土厚度不宜小于0.7 m，并应敷设在冰冻线以下200 mm。建筑内埋地管在无活荷载和冰冻影响时，其管顶离地面高度不宜小于0.3 m。

表1-7 给水管预留孔洞、墙槽尺寸 单位：mm

管道名称	管径	明管留洞尺寸 长(高)×宽	暗管墙槽尺寸 宽×深
立管	≤25	100×100	130×130
	32～50	150×150	150×130
	70～100	200×200	200×200
2根立管	≤32	150×100	200×130
横支管	≤25	100×100	60×60
	32～40	150×130	150×100
引入管	≤100	300×200	—

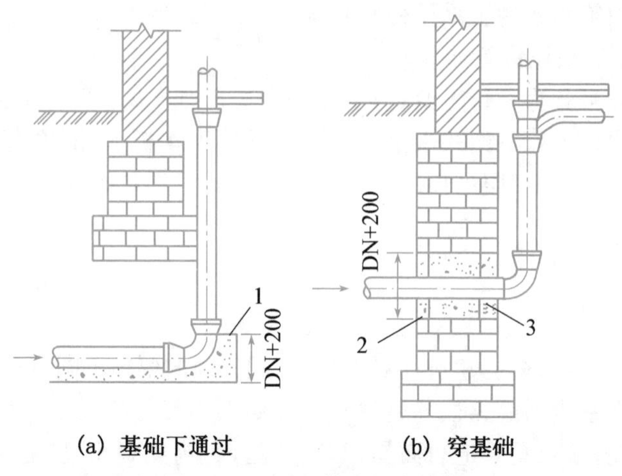

(a) 基础下通过 (b) 穿基础

图 1-22 引入管进入建筑物

管道在空间敷设时，必须采取固定措施，以保证施工方便和安全供水。固定管道的支、托架、吊架如图 1-23 所示。室内给水管道（塑料管、复合管）支、吊架最大间距见表 1-8，普通钢管（包括热浸镀锌钢管）水平安装支架最大间距见表 1-9。

(a) 管道支架

(b) 管道托架

(c) 管道吊架

图 1-23 管道支架、托架、吊架

表 1-8 塑料管及复合管管道支架的最大间距

管径/mm	12	14	16	18	20	25	32	40	50	63	75	90	110
立管/m	0.5	0.6	0.7	0.8	0.9	1.0	1.1	1.3	1.6	1.8	2.0	2.2	2.4
水平管/m	0.4	0.4	0.5	0.5	0.6	0.7	0.8	0.9	1.0	1.1	1.2	1.35	1.55

注：采用金属制作的管道支架，应在管道与支架间衬非金属垫或套管。

表 1-9 钢管管道支架的最大间距

管径/mm	15	20	25	32	40	50	70	80	100	125	150	200	250	300
立管/m	2.0	2.5	2.5	2.5	3.0	3.0	4.0	4.0	4.5	6.0	7.0	7.0	8.0	8.5
水平管/m	2.5	3.0	3.25	4.0	4.5	5.0	6.0	6.0	6.5	7.0	8.0	9.5	11.0	12.0

钢管立管管卡安装应符合下列规定：

(1) 楼层高度≤5 m，每层必须安装 1 个；

(2) 楼层高度>5 m，每层不得少于 2 个；

(3) 管卡安装高度，距地面应为 1.5～1.8 m，2 个以上管卡应均匀安装，同一房间的管卡应安装在同一高度。

1.6.3 给水管道的防腐、防冻、防结露

1. 管道防腐

无论是明装管道还是暗装的管道，除镀锌钢管、给水塑料管外，都必须做防腐处理。

管道防腐最常用的方法是刷油。具体做法是，明装管道表面除锈，露出金属光泽并使之干燥，刷防锈漆两道，然后刷面漆 1～2 道，如果管道需要做标志时，可再刷调和漆或铅油；暗装管道除锈后，刷防锈漆两道；埋地钢管除锈后刷冷底子油两道，再刷沥青胶(玛蹄脂)两遍。质量较高的防腐做法是做管道防腐层，层数 3～9 层不等。材料为冷底子油、沥青胶、防水卷材等。对于埋地铸铁管，如果管材出厂时未涂油，敷设前在管外壁涂沥青两道防腐；明装部分可刷防锈漆两道和银粉两道。当通过管道内的水有腐蚀性时，应采用耐腐蚀管材或在管道内壁采取防腐措施。

2. 管道保温防冻

在寒冷地区，对于敷设在冬季不采暖房间的管道以及安装在受室外冷空气影响的门厅、过道处的管道应考虑保温、防冻措施。常用的做法是，在管道安装完毕，经水压试验和管道外表面除锈并刷防腐漆后，管道外包棉毡(如岩棉、超细玻璃棉、玻璃纤维和矿渣棉毡等)做保温层，或用保温瓦(由泡沫混凝土、硅藻土、水泥蛭石、泡沫塑料和水泥膨胀珍珠岩等制成)做保温层，外包玻璃丝布保护层，表面刷调和漆。

3. 管道防结露

管道明装在环境温度较高，空气湿度较大的房间，如厨房、洗衣房和某些生产车间等，管道表面可能产生凝结水而引起管道的腐蚀，应采取防结露措施。其做法一般与保温的做法相同。

1.7 室内消防给水系统

室内消防给水系统是以水作为灭火剂，用于扑救建筑一般性火灾。目前是最经济有效的消防灭火系统。火灾统计资料表明，建筑物内的一般性初期火灾，主要是用建筑内部消防给水设备来控制和扑救的。

室内消防给水系统可分为高层建筑和单、多层建筑消防给水系统，两者划分主要是根据消防队的登高消防器材和常用消防车的供水能力。根据《建筑设计防火规范》(GB 50016—2014)的规定：建筑高度大于 27 m 的住宅建筑和建筑高度大于 24 m 的非单层厂房、仓库和其他民用建筑为高层建筑，室内设置的消防给水系统为高层建筑消防给水系统。高层建筑灭火必须立足于自救，因此高层建筑的室内消防给水系统应具有扑灭建筑物大火的能力。除高层建筑外，其他建筑为单、多层建筑，室内设置消防给水系统，为低层建筑消防给水系统，主要用于扑救建筑物初期火灾。为了节约投资，并考虑到消防队赶到火场扑救建筑物初

期火灾的可能性，并不要求任何建筑物都必须设置室内消防给水系统。

室内消防给水系统的种类主要有室内消火栓给水系统和自动喷水灭火系统两大类，除此之外还有水喷雾灭火系统、细水雾灭火系统、泡沫灭火系统、消防炮灭火系统等。

1.7.1　室内消火栓给水系统的设置范围

根据《建筑防火通用规范》(GB 55037—2022)下列建筑或场所应设置室内消火栓系统：

建筑消火栓给水系统概述

(1) 建筑占地面积大于 300 m^2 的甲、乙、丙类厂房；

(2) 建筑占地面积大于 300 m^2 的甲、乙、丙类仓库；

(3) 高层公共建筑和建筑高度大于 21 m 的住宅建筑；

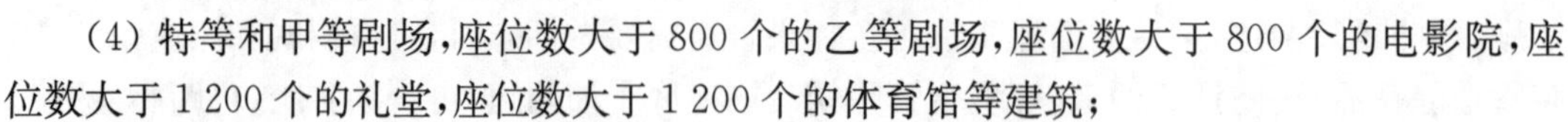

(4) 特等和甲等剧场，座位数大于 800 个的乙等剧场，座位数大于 800 个的电影院，座位数大于 1 200 个的礼堂，座位数大于 1 200 个的体育馆等建筑；

(5) 建筑体积大于 5 000 m^3 的下列单、多层建筑：车站、码头、机场的候车(船、机)建筑，展览、商店、旅馆和医疗建筑，老年人照料设施，档案馆，图书馆；

(6) 建筑高度大于 15 m 或建筑体积大于 10 000 m^3 的办公建筑、教学建筑及其他单、多层民用建筑；

(7) 建筑面积大于 300 m^2 的汽车库和修车库；

(8) 建筑面积大于 300 m^2 且平时使用的人民防空工程；

(9) 地铁工程中的地下区间、控制中心、车站及长度大于 30 m 的人行通道，车辆基地内建筑面积大于 300 m^2 的建筑；

(10) 通行机动车的一、二、三类城市交通隧道。

1.7.2　室内消火栓给水系统

室内消火栓给水系统组成

消火栓给水系统具有使用方便、灭火效果好、能控制和扑灭大火、价格便宜、设备简单等优点，因此从目前我国经济、技术条件来考虑，消火栓给水系统是建筑最基本的灭火设备。

1. 室内消火栓给水系统组成

系统通常由消防水源、消防管道、室内消火栓设备和供水设施等组成。如图 1-24 所示。

(1) 消防供水水源

消防供水水源包括：市政给水管网、天然水源、消防水池。严寒、寒冷等冬季结冰地区的消防水池、水塔和高位消防水池作为消防水源时应采取防冻措施；江、河、湖、海、水库等天然水源的设计枯水流量宜为 90%～97%，并应采取可靠的取水设施，天然水源应采取防止冰凌、漂浮物、悬浮物等物质堵塞消防水泵的技术措施。

(2) 消防管道

消防管道包括消防进水管、干管、立管及短支管等。为了保证消防供水安全，当室外消火栓设计流量大于 20 L/s，或室内消火栓超过 10 个时，室内消防给水管道应布置成环状，进水管应布置成 2 条。

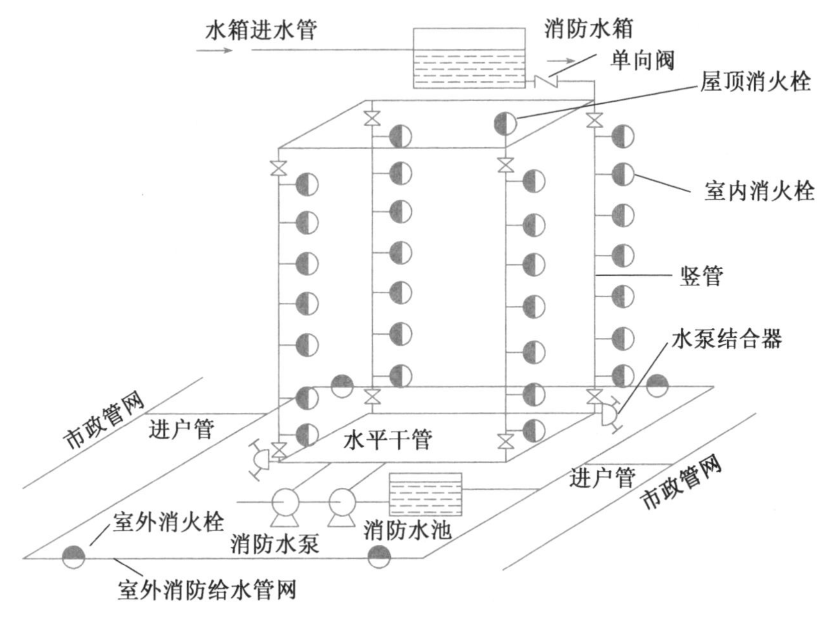

图 1-24　消火栓给水系统图

室内消防管道管径应根据系统的设计流量、流速、压力要求经计算确定；室内消火栓竖管管径应根据竖管最低流量经计算确定，但不应小于 DN100。

消防给水管道的设计流速不宜大于 2.5 m/s，但任何消防管道的给水流速不应大于7 m/s。

室内消防给水管道不得与生产、生活给水管道合用。

(3) 室内消火栓设备

室内消火栓设备包括消火栓、水枪、水带(消防软管卷盘和轻便水龙)等都设置在消火栓箱内。如图 1-25 所示。

图 1-25　室内消火栓箱

① 室内消火栓

a. 按出水口型式可分为：单出口室内消火栓和双出口室内消火栓。单出口室内消火栓直径有 50 mm 和 65 mm 两种，双出口室内消火栓直径为 65 mm。如图 1-26 所示。

(a) 单出口室内消火栓

(b) 双出口室内消火栓

图 1-26 室内消火栓

b. 按栓阀数量可分为:单栓阀室内消火栓和双栓阀室内消火栓。

c. 按结构型式可分为:直角出口型室内消火栓、45°出口型室内消火栓、旋转型室内消火栓、减压型室内消火栓、旋转减压型室内消火栓、减压稳压型室内消火栓、旋转减压稳压型室内消火栓等。

每支水枪最小流量不小于 2.5 L/s 时可选直径 50 mm 的消火栓,最小流量不小于 5 L/s 宜选用 65 mm 的消火栓。同一建筑物内应采用统一规格的消火栓、水枪、水带。

② 消防水带

a. 按衬里材料可分为橡胶衬里消防水带、乳胶衬里消防水带、聚氨酯(TPU)衬里消防水带、PVC 衬里消防水带、消防软管。如图 1-27 所示。

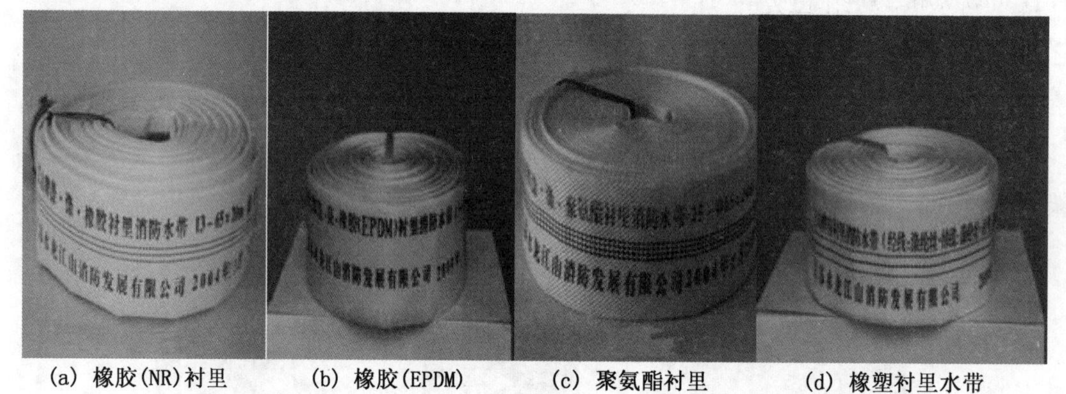

(a) 橡胶(NR)衬里　(b) 橡胶(EPDM)　(c) 聚氨酯衬里　(d) 橡塑衬里水带

图 1-27 几种不同衬里材料水带

b. 按承受工作压力可分为 0.8 MPa、1.0 MPa、1.3 MPa、1.6 MPa、2.0 MPa、2.5 MPa 工作压力的消防水带。

c. 按内口径可分为内口径 25 mm、50 mm、65 mm、80 mm、100 mm、125 mm、150 mm、300 mm 的消防水带。

d. 按使用功能可分为通用消防水带、消防湿水带、抗静电消防水带、A 类泡沫专用水带、水幕水带。

e. 按结构可分为单层编织消防水带、双层编织消防水带、内外涂层消防水带。如图 1-28 所示。

f. 按编织层编织方式可分为平纹消防水带、斜纹消防水带。

g. 按水带长度可分为 15 m、20 m、25 m、30 m 的消防小带。DN65 的室内消火栓,应配

(a) 单层　　(b) 双层　　(c) 双面涂覆

图 1－28　几种不同结构水带

置公称直径 65 的内衬里消防水带，长度不宜超过 25 m。

③ 消防水枪的分类

a. 消防水枪按照喷水方式有直流水枪、喷雾水枪和多用途水枪三种基本型式。水枪采用铝合金材料制成，它的作用在于产生灭火需要的充实水柱。如图 1－29 所示。

图 1－29　消防水枪

b. 按水枪的工作压力分为低压水枪（0.2～1.0 MPa）、中压水枪（1.6～2.5 MPa）和高压水枪（2.5～4.0 MPa）。

c. 按水枪喷嘴口径分为 13 mm、16 mm、19 mm 的消防水枪。喷嘴口径 13 mm 的水枪配 50 mm 的水带，16 mm 的水枪可配 50 mm 或 65 mm 水带，19 mm 水枪配 65 mm 水带。

消防软管卷盘和轻便水龙作为消火栓给水统统中一种重要的辅助灭火设备，在人员密集的公共建筑、建筑高度大于 100 m 的建筑和建筑面积大于 200 m^2 的商业服务网点内应设置。高层住宅建筑的户内宜配置轻便消防水龙。

2. 室内消火栓给水系统给水方式

(1) 高压消防给水方式(无水箱、水泵的室内消火栓给水系统)

当室外给水管网所提供的水量和水压，在任何情况下均能够满足室内消火栓给水系统所需水量和水压要求，宜采用这种方式。

(2) 临时高压消火栓给水方式(有水箱、水泵的室内消火栓给水系统)

平时不能满足灭火设施所需的工作压力和流量，火灾时需要启动消防水泵来满足灭火设施所需的工作压力和流量的给水方式。

(3) 低压消防给水方式

能够满足车载或手抬移动消防水泵等取水所需的工作压力和流量的供水方式。

(4) 分区的消火栓给水方式

消火栓栓口处静水压力大于 1.0 MPa 和系统工作压力大于 2.4 MPa 的消火栓系统应采用分区的给水方式。如图 1－30 所示。

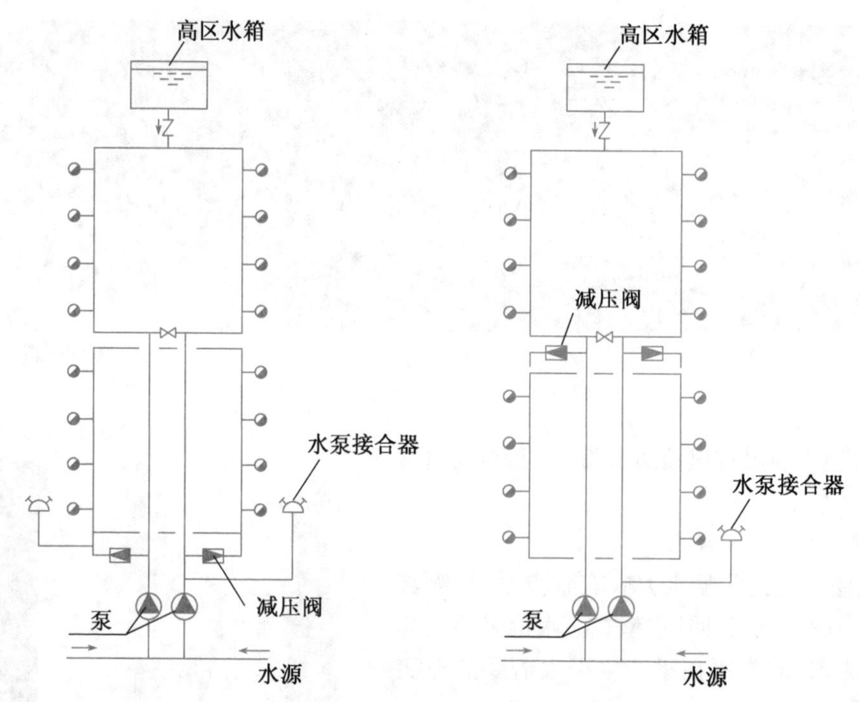

图 1-30　减压阀分区给水方式

3. 消火栓布置

设置室内消火栓的建筑，包括设备层在内的各层均应设置消火栓。消防电梯前室应设置室内消火栓，并应计入消火栓使用数量。

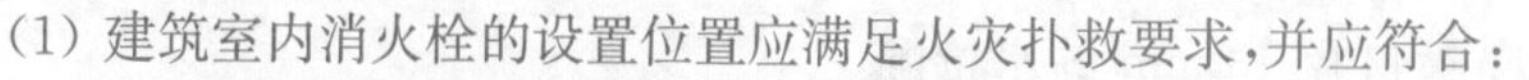

(1) 建筑室内消火栓的设置位置应满足火灾扑救要求，并应符合：

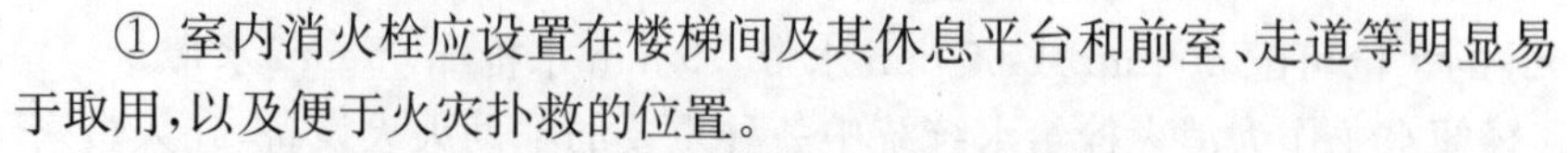

① 室内消火栓应设置在楼梯间及其休息平台和前室、走道等明显易于取用，以及便于火灾扑救的位置。

② 住宅的室内消火栓宜设置在楼梯间及其休息平台。

③ 汽车库内消火栓的设置不应影响汽车的通行和车位的设置，并应确保消火栓的开启。

④ 同一楼梯间及其附近不同层设置的消火栓，其平面位置宜相同。

⑤ 冷库的室内消火栓应设置在常温穿堂或楼梯间内。

⑥ 室内消火栓栓口的安装高度应便于消防水带的连接和使用，其距地面高度宜为 1.1 m；其出水方向应便于消防水带的敷设，并宜与设置消火栓的墙面成 90°角或向下。

⑦ 设有室内消火栓的建筑应设置带有压力表的试验消火栓，设置在水力最不利处，如顶层出口处或水箱间内便于操作和防冻的位置。

(2) 室内消火栓宜按直线距离计算其布置间距，并应符合：

① 消火栓按 2 支消防水枪的 2 股充实水柱布置的建筑物，消火栓的布置间距不应大于 30 m。

② 消火栓按 1 支消防水枪的 1 股充实水柱布置的建筑物，消火栓的布置间距不应大于 50 m。

室内消火栓的布置应满足同一平面有 2 支消防水枪的 2 股充实水柱同时达到任何部位

的要求，当建筑高度≤24 m 且体积≤5 000 m^3 的多层仓库、建筑高度小于或等于 54 m 且每单元设置一部疏散楼梯的住宅，可采用 1 支消防水枪的场所，可采用 1 支消防水枪的 1 股充实水柱到达室内任何部位。

(3) 室内消火栓栓口压力和消防水枪充实水柱，应符合：

① 应急性能好，灭火迅速.室内消火栓栓口动压力不应大于 0.50 MPa；当大于 0.70 MPa 时必须设置减压装置；

② 高层建筑、厂房、库房和室内净空高度超过 8 m 的民用建筑等场所，消火栓栓口动压不应小于 0.35 MPa，且消防水枪充实水柱应按 13 m 计算；

其他场所，消火栓栓口动压不应小于 0.25 MPa，且消防水枪充实水柱应按 10 m 计算。

1.7.3 自动喷水灭火系统

自动喷水灭火系统是一种发生火灾时能自动探测报警并自动喷水进行控制和扑灭火灾的消防给水系统。

它具有以下优点：① 灭火迅速及时、安全可靠。② 具有预报功能，有利于人员和物资的疏散；③ 经济效益高。它是目前国际上应用范围最广、用量最大、灭火成功率最高、造价最低的固定灭火设置，并被公认是最为有效的建筑火灾自救设施。它的作用是扑救初期火灾。

根据《建筑防火通用规范》(GB 55037—2022)，除建筑内的游泳池、浴池、溜冰场可不设置自动灭火系统外，下列民用建筑、场所应设置自动灭火系统：

(1) 一类高层公共建筑及其地下、半地下室；

(2) 二类高层公共建筑及其地下、半地下室中的公共活动用房、走道、办公室、旅馆的客房、可燃物品库房；

(3) 建筑高度大于 100 m 的住宅建筑；

(4) 特等和甲等剧场，座位数大于 1 500 个的乙等剧场，座位数大于 2 000 个的会堂或礼堂，座位数大于 3 000 个的体育馆，座位数大于 5 000 个的体育场的室内人员休息室与器材间等；

自动喷水灭火系统设置场所和洒水喷头

(5) 任一层建筑面积大于 1 500 m^2 或总建筑面积大于 3 000 m^2 的单、多层展览建筑、商店建筑、餐饮建筑和旅馆建筑；

(6) 中型和大型幼儿园，老年人照料设施，任一层建筑面积大于 1 500 m^2 或总建筑面积大于 3 000 m^2 的单、多层病房楼、门诊楼和手术部；

(7) 除本条上述规定外，设置具有送回风道(管)系统的集中空气调节系统且总建筑面积大于 3 000 m^2 的其他单、多层公共建筑；

(8) 总建筑面积大于 500 m^2 的地下或半地下商店；

(9) 设置在地下或半地下、多层建筑的地上第四层及以上楼层、高层民用建筑内的歌舞娱乐放映游艺场所，设置在多层建筑第一层至第三层且楼层建筑面积大于 300 m^2 的地上歌舞娱乐放映游艺场所；

(10) 位于地下或半地下且座位数大于 800 个的电影院、剧场或礼堂的观众厅；

(11) 建筑面积大于 1 000 m^2 且平时使用的人民防空工程。

(12) 除敞开式汽车库可不设置自动灭火设施外，Ⅰ、Ⅱ、Ⅲ类地上汽车库，停车数大于

10 辆的地下或半地下汽车库,机械式汽车库,采用汽车专用升降机作汽车疏散出口的汽车库,1 类的机动车修车库均应设自动灭火系统。

1. 自动喷水灭火系统的组成

系统一般由洒水喷头、报警阀组、水流报警装置(水流指示器或压力开关)以及管道、供水设施、水源和火灾自动报警系统等组成,如图 1-31 所示。

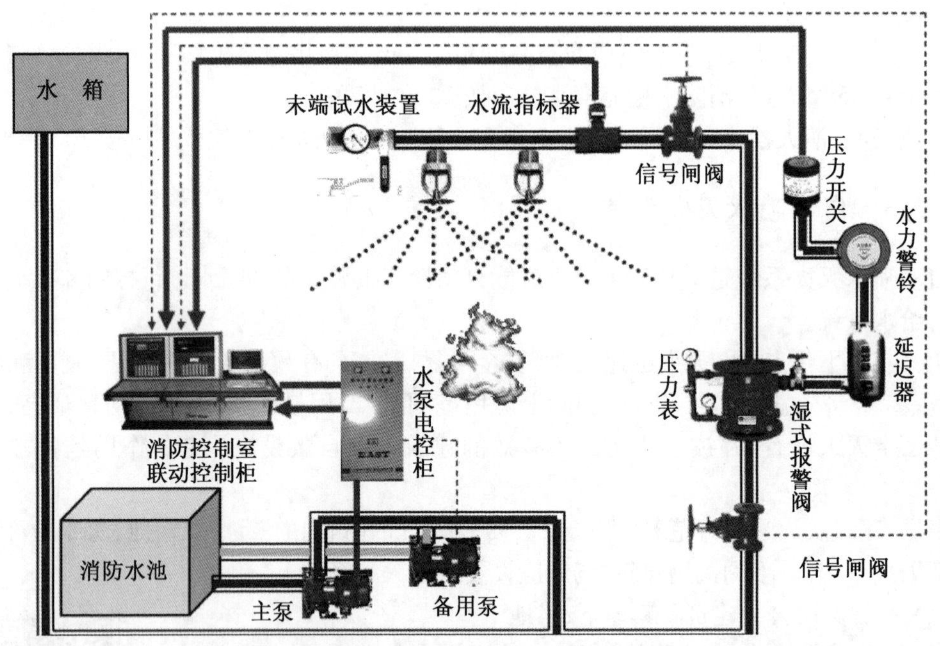

图 1-31　自动喷水灭火系统的组成

(1) 洒水喷头。它是指在接触火灾烟气受热的作用下,在预定的温度范围内自动启动,或根据火灾信号有控制设备启动,进行喷水灭火或控火的装置。自动喷水灭火系统的喷头有闭式喷头、开式喷头和特殊喷头三类。

① 闭式喷头是具有释放机构的洒水喷头。由喷口、堵水支撑、溅水盘三部分组成。喷口是由热敏元件组成的堵水支撑所封闭,达到设定温度而自动开启。按其热敏元件的不同,闭式喷头有易熔元件洒水喷头和玻璃球洒水喷头。如图 1-32 所示。

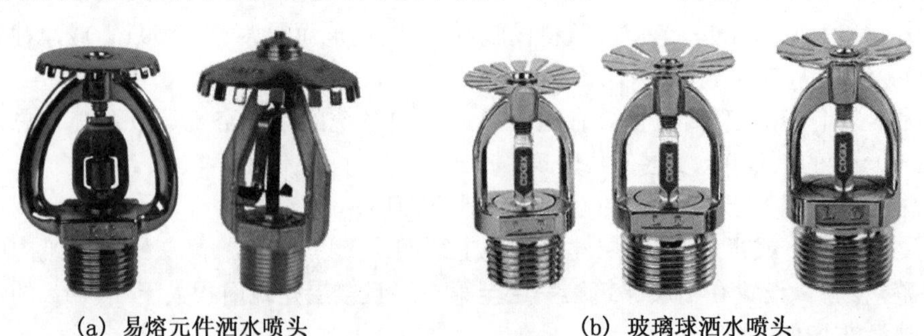

(a) 易熔元件洒水喷头　　(b) 玻璃球洒水喷头

图 1-32　闭式喷头

② 开式喷头是没有释放机构的洒水喷头。喷口是敞开的，按用途不同又可分为开启式、水幕式、喷雾式三种类型。如图1-33所示。

(a) 开式洒水喷头　　(b) 开式水幕喷头　　(c) 水雾喷头

图1-33　开式喷头

③ 特殊喷头主要是在构造上与一般喷头相比，具有适应特殊喷水功能要求的特点。

喷头按溅水盘的形式和安装方式分直立型、下垂型、边墙型和吊顶型。

上述几种喷头的公称口径为6～25 mm，公称直径小于10 mm时，应在配水干管或配水管上安装过滤器，防止水中杂质阻塞喷头。闭式喷头的动作温度为57～343 ℃，用不同色标标识。

喷头布置的位置和间距，原则是应满足装设自动系统房间的任何部位发生火灾时，都能得到要求强度的喷水。根据房屋构造和几何形状，喷头可布置成正方形、长方形或菱形。水幕喷头的布置要使喷水形成幕帘状，起到阻火、隔火或冷却防火分隔物的作用。

(2) 报警阀组。它是指自动喷水中能接通或切断水源，并启动报警器的装置，由报警阀和附件(延迟器、水力警铃、压力开关、控制阀、压力表、报警试验阀、平衡阀、过滤器等)组成。在自动喷水灭火系统中，报警阀组是至关重要的组件，其作用是接通或切断水源、输出报警信号和防止水倒流回水源，还可以通过报警阀组对系统的供水装置和报警装置进行检验。报警阀是一种只允许水单向流入喷水系统并在规定流量下报警的一种单向阀。报警阀根据系统的不同分为湿式报警阀、干式报警阀、雨淋阀和预作用报警阀。如图1-34所示。

(3) 水流报警装置。它是指在自动喷水系统中起监测、控制、报警的作用，并能发出声、光等信号的装置，有水流指示器和压力开关两种。水流指示器能及时报告发生火灾的部位，因此每个防火分区和每个楼层均要求设有水流指示器。雨淋系统和水幕系统宜采用压力开关，其余自动喷水灭火系统则采用水流指示器。

(4) 末端试水装置。它是指安装在系统管网或分区管网的末端，检测系统供水压力、流量、报警和联动功能的装置。其作用是：在模拟火灾初期仅开放1只喷头的最苛刻的条件下，检测系统的启动状态。末端试水装置应由试水阀、压力表和试水接头组成。末端试水装置的出水应采用孔口出流的方式排入排水管道。如图1-35所示。

(5) 系统的其他配件。系统中需要控制管道静压的区域，宜采用分区供水或设减压阀。需要控制管道动压的区域，宜设减压孔板或节流管。系统的管道应设有泄水阀(泄水口)、排气阀(或排气口)和排污口。干式系统和预作用系统的配水管道，应设有快速排气阀，系统有压充气管道的，其快速排气阀的入口应设有电动阀。

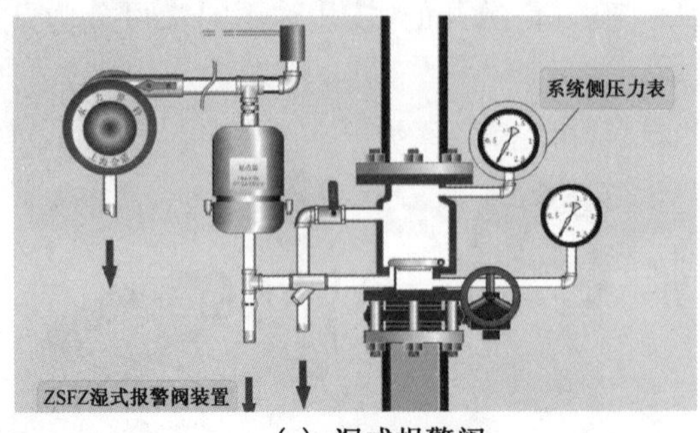

(a) 湿式报警阀

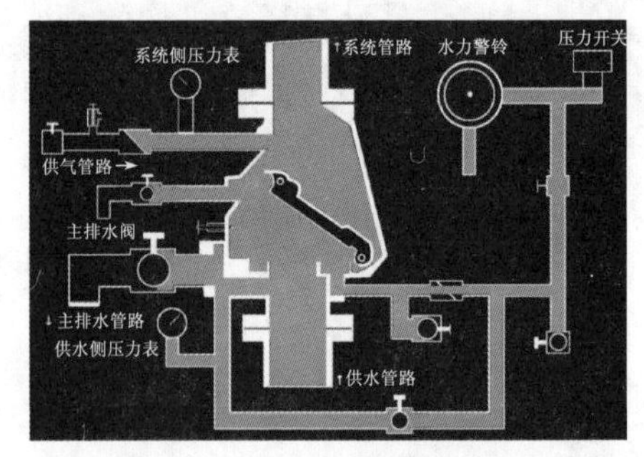

(b) 干式报警阀

(c) 雨淋阀

(d) 预作用报警阀

图 1-34　各种报警阀组

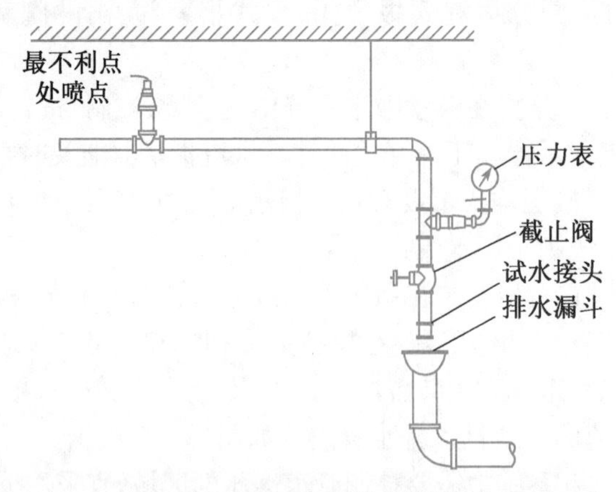

图 1-35　末端试水装置

(6) 火灾自动报警系统。它是由火灾探测器、火灾报警控制器和消防联动控制器等组成。它可单独作为火灾自动报警用、也可与自动喷水系统联动,组成自动报警联动控制系统。

2. 自动喷水灭火系统的分类

自动喷水灭火系统的分类

自动喷水灭火系统根据喷头的不同可分为闭式系统和开式系统。闭式系统又有湿式、干式、预作用和重复启闭预作用系统。开式系统又可分为雨淋系统和水幕系统。

(1) 湿式自动喷水灭火系统。它是准工作状态时配水管道内充满用于启动系统的有压水的闭式系统。如图1-36所示。

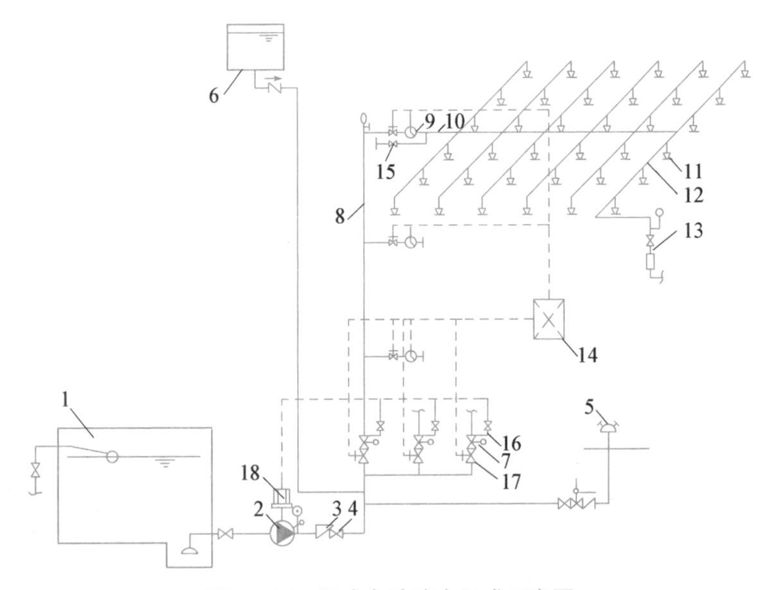

图1-36 湿式自动喷水组成示意图

1—消防水池；2—消防水泵；3—止回阀；4—闸阀；5—水泵结合器；6—消防水箱；7—湿式报警阀；8—配水干管；9—水流指示器；10—配水管；11—闭式喷头；12—配水支管；13—末端试水装置；14—报警控制器；15—泄水阀；16—压力开关；17—信号阀；18—驱动电动机

如图1-37所示，湿式报警阀的上下管道中始终充满有压水。该系统处于准工作状态时，由高位消防水箱或稳压泵、气压给水设备等稳压设施维持管道内冲水的压力。发生火灾时，闭式喷头探测火灾，喷头开启喷水灭火，水流指示器报告起火区域，湿式报警阀组的压力开关输出启动消防水泵的信号，完成系统的启动。系统启动后，由消防水泵向开放的喷头供水，开放的喷头将供水按不低于设计规定的喷水强度均匀喷洒，实施灭火。由于系统始终充满有压水，湿式自动喷水系统适用于环境温度不低于4℃，

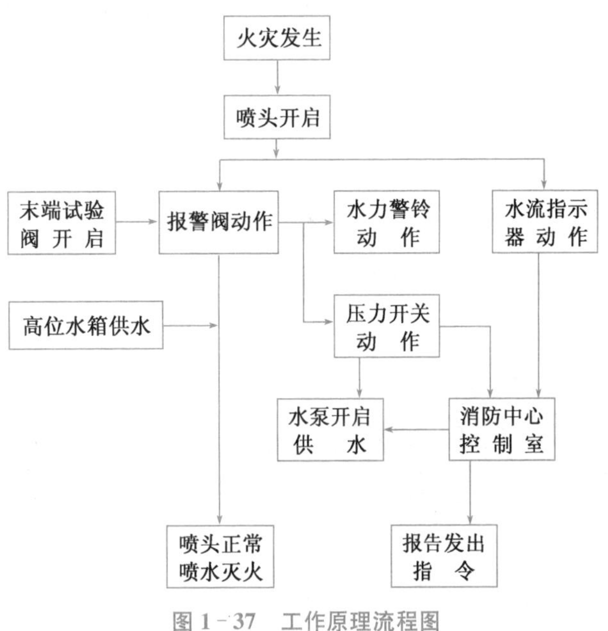

图1-37 工作原理流程图

且不高于 70 ℃的场所，该系统的灭火成功率比其他灭火系统高。

(2) 干式自动喷水灭火系统。它是准工作状态时配水管道内充满用于启动系统的有压气体的闭式系统，即在报警阀的上部管道中充装有压气体。因此使用场所不受环境温度的限制。与湿式系统的区别在于采用干式报警阀，并设置保持配水管道内气压的自动充气设备和排气设备。该系统适用于有冰冻危险与环境温度有可能超过 70 ℃的场所，是管道内的充水气化升压的场所。干式系统的缺点是：发生火灾时，配水管道必须经过排气充水的过程，因此推迟了开始喷水的时间。因此对于存在有可燃物燃烧速度比较快的建筑物，不宜采用该系统，另外系统配水管道也不宜太长，配水管道充水时间不宜大于 1 min。

(3) 预作用自动喷水灭火系统。它是准工作状态时配水管道内不充水，火灾时由火灾自动报警系统开启雨淋报警阀，后转换为湿式系统的闭式系统。该系统由火灾探测系统和管网中充装有压或无压气体的闭式喷头系统组成(管道内平时无水)。该系统在报警系统报警后(喷头还未开启)管道就充水，配水管道充水时间不宜大于 2 min，等喷头开启时已成湿式系统，不影响喷头开启后及时喷水。该系统可消除干式系统在喷头开放后延迟喷水的弊病，因此预作用系统可在低温和高温环境中替代干式系统。系统处于准工作状态时，严禁管道漏水，严禁系统误喷的忌水场所，应采用预作用系统。一般用于不允许出现水渍的重要旧建筑物内，如重要档案、资料、图书及贵重文物贮藏室。

(4) 重复启闭预作用自动喷水灭火系统。它是能在扑救火灾后自动关闭、复燃时再次开阀喷水的预作用系统。重复启闭预作用系统属于预作用系统的升级系统。和预作用系统比较，其感温探测器即可输出火灾信号，又可在环境恢复常温时输出灭火信号，报警阀可按指令信号关闭和再次开启，可有效降低不必要的水渍污染。

(5) 雨淋系统。它是由火灾自动报警系统或传动管控制，自动开启雨淋报警阀，向其配水管道上全部开式洒水喷头供水自动喷水灭火系统。如图 1－38 所示。该系统由火灾探测系统和管道平时不充水的开式喷头等组成。发生火灾时，探测器动作，将信号传至火灾控制器，由控制器打开雨淋阀组上的电磁阀，雨淋阀随之开启，压力开关动作打开消防水泵，向整个系统的全部开式供水进行灭火。雨淋阀的自动开启有电动、液(水)或气动方式。雨淋系统应用在以下几种情况：火灾的水平蔓延速度快，闭式喷头的开放不能及时使喷水有效覆盖着火区域；室内净空高度超过下表的规定，且必须迅速扑救的初期火灾；火灾危险等级为严重危险Ⅱ级的场所。

表 1－10　采用闭式系统场所的最大净空高度

单位：m

设置场所	采用闭式系统场所的最大净空高度
民用建筑和工业厂房	8
仓库	9
非仓库类高大净空场所	12
采用早期抑制快速响应喷头的仓库	13.5

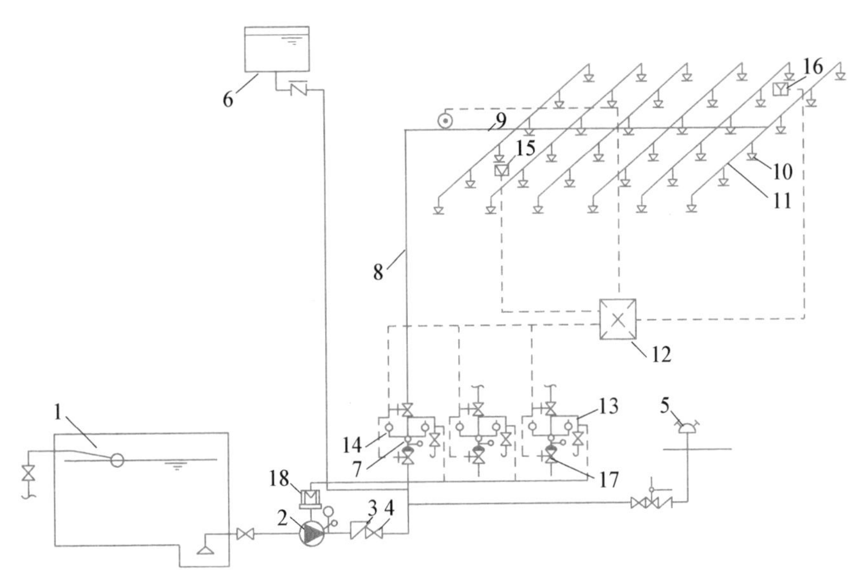

图1-38 电动雨淋系统组成示意图

1—消防水池；2—水泵；3—止回阀；4—闸阀；5—水泵结合器；6—消防水箱；7—雨淋报警阀组；8—配水干管；9—配水管；10—开式喷头；11—配水支管；12—报警控制器；13—压力开关；14—电磁阀；15—感温火灾探测器；16—感烟火灾探测器；17—信号阀；18—驱动电动机

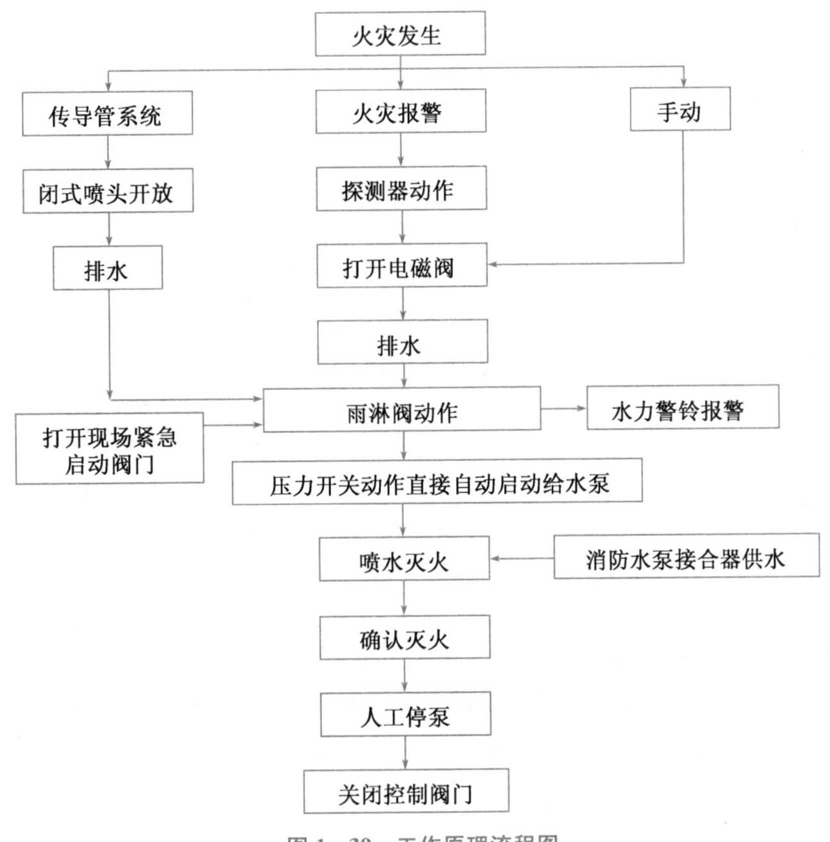

图1-39 工作原理流程图

(6) 水幕系统。它是由开式洒水喷头或水幕喷头、雨淋阀组或感温雨淋阀,以及水流报警装置(水流指示器或压力开关)等组成,用于挡烟阻火和冷却分隔物的喷水系统。水幕系统的组成与雨淋系统相似,但它不是灭火设施,而是防火设施。并按功能划分为防火分隔水幕和防护冷却水幕。防火分隔水幕是指密集喷洒形成水墙或水帘的水幕。防护冷却水幕是指冷却防护卷帘等分隔物的水幕。

1.7.4 水喷雾灭火系统

水喷雾灭火系统是利用水雾喷头在一定水压下将水流分解成细小水雾滴(直径 1 mm 以下)进行灭火或防护冷却的一种固定式灭火系统,具有投资小、操作方便、灭火效率高的特点。其灭火原理是在火焰上形成隔氧层,同时水雾汽化吸收热量,降低火焰温度等。总之,是利用它对燃烧物起窒息、冷却、稀释、乳化等作用而进行灭火的。它是在自动喷水系统的基础上发展起来的,和雨淋系统极为相似,二者虽仅采用的喷头不同,但在灭火机理与保护对象方面,二者存在着性质上的不同,因此水喷雾系统不属于自喷系统范畴。水喷雾灭火系统可用于扑救固体物质火灾、闪点高于 60 ℃的丙类液体火灾、饮料酒火灾和电气火灾,也可用于可燃气体和甲、乙、丙液体的生产、储存装置或装卸设施的防护冷却。根据《建筑设计防火规范》(GB 50016—2014)中规定,下列场所应设置自动灭火系统,并宜采用水喷雾灭火系统:① 单台容量在 40 MV·A 及以上的厂矿企业油浸变压器,单台容量在 90 MV·A 及以上的电厂油浸变压器,单台容量在 125 MV·A 及以上的独立变电站油浸变压器;② 飞机发动机试验台的试车部位;③ 充可燃油并设置在高层民用建筑物内的高压电容器和多油开关室。

1.7.5 细水雾灭火系统

细水雾灭火系统主要以水为灭火介质,采用特殊喷头在压力作用下喷洒细水雾进行灭火或控火,是一种灭火效能较高、环保、适应范围较广的灭火系统。该系统最早于 20 世纪 40 年代用于轮船灭火。进入 20 世纪末,细水雾灭火系统得到了迅速发展。细水雾灭火系统的灭火机理是依靠水雾化成细小的雾滴,充满整个防护空间或包裹并充满保护对象的空隙,通过冷却、窒息等方式进行灭火。和传统的自动喷水灭火系统相比,细水雾灭火系统用水量少、水渍损失小、传递到火焰区域以外的热量少,可用于扑救带点设备火灾和可燃液体火灾。细水雾系统对人体无害、对环境无影响,有很好的冷却、隔热作用和烟气洗涤作用,其水源更容易获取,灭火的可持续能力强,还可以在一定的开口条件下使用。这些优点使得细水雾灭火系统有着广泛的使用范围,能够用于扑救可燃固体、可燃液体及电气火灾。

细水雾灭火系统由加压供水设备(泵组或瓶组)、系统管网、分区控制阀组、细水雾喷头和火灾自动报警及联动控制系统等组成。为了防止细水雾喷头堵塞,影响灭火效果,系统还设有过滤器。按照系统供水方式(主要是按照驱动源类型)分:泵组式系统和瓶组式系统,按照采用的细水雾喷头型式分:开式系统和闭式系统,按照应用方式分:全淹没式系统和局部应用式系统。

1. 泵组式系统

驱动源—柱塞泵、高压离心泵、柴油机泵、气动泵等泵组。系统组成:细水雾喷头、泵组单元、储水箱、分区控制阀、过滤器、安全阀、泄压调压阀、减压装置、信号反馈装置、控制盘(柜)、管路及附件等。如图1-40(a)所示。

2. 瓶组式系统

储气瓶组—高压氮气，储水瓶组—水。系统由细水雾喷头、储水瓶组、储气瓶组、分区控制阀、驱动装置、气体单向阀、安全泄放装置、减压装置、信号反馈装置、控制盘(柜)、集流管、连接管、过滤器、管路及附件等部件组成。如图1-40(b)所示。

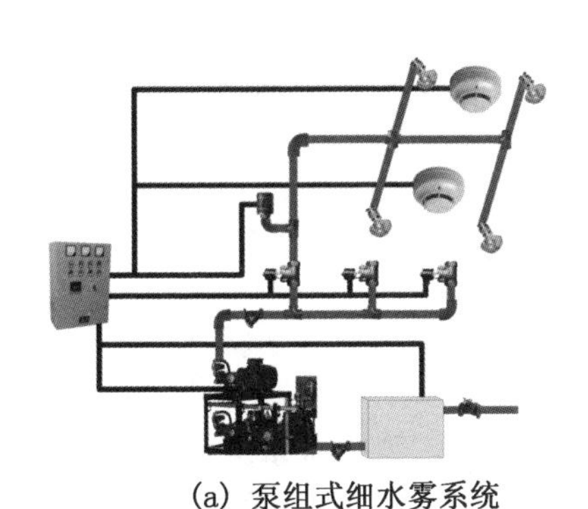

(a) 泵组式细水雾系统

(b) 瓶组式细水雾系统

图1-40 细水雾系统

3. 开式细水雾灭火系统

它是采用开式细水雾喷头，由火灾自动报警系统控制，自动开启分区控制阀和启动供水泵后，向喷头供水。开式系统按照系统的应用方式，可以分为全淹没应用和局部应用两种形式。

(1) 全淹没式系统。它是向整个防护区内喷放细水雾，保护其内部所有保护对象的系统应用方式。

(2) 局部应用式系统。它是向保护对象直接喷放细水雾，保护空间内某集体保护对象的系统应用方式。

4. 闭式细水雾灭火系统

它是采用闭式细水雾喷头的细水雾灭火系统。闭式系统还可以细分为湿式系统、干式系统和预作用系统。

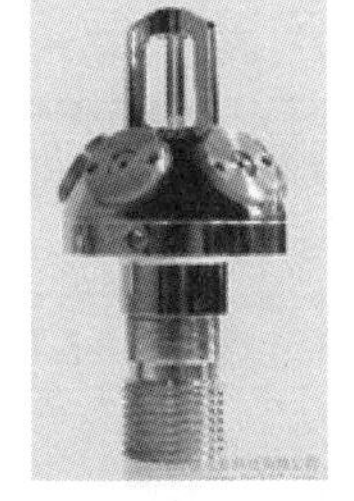

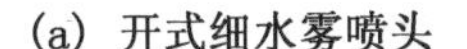

(a) 开式细水雾喷头

(b) 闭式细水雾喷水

图1-41 细水雾喷头

1.7.6 消防水泵、水箱和水池

1. 消防水泵

消防水泵是室内消防给水系统中最主要的设备，消防水泵型式选择考虑的因素有：可靠性、安装场所、消防水源、消防给水设计流量和扬程。水泵驱动器宜采用电动机或柴油机直接传动，一组消防水泵可由同一消防给水系统的工作泵和备用泵组成。单台消防水泵的最小额定流量不应小于 10 L/s，最大额定流量不宜大于 320 L/s。消防水泵应采用自灌式吸水，一组消防水泵，吸水管不能少于两条，当其中一条损坏或检修时，其余吸水管应能通过全部的消防给水设计流量。一组消防水泵应设不少于两条的输水干管与消防给水环状管网相连，当其中一条损坏或检修时，其余输水管应能供应全部消防给水设计流量。同一泵组的消防水泵型号宜一致，且工作泵不宜超过 3 台。

消防水泵应采取防水淹没的技术措施，消防水泵和控制柜应采取安全保护措施。消防水泵控制柜在平时应使消防水泵处于自动启泵状态，消防水泵不应设置自动停泵的控制功能，停泵由具有管理权限的工作人员根据火灾扑救情况确定。消防水泵应确保从接到启泵信号到水泵正常运转的自动启动时间不应大于 2 min。消防水泵应能手动起、停和自动启动，机械应急启动时，应确保消防水泵在报警后 5 min 内正常工作。消火栓按钮不宜作为直接启动消防水泵的开关。但可作为发出报警信号的开关或启动干式消火栓系统的快速启闭装置。

2. 消防水箱

消防水箱的作用是供给建筑物初期火灾时的消防用水量，并保证相应的水压要求。高压消防给水系统的水量和水压，在任何情况下均能够满足室内消火栓给水系统所需水量和水压要求，可以不设消防水箱。而对临时高压消防给水系统(独立设置或区域集中)应设置消防水箱。高位消防水箱的有效容积应满足初期火灾消防用水量的要求，设置位置应高于其所服务的水灭火设施且最低有效水位应满足水灭火设施最不利点处的静水压力。如水箱出水压力低，达不到要求的充实水柱，就不能启动自动喷水系统报警阀压力开关，影响灭火效率。当水箱的设置不能满足规范要求的静水压力要求时，应设稳压泵。根据《消防给水及消火栓技术规范》(GB 50974—2014)的规定，高位消防水箱的有效容积及最不利点处静水压力如下表：

表 1-11 高位消防水箱的有效容积及最不利点处静水压力

建筑分类	建筑高度或面积	最小有效容积/m³	最小静水压力/MPa
一类高层公共建筑	≤100 m	36	0.10
	>100 m 且≤150 m	50	0.15
	>150 m	100	0.15
二类高层公建、多层公建		18	0.07
高层住宅	>100 m	36	0.10
	>54 m 且≤100 m	18	0.07
	>27 m 且≤54 m	12	0.07

（续表）

建筑分类	建筑高度或面积	最小有效容积/m³	最小静水压力/MPa
多层住宅	>21 m且≤27 m	6	0.07
商店建筑	总建筑面积>10 000 m² 且<30 000 m²	36	—
	总建筑面积≥30 000 m²	50	
工业建筑	室内给水流量≤25 L/s	12	0.07(V<20 000 m³) 0.10(V≥20 000 m³)
	室内给水流量>25 L/s	18	

自动喷水灭火系统等自动水灭火系统应根据喷头灭火需求压力确定，但最小不应小于0.10 MPa。

3. 消防水池

下列情况应设置消防水池：

(1) 当生产、生活用水量达到最大时，市政给水管网或入户引入管不能满足室内、室外消防给水设计流量。

(2) 当采用一路消防供水或只有一条入户引入管，且室外消火栓设计流量>20 L/s或建筑高度>50 m。

(3) 市政消防给水设计流量小于建筑室内外消防给水设计流量。

消防水池有效容积的计算：

(1) 当市政给水管网能保证室外消防给水设计流量时，消防水池的有效容积应满足在火灾延续时间内室内消防用水量的要求。

(2) 当市政给水管网不能保证室外消防给水设计流量时，消防水池的有效容积应满足火灾延续时间内室内消防用水量和室外消防用水量不足部分之和的要求。

消防水池的有效容积：

$$V_a = (Q_p - Q_b)t \tag{1-8}$$

式中：V_a——消防水池的有效容积；

Q_p——消火栓、自动喷水灭火系统的设计流量；

Q_b——在火灾延续时间内可连续补充的流量；

t——火灾延续时间。

消防水池的补水时间不宜大于48 h，但当消防水池有效总容积大于2 000 m³ 时不应大于96 h。消防水池进水管管径应经计算确定，且不应小于DN100。

当消防水池采用两路供水且在火灾情况下连续补水能满足消防要求时，消防水池的有效容积应根据计算确定，但不应小于100 m³，当仅设有消火栓系统时不应小于50 m³。

消防水池的总蓄水有效容积大于500 m³ 时，宜设两格能独立使用的消防水池；当大于1 000 m³ 时，应设置能独立使用的两座消防水池。

每座消防水池应设置独立的出水管。两座消防水池应设置满足最低有效水位的连通管，且其管径应能满足消防给水设计流量的要求。

储存室外消防用水的消防水池或供消防车取水的消防水池，应符合下列规定：

(1) 消防水池应设置取水口(井)，且吸水高度不应大于6.0 m；

(2) 取水口(井)与建筑物(水泵房除外)的距离不宜小于 15 m;

(3) 消防用水与其他用水共用的水池,应采取确保消防用水量不作他用的技术措施;

(4) 消防水池的出水管应保证消防水池的有效容积能被全部利用;

(5) 消防水池应设置就地水位显示装置,当建筑物设有消防控制中心时,应在值班室或控制室等地点设置显示消防水池水位的装置,并应有最高和最低报警水位;

(6) 消防水池应设置溢流水管和排水设施,并应采用间接排水。

4. 水泵接合器

接合器按其安装型式可分为地上式、地下式、墙壁式和多用式。如图 1-42 所示。

墙壁式的作用是室内消防水泵发生故障或遇到大火室内消防用水量不足时,消防车的水泵可迅速方便地通过该接合器的接口与建筑物内的消防设备相连接,并送水加压,从而使室内的消防设备得到充足的压力水源,用以扑灭不同楼层的火灾,有效地解决了建筑物发生火灾后,消防车灭火困难或因室内的消防设备因得不到充足的压力水源无法灭火的情况。

(a) 地上式　　(b) 地下式

(c) 墙壁式

图 1-42　水泵接合器

水泵接合器一般由接口、本体、连接管、止回阀、安全阀、泄水阀、控制阀等组成。

(1) 水泵接合器设置场合

① 设置自动喷水灭火系统、水喷雾灭火系统、泡沫灭火系统和固定消防炮灭火系统的建筑;

② 6 层及以上并设置室内消火栓系统的民用建筑;

③ 5 层及以上并设置室内消火栓系统的厂房、仓库;

④ 室内消火栓设计流量大于 10 L/ s 且平时使用的人民防空工程;

⑤ 地铁工程中设置室内消火栓系统的建筑或场所;

⑥ 设置室内消火栓系统的交通隧道;

⑦ 设置室内消火栓系统的地下、半地下汽车库和 5 层及以上的汽车库;

⑧ 设置室内消火栓系统,建筑面积大于 10 000 m^2 或 3 层及以上的其他地下、半地下建筑(室)。

(2) 设置要求

① 消防水泵接合器的给水流量宜按每个 10 L/s～15 L/s 计算。每种水灭火系统的消防水泵接合器设置的数量应按系统设计流量经计算确定,但当计算数量超过 3 个时,可根据供水可靠性适当减少。

② 水泵接合器应设在室外便于消防车使用的地点,且距室外消火栓或消防水池的距离不宜小于 15 m,并不宜大于 40 m。

③ 临时高压消防给水系统向多栋建筑供水时，消防水泵接合器应在每座建筑附近就近设置。

④ 墙壁消防水泵接合器的安装高度距地面宜为0.7 m；与墙面上的门、窗、孔、洞的净距离不应小于2.0 m，且不应安装在玻璃幕墙下方；地下消防水泵接合器的安装，应使进水口与井盖底面的距离不大于0.4 m，且不应小于井盖的半径。

⑤ 水泵接合器处应设置永久性标志铭牌，并应标明供水系统、供水范围和额定压力。

1.8 建筑中水系统

建筑中水系统是指民用建筑或建筑小区各种排水经处理后，达到规定的水质标准，可在生活、市政、环境等范围内杂用的非饮用水。处理后的杂用水水质处于生活饮用水(上水)水质和允许排放的污水(下水)水质标准之间，故称为“中水”。中水主要用来冲厕、洗车、绿化、道路清扫、建筑施工和消防。建筑中水系统，使污水处理后回用，有着双重意义，既可减轻污水环境污染，又可增加可利用水资源，有明显的社会效益和经济效益，是经济可持续发展的重要保证。

1.8.1 中水水源

1. 建筑物中水水源

建筑物中水水源可取自建筑的生活排水和其他可以利用的水源。

中水水源应根据排水的水质、水量、排水状况和中水回用的水质、水量选定。建筑物中水水源可选择的种类和选取顺序为：① 卫生间、公共浴室的盆浴和淋浴等的排水；② 盥洗排水；③ 空调循环冷却系统排污水；④ 冷凝水；⑤ 游泳池排污水；⑥ 洗衣排水；⑦ 厨房排水；⑧ 冲厕排水。

综合医院污水作为中水水源时，必须经过消毒处理，产出的中水仅可用于独立的不与人直接接触的系统。传染病医院、结核病医院污水和放射性废水，不得作为中水水源。建筑屋面雨水可作为中水水源或其补充。

2. 建筑小区中水水源

建筑小区中水水源的选择要依据水量平衡和经济技术比较来确定。应优先选择水量充裕稳定、污染物浓度低、水质处理难度低、安全且居民易接收的中水水源。

建筑小区中水可选择的水源有：① 小区内建筑物杂排水；② 小区或城市污水处理厂出水；③ 相对洁净的工业排水；④ 小区内的雨水；⑤ 小区生活污水；⑥ 可利用的天然水体(河、塘、湖、海水等)。

当城市污水处理厂出水达到中水水质标准时，建筑小区可直接连接中水管道使用；当城市污水处理厂出水未达到中水水质标准时，可作为中水水源进一步处理，达到中水水质标准后方可使用。

1.8.2 中水水质

中水水质必须满足以下条件：

(1) 满足卫生安全要求，无有害物。其指标主要有大肠菌群数、细菌总数、余氯量、悬浮物、BOD_5 等。

(2) 满足人们感观要求，即无不快的感觉。其衡量指标主要有浊度、色度、臭味等。

(3) 满足设备构造方面要求，即水质不易引起设备、管道严重腐蚀和结垢。其衡量指标有 pH 值、硬度、蒸发残渣、溶解性物质等。

具体来讲，中水用作建筑杂用水和城市杂用水，如冲厕、道路清扫、消防、城市绿化、车辆冲洗、建筑施工等杂用，其水质应符合国家标准《城市污水再生利用　城市杂用水水质》(GB/T 18920—2020)的规定；中水用于景观环境用水，其水质应符合国家规定《城市污水再生利用　景观环境用水水质》(GB/T 18921—2019)的规定；中水用于食用作物、蔬菜浇灌用水时，应符合《农田灌溉水质标准》(GB 5084—2021)的要求；中水用于采暖系统补水等其他用途时，其水质应达到相应使用要求的水质标准；当中水同时满足多种用途时，其水质应按最高水质标准确定。

1.8.3 中水系统的类型和组成

1. 中水系统的形式

中水回用系统按其供应范围的大小和规模，一般可分为城市(区域)中水系统、建筑小区中水系统、建筑物中水系统，后两种系统总称为建筑中水系统。

建筑物中水系统宜采用原水污、废分流，中水专供的安全系统。

建筑小区中水系统可采用以下系统形式：

(1) 全部完全分流系统。指原水分流管系和中水供水管系覆盖全区建筑物的系统，是在建筑小区的主要建筑物都建有污水废水分流管系(两套排水管)和自来水、中水供水管系(两套供水管)的系统。“全部”是指分流管道的覆盖面，是全部建筑还是部分建筑，“分流”是指系统管道的敷设形式，是污水、废水分流。

(2) 部分完全分流系统。指原水分流管系和中水供水管系均为区内建筑的系统。

(3) 半完全分流系统。指无原水分流管系(原水为综合污水或外接水源)，只有中水供水管系或只有污水、废水分流管系而无中水供水管系的系统。

当采用生活污水为中水水源时，或原水为外接水源，可省去一套污水收集系统，但中水仍然要有单独的供水系统，成为三套管路系统，称为半完全分流系统。

(4) 无分流管系的简化系统。指地面以上的建筑物内无污水、废水分流管系和中水供水管系的系统。无原水分流管系，中水用于河道景观、绿化及室外其他杂用的中水不进入居民的住房内，中水只用在地面绿化、喷洒道路、水景观和人工河湖补水、地下车库地面冲洗和汽车清洗等使用的简易系统。

2. 中水系统的组成

中水系统包括原水系统、处理系统和供水系统三个部分。中水系统由原水的收集、储存、处理和中水供给、使用及其配套的检测、计量等全套构筑物、设备和器材等组成的有机结合体,是建筑物或建筑小区的功能配套设施之一。

中水处理设施是用来处理原水使其达到中水的水质标准。中水系统处理生活污水的方法按作用原理可分为物理法、化学法和生物法。物理处理法就是利用物理作用分离污水中主要呈悬浮状态的污染物质,处理方式主要为沉淀,过滤等。化学处理法是利用化学反应的作用来分离、去除污水中各种形态的污染物质,如去除多种高分子物质、有机物和重金属等,可降低污水的色度和浓度。生物处理法是利用微生物的代谢作用,使污水中呈溶解、胶体状态的有机污染物质转化为稳定、无害的物质。生活污水经过生物处理后再经过沉淀、过滤、消毒即可使污水得到净化。

中水处理工艺的确定要根据中水原水的水量、水质和要求的中水水量、水质与当地的自然环境条件情况,经过技术经济比较确定。中水处理工艺按组成段可分为预处理、主处理及后处理部分。预处理包括格栅、调节池;主处理包括混凝、沉淀、气浮、活性污泥曝气、生物膜法处理、二次沉淀、过滤、生物活性炭以及土地处理等主要处理工艺单元;后处理为膜滤、活性炭、消毒等深度处理单元。中水处理必须设有消毒设施。

中水供水系统是指将中水通过室内外和小区的中水给水管道系统输送分配到用户用水点供水系统。中水供水系统必须独立设置,其组成包括中水配水管网和升压贮水设备等。

1.8.4 中水系统的安全防护措施

中水系统的安全防护是指要满足使用要求,确保系统安全稳定运行和防止中水对人体健康产生不良影响。因此在设计施工中应采取的安全防护措施有:

(1) 中水管道严禁与生活饮用水给水管道连接。

(2) 除卫生间外,中水管道不宜暗装于墙体内。

(3) 中水池(箱)内的自来水补水管应采取自来水防污染措施,补水管出水口应高于中水贮水池(箱)内溢流水位,其间距不得小于2.5倍管径。严禁采用淹没式浮球阀补水。

(4) 中水管道与生活饮用水给水管道、排水管道平行埋设时,其水平净距不得小于0.5 m;交叉埋设时,中水管道应位于生活饮用水给水管道下面,排水管道的上面,其净距均不得小于0.15 m。中水管道与其他专业管道的间距按《建筑给水排水设计标准》(GB 50015—2019)中给水管道要求执行。

(5) 中水贮水池(箱)设置的溢流管、泄水管,均应采用间接排水方式。溢流管应设隔网。

(6) 中水管道应采取下列防止误接、误用、误饮的措施:① 中水管道外壁应按有关标准的规定涂色和标志;② 水池(箱)、阀门、水表和给水栓、取水口均应有明显的“中水”标志;③ 公共场所及绿化的中水取水口应设带锁装置;④ 工程验收时应逐段进行检查,防止误接。

练习与思考题

一、单项选择题

1. 供水压力满足要求,高位水箱的进水管一般应设(　　)个浮球阀。

A. 不设　　B. 1　　C. 不少于2个　　D. 2

2. 有关水箱配管与附件阐述正确的是(　　)。
   A. 进水管上浮球阀前可不设阀门
   B. 进、出水管共用一条管道,出水短管上应设止回阀
   C. 溢流水管上不设阀门
   D. 出水管应设置在水箱的最低点
3. 以下哪条是正确的(　　)。
   A. 截止阀安装时有方向性　　B. 止回阀安装时有方向性,不可装反
   C. 闸阀安装时有方向性　　D. 旋塞的启闭迅速为迅速启闭
4. 管径无缝钢管采用(　　)表示方式。
   A. DN　　B. ₵　　C. De　　D. 外径 X 壁厚
5. 安装冷、热水水平安装时,冷水管安装在热水管的(　　)。
   A. 下边　　B. 右边　　C. 左边　　D. 上边
6. 闭式自动喷水灭火系统喷头动作温度宜高于环境温度(　　)。
   A. 30　　B. 50　　C. 68　　D. 93
7. 属于开式灭火系统是(　　)。
   A. 消火栓灭火系统　　B. 自动喷水灭火系统
   C. 雨淋灭火系统　　D. 预作用灭火系统
8. 消防水箱的作用是供给建筑物(　　)火灾时的消防用水量
   A. 初期　　B. 中期
   C. 整个火灾延续时间　　D. 终期
9. 水泵接合器应设在室外便于消防车使用的地点,且距室外消火栓或消防水池的距离是(　　)。
   A. 10 m　　B. 18 m　　C. 45 m　　D. 50 m

二、思考题

1. 了解生活给水水质和用水定额
2. 建筑室内给水系统按用途可分为几大类?
3. 建筑室内给水系统由哪几部分组成?各有什么作用?
4. 建筑室内给水系统给水方式有哪些?各自的使用条件是什么?
5. 常用的建筑给水管材有哪些?其连接方式是什么?
6. 气压给水设备的分类和工作原理是什么?
7. 室内消火栓给水系统组成是什么?
8. 自动喷水灭火系统的类型有哪些?各自的组成是什么?
9. 消防水箱的容积是如何确定的?设置高度有什么要求,不满足时该如何处理?
10. 消防水泵接合器的作用,设置要求是什么?

第2章 建筑排水系统

教学要求

通过本章的学习，让读者熟悉建筑排水系统的分类和组成、掌握建筑排水体制，熟悉常用的建筑排水管材、附件及卫生器具，熟悉建筑排水管道的布置和敷设，了解屋面雨水排水系统的排水方式及组成。

拓展视频

水污染

价值引领

我国水污染严重，有90%左右流经城市的河流受到不同程度的污染，水污染的主要因素是生活污水、工业废水未经处理直接排放，减少污水排放，珍惜水资源，保护环境，从我们每个人做起。党的二十大提出深入推进环境污染防治，坚持精准治污、科学治污、依法治污，持续深入打好碧水保卫战。

2.1 建筑排水系统的分类

建筑排水系统的任务是将人们在建筑内部的日常生活和工业生产中产生的污、废水以及降落在屋面上的雨、雪水迅速地收集后排除到室外，使室内保持清洁卫生，并为污水处理和综合利用提供便利的条件。按系统接纳的污废水类型不同，建筑物排水系统可分为三类：生活排水系统、工业废水排水系统和雨(雪)水排水系统。

建筑排水系统的分类与排水体制

2.1.1 生活排水系统

该系统用来收集排除居住建筑、公共建筑及工厂生活间的人们日常生活所产生的污废水。通常将生活排水分为两类：① 冲洗便器的生活污水，含有大量有机杂质和细菌，污染严重，这部分污水称为生活污水。生活污水经过排水系统收集排到室外，先一般经过化粪池进行局部处理，然后再排入室外的排水系统；② 盥洗、淋浴和洗涤废水，污染程度较轻，几乎不含固体杂质，这部分废水称为生活废水。生活废水经过排水系统收集排到室外，可以直接排到室外排水系统，不需要进行局部处理，或者可作为中水系统较好的中水水源。

2.1.2 工业废水排水系统

该系统的任务是排除工艺生产过程中产生的污废水。工业污(废)水因生产的产品、工艺流程的种类繁多,其水质也非常复杂。为便于污(废)水的处理和综合利用,按污染程度可分为生产污水和生产废水。生产污水污染较重,需要经过处理,达到排放标准后才能排入室外排水系统;生产废水污染较轻,可直接排放,或经简单处理后重复使用。

2.1.3 雨(雪)水排水系统

屋面雨水排除系统用以收集排除降落在建筑物屋面上的雨水和融化的雪水。降雨初期,雨水中含有从屋面冲刷下来的灰尘,污染程度轻,可直接排放。

2.2 建筑排水体制

建筑排水体制分为分流制和合流制两种。分流排水是指居住建筑和公共建筑中的粪便污水和生活废水以及工业建筑中的生产污水和生产废水各自由单独的排水管道系统排出。合流制排水是指建筑中2种或2种以上的污、废水合用一套排水管道系统排出。

在进行建筑内部排水体制确定时,应根据污水性质、污染程度,并结合建筑外部排水系统体制,尽量做到有利于综合利用、污水处理和中水开发等来综合考虑。

建筑内下列情况下宜采用生活污水与生活废水分流的排水系统:

(1) 建筑物使用性质对卫生标准要求较高时。

(2) 生活污水需经化粪池处理后才能排入市政排水管道时。

(3) 生活废水需回收利用时。

下列建筑排水应单独排水至水处理或回收构筑物:

(1) 职工食堂、营业餐厅的厨房含有油脂的废水。

(2) 洗车冲洗水。

(3) 含有致病菌、放射性元素等超过排放标准的医疗、科研机构的污水。

(4) 水温超过40 ℃的锅炉排污水。

(5) 用作中水水源的生活排水。

(6) 实验室有害有毒废水。

建筑物雨水管道应单独设置,在缺水或严重缺水地区,宜设置雨水贮存池。

2.3 排水系统的组成

排水系统的组成

建筑内部排水系统的任务是要能迅速通畅地将污水排到室外,并能保持系统气压稳定,同时将管道系统内有害、有毒气体排到特定空间而保证室内环境卫生，如图 2－1 所示。完整的排水系统可由以下部分组成：

2.3.1 卫生器具和生产设备受水器

卫生器具是建筑内部排水系统的起点，用以满足人们日常生活或生产过程中各种卫生要求，并收集和排出污、废水的设备。生产设备受水器是接收、排出工业生产过程中产生的污、废水或污物的容器或装置。

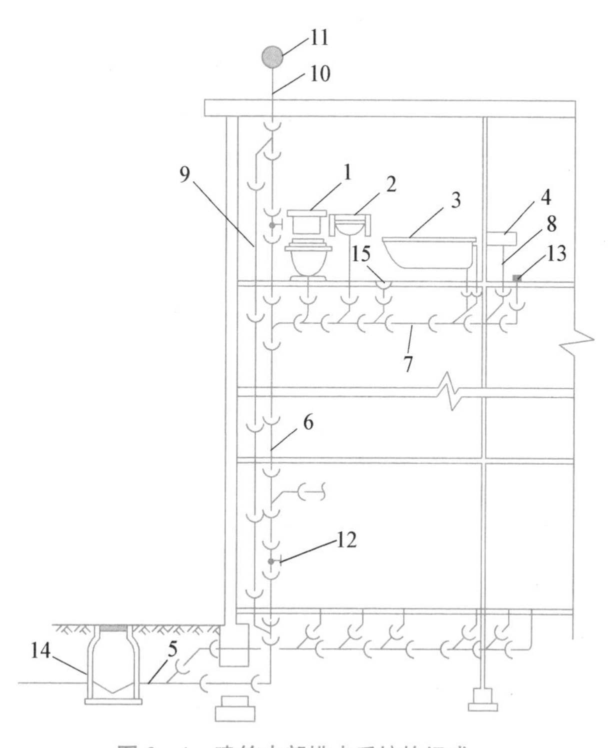

图 2－1 建筑内部排水系统的组成

1—大便器；2—洗脸盆；3—浴盆；4—洗涤盆；5—排出管；6—立管；7—横支管；8—器具排水管；9—专用通气立管；10—伸顶通气管；11—网罩；12—检查口；13—清扫口；14—检查井；15—地漏

2.3.2 排水管道

排水管道包括器具排水管(坐式大便器外，其间含有一个存水弯)、排水横支管、立管、埋地干管和排出管。

(1) 器具排水管(即排水支管)指连接卫生器具和横支管的一段短管，除了自带水封装置的卫生器具所接的器具排水管上不设水封装置以外，其余都应设置水封装置，以免排水管道中的有害气体和臭气进入室内。水封装置有存水弯、水封井和水封盒等。一般排水支管上设的水封装置是存水弯。

(2) 排水横支管是收集各卫生器具排水管流来的污水并排至立管的水平排水管。排水横支管沿水流方向要有一定的坡度，排水干管和排出管也应如此。

(3) 排水立管是连接各楼层排水横支管的竖直过水部分的排水管。

(4) 排水干管是连接两根或两根以上排水立管总横支管。在一般建筑中排水干管埋地敷设，在高层多功能建筑中，排水干管往往设置在专用的管道转换层内。

(5) 排出管是室内排水系统与室外排水系统的连接管。一般情况下，为了及时排除室内污、废水，防止管道堵塞，每一个排水立管直接与排出管相连，而取消排水干管。排出管与室外排水管道连接处要设置排水检查井，如果是粪便污水先排入化粪池，再经过检查井排入室外的排水管道。

2.3.3 通气管道系统

通气管道系统是指与大气相通的只用于通气而不排水的管道系统。建筑内部排水系统是水气两相流动，当卫生器具排水时，需向排水管道内补给空气，以减小气压变化，防止卫生器具水封破坏，使水流通畅；同时也需将排水管道内的有毒、有害气体排放到一定空间的大气中去，补充新鲜空气，减缓金属管道的腐蚀；降低噪声。通气管系统形式有普通单立管系统、双立管系统和特殊单立管系统。一般楼层不高、卫生器具不多的建筑物，可将排水立管上端延长并伸出屋顶，这一段管叫伸顶通气管，这种通气方式就是普通单立管系统。对于层数较多、卫生器具较多的建筑物，因排水立管长、排水情况复杂及排水量大，为了稳定排水立管中气压，防止水封被破坏，应采用双立管系统或特殊单立管系统。双立管排水系统是指设置一根单独的通气立管与污水立管相连(包括两根及两根以上的污水立管同时与一根通气立管相连)的排水系统。双立管排水系统又有设专用通气立管的系统，由专用通气立管、结合通气立管和伸顶通气管组成；设主(副)通气立管的系统，由主(副)通气立管、伸顶通气管、环形通气管(或器具通气管)相结合；设置伸顶通气管，为防止异物落入立管中，通气管顶端应装设网罩或伞形通气帽。

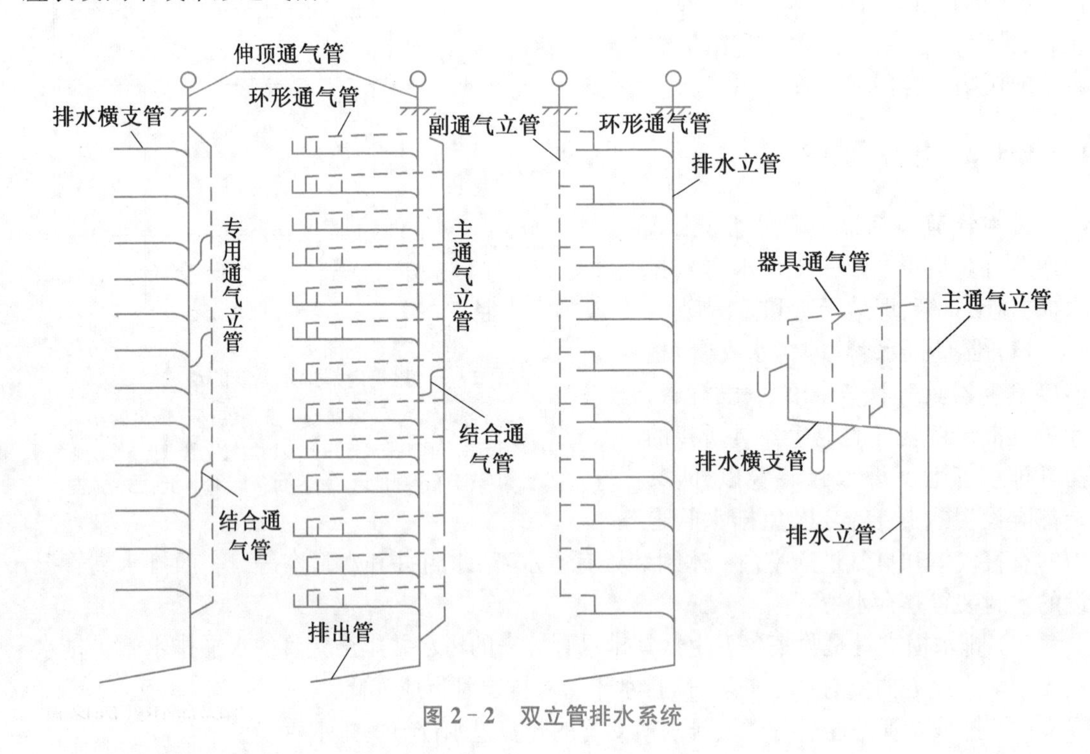

图 2-2　双立管排水系统

在建筑物内不得设置吸气阀替代通气管。特殊单立管排水系统是指设有上部和下部特制配件及伸顶通气管的排水系统，详见 3.2 节的内容。

2.3.4　清通设备

污水中含有很多杂质，容易堵塞管道，为了疏通建筑内部排水管道，保障排水畅通，建筑内部排水系统需设置清通设备。排水管道上的清通设备主要有检查口、清扫口、地漏、检查井(一般设置在室外)等。检查口一般设置在立管上，也有在横管上，有盖压封，发生管道堵塞时，可打开，进行检查，清理。清扫口一般设置在排水横管的端部或中部，其端部是可拧开的盖，一旦发生横管堵塞，用于清理。地漏一般设置在易溅水的器具附近地面的最低处，排水横管堵塞时，可以打开顶盖，进行清理，很多地方可以替代清扫口。

2.3.5 抽升设备

工业与民用建筑的地下室、人防建筑物、高层建筑地下技术层、地下铁道、立交桥等地下建筑物的污废水不能自流排至室外排水系统时，常需设抽升设备，将污水即时排到室外排水系统，由集水池和排水泵组成。

2.3.6 污水局部处理构筑物

排入城市排水管网的污、废水要符合国家规定的污水排放标准。当建筑内部污水未经处理而未达到排放标准时（如含有较多汽油、油脂或大量杂质的，呈强酸性、强碱性或水温过高的污水），则不允许直接排入城市排水管网，需要设置局部处理构筑物，使污水水质得到初步改善后再排入室外排水管道。局部处理构筑物有隔油池、沉淀池、化粪池、中和池、降温池及其他含毒污水的局部处理构筑物。

2.4 卫生器具及其设备和布置

卫生器具是建筑内部排水系统的重要组成部分，随着建筑标准的不断提高，人们对建筑卫生器具的功能要求和质量要求也越来越高，卫生器具一般采用不透水、无气孔、表面光滑、耐腐蚀、耐磨损、耐冷热、便于清扫、有一定强度的材料制造，例如陶瓷、搪瓷生铁、塑料、复合材料等，卫生器具现正向着冲洗功能强、节水消声、设备配套、便于控制、使用方便、舒适、智能、造型新颖、色彩协调方面发展。

2.4.1 卫生器具

1. 便溺器具

便溺器具设置在卫生间和公共厕所，用来收集粪便污水。便溺器具包括便器和冲洗设备。

(1) 大便器和大便槽

① 坐式大便器：按冲洗的水力原理可分为冲洗式和虹吸式 2 种，如图 2－3 所示。

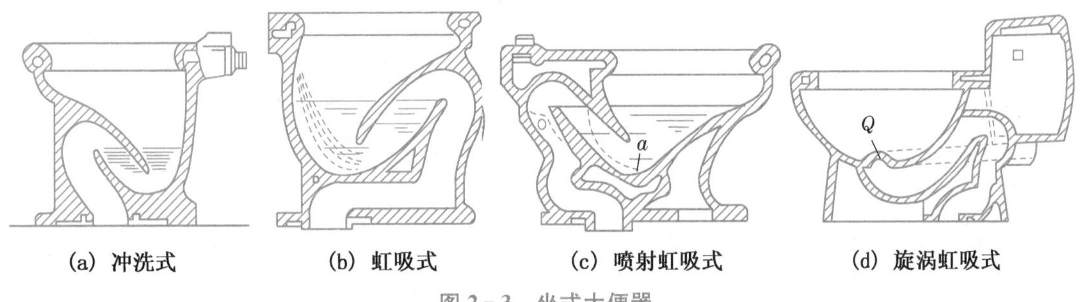

图 2－3 坐式大便器

冲洗式坐便器环绕便器上口是一圈开有很多小孔口的冲水槽。冲洗开始时，水进入冲洗槽，经小孔沿便器表面冲下，便器内水面涌高，将粪便冲出存水弯边缘。冲洗式便器的缺点是：受污面积大，水面面积小，每次冲洗不一定能保证将污物冲洗干净。

虹吸式坐便器是靠虹吸作用，把粪便全部吸出。在冲洗槽进水口处有一个冲水缺口，部分水从缺口处冲射下来，加快虹吸作用，但虹吸式坐便器在突出冲洗能力强的同时，会造成流速过大而发生较大噪声。为改变这些问题，出现了 2 种新类型，一种为喷射虹吸式坐便器，另一种为旋涡虹吸式坐便器。

喷射虹吸式坐便器除了部分水从空心边缘孔口流下外，另一部分水从大便器边部的通道 O 处冲下来，由 a 口中向上喷射，其特点是冲洗作用快，噪声较小。

旋涡虹吸式坐便器上圈下来的水量很小，其旋转已不起作用，因此在水道冲水出口 Q 处，形成弧形水流成切线冲出，形成强大旋涡，将漂浮的污物借助于旋涡向下旋转的作用，迅速下到水管入口处，并在入口底受反作用力的作用，迅速进入排水管道，从而大大加强了虹吸能力，有效地降低了噪声。坐式大便器都自带存水弯。

后排式坐便器与其他坐式大便器不同之处在于排水口设在背后，便于排水横支管敷设在本层楼板上时选用，如图 2-4 所示。

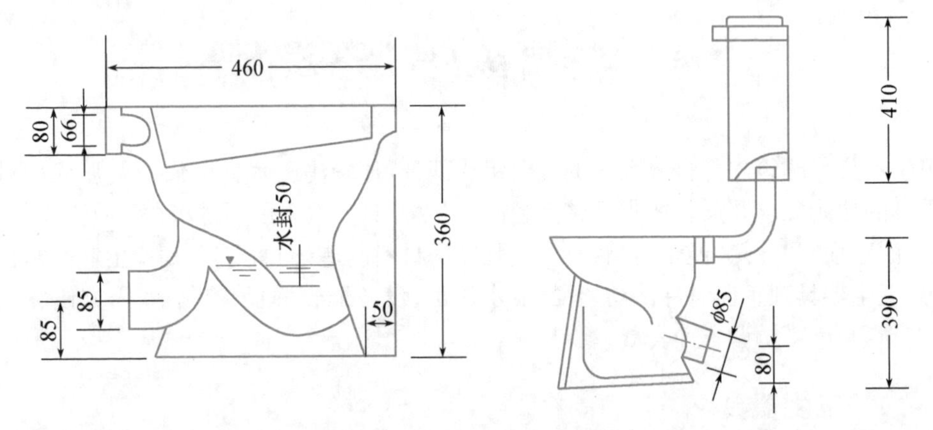

图 2-4　后排式坐式大便器

② 蹲式大便器：一般用于普通住宅、集体宿舍、公共建筑物内的公用厕所、防止接触传染的医院内厕所。蹲式大便器的压力冲洗水经大便器周边的配水孔，将大便器冲洗干净，如图 2-5 所示，蹲式大便器比坐式大便器的卫生条件好。

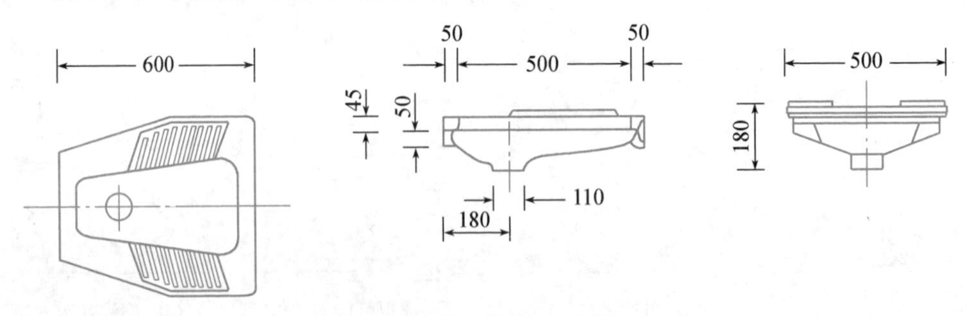

图 2-5　蹲式大便器

蹲式大便器不带存水弯，设计安装时需另外配置存水弯。

③ 大便槽：用于学校、火车站、汽车站、码头、游乐场所及其他标准较低的公共厕所，可

代替成排的蹲式大便器，常用瓷砖贴面，不锈钢材质的大便槽，造价低。大便槽一般宽200～300 mm，起端槽深350 mm，槽的末端设有高出槽底150 mm的挡水坎，槽底坡度不小于0.015，排水口设存水弯，如图2-6所示。

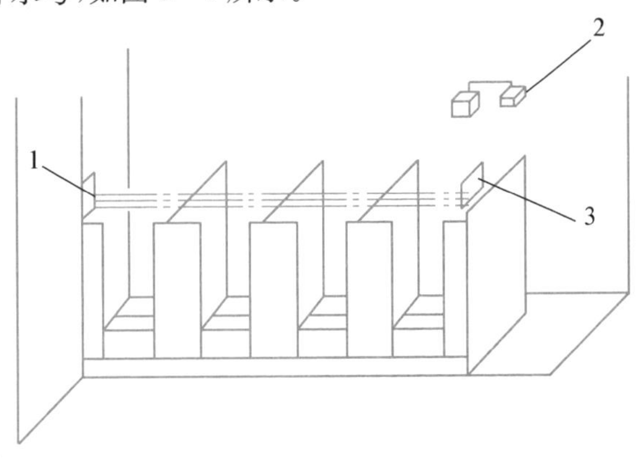

图2-6　光电数控冲洗装置大便槽

1—发光器；2—接收器；3—控制箱

(2) 小便器

设于公共建筑的男厕所内，有的住宅卫生间内也需设置。小便器有挂式、立式和小便槽3类，其中立式小便器用于标准高的建筑，小便槽用于工业企业、公共建筑和集体宿舍等建筑的卫生间，如图2-7、图2-8、图2-9所示。

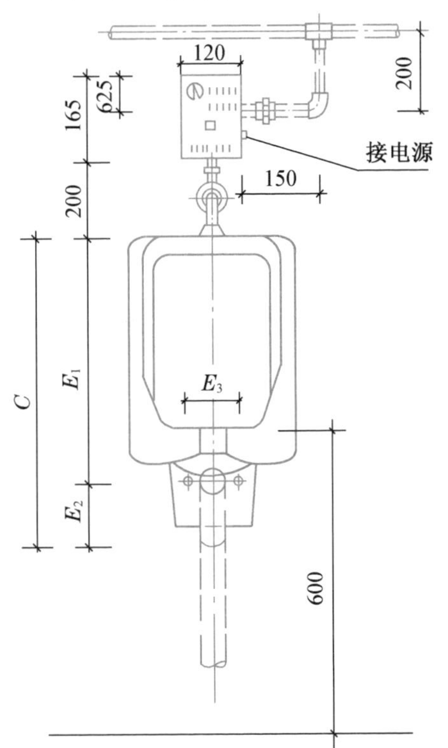

图2-7　光控自动冲洗壁挂式小便器安装

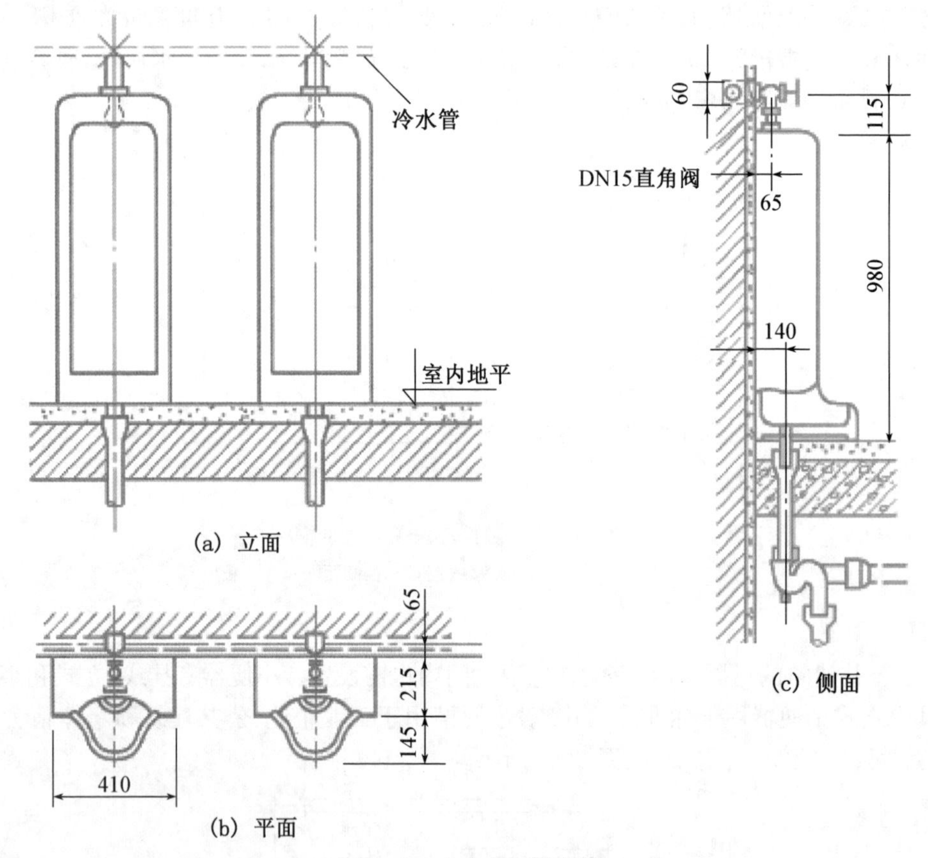

图 2-8 立式小便器安装

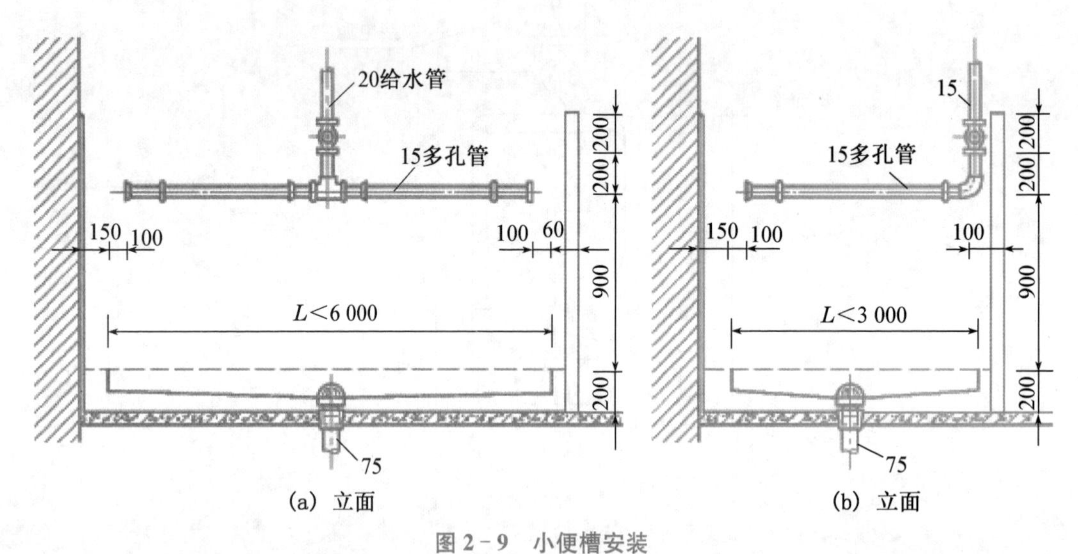

图 2-9 小便槽安装

2. 盥洗器具

(1) 洗脸盆。一般用于洗脸、洗手、洗头，常设置在盥洗室、浴室、卫生间和理发室，也用于公共洗手间或厕所内洗手，医院各治疗间洗器皿和医生洗手等。洗脸盆的高度及深度应适宜,盥洗不用弯腰较省力,不溅水,可用流动水比较卫生,也可作为不流动水盥洗,灵活性较好。洗脸盆有长方形、椭圆形和三角形,安装方式有墙架式、台式和柱脚式,如图 2-10 所示。

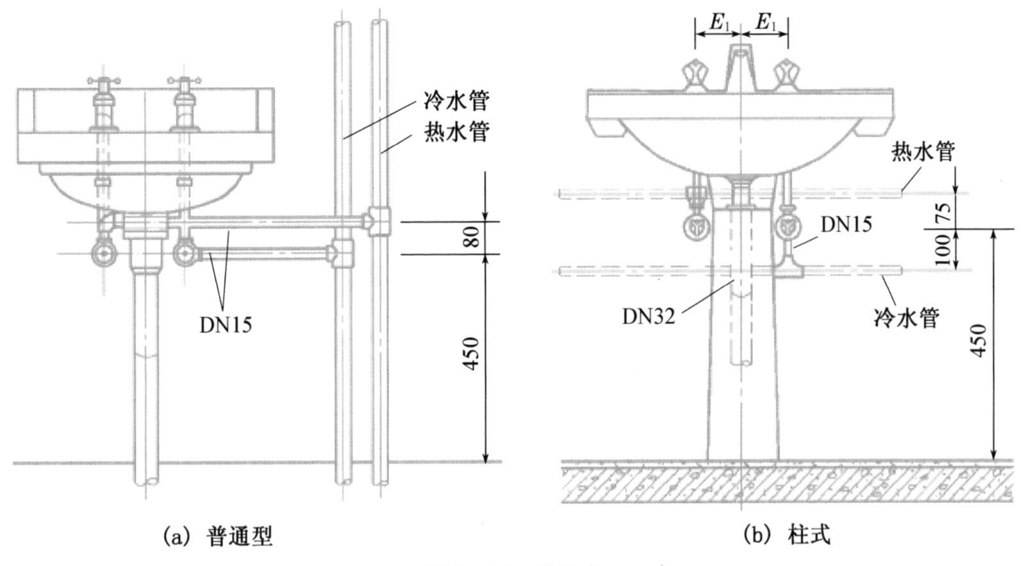

图 2-10 洗脸盆

(2) 净身盆。与大便器配套安装,供便溺后洗下身用,更适合妇女或痔疮患者使用。一般用于标准较高的旅馆客房卫生间,也用于医院、疗养院、工厂的妇女卫生室内,如图 2-11 所示。

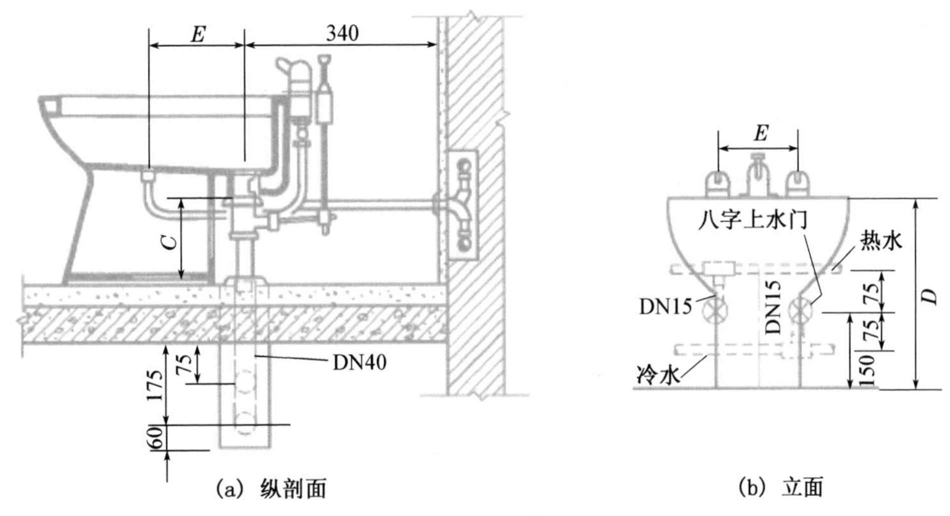

图 2-11 净身盆安装

(3) 盥洗台。有单面和双面之分,常设置在同时有多人使用的地方,例如集体宿舍、教学楼、车站、码头、工厂生活间内。通常采用砖砌抹面、水磨石或瓷砖贴面现场建造而成,图 2-12 为单面盥洗台。

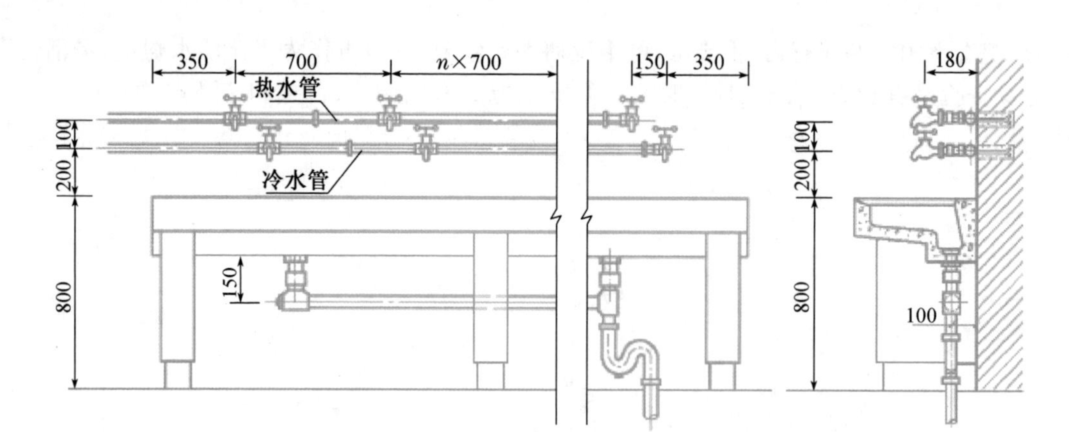

图 2-12 单面盥洗台

3. 淋浴器具

(1) 浴盆。设在住宅、宾馆、医院等卫生间或公共浴室,供人们清洁身体。浴盆配有冷、热水嘴或混合水嘴,并配有淋浴设备。浴盆有长方形、方形,斜边形和任意形;规格有大型(1 830 mm×810 mm×440 mm)、中型(1 680~1 520) mm×750 mm×(410~350) mm、小型(1 200 mm×650 mm×360 mm);材质有陶瓷、搪瓷钢板、塑料、复合材料等,尤其材质为亚克力的浴盆与肌肤接触时感觉较舒适;根据功能要求有裙板式、扶手式、防滑式、坐浴式和普通式;浴盆的色彩种类很丰富,主要为满足卫生间装饰色调的需求,如图 2-13 所示。

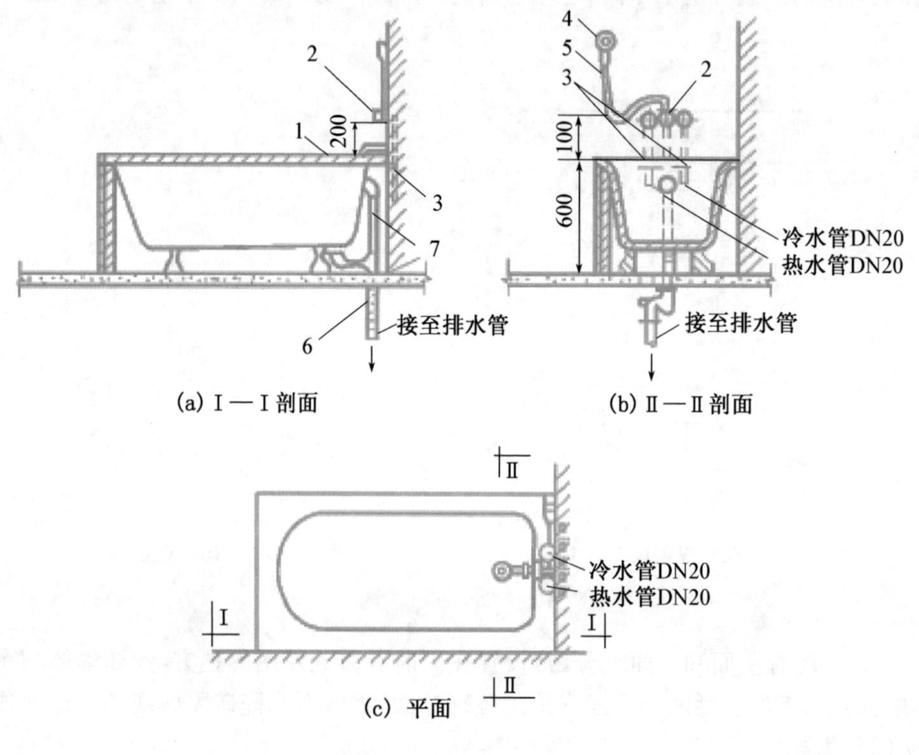

图 2-13 浴盆安装

1—浴盆;2—混合阀门;3—给水管;4—莲蓬头;5—蛇皮管;6—存水弯;7—溢水管

随着人们生活水平提高的需求，具有保健功能的盆型也在逐步普及，例如浴盆装有水力按摩装置，旋涡泵使浴水在池内搅动循环，进水口附带吸入空气，汽水混合的水流对人体进行按摩，且水流方向和冲力均可调节，能加强血液循环，松弛肌肉，消除疲劳，促进新陈代谢。蒸汽浴也越来越受到人们的欢迎。

(2) 淋浴器。多用于工厂、学校、机关、部队的公共浴室和体育场馆内。淋浴器占地面积小，清洁卫生，避免疾病传染，耗水量小，设备费用低。有成品淋浴器，也可现场制作安装。图 2-14 为现场制作安装的淋浴器。

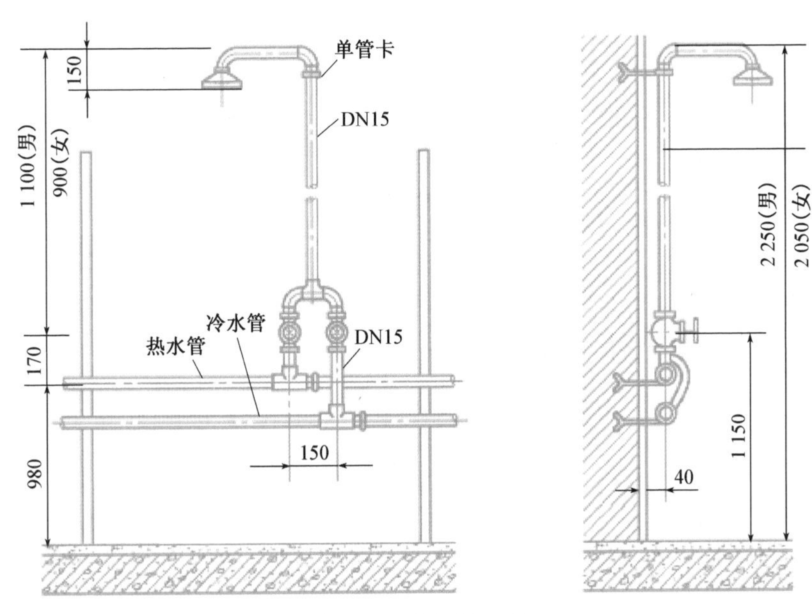

图 2-14 淋浴器安装

在建筑标准较高的建筑物内的淋浴间，也可采用光电式淋浴器，利用光电打出光束，使用时人体挡住光束，淋浴器即出水，人体离开时即停水，如图 2-15(a)所示。在医院或疗养院为防止疾病传染可采用脚踏式淋浴器，如图 2-15(b)所示。

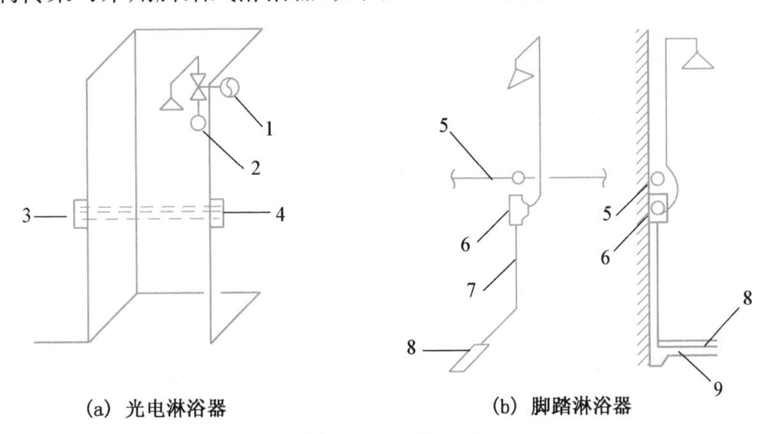

图 2-15 淋浴器

1—电磁阀；2—恒温水管；3—光源；4—接收器；5—恒温水管；
6—脚踏水管；7—拉杆；8—脚踏板；9—排水沟

4. 洗涤器具

(1) 洗涤盆。常设置在厨房或公共食堂内,用作洗涤碗碟、蔬菜等。医院的诊室、治疗室等处也需设置。洗涤盆有单格和双格之分,双格洗涤盆一格洗涤,另一格泄水,如图2-16所示。洗涤盆规格尺寸有大小之分,材质多为陶瓷,或砖砌后瓷砖贴面,较高质量的为不锈钢制品。

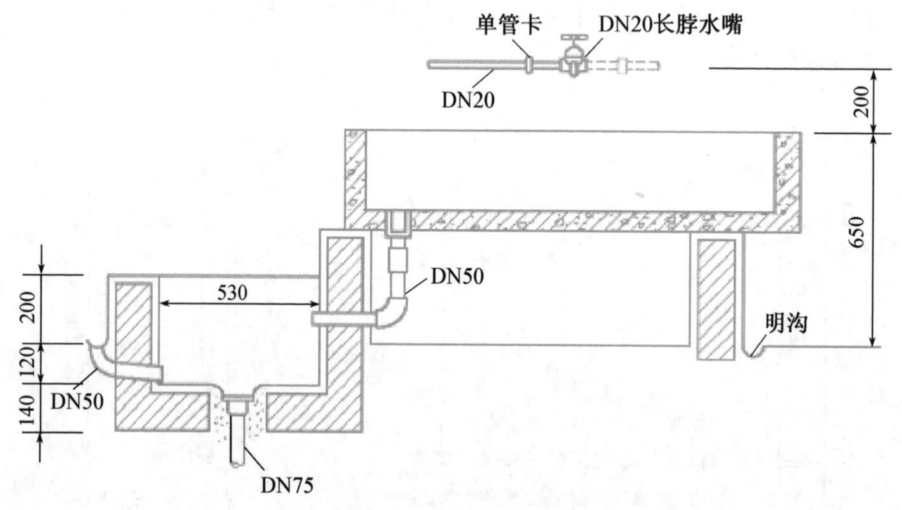

图 2-16　双格洗涤盆安装

(2) 化验盆。设置在工厂、科研机关和学校的化验室或实验室内,根据需要,可安装单联、双联、三联鹅颈水嘴,如图 2-17 所示。

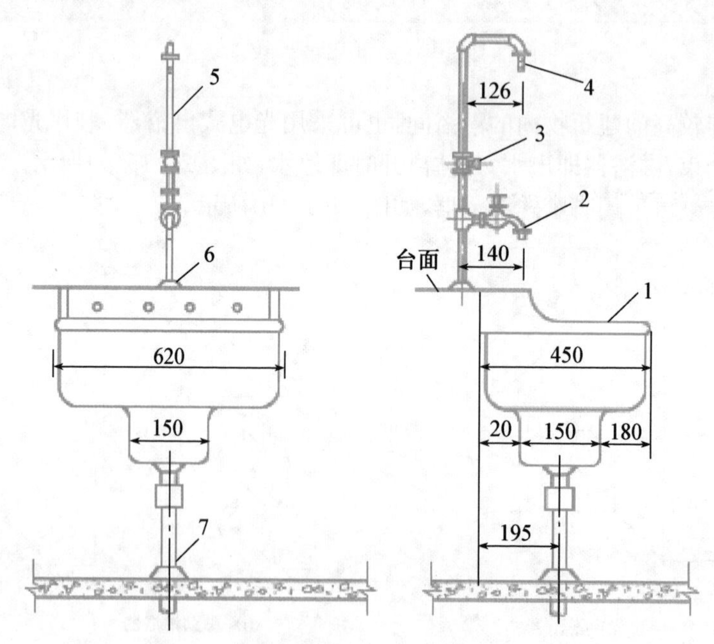

图 2-17　化验盆安装

1—化验盆;2—DN15 化验水嘴;3—DN15 截止阀;4—螺纹接口;
5—DN15 出水管;6—压盖;7—DN50 排水管

(3) 污水盆又称污水池,常设置在公共建筑的厕所、盥洗室内,供洗涤拖把、打扫卫生或倾倒污水等。污水盆多为砖砌贴瓷砖现场制作安装,如图 2-18 所示。

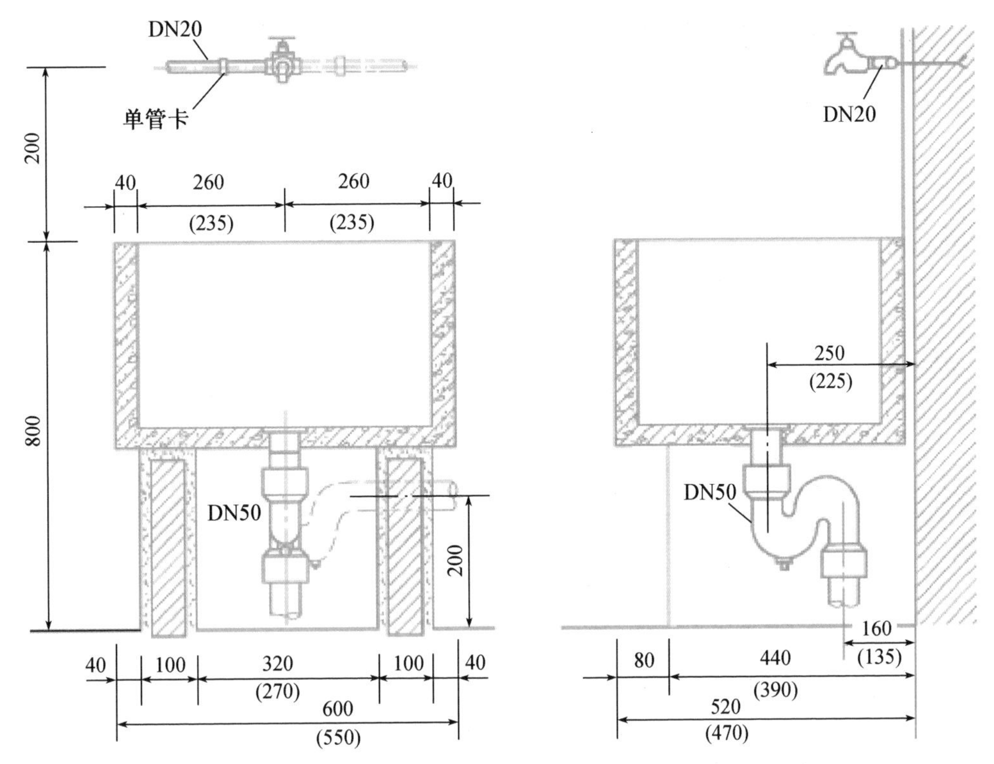

图 2-18　污水盆安装

表 2-1　卫生器具的安装高度

序号	卫生器具名称	卫生器具边缘离地高度/mm	
		居住和公共建筑	幼儿园
1	架空式污水盆(池)(至上边缘)	800	800
2	落地式污水盆(池)(至上边缘)	500	500
3	洗涤盆(池)(至上边缘)	800	800
4	洗手盆(至上边缘)	800	500
5	洗脸盆(至上边缘)	800	500
6	盥洗槽(至上边缘)	800	500
7	浴盆(至上边缘)	480	—
	按摩浴盆(至上边缘)	450	—
	淋浴盆(至上边缘)	100	—
8	蹲、坐式大便器(从台阶面至高水箱底)	1 800	1 800
9	蹲式大便器(从台阶面至低水箱底)	900	900
10	坐式大便器(至低水箱底)	—	—
	外露排出管式	510	—

（续表）

序号	卫生器具名称	卫生器具边缘离地高度/mm	
		居住和公共建筑	幼儿园
	虹吸喷射式	470	370
	冲落式	510	—
	旋涡连体式	250	—
11	坐式大便器(至上边缘)	—	—
	外露排出管式	400	—
	虹吸喷射式	380	—
	冲落式	380	—
	旋涡连体式	360	—
12	大便槽(从台阶面至冲洗水箱底)	≥2 000	—
13	立式小便器(至受水部分上边缘)	100	—
14	挂式小便器(至受水部分上边缘)	600	450
15	小便槽(至台阶面)	200	150
16	化验盆(至上边缘)	800	—
17	净身器(至上边缘)	360	—
18	饮水器(至上边缘)	1000	—

2.4.2 卫生器具的冲洗装置

1. 大便器冲洗装置

确定卫生器具冲洗装置时，应考虑节水型产品，在公共场所设置的卫生器具，应选用定时自闭式冲洗阀和限流节水型装置。

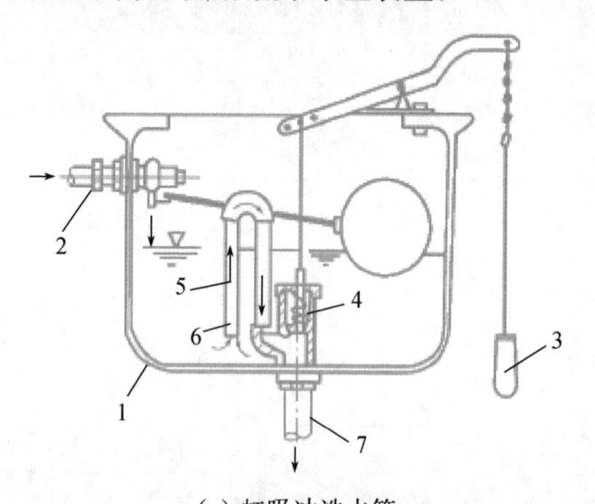

(a) 虹吸冲洗水箱

1—水箱；2—浮球阀；3—拉链—弹簧阀；4—橡胶球阀；5—虹吸管；6—5 小孔；7—冲洗管

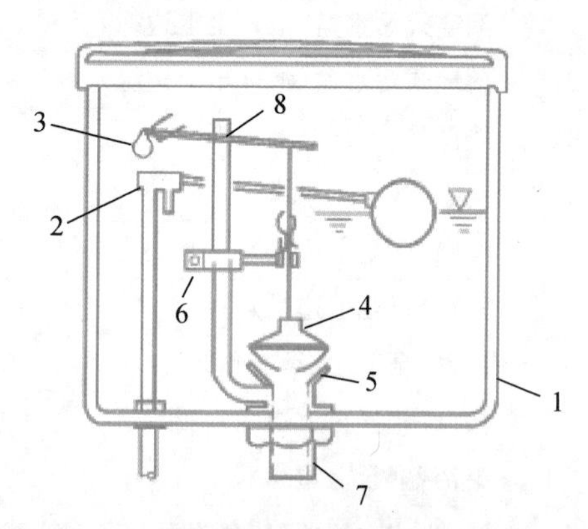

(b) 水力冲洗水箱

1—水箱；2—浮球阀；3—扳手；4—橡胶球阀；5—阀座；6—导向装置；7—冲洗管；8—溢流管

图 2-19 手动冲洗水箱

（1）坐式大便器冲洗装置。常用低水箱冲洗和直接连接管道进行冲洗。低水箱与坐体又有整体和分体之分，其水箱构造如图 2－19 所示，低水箱安装如图 2－20 所示，采用管道连接时必须设延时自闭式冲洗阀，如图 2－21 所示。

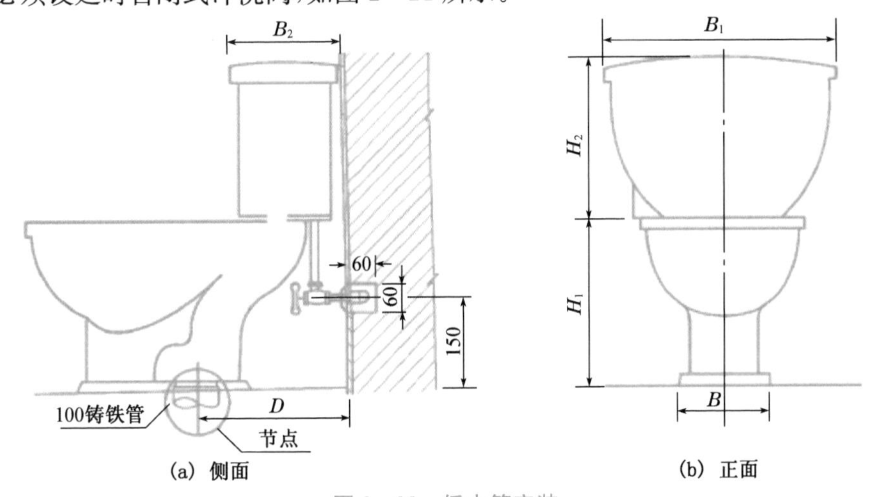

图 2－20 低水箱安装

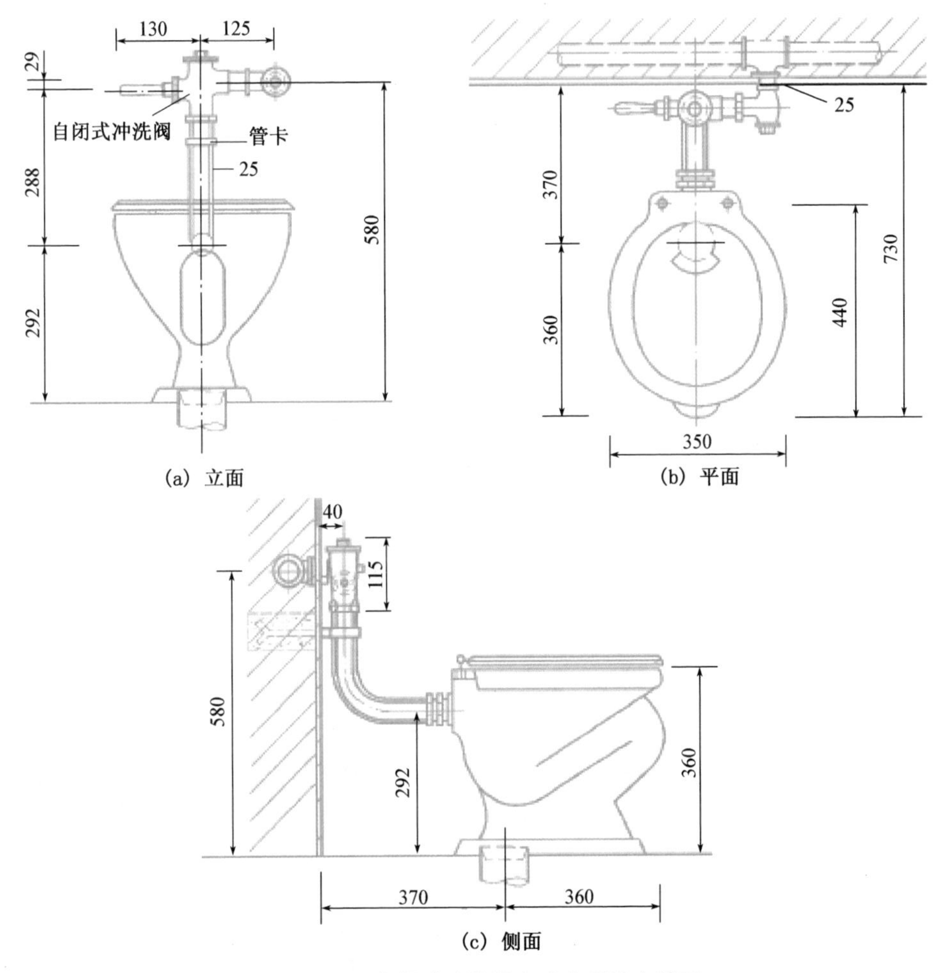

图 2－21 自闭式冲洗阀坐式大便器安装图

(2) 蹲式大便器冲洗装置。有高位水箱和直接连接给水管加延时自闭式冲洗阀,为节约冲洗水量,有条件时尽量设置自动冲洗水箱,安装如图 2-22 所示。延时自闭式冲洗阀安装同坐式大便器,如图 2-21、图 2-23 所示。

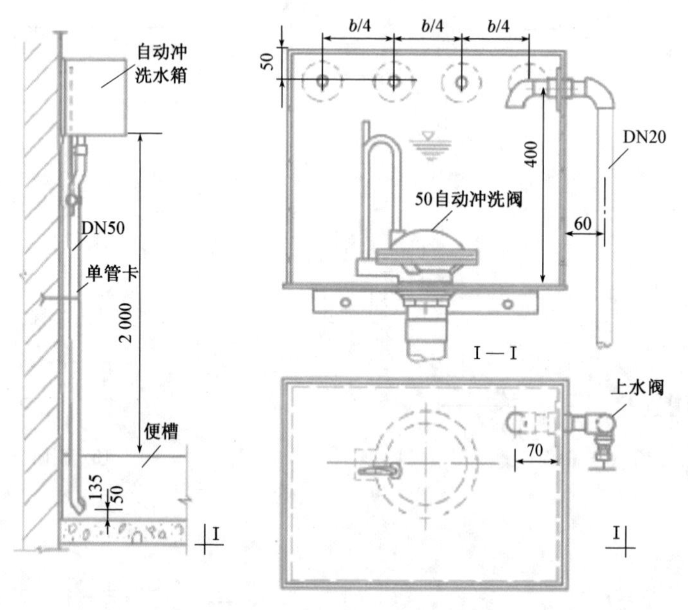

图 2-22　自动冲洗水箱

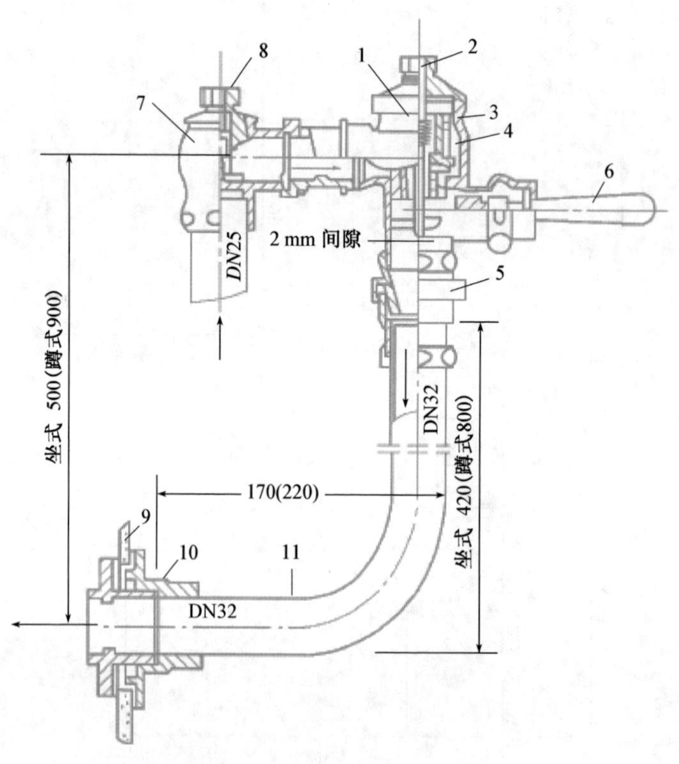

图 2-23　延时自闭式冲洗阀的安装

1—冲洗阀;2—调时螺栓;3—小孔;4—滤网;5—防污器;6—手柄;
7—直角截止阀;8—开闭螺栓;9—大便器;10—大便器卡;11—弯管

(3) 大便槽冲洗装置常在大便槽起端设置自动冲洗水箱，或采用延时自闭式冲洗阀，如图 2-22、图 2-23 所示。

2. 小便器和小便槽冲洗装置

(1) 小便器冲洗装置常采用按钮式自闭式冲洗阀、感应式冲洗阀等自动冲洗装置，既满足冲洗要求，又节约冲洗水量，如图 2-7 所示，标准要求高的可设置红外线冲洗设备。

(2) 小便槽冲洗装置常采用多孔管冲洗，多孔管孔径 2 mm，与墙成 45°安装，可设置高位水箱或手动阀。为克服铁锈水污染贴面，除给水系统选用优质管材外，多孔管常采用塑料管。

2.4.3 卫生器具布置

卫生器具的布置，应根据厨房、卫生间、公共厕所的平面位置、房间面积大小、建筑质量标准、有无管道竖井或管槽、卫生器具数量及单件尺寸等确定，既要满足使用方便、容易清洁、占房间面积小，还要充分考虑为管道布置提供良好的水力条件，尽量做到管道少转弯、管线短、排水通畅。即卫生器具应顺着一面墙布置，如卫生间、厨房相邻，应在该墙两侧设置卫生器具，有管道竖井时，卫生器具应紧靠管道竖井的墙面布置，这样会减少排水横管的转弯或减少管道的接入根数。根据《住宅设计规范》(GB 50096—2011)的规定，每套住宅应设卫生间，第四类住宅宜设 2 个或 2 个以上卫生间，每套住宅至少应配置 3 件卫生器具。不同卫生器具组合时应保证设置和卫生活动的最小使用面积，避免蹲不下或坐不下、靠不拢等问题。

卫生器具的布置应在厨房、卫生间、公共厕所等的建筑平面图(大样图)上用定位尺寸加以明确。如图 2-24 所示为卫生器具的几种布置形式，可供设计时参考。

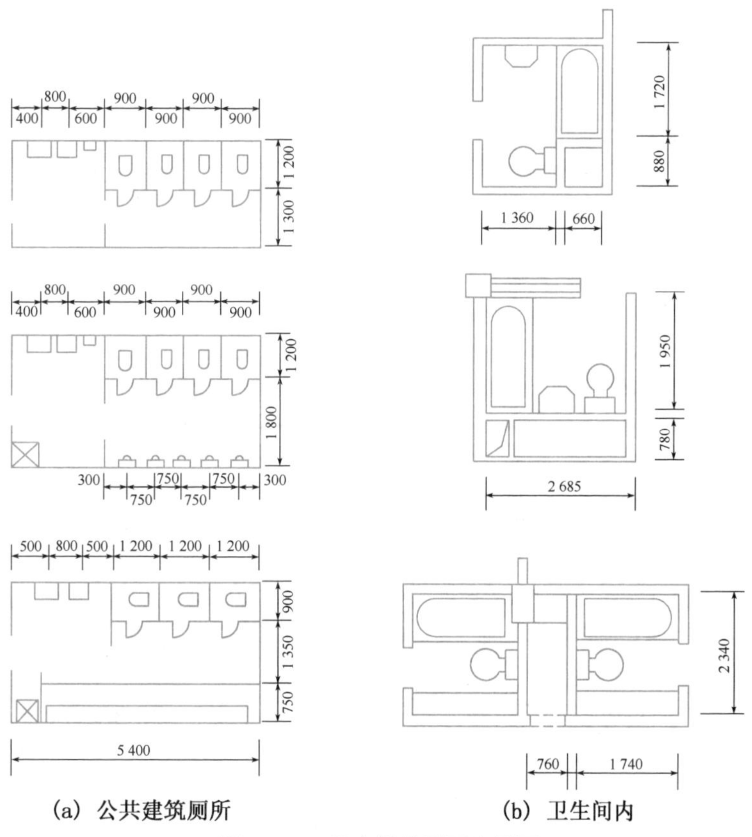

(a) 公共建筑厕所 (b) 卫生间内

图 2-24 卫生器具平面布置图

卫生器具给水配件距地面的高度应按表 2-2 确定。

表 2-2 卫生器具给水配件距地面的高度

序号	卫生器具名称		给水配件距地(楼)面高度/mm
1	坐便器	挂箱冲落式 挂箱虹吸式 坐箱式(亦称背包式) 延时自闭式冲洗阀 高水箱 连体旋涡虹吸式	250 250 200 792 (穿越冲洗阀上方支管 1 000) 2 040(穿越冲洗水箱上方的支管 2 300) 100
2	蹲便器	高水箱 自闭式冲洗阀 高水箱平蹲式 低水箱	2 150(穿越水箱上方支管 2 250) 1 025(穿越冲洗阀上方支管 1 200) 2 040(穿越水箱上方支管 2 140) 800
3	小便器	延时自闭式冲洗阀立式 自动冲洗水箱立式 自动冲洗水箱挂式 手动冲洗阀挂式 延时自闭式冲洗阀半挂式 光电控半挂式	1 115 2 400(穿越水箱上方支管 2 600) 2 300(穿越水箱上方支管 2 500) 1 050(穿越阀门上方支管 1 200) 唐山 1 200,太平洋 1 300,石湾 1 200 唐山 1 300,太平洋 1 400,石湾 1 300(穿越支管加 150)
4	小便槽	冲洗水箱进水阀 手动冲洗阀	2 350 1 300
5	大便槽	自动冲洗水箱	2 804
6	淋浴器	单管淋浴调节阀 冷热水调节阀 自动式调节阀 电热水器调节阀	1 150 给水支管 1 000 1 150 冷水支管 900,热水支管 1 000 1 150 冷水支管 1 075,热水支管 1 225 1 150 冷水支管 1 150
7	浴盆	普通浴盆冷热水嘴 带裙边浴盆单柄调温壁式 高级浴盆恒温水嘴 高级浴盆单柄调温水嘴 浴盆冷热水混合水嘴	冷水嘴 630,热水嘴 730 北京 DN20 800,长江 DN15 770 宁波 YG 型 610 宁波 YG8 型 770,天津洁具 520,天津电镀 570 带裙边浴盆 520,普通浴盆 630
8	洗脸盆	普通洗脸盆单管供水水嘴 普通洗脸盆冷热水角阀 台式洗脸盆冷热水角阀 立式洗脸盆冷热水角阀 延时自闭式水嘴角阀 光电控洗手盆	1 000 450 冷水支管 250,热水支管 440 450 465 热水支管 540,冷水支管 350 450 冷水支管 350 接管 1 080 冷水支管 350
9	妇洗器	双孔,冷热水混合水嘴 单孔,单把调温水嘴	角阀 150 热水支管 225,冷水支管 75 角阀 150 热水支管 225,冷水支管 75

（续表）

序号	卫生器具名称		给水配件距地(楼)面高度/mm
10	洗涤盆	单管水嘴 冷热水(明设) 双把肘式水嘴(支管暗设) 双联、三联化验水嘴 脚踏开关	1 000 冷水支管 1 000,热水支管 1 000 1 000,冷水支管 925,热水支管 1 025 1 000,给水支管 850 距墙 300,盆中心偏右 150,北京支管 40,风雷支管埋地
11	化验盆	双联、三联化验水嘴	960
12	洗涤池	架空式 落地式	1 000 800
13	盥洗槽	单管供水 冷热水供水	1 000 冷水支管 1 000,热水支管 1 100
14	污水盆	水嘴	1 000
15	饮水器	喷嘴	1 000
16	洒水栓	—	1 000
17	家用洗衣机	—	1 000

2.5 建筑排水管材和附件

2.5.1 排水管材及管件

建筑排水管材和附件

目前室内排水管道最常用的有:排水塑料管或柔性接口机制排水铸铁管及相应管件。如果机械振动大,排水压力大,检修比较困难时可采用焊接钢管或无缝钢管;当排水温度大于 40 ℃时,应采用金属排水管或耐热型塑料排水管。

1. 铸铁管及管件

我国当前采用较为广泛的铸铁管应符合《排水用柔性接口铸铁管、管件及附件》(GB/T 12772—2016)的柔性接口机制排水铸铁管。室内排水铸铁管管径在 50～200 mm 之间,分为柔性接口法兰承插式铸铁管和卡箍式铸铁管两大类。法兰承插式柔性接口铸铁管的紧固件材质应为热镀锌碳素钢,如图 2-25 所示,它是采用橡胶圈密封,螺栓紧固,具有较好的曲挠性、伸缩性、密封性及抗震性能,且便于施工。卡箍式柔性接口铸铁管的卡箍件材质为不锈钢,卡箍式柔性接口如图2-26 所示,它采用橡胶圈及不锈钢带连接,具有装卸简便,易于安装和维修等优点。

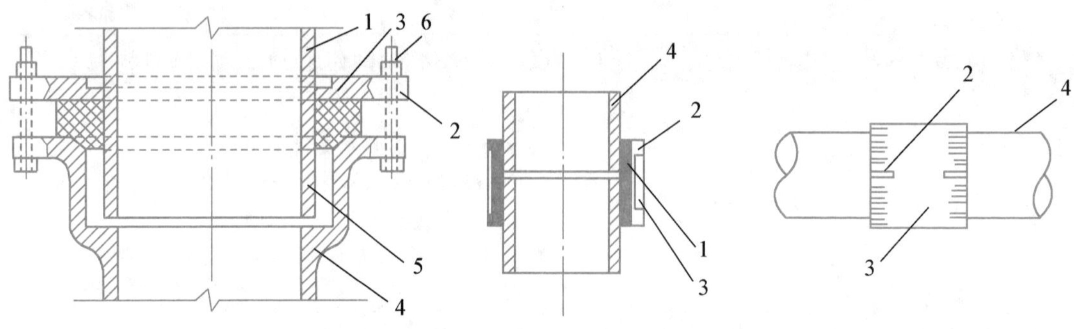

图 2-25　法兰承插式铸铁管柔性接口

1—直管、管件直部；2—法兰压盖；3—橡胶密封圈；4—承口端头；5—插口端头；6—定位螺栓

图 2-26　卡箍式铸铁管柔性接口

1—橡胶圈；2—卡紧螺栓；3—不锈钢带；4—排水铸铁管

排水铸铁管其管件有曲管、管箍、弯头、三通、四通、瓶口大小头(锥形大小头)、存水弯、检查口等,如图 2-27 所示。

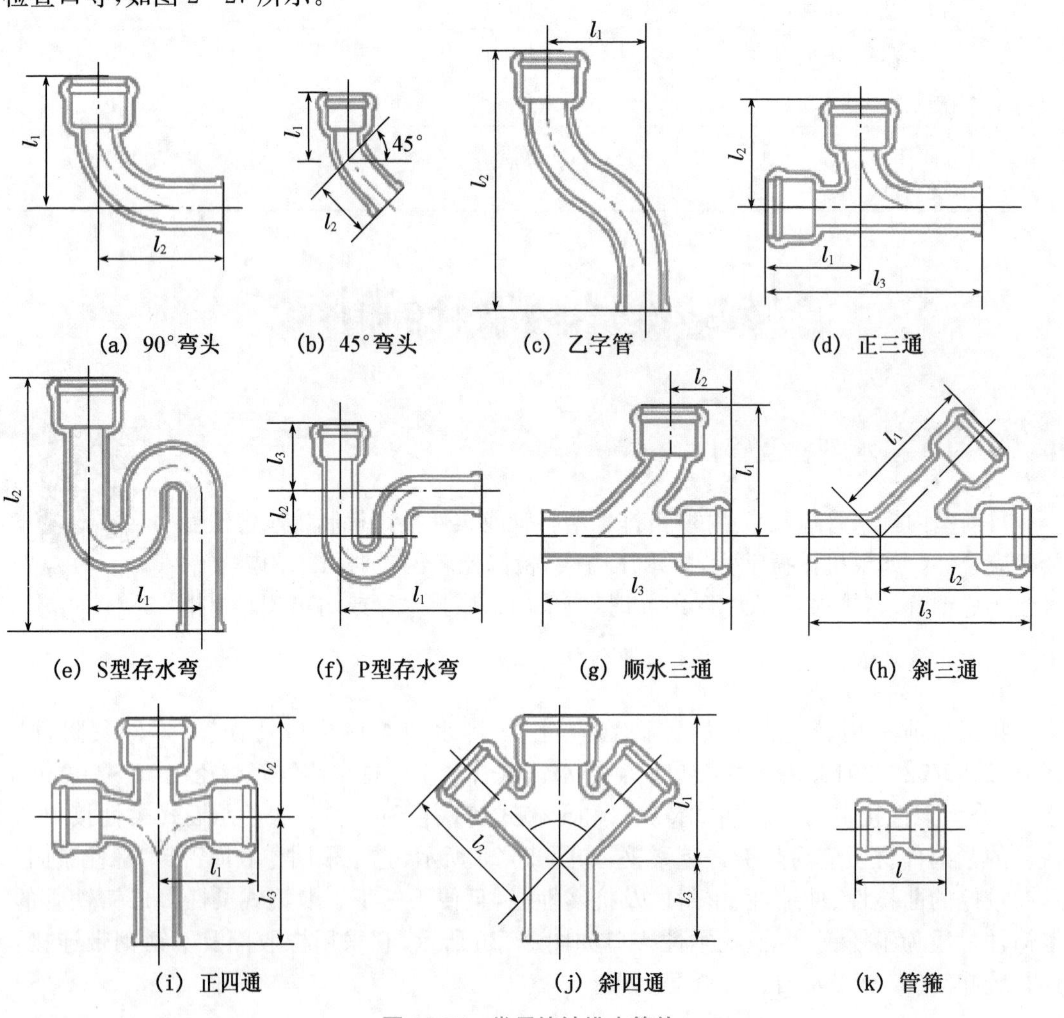

图 2-27　常用铸铁排水管件

2. 排水塑料管及管件

目前在建筑内使用的排水塑料管是硬聚氯乙烯塑料管(PVC－U 管)。具有质量轻、耐腐蚀、不结垢、内壁光滑、水流阻力小、外表美观、容易切割、便于安装、节省投资和节能等优点,但塑料管也有缺点,例如强度低、耐温差(使用温度在－5～＋50 ℃之间)、线性膨胀量大、立管产生噪声、易老化、防火性能差等。排水塑料管通常标注公称外径 De,其规格见表 2－3。

表 2－3 排水硬聚氯乙烯塑料管规格

公称直径/mm	40	50	75	100	150
外径/mm	40	50	75	110	160
壁厚/mm	2.0	2.0	2.3	3.2	4.0
参考质量/($g\cdot m^{-1}$)	341	431	751	1 535	2 803

排水塑料管的管件较齐备,共有 20 多个品种,70 多个规格,应用非常方便,如图 2－28 所示。

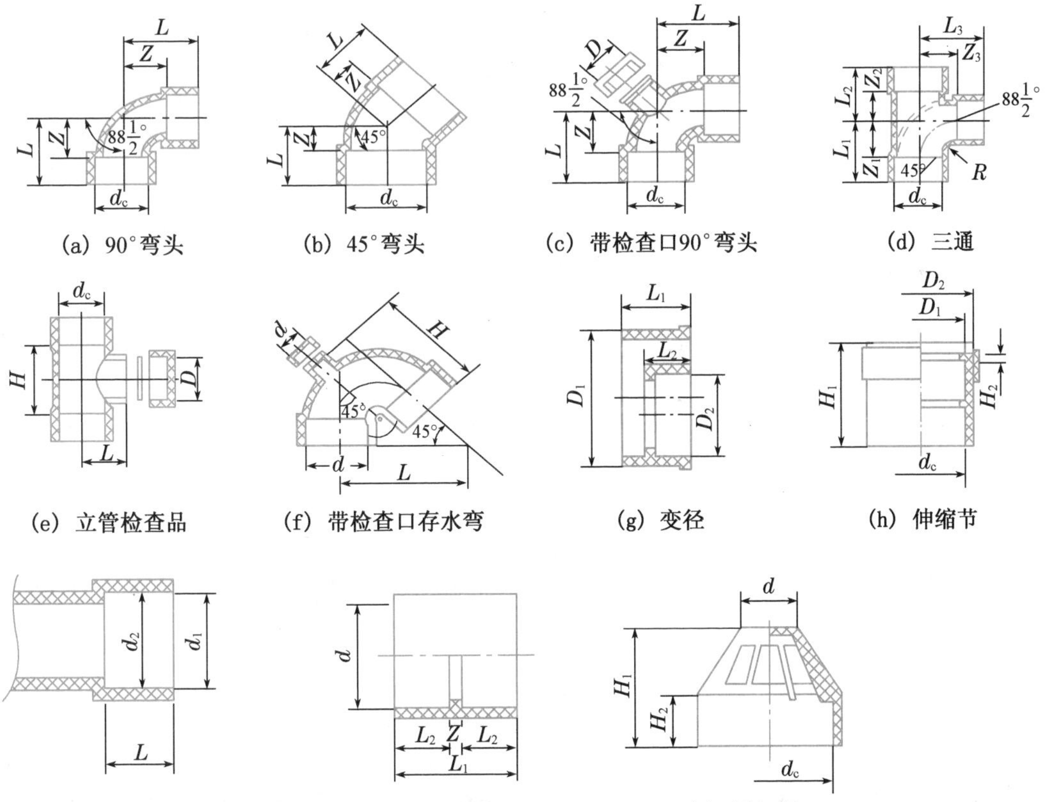

(a) 90°弯头　(b) 45°弯头　(c) 带检查口90°弯头　(d) 三通

(e) 立管检查品　(f) 带检查口存水弯　(g) 变径　(h) 伸缩节

(i) 管件粘接承口　(j) 套筒　(k) 通气帽

图 2－28 塑料管件

在使用 PVC－U 排水管道时,应注意几个问题:

(1) PVC－U 排水管道的水力条件比铸铁管好,泄流能力大,确定管径时,应使用塑料排水管的参数进行水力计算或查相应的水力计算表。

(2) 受环境温度或污水温度变化引起的伸缩长度，为了消除塑料排水管道受温度影响引起的伸缩量，通常采用设置伸缩节的办法予以解决，排水立管和排水横支管上伸缩节的设置和安装应符合下列规定：当层高≤4 m时，污水立管和通气立管应每层设一伸缩节，当层高>4 m时，应根据管道设计伸缩量和伸缩节最大允许伸缩量确定，伸缩节设置应靠近水流汇合管件，并可按下列情况确定：

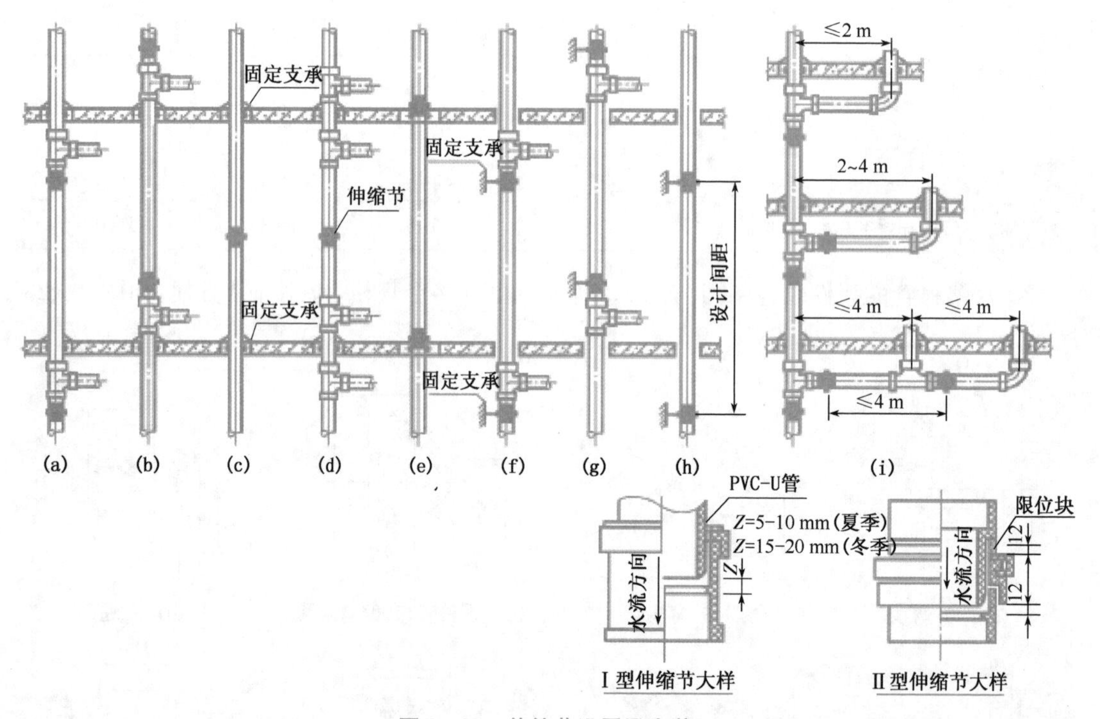

图 2-29　伸缩节设置及安装

① 排水支管在楼板下方接入时，伸缩节设置于水流汇合管件之下，如图 2-29(a)、(f)所示。

② 排水支管在楼板上方接入时，伸缩节设置于水流汇合管件之上，如图 2-29(b)、(g)所示。

③ 立管上无排水支管接入时，伸缩节按设计间距宜置于楼层任何部位，如图 2-29(c)、(e)、(h)所示。

④ 排水支管同时在楼板上、下方接入时，宜将伸缩节置于楼层中间部位，如图 2-29(d)所示。

⑤ 污水横支管，器具通气管，环形通气管上合流管件至立管的直线管段超过 2 m时，应设伸缩节，但伸缩节之间最大间距不得超过 4 m，横管上设置伸缩节应设于水流汇合管件上游端，如图 2-29(i)所示。

⑥ 立管在穿越楼层处固定时，立管在伸缩节处不得固定，在伸缩节处固定时，立管穿越楼层处不得固定。

⑦ Ⅱ型伸缩节安装完毕，应将限位块拆除。

2.5.2 排水附件

1. 存水弯

存水弯的作用是在其内形成一定高度的水封，通常为50～100 mm，阻止排水系统中的有毒有害气体或虫类进入室内，保证室内的环境卫生。凡构造内无存水弯的卫生器具与生活污水管道或其他可能产生有害气体的排水管道连接时，必须在排水口以下设存水弯。医疗卫生机构内门诊、病房、化验室、试验室等不在同一房间内的卫生器具不得共用存水弯。存水弯的类型主要有S形和P形两种，如图2-30所示。

S型存水弯常采用在排水支管与排水横管垂直连接部位。P型存水弯常采用在排水支管与排水横管和排水立管不在同一平面位置而需连接的部位。

需要把存水弯设在地面以上时，为满足美观要求，存水弯还有不同类型，例如瓶式存水弯、存水盒等。

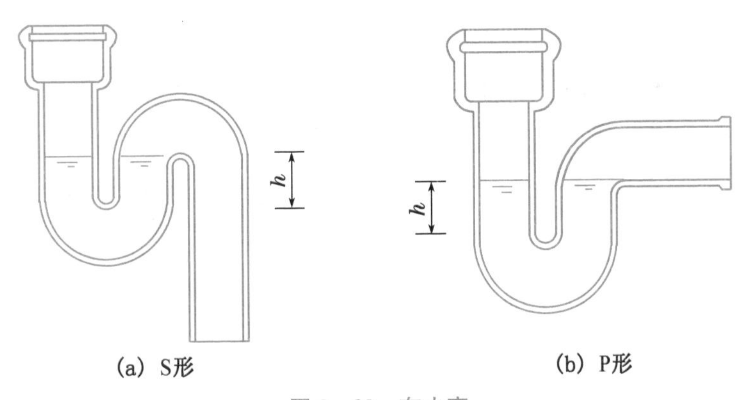

图2-30 存水弯

2. 清扫口和检查口

清扫口和检查口属于清通设备，为了保障室内排水管道排水畅通，一旦堵塞可以方便疏通，因此在排水立管和横管上都应设清通设备。

(1) 清扫口一般设置在横管上，横管上连接的卫生器具较多时，起点应设清扫口(有时用可清掏的地漏代替)。在连接2个及2个以上的大便器或3个及3个以上的卫生器具的污水横管、水流转角小于135°的铸铁排水横管上，均应设置清扫口。在连接4个及4个以上的大便器塑料排水横管上宜设置清扫口。排水横管起点的清扫口与其端部相垂直的墙面的距离不得小于0.15 m；排水管起点设置堵头代替清扫口时，堵头与墙面应有不小于0.4 m的距离。污水横管的直线管段上检查口或清扫口之间的距离也不能过大，否则需要增设清扫口；从污水立管或排出管上的清扫口至室外检查井中心的长度大于规定值时，应在排出管上设清扫口。如图2-31(a)所示。

(2) 检查口设置在立管上，铸铁排水立管上检查口之间的距离不宜大于10 m，塑料排水管立管宜每6层设置一个检查口。但在立管的最低层和设有卫生器具的2层以上建筑物的最高层应设检查口，当立管上有水平拐弯或乙字弯管时应在该层立管拐弯处和乙字弯管上部设检查口。检查口设置高度一般距地面1 m为宜，并应高于该层卫生器具上边缘0.15 m。如图2-31(b)所示。

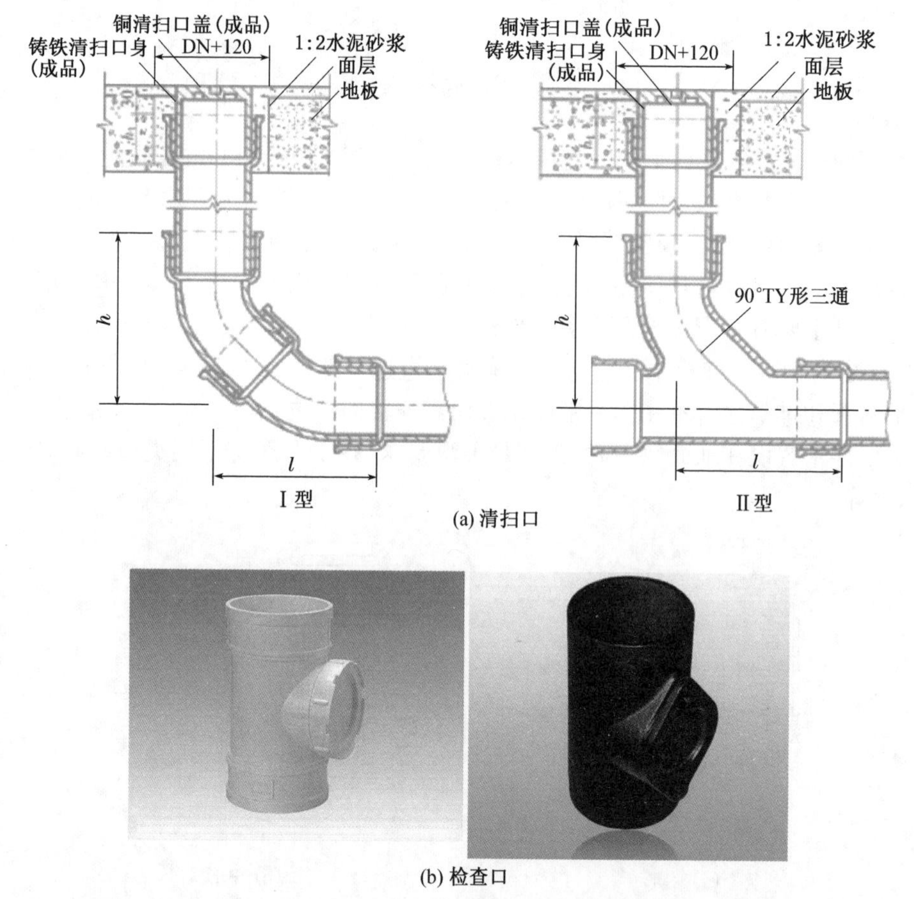

(a) 清扫口

(b) 检查口

图 2-31　清通设备

3. 地漏

地漏是一种特殊的排水装置，一般设置在经常有水溅落的地面、有水需要排除的地面和经常需要清洗的地面(例如淋浴间、盥洗室、厕所、卫生间等)。《住宅设计规范》(GB 50096—2011)中规定，淋浴器和布置洗衣机的部位应设置地漏，并要求布置洗衣机的部位宜采用能防止溢流和干涸的专用地漏。地漏应设置在易溅水的卫生器具附近的最低处，其地漏箅子应低于地面 5～10 mm，带有水封的地漏，其水封深度不小于 50 mm，直通式地漏下必须设置存水弯，严禁采用钟罩式(扣碗式)地漏。地漏形式有多种，有圆形和方形 2 种，材质为铸铁、塑料、黄铜、不锈钢、镀铬箅子等。

4. 其他附件

滤毛器和集污器设在理发室、游泳池和浴室内，挟带着毛发或絮状物的污水先通过滤毛器或集污器后排入管道，避免堵塞管道，如图 2-32 所示。

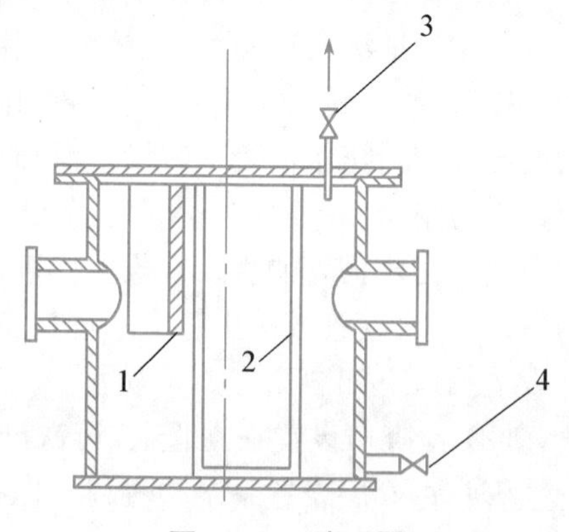

图 2-32　滤毛器

1—缓冲板；2—滤网；3—放气阀；4—排污阀

2.6 排水管道水流特性与管径确定

2.6.1 排水横管的水流特性与管径确定

排水管道管径确定和排水管道布置与敷设

排水横管的水流特点:根据国内外多年的实验研究,竖直下落的污水具有较大的动能,进入横管后,由于改变流动方向,能量转化,在横管内形成复杂的水流特点,其水流可分为急流段、水跃及跃后段、逐渐衰减段,直至趋于均匀流,如图 2-33 所示。

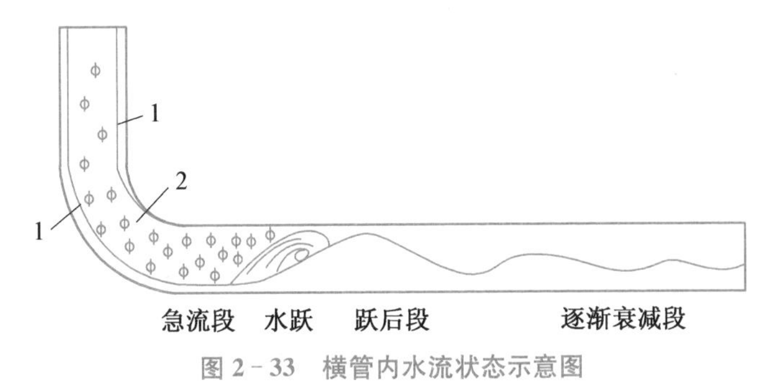

图 2-33 横管内水流状态示意图

1—水膜状高速水流;2—气体

短时间内大量污水排入横管内会引起水流状态的变化,其横管内的压力变化也很复杂。

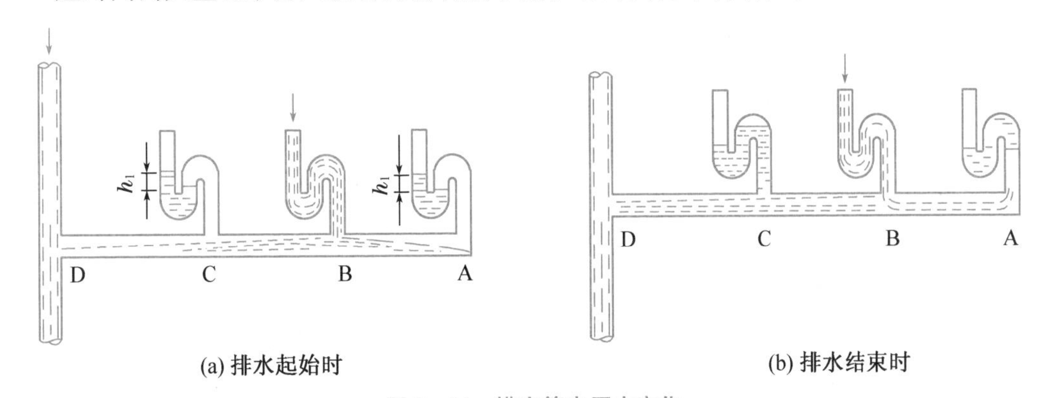

图 2-34 横支管内压力变化

如图 2-34 所示,在排水立管大量排水的同时,中间的卫生器具 B 突然排水,造成排水点处的横管内水流前后流动,呈八字形,形成前后水跃,致使 AB 段和 BC 段内气体不能自由流动而形成正压,使 A 和 C 卫生器具存水弯内水封液面上升。随着 B 卫生器具排水量逐渐减小,在横支管坡度作用下,水流向 D 点作单向流动,此时因 AB 段和 BC 段得不到空气补充而形成负压,A 和 C 卫生器具的水封受诱导虹吸作用,损失部分水,降低了水封高度。虽卫生器具距排水横支管的高差小,造成的压力变化不大,但在排水横支管上总会反复出现正压与负压的交替变化,必然会造成水封高度的减小。鉴于排水横管中的水流特点,为保证排水管道系统良好的水力条件，稳定管道系统压力，防止水封破坏，在排水横支管和排出管或横干管的水力设计中，须满足下列规定：

（1）充满度：建筑内部排水系统的横管按非满流设计，排水系统中有毒有害气体的排出和空气流动及补充，应占有管道上部一定的过流断面，同时接纳意外的高峰流量。

（2）自清流速：污水中含有固体杂质，流速过小，会在管内沉淀，减小过流断面，造成排水不畅甚至堵塞。为此规定了不同性质的污废水在不同管径和最大计算充满度的条件下的最小流速，即自清流速，见表 2-4。

表 2-4　不同性质污废水的自清流速

污废水类别	生活污水在下列管径时/mm			明渠(沟)	雨水道及合流制排水管
	$d<150$	$d=150$	$d=200$		
自清流速/($m \cdot s^{-1}$)	0.60	0.65	0.70	0.40	0.75

（3）管道坡度：排水管道的设计坡度与污废水性质、管径大小、充满度大小和管材有关。污废水中含有的杂质越多，管径越小，充满度越小，管材粗糙系数越大，其坡度应越大。建筑内部生活排水管道的坡度规定有通用坡度和最小坡度 2 种。通用坡度为正常情况下应采用的坡度，最小坡度为必须保证的坡度。一般情况下应采用通用坡度，而当排水横管过长造成坡降值过大，受建筑空间限制时，可采用最小坡度。

建筑物内生活排水铸铁管道的最小坡度和最大设计充满度按表 2-5 确定。

表 2-5　建筑物内生活排水铸铁管道的最小坡度和最大设计充满度

管径/mm	通用坡度	最小坡度	最大设计充满度
50	0.035	0.025	0.5
75	0.025	0.015	
100	0.020	0.012	
125	0.015	0.010	
150	0.010	0.007	0.6
200	0.008	0.005	

建筑排水塑料管道的排水横支管的标准坡度应为 0.026，排水横干管的坡度可按表 2-6 调整。

表 2-6　建筑排水塑料管排水横干管的最小坡度和最大设计充满度

外径/mm	最小坡度	最大设计充满度
110	0.004	0.5
125	0.003 5	0.5
160	0.003	0.6
200	0.003	0.6

表 2-7　大便槽排水管管径

蹲位数/个	排水管管径/mm
3～4	100(110)
5～8	150(160)
9～12	150(160)

(4) 最小管径:建筑物内排水管最小管径不得小于 50 mm。公共食堂厨房内的污水采用管道排除时,其管径应比计算管径大一号,但干管管径不小于 100 mm,支管管径不小于 75 mm,多层住宅厨房间的立管管径不小于 75 mm。医院污物洗涤盆(池)和污水盆(池)的排水管管径不小于 75 mm。小便槽或连接 3 个及 3 个以上的小便器,其污水支管管径,不宜大于 75 mm。凡连接大便器的支管,即使仅有 1 个大便器,其最小管径均为 100 mm。浴池的泄水管管径宜采用 100 mm。大便槽排水管管径,可按表 2-7 确定。

2.6.2 排水立管的水流特性与管径确定

1. 排水立管的水流特点

在多层及高层建筑中,排水立管连接各层排水横支管,下部与横干管或排出管相连,立管中水流呈竖直下落流动。立管中的排水流量由小到大再减小至零,呈断续的非均匀流,在竖直下落的过程中形成水与空气 2 种介质的复杂运动,若不能及时补充带走的空气,则立管上部形成负压,下部形成正压,由于排水反复出现,必然造成排水立管中压力变化剧烈,如图 2-35 所示。排水立管中在单一出流、流量由小到大时,水流状态分析主要经过 3 个阶段,如图 2-36 所示。

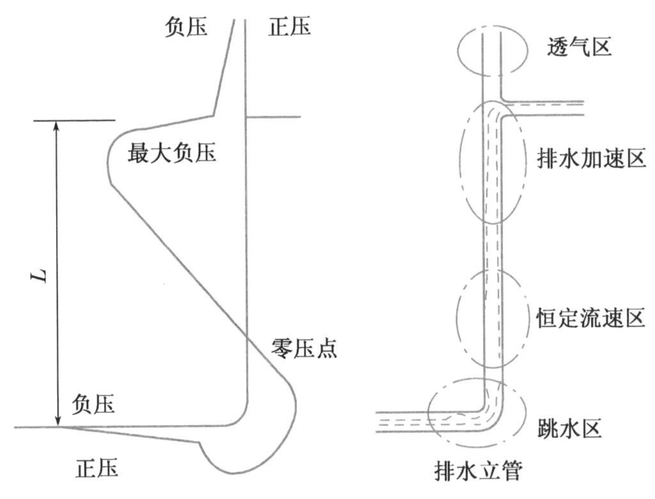

图 2-35 排水立管内压力分布示意图

第 1 阶段为附壁螺旋流:排水量小时,受排水立管内壁摩擦阻力的影响,水沿壁周边向下作螺旋流动,形成离心力,立管中心气流正常,管内气压稳定。随着排水量逐步增加,水量覆盖整个管内壁时,水流附着管内壁向下流动,失去离心力,挟气流动出现,但由于排水量小,立管中心气流仍正常,气压较稳定,如图 2-36(a)所示。

第 2 阶段为水膜流:当流量进一步增加,水舌轻微出现,受空气阻力和管内壁摩擦阻力的共同作用,水流沿管壁作下落运动,形成一定厚度的带有横向隔膜的附壁环状水膜流,如图 2-36(b)所示。环状水膜比较稳定,向下作加速运动时,其水膜厚度近似与下降速度成正比。当水膜所受向上的管壁摩擦阻力与重力达到平衡时,水膜的下降速度与水膜厚度不再变化,这时的流速称为终限流速,从排水横支管水流入口至终限流速形成处的高度称为终限长度,如图 2-37 所示。横向隔膜不稳定,管内气体将横向隔膜冲破,管内气压恢复正常,

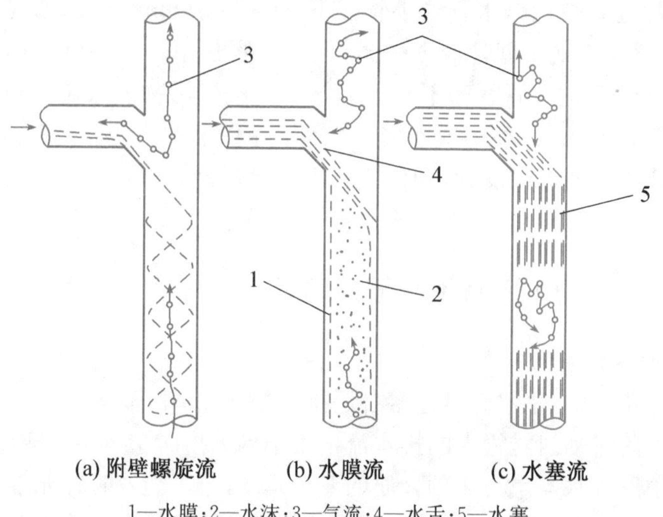

(a) 附壁螺旋流　(b) 水膜流　(c) 水塞流

1—水膜；2—水沫；3—气流；4—水舌；5—水塞

图 2-36　立管水流状态

在排水量继续下降的过程中，又形成新的横向隔膜，这样形成与破坏交替进行，立管内气压波动，但此时的气压波动还不会破坏水封。

第 3 阶段为水塞流：随着排水量继续增加，水舌充分形成，横向隔膜的形成与破坏越来越频繁，水膜厚度不断增加。当隔膜下部气体的压力不能冲破水膜时，就形成了较稳定的水塞，管内气体压力波动，水封被破坏，整个排水系统不能正常使用，如图 2-36(c)所示。

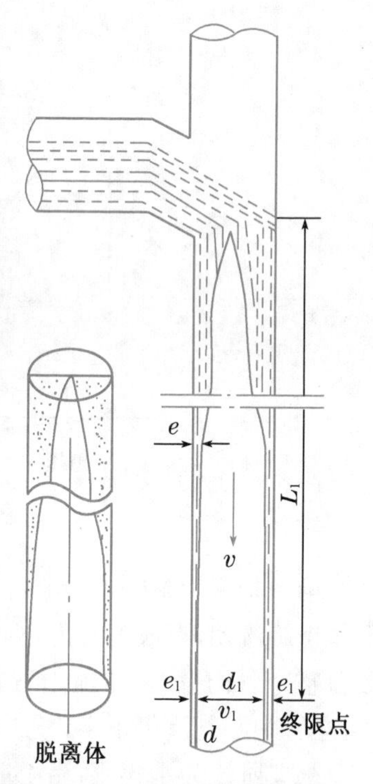

图 2-37　终限流速和终限长度

排水立管管径是根据最大排水能力确定的。经过对排水立管排水能力的研究分析，考虑排水立管的通气功能，按非满流使用，其最大流量应控制在形成水膜流的范围内，流量最大限度地充满立管断面的 1/4～1/3。在工程应用中，将试验得出的立管最大排水能力的数值降低使用，以增强其可靠性。

2. 排水立管管径确定的方法

排水立管管径是根据最大排水能力确定的。经过对排水管排水能力的研究分析，考虑排水立管的通气功能，按非满流使用，其最大流量应控制在形成水膜流的范围内，流量最大限度地充满立管断面的 1/4～1/3。排水立管按使用的管材可分为排水铸铁管和排水塑料管；按通气方式可分为普通伸顶通气、专用通气立管通气，特制配件伸顶通气和因建筑构造或其他原因的不伸顶通气。不同条件下其通水能力各不相同。总之，排水铸铁管没有排水塑料管通水能力好；不设通气管的系统没有设通气立管的系统通水能力好；仅设伸顶通气管的系统没有设专用通气立管或主通气立管的系统通水能力好；另外，排水立管管径不得小于任一层排水横支管的管径。

2.7 排水管道的布置与敷设

2.7.1 排水管道的布置与敷设的原则

建筑内部排水系统管道的布置与敷设直接影响着人们的日常生活和生产，为创造良好的环境，应遵循以下原则：

(1) 排水通畅，水力条件好（自卫生器具至排水管的距离应最短，管道转弯应最少）；

(2) 使用安全可靠，防止污染，不影响室内环境卫生；

(3) 管线简单，工程造价低；

(4) 施工安装方便，易于维护管理；

(5) 占地面积小、美观；

(6) 同时兼顾到给水管道、热水管道、供热通风管道、燃气管道、电力照明线路、通信线路和电视电缆等的布置和敷设要求。

在布置和敷设时应首先保证排水畅通和室内良好的生活环境，然后再根据建筑类别、标准、投资、管材等因素进行管道的布置和敷设。

2.7.2 卫生间排水管线的布置

对于卫生间排水横支管的布置方案的分析、选择应多方权衡。做到既要使用方便，又要管线短，排水通畅，且便于维护管理。现在常见的卫生间排水管线的布置方案主要有以下四种：

(1) 穿板下排式方案。是卫生间的器具排水管穿越楼板，汇入下层顶板下的排水横支管，再进入排水立管。

(2) 后排水方案。是卫生间的器具排水管均从本层排入立管，坐式大便器采用后排水，地漏采用侧排地漏，地面排水支管视排水立管远近位置可做一定的隐蔽处理。

(3) 卫生间下沉式方案。是对卫生间部分进行局部楼板降低 300 mm，卫生间形成水池状，在其内安装排水横支管后再用松散材料（例如炉渣、碎加气块等）填充，表面有水泥砂浆抹光或地砖饰面。

(4) 卫生间垫高式方案。是垫高卫生间的地面 200～300 mm，在垫层中布置排水管道，垫层的做法常用砖砌或预制板覆盖，或用松散材料填实后再做地砖饰面。

2.7.3 室内排水立管的布置与敷设

立管尽量设在厨卫间的墙边或墙角处，也可沿外墙室外明设，或布置在管道井内暗装。管壁与墙壁、柱等表面的净距有 25～35 mm。室内排水立管布置敷设应注意以下几点：

(1) 立管应靠近杂质最多、最脏及排水量最大的排水点处设置，以便尽快地接纳横支管来的污水而减少管道堵塞机会。排水立管的布置应减少不必要的转折和弯曲，尽量做支线连接。

(2) 立管不得穿过卧室、病房等对卫生、安静要求较高的房间，也不宜靠近与卧室相邻的内墙。

(3) 立管宜靠近外墙,以减少埋地管长度,便于清通和维修。

(4) 立管应设检查口,其间距不大于 10 m,但底层和最高层必须设。检查口中心距地面距离为 1 m,并应高于该层溢流水位最低的卫生器具上边缘 0.15 m。

(5) 塑料立管明设且其管径大于或等于 110 mm 时,在立管穿越楼层处应采取防止火灾贯穿的措施,设置防火套管或阻火圈。

(6) 当层高小于或等于 4 m 时,塑料的污水立管和通气立管应每层设一伸缩节;当层高大于 4 m 时,其数量应根据管道设计伸缩量和伸缩节允许伸缩量计算确定。

(7) 塑料排水立管应避免布置在易受机械撞击处,当不能避免时,应采取保护措施。

(8) 塑料排水管应避免布置在热源附近;当不能避免时,并导致管道表面受热温度大于 60 ℃时,应采取隔热措施。塑料排水立管与家用灶具边净距不小于 0.4 m。

(9) 厨房间和卫生间的排水立管应分别设置。

(10) 排水立管与排出管端部的连接,宜采用两个 45°弯头,弯曲半径不小于 4 倍管径的 90°弯头或 90°变径弯头。

(11) 排水立管仅设伸顶通气管时,最低排水横支管与立管连接处距排水立管管底的垂直距离,不得小于表 2-8 的规定。

表 2-8 最低横支管与立管连接处至立管管底的垂直距离

立管连接卫生器具的层数/层	垂直距离/m
≤4	0.45
5～6	0.75
7～12	1.20
13～19	3.00
≥20	6.00

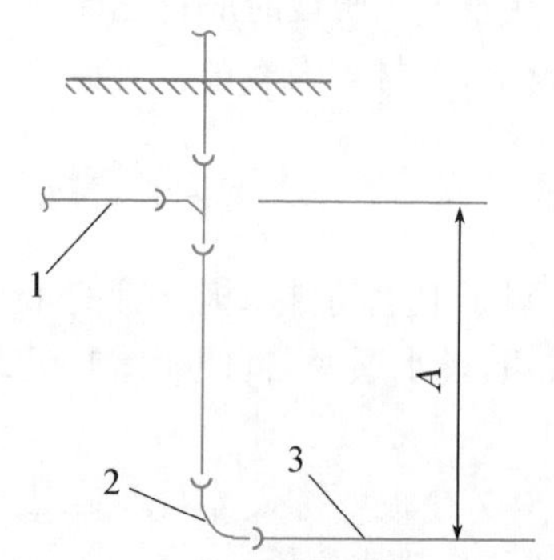

图 2-38 最低横支管与排出管起点管内底的距离

1—最低横支管;2—立管底部;3—排出管

若靠近排水立管底部的排水支管满足不了表 2-8 和图 2-38 的要求时,排水支管应单独排出室外。

2.7.4 室内排水横支(干)管的布置与敷设

室内排水横支管的布置敷设时应注意以下几点:

(1) 排水横支管不宜太长,尽量少转弯,1 根支管连接的卫生器具不宜太多。

(2) 排水管道不得穿过沉降缝、伸缩缝、变形缝、生产设备基础、烟道和风道,当受条件限制必须穿过时,应采取相应的技术措施。排水管道不得穿过卧室、住宅客厅、餐厅,并不宜靠近与卧室相邻的内墙。排水管道不宜穿越橱窗、壁柜。

(3) 架空横支管不得穿过生产工艺或卫生有特殊要求的生产厂房、食品及贵重商品仓库、通风小室和配电室,排水管道不得穿越生活饮用水池部位的上方。

(4) 管径大于或等于 110 mm 的塑料横支管明装且与暗装立管相连时，墙体贯通部位应设置阻火圈或长度不小于 300 mm 的防火套管，且防火套管的明露部分长度不宜小于 200 mm。

(5) 排水横支管不得布置在遇水易引起燃烧、爆炸或损坏的原料、产品和设备上面，也不得布置在食堂、饮食业的主副食操作、烹调及备餐的上方。当受条件限制不能避免时，应采取保护措施。

(6) 横支管距楼板和墙应有一定的距离，便于安装和维修。

(7) 当排水管道外表面可能结露时，应根据建筑物性质和使用要求，采取防结露措施。

(8) 排水管道穿过地下室或地下构筑物的墙壁处，应采取防水措施。

(9) 排水管穿越承重墙或基础时，应预留洞口，且管顶上部净空不得小于建筑物的沉降量，一般不宜小于 0.15 m。

(10) 排水支管连接至排出管或排水横干管上，连接点距底部下游水平距离不宜小于 3 m，且不得小于 1.5 m。如图 2－39 所示。

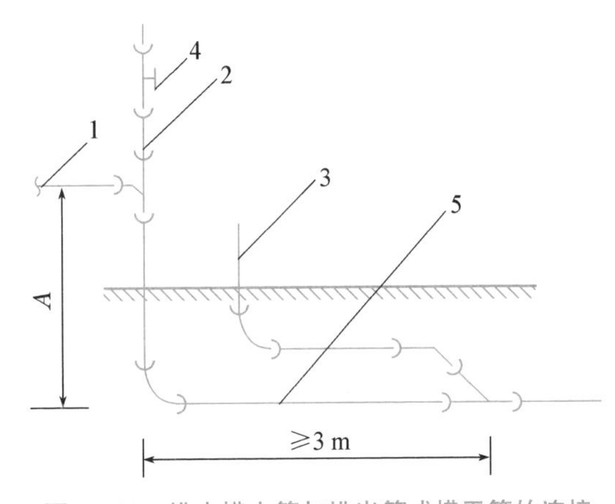

图 2－39 排水横支管与排出管或横干管的连接

1—排水横支管；2—排水立管；3—排水支管；4—检查口；5—排水横干管(或排出管)

若排水支管满足不了图 2－39 的要求时，排水支管应单独排出室外。

(11) 湿陷性黄土地区的排出管应设在检漏沟内，并应设检漏井。

(12) 埋地排水管的最小覆土厚度按表 2－9 确定。

表 2－9 排水管道的最小覆土厚度

管材	地面至管顶的距离/m	
	素土夯实、缸砖、木砖地面	水泥、混凝土、沥青混凝土、菱苦土地面
排水铸铁管	0.70	0.40
混凝土管	0.70	0.50
带釉陶土管	1.00	0.60
硬聚氯乙烯管	1.00	0.60

注：1. 在铁路下采用钢管或给水铸铁管，管道的埋设深度从轨底至管顶的距离≥1.0 m。
2. 在管道有防止机械损坏措施或不可能受机械损坏的情况下，其埋设深度可小于上表及注 1 的所示值。

2.7.5 室内排水通气管的布置与敷设

室内排水通气管的布置敷设时应注意以下几点：

(1) 通气立管不得接纳污水、废水和雨水，通气管不得与风道或烟道连接。

(2) 生活污水管道和散发有毒有害气体的生产污水管道应设伸顶通气管。伸顶通气管高出屋面至少 0.3 m，且必须大于最大积雪厚度，通气管顶端应装设风帽或网罩。经常有人停留的平屋面上，通气管口应高出屋面 2 m，并应根据防雷要求考虑防雷装置。通气管口不宜设在屋檐檐口、阳台和雨篷等的下面，若通气管口周围 4 m 以内有门窗时，通气管口应高出窗顶 0.6 m 或引向无门窗一侧。住宅有跃层设计，应特别注意通气管口距跃层窗口距离，防止空气污染。

(3) 连接 4 个及 4 个以上卫生器具，且长度大于 12 m 的横支管和连接 6 个及 6 个以上大便器的横支管上要设环形通气管。环形通气管应在横支管始端的两个卫生器具间接出，在排水横支管中心线以上与排水横支管呈垂直或 45°连接。

(4) 对卫生、安静要求高的建筑物内，生活污水管道宜设器具通气管。器具通气管应设在存水弯出口端。

器具通气管和环形通气管应在卫生器具上边缘以上不少于 0.15 m 处，并按最小 0.01 的上升坡度与通气立管相连接。

(5) 结合通气管宜每层或隔层与专用通气立管、排水立管连接，与主通气立管、排水立管连接不宜多于 8 层。结合通气管与排水立管连接，其上端可在卫生器具上边缘以上不小于 0.15 m 处与通气立管以斜三通连接，下端宜在排水横支管以下与排水立管以斜三通连接。

(6) 当采用 H 管件替代结合通气管时，H 管与通气管的连接点应设在卫生器具上边缘以上不小于 0.15 m 处。

(7) 当污水立管与废水立管合用一根通气管时，H 形管件可隔层分别与污水立管和废水立管连接，且最低排水横支管连接点以下应安装结合通气管。

2.8 屋面雨水排水

屋面雨水排水

2.8.1 屋面雨水的排除方式

降落在屋面的雨水和冰雪融化水，尤其是暴雨，会在短时间内形成积水，为了不造成屋面漏水和四处溢流，需要对屋面积水进行及时排除。排除的类型有两种：一是无组织排水，即雨水和融雪水沿屋面檐口落下，无收集和排除的设施，只适用于小型和低矮的建筑；二是有组织地排水，设有专门收集和排除雨雪水的设施。根据建筑物的类型，建筑结构形式，屋面面积大小，当地气候条件和生产生活的要求，屋面雨水排水系统可以分为多种类型。

1. 按雨水管道布置位置分类

(1) 外排水系统

外排水系统是指屋面不设雨水斗，建筑内部没有雨水管道的雨水排放形式。按屋面有无天沟，又可分为檐沟外排水系统和天沟外排水系统。

① 檐沟外排水系统。又称普通外排水系统或水落管外排水系统，屋面雨水由檐沟汇水，然后流入沿外墙设置的水落管，排到室外地面或雨水排水沟。如图2-40所示。它适用于一般居住建筑、屋面面积较小的公共建筑以及小型单跨厂房。檐沟外排水系统主要由檐沟、雨水斗、承雨斗及水落管等组成。檐沟有内檐沟和外檐沟两种形式。水落管可采用白铁皮制作，也可采用铸铁管、石棉水泥管或UPVC塑料管。一般民用建筑选用管径多为75～100 mm。水落管的间距应根据降雨量及管道的通水能力所确定的一根水落管应服务的屋面面积而定。按经验，水落管间距为：民用建筑8～16 m，工业建筑18～24 m。

② 天沟外排水系统。是指利用屋面构造上的天沟本身的容量和坡度，雨水由天沟汇水，排至建筑物两端(山墙、女儿墙)，经雨水斗收集经外墙外侧的立管排至室外地面、明沟、雨水井，如图2-41所示。天沟外排水在室内不设雨水管系，结构简单、节省投资、施工简便。天沟外排水一般用于大面积多跨度工业厂房且厂房内不允许进雨水又不允许在厂房内设置雨水管道的雨水排水系统。天沟布置应以建筑物伸缩缝、沉降缝或变形缝为屋面分水线，在分水线两侧设置，天沟连续长度不宜大于50 m，坡度太小，易积水，太大会增加天沟起端屋顶垫层，一般采用0.003～0.006，天沟不宜过宽，以满足雨水斗安装尺寸为宜。一般天沟的断面尺寸为500～1 000 mm宽。水深为100～300 mm，沟身比水深要高出200 mm以上，斗前天沟深度大于或等于100 mm。天沟断面多为矩形和梯形，天沟端部应设溢流口，用以排除超重现期的降雨，溢流口比天沟上檐低50～100 mm。

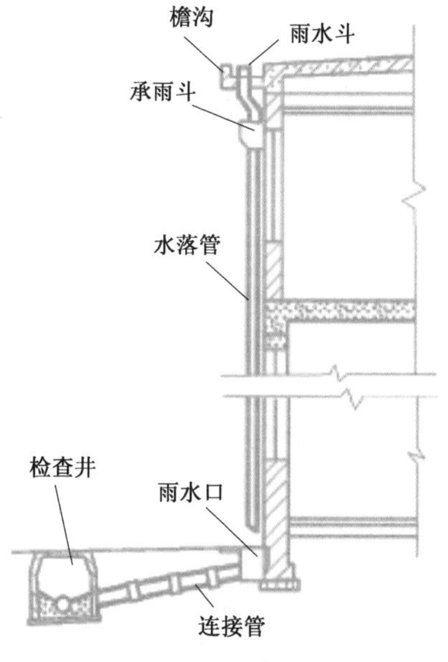

图2-40 水落管外排水示意图

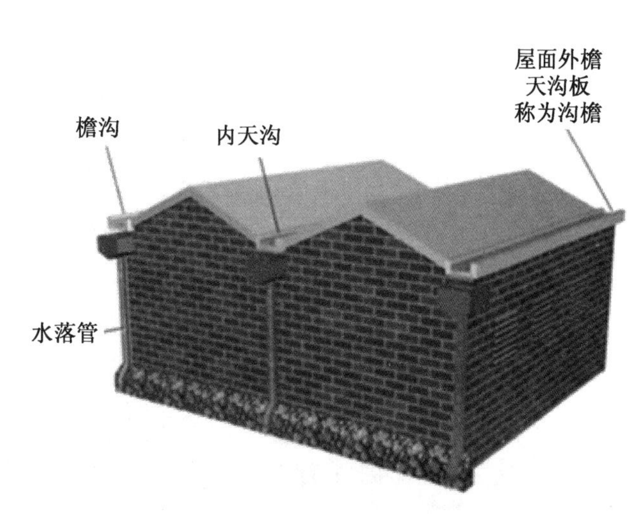

图2-41 天沟外排水示意图

排水立管连接雨水斗，应采用承压塑料排水管或承压铸铁管，最小管径可采用 DN100，下游管段管径不得小于上游管段管径，有埋地排出管时在距地面以上 1 m 处设置检查口，雨水排水立管固定应牢固。

(2) 内排水系统

内排水系统是指屋面设有雨水斗，建筑物内部设有雨水管道的雨水排水系统。该系统常用于跨度大、特别长的多跨工业厂房，及屋面设天沟有困难的壳形屋面、锯齿形屋面、有天窗的厂房。建筑立面要求高的高层建筑、大屋面建筑和寒冷地区的建筑，不允许在外墙设置雨水立管时，也应考虑采用内排水形式。内排水系统可分为单斗排水系统和多斗排水系统。如图 2-42 所示。

(3) 混合排水系统

大型工业厂房的屋面形式复杂，为了及时有效地排除屋面雨水，往往同一建筑物采用几种不同形式的雨水排水系统，分别设置在屋面的不同部位，由此组合成屋面雨水混合排水系统。如图 2-42 所示，左侧为檐沟外排水系统；右侧为多斗内排水系统；中间为单斗内排水系统。

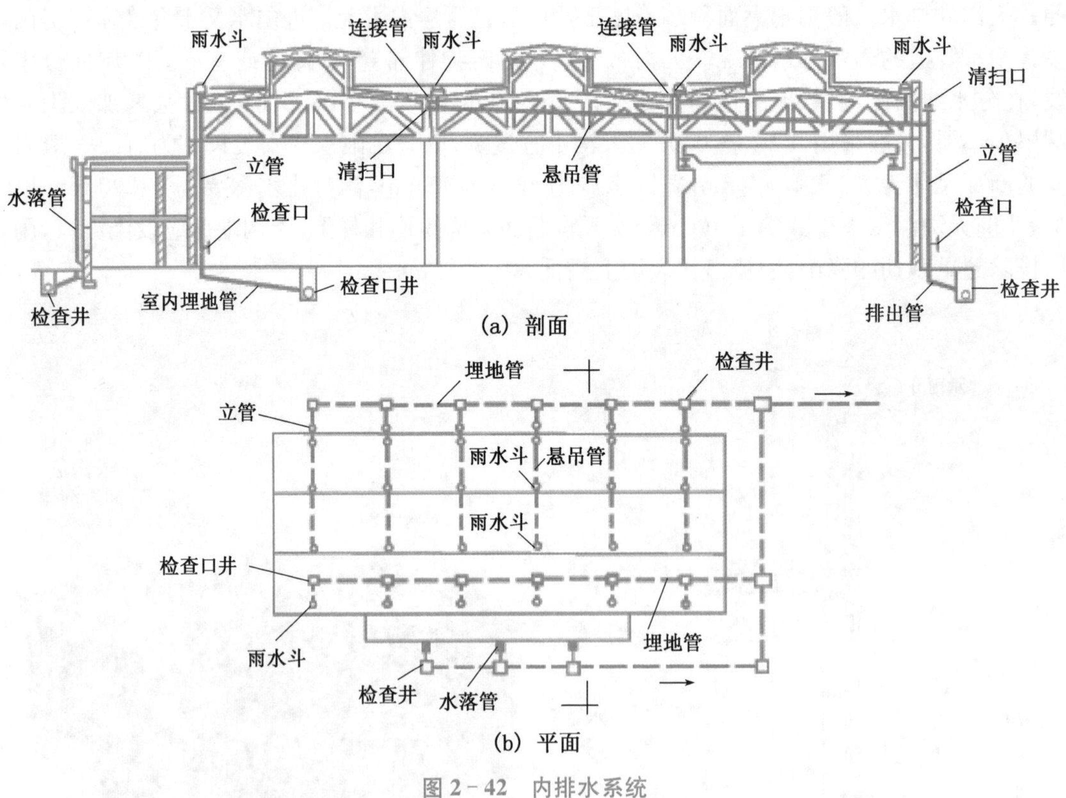

图 2-42　内排水系统

2. 按管内水流情况分类

(1) 重力流排水系统

重力流排水系统，可承接管系排水能力范围不同标高的雨水斗排水，檐沟外排水系统和内排水系统和高层建筑屋面雨水管系都宜按重力流排水系统设计。重力流排水系统应采用重力流排水型雨水斗。

(2) 压力流排水系统

压力流排水系统,同一系统的雨水斗应在同一水平面上,长天沟内、外排水系统宜按单斗、多斗压力流设计。

3. 屋面雨水排除系统的选择

屋面雨水排除必须按重力流或压力流设计。檐沟外排水系统应按重力流设计;工业厂房、库房、公共建筑的大型屋面雨水排水、长天沟内、外排水系统宜按压力流设计。大屋面工业厂房和公共建筑宜按多斗压力流设计,且同一压力流系统的雨水斗宜设置在同一水平面上。高层建筑屋面雨水排水宜按重力流设计。高层建筑裙房屋面的雨水按重力流设计,并单独排放。阳台排水系统应设置地漏单独排放。

2.8.2 屋面雨水内排水系统组成

内排水系统由天沟、雨水斗、连接管、悬吊管、立管、排出管、埋地管及清通设备等组成,如图 2-42 所示降落到屋面的雨水,由屋面天沟或直接汇水流入雨水斗,经连接管、悬吊管、排水立管、排出管流入雨水检查井,或经埋地干管排至室外雨水管道。

(1) 雨水斗。作用是收集和迅速排除屋面的雨雪水,并拦阻大杂质。常见的雨水斗有 87 型雨水斗、65 型雨水斗、侧入式雨水斗、有压流(虹吸式)雨水斗,如图 2-43 所示。前三种是重力流雨水斗。侧入式雨水斗仅用于女儿墙外排水系统。有压流雨水斗的特点是雨水斗不掺气,使屋面雨水系统形成满管压力流。当采用多斗排水时,一根悬吊管可承接较多数量的雨水斗。在相同的屋面汇水面积和降雨强度条件下,与重力流屋面雨水排水系统相比,可减少立管数量、减小悬吊管和立管的管径,且悬吊管无坡度要求。

图 2-43 雨水斗

(2) 连接管。是上部连接雨水斗,下部连接悬吊管的一段竖向短管,其管径一般与雨水斗相同,连接管应牢靠地固定在建筑物的承重结构上,下端宜采用顺水连通管件与悬吊管相连接。为防止因建筑物层间位移、高层建筑管道伸缩造成雨水斗周围屋面被破坏,在雨水斗连接管下应设置补偿装置,一般宜采用橡胶短管或承插式柔性接口。

(3) 悬吊管。是上部与连接管相接,下部与排水立管相连接的管段,通常是顺梁或屋架布置的架空横向管道,其管径按重力流和压力流计算确定。

重力流排水管系统悬吊管应按非满流设计,其充满度不宜大于 0.8,管内流速不宜小于 0.75 m/s,悬吊管应大于等于连接管管径,且不小于 300 mm,坡度大于或等于 0.005。连接管与悬吊管、悬吊管与立管之间的连接管件采用 45°或 90°斜三通为宜。重力流悬吊管长度大于 15 m 时,设置检查口或带法兰的三通,其间距不宜大于 20 m,其位置宜靠近墙、柱,以利操作。

压力流排水管系统悬吊管按满管压力流设计，悬吊管中心线与雨水斗出口的高差宜大于 1.0 m，悬吊管内流速不宜小于 1.0 m/s，水头损失不得大于 80 kPa。悬吊管没有坡度要求。

(4) 立管。雨水排水立管承接经悬吊管或雨水斗流来的雨水，1 根立管连接的悬吊管根数不多于 2 根，立管管径应经水力计算确定，但不得小于上游管段管径。同一建筑，雨水排水立管不应少于 2 根，高跨雨水流至低跨时，应采用立管引流，防止对屋面冲刷。立管距地面 1 m 处应设检查口，以便清通。立管宜沿墙、柱设置，牢靠固定。

(5) 排出管。它是立管与埋地管之间的水平连接管道，其管径应不小于立管管径，为改善水力条件，排出管宜比立管大一号。

(6) 埋地管。敷设于室内地下，承接雨水立管的雨水并排至室外，敞开式内排水系统的埋地管先接入放气井，然后再接入检查井。埋地管最小管径为 200 mm，最大管径不超过 600 mm，常用混凝土管或钢筋混凝土管。在埋地管转弯、变径、变坡、管道汇合连接处和长度超过 30 m 的直线管段上均应设检查井，检查井井深应大于或等于 0.7 m，井内管顶平接，并做高出管顶 200 mm 的高流槽。封闭式内排水系统的埋地管与大气隔开，设置密闭的水平检查口，目的是防止检查井冒水现象。

练习与思考题

一、单项选择题

1. 大便器的最小排水管管径为(　　)。

A. DN50　　B. DN75　　C. DN100　　D. DN150

2. 自带存水弯的卫生器具有(　　)。

A. 坐式大便器　　B. 浴缸　　C. 污水盆　　D. 洗涤盆

3. 存水弯的作用是(　　)。

A. 节省材料　　B. 阻止管道气体窜入室内

C. 储存备用水　　D. 美观

4. 检查口中心距地板面的高度一般为(　　)m。

A. 0.8　　B. 1.5　　C. 1.2　　D. 1.0

5. 当层高小于或等于 4 m 时，塑料的污水立管和通气立管应每层设(　　)伸缩节。

A. 一个　　B. 两个　　C. 三个　　D. 无

6. 压力流排水管系统悬吊管按满管压力流设计，悬吊管中心线与雨水斗出口的高差宜大于(　　)m。

A. 1.0　　B. 2.0　　C. 3.0　　D. 4.0

7. 排水管道检查口应高出室内地面(　　)m。

A. 0.3　　B. 0.5　　C. 1.0　　D. 1.20

8. 伸顶通气管高出屋面要大于(　　)m,且必须大于最大积雪厚度。
   A. 0.3　　B. 0.5　　C. 1.0　　D. 1.20

二、思考题

1. 建筑内部排水系统可分为哪几类?
2. 什么是建筑内部排水体制? 设计中如何确定建筑内部排水体制?
3. 建筑内部排水系统一般由哪些部分组成?
4. 建筑内部排水系统常用的管材有哪些? 各有什么特点? 如何选用?
5. 在进行建筑内部排水管道的布置和敷设时应注意哪些原则和要求?
6. 实际工程中如何确定排水支管、排水横支管、排水立管、排出管等管段的管径?
7. 通气管有何作用? 常用的通气管有哪些? 各自的设置依据是什么? 具体如何设置?
8. 屋面雨水排水系统有哪些类型?
9. 内排水系统通常使用在哪些建筑上?
10. 内排水系统有哪些组成部分?

第3章 高层建筑给水排水

教学要求

通过本章的学习，让读者了解高层建筑给水排水系统的特点，熟悉高层建筑给水系统的给水方式，熟悉高层建筑排水系统的排水通气方式。

拓展视频

价值引领

中华民族有源远流长的创造精神，兢兢业业、刻苦钻研、善于实践、勇于探索，精益求精，新时代的年轻人应该去继承、去弘扬，让"中国制造"、"中国创造"绽放出更夺目的光彩。党的二十大提出完善科技创新体系，坚持创新在我国现代化建设全局中的核心地位。

3.1 高层建筑给水系统

根据《建筑设计防火规范》(GB 50016—2014)的规定：建筑高度大于 27 m 的住宅建筑和建筑高度大于 24 m 的非单层厂房、仓库和其他民用建筑为高层建筑。高层建筑的特点是建筑高度大、层数多、设备复杂、功能完善、使用人数较多，这就对建筑给排水的设计、施工、材料及管理方面提出了更高的要求。

高层建筑给水工程通常具有以下特点：给排水设备多、标准高、使用人数多，必须保证供水安全可靠；高层建筑的防火设计必须立足于自防自救，采用可靠的防火措施，以防为主；管材要求强度高、质量好、连接部位不漏水，且必须做好管道防震、防沉降、防噪声、防止产生水锤、防管道伸缩变形等技术措施；管道通常暗敷，为了便于布置、敷设、检修各种管道，经常需设置设备层和各种管线的管道井。

高层建筑给水系统必须进行竖向分区给水，是为了避免下层的给水压力过大造成的许多不利情况：下层龙头开启，水流喷溅，造成浪费，并产生噪声及震动，且影响使用；上层龙头流量过小，甚至产生负压抽吸现象，有可能造成回流污染；下层管网由于承受压力较大，关阀时易产生水锤，轻则产生振动和噪声，重则使管网遭受破坏；下层阀件易磨损，造成渗漏，检修频繁，且管材、附件及设备等要求耐高压耐磨损，从而投资增加，否则压力超过它们的公称压力会造成损坏；水泵运转电费和维护管理费用增高。

高层建筑生活给水系统的竖向分区，应考虑的因素主要有：建筑物用途、层数及使用要求；管材、附件和设备的承受能力；设备投资和运行管理费用；尽量利用室外给水管网的水压直接向建筑物的最下面的基层供水。根据《建筑给水排水设计标准》(GB50015—2019)的规定，高层建筑生活给水系统应竖向分区，竖向分区压力应符合下列要求：各分区静水压力不宜大于0.45 MPa；住宅入户管供水压力不应大于0.35 MPa，非住宅类居住建筑入户管供水压力不宜大于0.35 MPa，各分区用水点处供水压力不宜大于0.2 MPa，并应满足卫生器具工作压力的要求。

高层建筑竖向分区以后，应经济合理的确定技术先进和供水安全可靠的给水方式。目前主要有三种基本类型，即高位水箱给水方式，气压罐给水方式和无水箱（变频泵）给水方式。每一种给水方式都有各自的特点和适用条件。给水方式的选择应根据建筑物的性质和使用要求，综合考虑给水方式的设备占用建筑面积、设备投资费用、供水可靠性、运行费用和管理难易程度等因素。

3.1.1 高位水箱给水方式

高位水箱给水方式的供水设备包括水箱和水泵等。这种给水方式中的水箱，具有保证管网中正常压力的作用，还兼有贮存、调节、减压作用。根据水箱的不同设置方式又可分为4种形式：

(1) 并联水泵、水箱给水方式。这种给水方式每一分区分别设置一套独立的水泵和高位水箱，向各区供水。其水泵一般集中设置在建筑的地下室或底层，如图3-1所示。

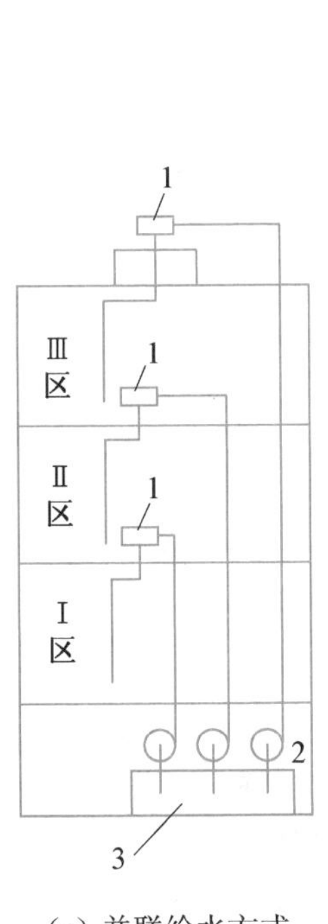

(a) 并联给水方式

1—水箱；2—水泵；3—水池

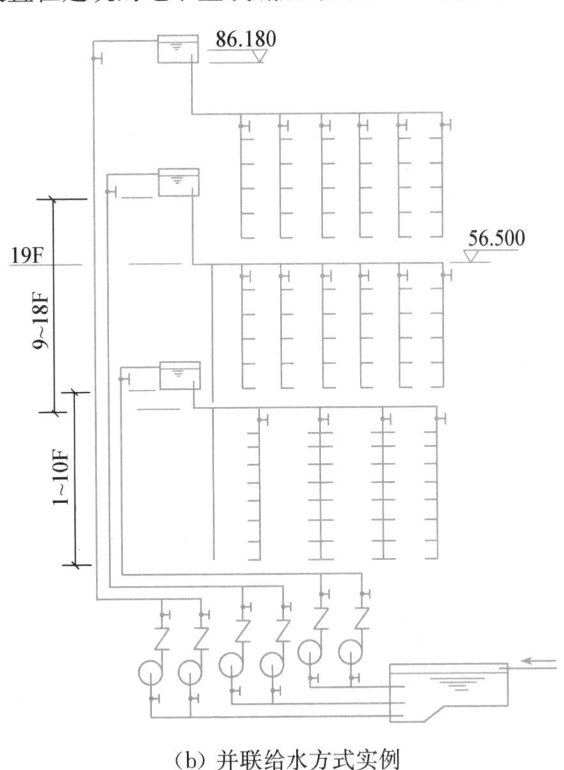

(b) 并联给水方式实例

图3-1 并联水泵、水箱给水方式

这种方式的优点是：各区自成一体，互不影响；水泵集中，管理维护方便；动力运行费用较低。缺点是：水泵数量多，耗用管材较多，设备费用偏高；分区水箱占用楼房空间多；有高压水泵和高压管道。

(2) 串联水泵、水箱给水方式。是水泵分散设置在各区的楼层之中，下一区的高位水箱兼作上一区的贮水池，如图 3 - 2 所示。这种方式的优点是：无高压水泵和高压管道，动力运行费用低。其缺点是：水泵分散设置，连同水箱所占楼房的平面、空间较大；水泵设在楼层，防振、隔音要求高，且管理维护不方便；若下部发生故障，将影响上部的供水。

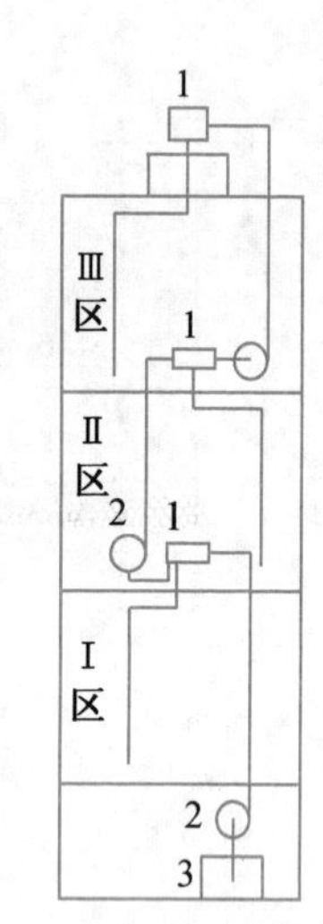

(a) 串联给水方式

1—水箱；2—水泵；3—水池

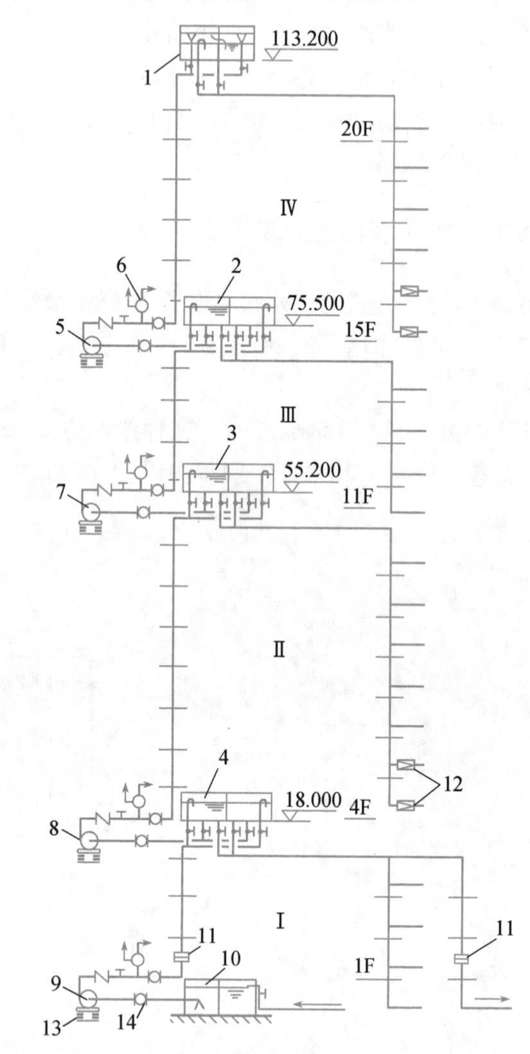

(b) 串联给水方式实例

1—Ⅳ区水箱；2—Ⅲ区水箱；3—Ⅱ区水箱；4—Ⅰ区水箱；5—Ⅳ区加压泵；6—水锤消除器；7—Ⅲ区加压泵；8—Ⅱ区加压泵；9—Ⅰ区加压泵；10—贮水池；11—孔板流量计；12—减压阀；13—减振台；14—软接头

图 3 - 2　串联水泵、水箱给水方式

(3) 减压水箱给水方式。由设置在底层(或地下室)的水泵将整幢建筑的用水量提升至屋顶水箱，然后再分送至各分区水箱，分区水箱起到减压的作用，如图 3 - 3 所示。

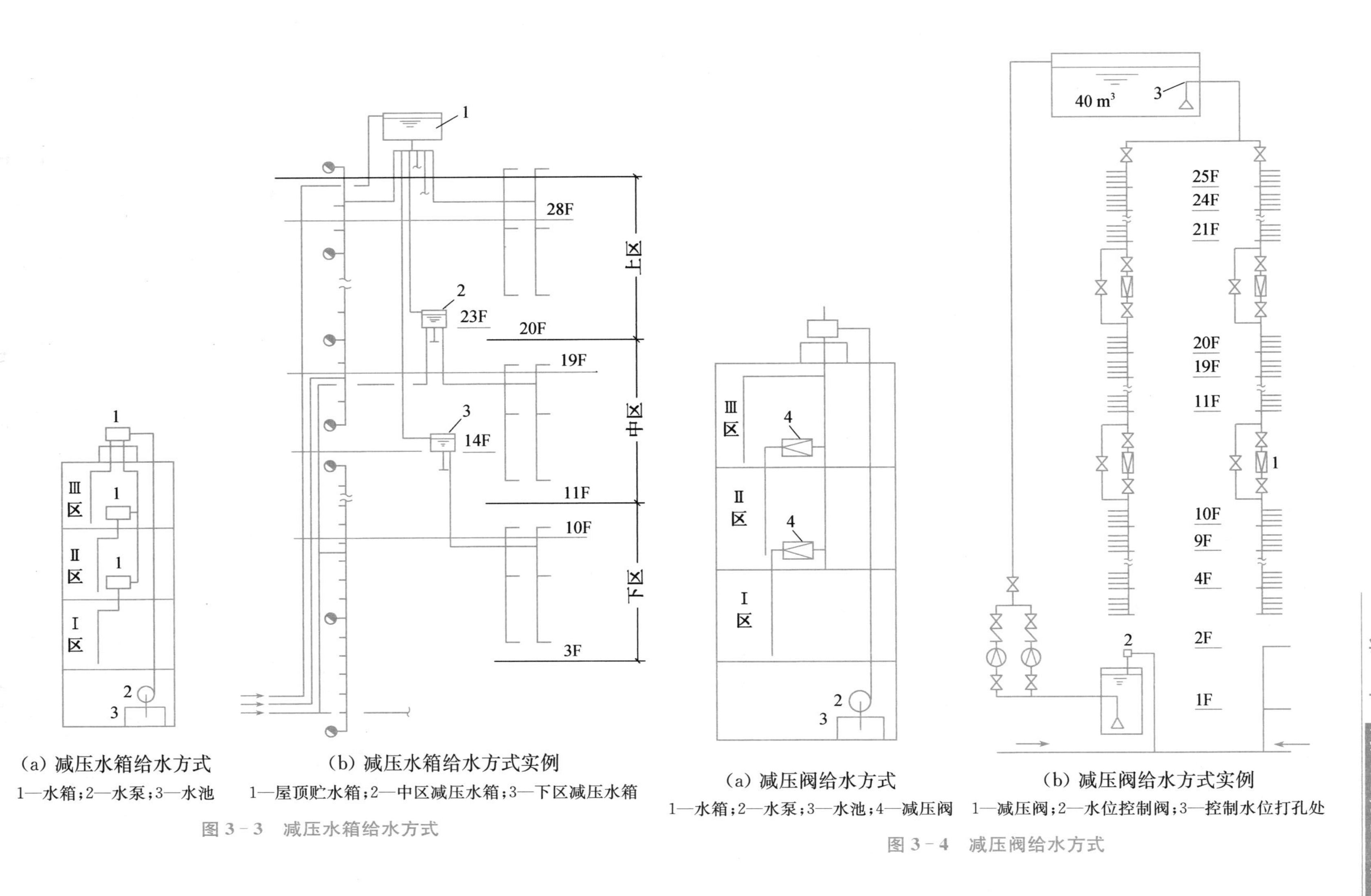

(a) 减压水箱给水方式
1—水箱；2—水泵；3—水池

(b) 减压水箱给水方式实例
1—屋顶贮水箱；2—中区减压水箱；3—下区减压水箱

图 3－3 减压水箱给水方式

(a) 减压阀给水方式
1—水箱；2—水泵；3—水池；4—减压阀

(b) 减压阀给水方式实例
1—减压阀；2—水位控制阀；3—控制水位打孔处

图 3－4 减压阀给水方式

这种方式的优点是:水泵数量少,水泵房面积小,设备费用低,管理维护简单;各分区减压水箱容积小。其缺点是:水泵动力运行费用高;屋顶水箱容积大;建筑物高度大、分区较多时,下区减压水箱中浮球阀承压过大,易造成关闭不严的现象;上部某些管道部位发生故障时,将影响下部的供水。

(4) 减压阀给水方式。其工作原理与减压水箱供水方式相同,其不同之处是用减压阀代替减压水箱,如图 3-4 所示。

3.1.2 气压给水方式

气压给水方式是以气压罐取代了高位水箱,它控制水泵间歇工作,并保证管网中保持一定的水压。可以将气压罐设在建筑底层,减轻荷载,节省楼层面积,对抗震有利。对于那些不适合设置高位水箱的高层建筑,特别是地震区的高层建筑具有重要意义。缺点是气压给水压力变化幅度大,气压设备效率低,耗能多,造价较高。气压给水方式又可分 2 种形式:

(1) 并列气压给水装置给水方式:这种方式如图 3-5 所示,其特点是每个分区有一个气压水罐,但初期投资大,气压水罐容积小,水泵启动频繁,耗电较多。

(2) 气压给水装置与减压阀给水方式:这种方式如图 3-6 所示,它是由一个总的气压水罐控制水泵工作,水压较高的区用减压阀控制。这种方式的优点是投资较省,气压水罐容积大,水泵启动次数较少。其缺点是整个建筑一个系统,各分区之间将相互影响。

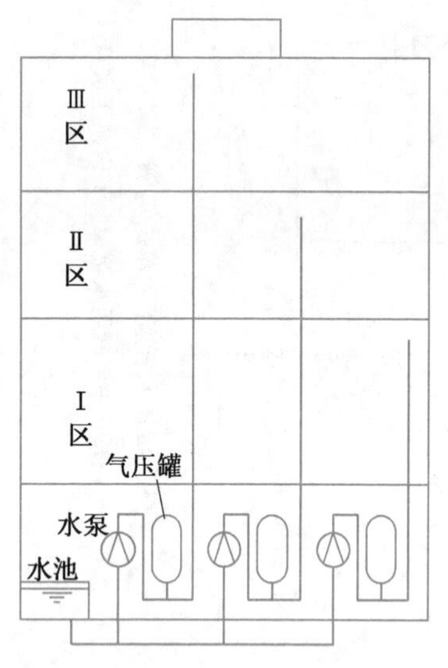

图 3-5 并列气压给水装置给水方式

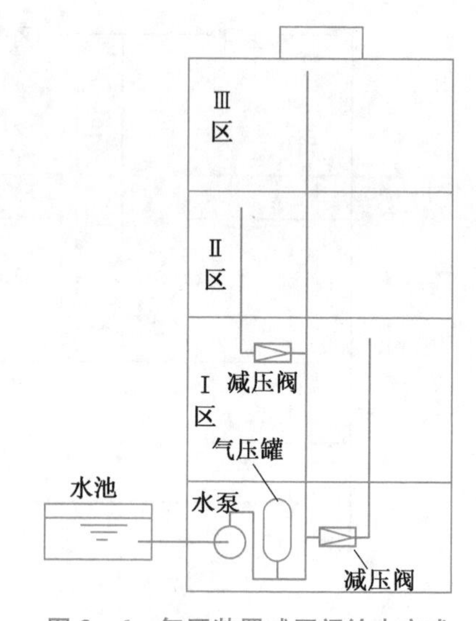

图 3-6 气压装置减压阀给水方式

3.1.3 无水箱的给水方式

无水箱的给水方式就是采用变频调速水泵给水方式,是根据用户用水量的变化,对水泵变频调速,从而随时满足室内用水的水压和水量要求。如图 3-7 和图 3-8 所示。建筑内不设高位水箱,变频水泵设于建筑底层,有利于抗震,且占用建筑面积少,水泵工作效率高。

缺点是该方式需要成套的变速与自动控制设备，工程造价较高。

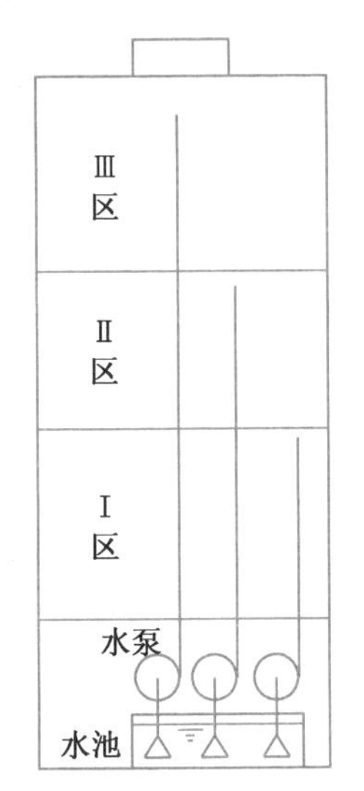

图3-7　无水箱并列给水方式

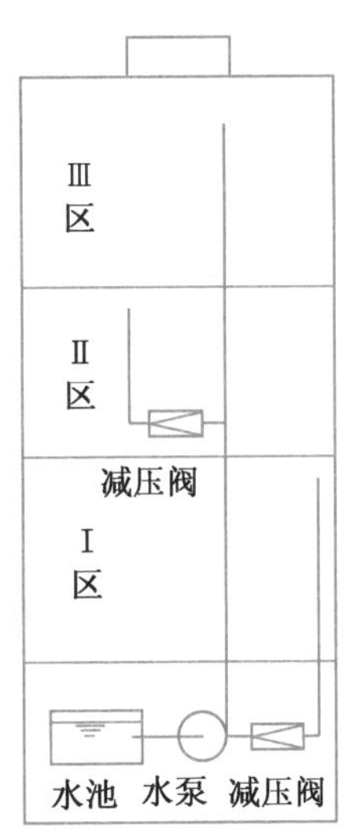

图3-8　无水箱设减压阀的给水方式

根据《建筑给水排水设计标准》(GB50015—2019)的规定，建筑高度不超过100 m的建筑生活给水系统，宜采用垂直分区并联供水或分区减压的供水方式；建筑高度超过100 m的建筑，宜采用垂直串联供水方式。

3.2　高层建筑排水系统

对于建筑排水系统的基本要求是排水通畅和保证水封不被破坏。而高层建筑排水立管长、排水量大、立管内气压波动大，极易破坏水封。排水系统功能的好坏很大程度上取决于排水管道的通气系统是否合理。根据《建筑给水排水设计规范》[GB 50015—2003(2009年版)]的规定，生活排水立管所承担的卫生器具排水设计流量，超过规范中仅设伸顶通气管的排水立管最大设计排水能力时，建筑标准要求较高的多层住宅、公共建筑、10层及10层以上高层建筑卫生间的生活污水立管应设通气立管或特殊配件单立管排水系统。

3.2.1　双立管排水系统

如图3-9所示，双立管排水系统又有多种形式。其中设专用通气立管的系统是用来改善排水立管的通水和排气性能，稳定立管的气压，适用于排水横管承接的卫生器具不多高层民用建筑。设主通气立管和环形通气管的系统，能改善排水横管及立管的通水和排气性能，适用于排水横管承接的卫生器具较多的高层民用建筑。设主通气立管和器具通气管的系统，能改善器具排水管、排水横管及立管的通水和排气性能，适用于对卫生、安静要求较高的高层建筑或排水横管承接的卫生器具较多的高层民用建筑。设副通气立管和环形通气管的系统，因副通气立管仅与环形通气管相连，则仅适用于排水横管承接的卫生器具较多的中低层民用建筑。

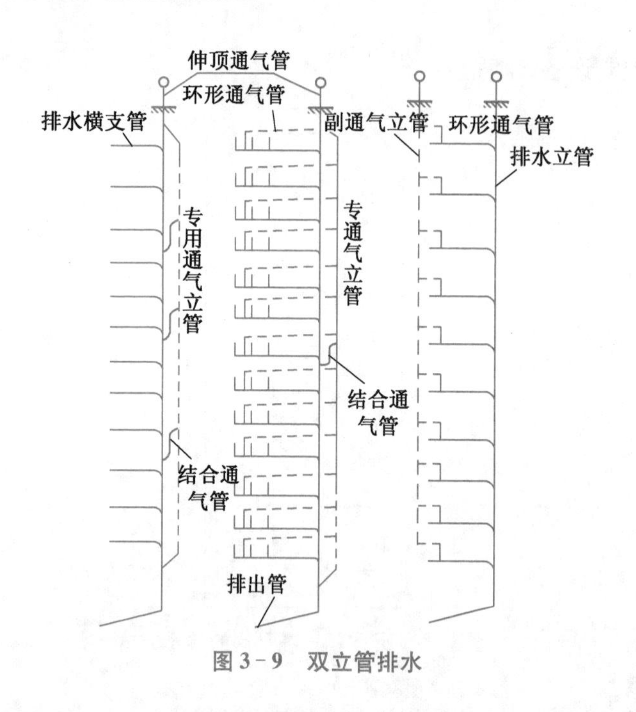

图 3-9　双立管排水

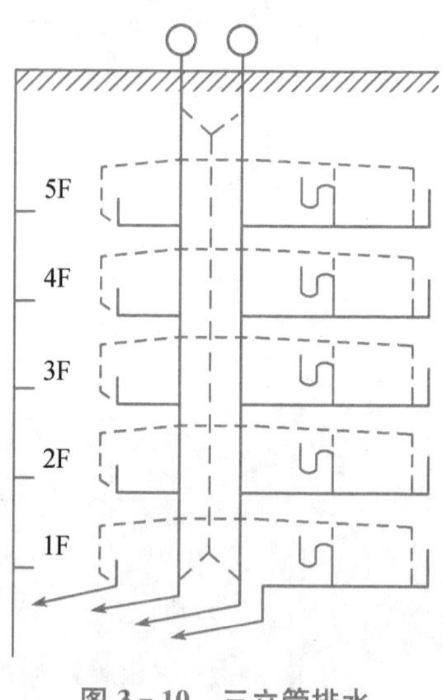

图 3-10　三立管排水

双立管排水系统很早已被广泛使用，这种系统性能好，运行可靠，是一种行之有效的系统形式。但系统相对复杂，管材耗量大，占建筑空间较大，给设计和施工增加了难度，造价高。

3.2.2　三立管排水系统

三立管排水系统由三根立管组成，分别为生活污水立管、生活废水立管和通气立管。如图 3-10 所示。适用于生活污水和生活废水需分别排出室外的各类多层、高层建筑，为将来中水回用系统提供可靠的水源，在干旱地区尤为重要。三立管排水系统排水性能好，运行可靠。但系统非常复杂，管材耗量大，占建筑空间比双立管排水系统还要大，给设计和施工增加很高的难度，造价高。

3.2.3　特殊单立管排水系统

双立管排不系统、三立管排水系统，不仅使管道繁杂，施工困难，而且增加了管材耗量，多占用了面积，造价高。从 20 世纪 60 年代以来，瑞士、法国、日本、韩国等，先后研制成功了多种特殊的单立管排水系统，亦称新型排水系统，是指带有上部和下部特制配件的单根立管的排水系统，不需要设专用通气立管，仅设伸顶通气管。上部特制配件是连接排水横支管与排水立管的特制配件，它能通过扩容、分流、旋流、混合、消能滞流等途径，避免排水立管流量超过临界流量值而形成水塞的现象，和避免立管竖向水流与横支管水流相互干扰造成瞬间满流的现象。下部特制配件是指连接排水立管与排水横干管或排出管的特制配件。它能通过排气、扩容、畅流等途径，解决立管与横干管（或排出管）的排水能力不平衡，流向改变和底部水跃现象造成立管底部壅水和正压值急剧上升的问题。

在《特殊单立管排水系统设计规程》（CECS 79—96）中规定，特殊单立管排水系统宜在下列情况下采用：① 排水设计流量超过普通单立管排水系统排水立管的最大排水能力。② 设有卫生器具且层数在10层及10层以上的高层建筑。③ 同层接入排水立管的横支管数等于或大于3根的排水系统。④ 卫生间或管道井面积较小的建筑。⑤ 难以设置专用通气立管的高层建筑。

特殊单立管排水系统主要有苏维托排水系统、旋流排水系统（又称塞克斯蒂阿排水系统）、芯形排水系统（又称高奇马排水系统）、PVC－U螺旋排水系统等。

1．苏维托排水系统

该系统是1961年瑞士学者苏玛研制的，它是各层排水横支管的连接采用汽水混合器（上部特制配件）作为接头配件，并在排水立管底部设置气水分离器（下部特制配件），取消专用通气立管的单立管排水系统。如图3－11所示。它的优点是能减小立管内部气压波动，降低管内正负压绝对值，保证排水系统工况良好。

图3－11 苏维托排水系统

（1）汽水混合器。由上流入口、乙字管、隔板、隔板小孔、横支管流入口、混合室和排出口组成。自立管下降的污水，经乙字管时，水流撞击分散与周围空气混合成水沫状汽水混合物，比重变轻，下降速度减缓，减小抽吸力。横支管排出的水受隔板阻挡，不能形成水舌，能保持立管中气流通畅，气压稳定。如图3－12所示。

（2）气水分离器。由流入口、顶部通气口、突块、分离室、跑气管、排出口组成。从立管下落的汽水混合液，遇突块后溅散并冲向对面斜内壁上，起到消能和水、气的分离，分离出的气体经跑气管引入干管下游一定距离，使水跃减轻，底部正压减小，气压稳定。如图3－13所示。

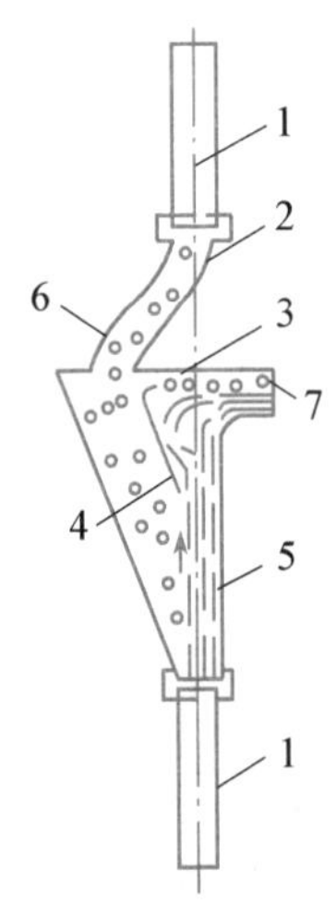

图3－12 汽水混合器

1—立管；2—乙字管；3—孔隙；4—隔板；5—混合室；6—汽水混合物；7—空气

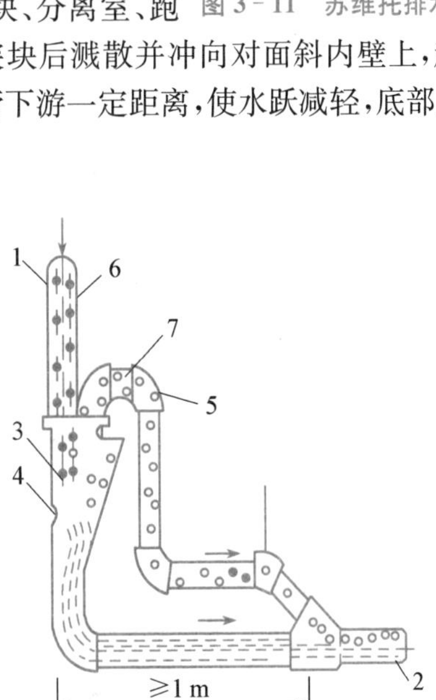

图3－13 气水分离器

1—立管；2—横管；3—空气分离室；4—突块；5—跑气管；6—水气混合物；7—空气

2. 旋流式排水系统

旋流式排水系统也称为“塞克斯蒂阿”系统，是法国建筑科学技术中心于1967年提出的一项新技术，后来广泛应用于10层以上的居住建筑。该系统也有两个特殊配件，上部特制配件是旋流器，下部特制配件是导流弯头(即旋流式45°弯头)。如图3-14所示。

(1) 旋流器。由底座、盖板组成，盖板上设有固定的螺旋叶片，底座支管和立管接口处，沿立管切线方向有导流板。横支管污水通过导流板沿立管断面的切线方向以旋流状态进入立管，立管污水每流过下一层旋流接头时，经螺旋叶片导流，增加旋流，污水受离心力作用贴附管内壁流至立管底部，立管中心气流通畅，气压稳定。如图3-15所示。

(2) 导流弯头。为内部装有导向叶片的45°弯头。立管下落的水流经导向叶片后，流向弯头对壁，使水流沿弯头下部流入横干管或排出管，避免或减轻水跃，避免形成过大正压。如图3-16所示。

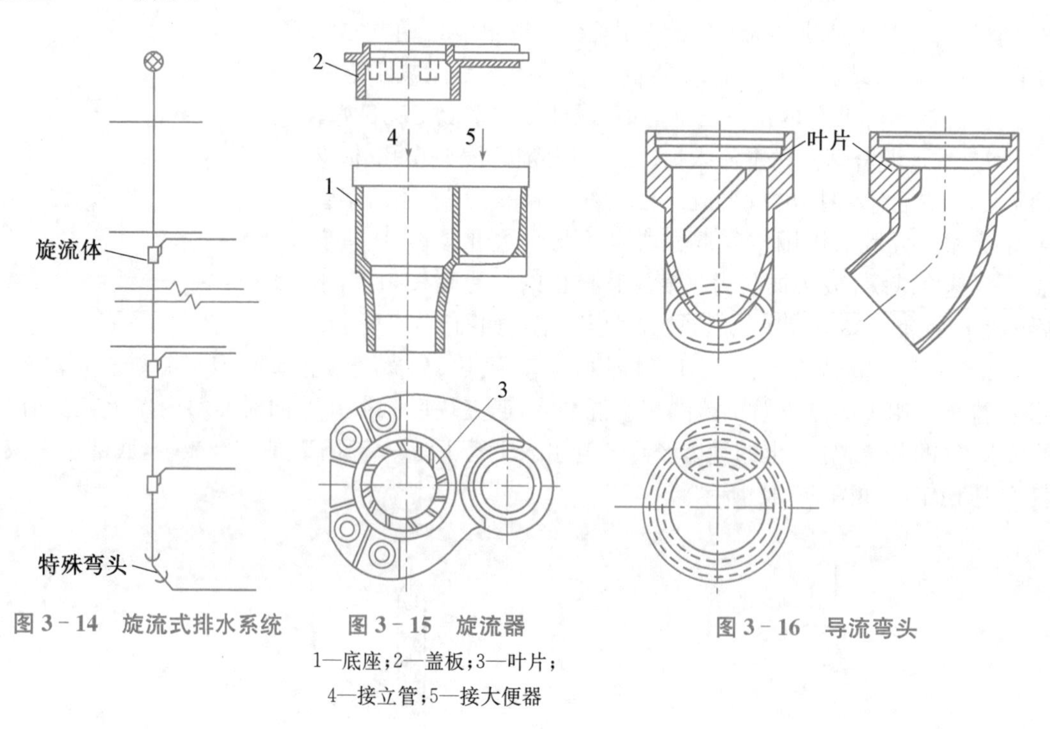

图3-14 旋流式排水系统

图3-15 旋流器

1—底座；2—盖板；3—叶片；4—接立管；5—接大便器

图3-16 导流弯头

3. 芯形排水系统

芯形排水系统又称高奇马排水系统，是1973年由日本小岛德厚研究成功的，该系统也有两个特殊配件，上部特制配件是环流器，下部特制配件是角笛弯头。该系统将环流器装设在排水横支管与排水立管的连接处，角笛弯头装设在排水立管与横干管或排出管的连接处。

(1) 环流器。由上部立管插入内部的倒锥体和2～4个横向接口组成。插入内部的内管起隔板作用，防止横支管出水形成水舌，立管污水经环流器进入倒锥体后形成扩散，汽水混合成水沫，比重减轻、下落速度减缓，立管中心气流通畅，气压稳定。如图3-17所示。

(2) 角笛弯头。为一个大小头带检查口的90°弯头。自立管下落的水流因过流断面扩大而水流减缓，气、水得以分离，同时能消除水跃和壅水，避免形成过大正压。如图3-18所示。

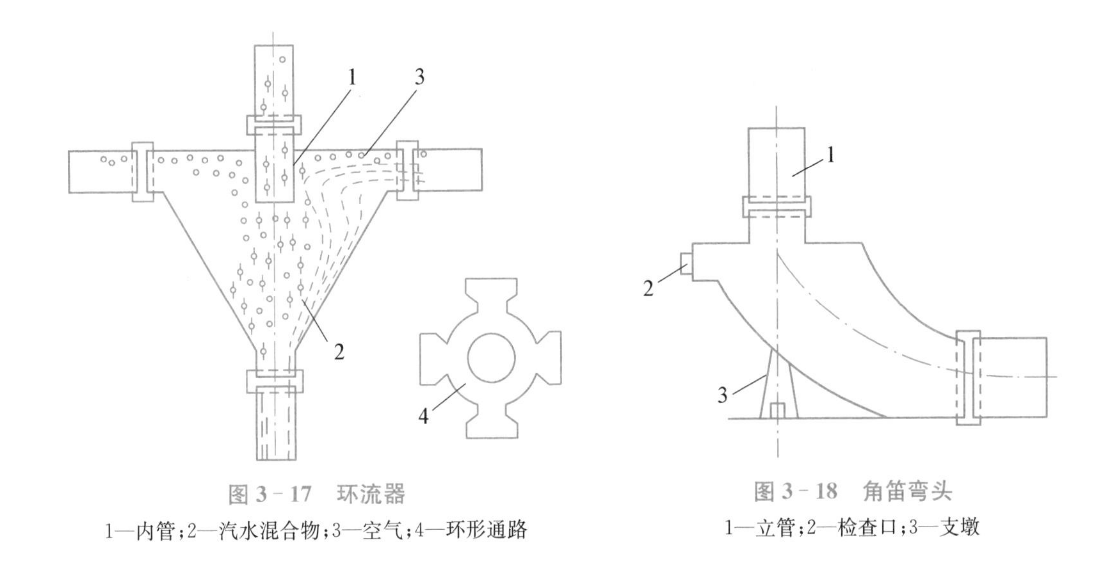

图 3-17 环流器

1—内管;2—汽水混合物;3—空气;4—环形通路

图 3-18 角笛弯头

1—立管;2—检查口;3—支墩

4. PVC-U 螺旋排水系统

PVC-U 螺旋排水系统是韩国 20 世纪 90 年代开发研制的,由图 3-19 的偏心三通,和图 3-20 的内壁有 6 条间距 50 mm 呈三角形突起的导流螺旋线的管道所组成。由排水横管排出的污水经偏心三通从圆周切线方向进入立管,旋流下落,经立管中的导流螺旋线的导流,管内壁形成较稳定的水膜旋流,立管中心气流通畅,气压稳定。同时由于横支管水流由圆周切线的方式流入立管,减少了撞击,从而有效克服了排水塑料管噪声大的缺点。目前我国已有生产。

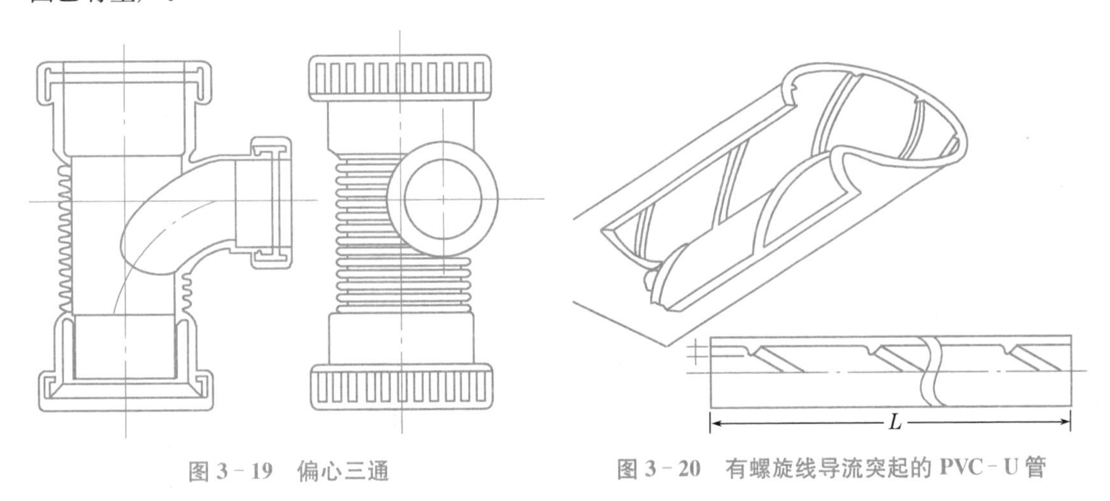

图 3-19 偏心三通

图 3-20 有螺旋线导流突起的 PVC-U 管

我国 20 世纪 70 年代末和 80 年代初,在太原、天津、北京、长沙、上海、广州等地的民用建筑中,曾应用过苏维脱特殊单立管排水系统,使用情况良好,其排水能力优于普通单立管排水系统。但特殊单立管排水系统由于无定型产品供应,无相应的工程建设标准和标准设计图集配套,以及受传统习惯的影响,特殊单立管排水系统没有能够在更大范围得到推广。20 世纪 90 年代中后期,随着建筑排水技术的研讨工作向纵深方向发展,特殊单立管排水系统由于其突出的优点,重新引起重视。目前,我国已经编制了《特殊单立管排水系统设计规程》(CECS 79—96),介绍推荐了我国引进、改进和开发的 5 种上部特制配件和 3 种下部特制配件。也已编制了《高层、超高层单立管排水系统速微特系统设计指南》《旋式速微特单立管排水系统安装图》标准图集。

练习与思考题

一、单项选择题

1. 高层建筑是指建筑高度大于 27 m 的住宅建筑,或建筑高度超过(　　)的其他公共建筑等。

   A. 15　　B. 27　　C. 20　　D. 24

2. 自带存水弯的卫生器具有(　　)。

   A. 坐式大便器　　B. 浴缸　　C. 污水盆　　D. 洗涤盆

3. 存水弯的作用是(　　)。

   A.　　B.　　C.　　D.

4. 检查口中心距地板面的高度一般为(　　)m。

   A. 0.8　　B. 1.5　　C. 1.2　　D. 1.0

5. 当层高小于或等于 4 m 时,塑料的污水立管和通气立管应每层设(　　)伸缩节。

   A. 一个　　B. 两个　　C. 三个　　D. 无

6. 压力流排水管系统悬吊管按满管压力流设计,悬吊管中心线与雨水斗出口的高差宜大于(　　)m。

   A. 1.0　　B. 2.0　　C. 3.0　　D. 4.0

7. 排水管道检查口应高出室内地面(　　)m。

   A. 0.3　　B. 0.5　　C. 1.0　　D. 1.20

8. 伸顶通气管高出屋面要大于(　　)m,且必须大于最大积雪厚度。

   A. 0.3　　B. 0.5　　C. 1.0　　D. 1.20

二、思考题

1. 高层建筑生活给水系统的竖向分区,应考虑的因素有哪些?
2. 高层建筑生活给水系统竖向分区压力应符合那些要求?
3. 高层建筑生活给水系统的竖向分区主要有几种基本类型?
4. 高层建筑生活排水立管布置形式有几类?
5. 特殊单立管排水系统宜在什么情况下采用?
6. 特殊单立管排水系统有几种类型?各有何特点?

第 4 章　建筑给水排水施工图

拓展视频

大国工匠

教学要求

通过本章的学习，让读者了解建筑给水排水施工图的基本内容，熟悉建筑给排水施工图识读方法。

价值引领

为工匠者，必静其心，细其意，专于行，略于身外，乃成事业。

工匠精神，是专注，是细心，是认真。更是一种忽略身外事物而对工作求精求妙的精神，让我们从小事做起，一点点积淀，把民族的优良传统发扬光大。

4.1　给水排水施工图的基本规定

建筑给水排水施工图是表达给水排水设计的重要技术资料，是进行建筑给水排水施工、预算、设备采购的依据。设计制图的内容必须准确、统一，并应便于阅读和进行技术交流，以满足设计和施工管理等方面的要求。为此，国家专门制定了《给水排水制图标准》(GB/T 50106—2010)，给水排水工程设计制图必须严格遵循。

建筑给水排水施工图基本规定

4.1.1　图线

图线的宽度应根据图纸的类型、比例和复杂程度，按现行国家标准《房屋建筑制图统一标准》(GB/T 50001—2017)中的规定选用，线宽(用 b 表示)宜为 0.7 mm 或 1.0 mm。常用的各种线型宜符合表 4-1 的规定。

表 4-1　线　型

名称	线型	线宽	用途
粗实线		b	新设计的各种排水和其他重力流管线
粗虚线		b	新设计的各种排水和其他重力流管线的不可见轮廓线

(续表)

名称	线型	线宽	用途
中粗实线	——	0.7b	新设计的各种给水和其他压力流管线;原有的各种排水和其他重力流管线
中粗虚线	- - -	0.7b	新设计的各种给水和其他压力流管线及原有的各种排水和其他重力流管线的不可见轮廓线
中实线	——	0.5b	给水排水设备、零(附)件的可见轮廓线;总图中新建的建筑物和构筑物的可见轮廓线;原有的各种给水和其他压力流管线
中虚线	- - -	0.5b	给水排水设备、零(附)件的不可见轮廓线;总图中新建的建筑物和构筑物的不可见轮廓线;原有的各种给水和其他压力流管线的不可见轮廓线
细实线	——	0.25b	建筑的可见轮廓线;总图中原有的建筑物和构筑物的可见轮廓线,制图中的各种标注线
细虚线	- - -	0.25b	建筑的不可见轮廓线;总图中原有的建筑物和构筑物的不可见轮廓线
单点长画线	-·—·—·—	0.25b	中心线、定位轴线
折断线	—\/—	0.25b	断开界限
波浪线	～～～	0.25b	水面线、局部构造层次范围线;保温范围示意线

4.1.2 比例

建筑给水排水专业制图常用的比例,宜符合表 4-2 的规定。

表 4-2 常用比例

名称	比例	备注
区域规划图 区域位置图	1∶50 000、1∶25 000、 1∶10 000、1∶5 000、1∶2 000	宜与总图专业一致
总平面图	1∶1 000、1∶500、1∶300	宜与总图专业一致
水处理厂(站)平面图	1∶500、1∶200、1∶100	—
水处理构筑物、设备间、卫生间、泵房平面与剖面图	1∶100、1∶50、1∶40、1∶30	—
建筑给水排水平面图	1∶200、1∶150、1∶100	宜与建筑专业一致
建筑给水排水轴测图	1∶150、1∶100、1∶50	宜与相应图纸一致
详图	1∶50、1∶30、1∶20、1∶10、 1∶5、1∶2、1∶1、2∶1	—

4.1.3 标高

(1) 标高符号及一般标注方法应符合现行国家标准《房屋建筑制图统一标准》(GB/T 50001—2017)的规定。

(2) 室内工程应标注相对标高;室外工程宜标注绝对标高,当无绝对标高资料时,可标注相对标高,但应与总图专业一致。

(3) 压力管道应标注管中心标高;重力流管道和沟渠宜标注管(沟)内底标高。标高单位以 m 计,可注写到小数点后第二位。

(4) 在下列部位应标注标高：

① 沟渠和重力流管道：

a. 建筑物内应标注起点、变径点、边坡点、穿外墙及剪力墙处。

b. 需控制标高处。

② 压力流管道中的标高控制点：

a. 管道穿外墙、剪力墙和构筑物的壁及底板等处。

b. 不同水位线处。

c. 建(构)筑物中土建部分的相关标高。

(5) 标高的标注方法应符合下列规定：

① 平面图中，管道及沟渠标高应按图 4-1 的方式标注；

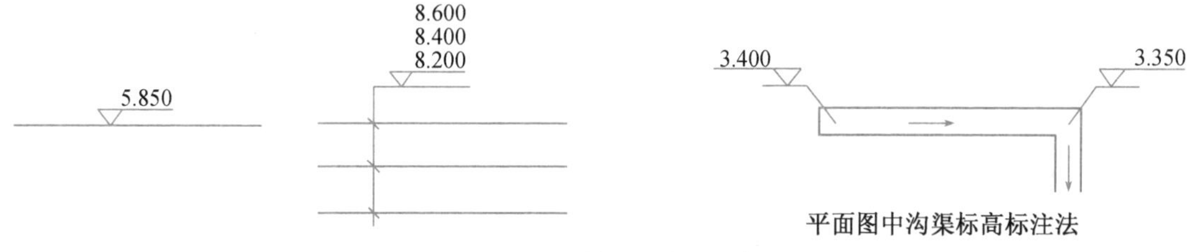

图 4-1　平面图中管道及沟渠标高标注法

② 剖面图中，管道及水位的标高按图 4-2 的方式标注：

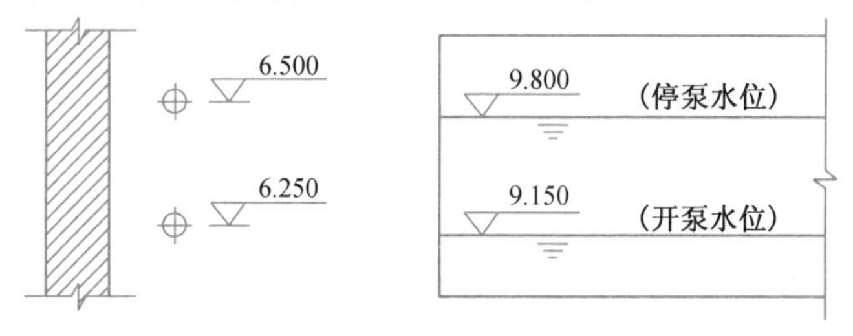

图 4-2　剖面图中管道及水位标高标注法

③ 轴测图中，管道标高按图 4-3 的方式标注：

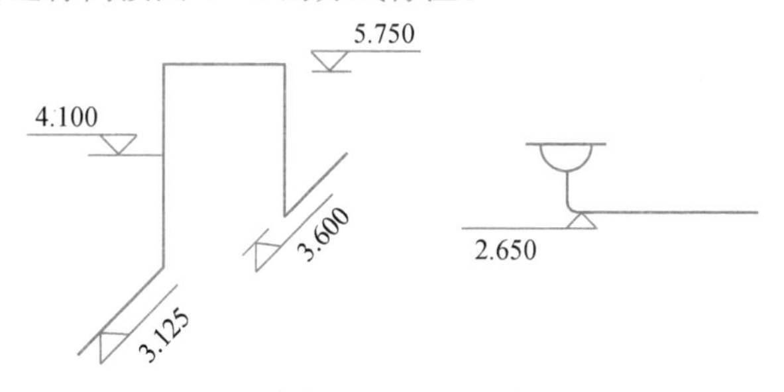

图 4-3　轴测图中管道标高标注法

(6) 建筑物内的管道也可按本层建筑地面的标高加管道安装高度的方式标注管道标高，标注方式应为 H+X. XX，H 表示本层建筑地面标高。

4.1.4　管径

(1) 管径应以 mm 为单位。

(2) 管径的表达方式根据管道材质的不同,所注管径含义不同:水煤气输送钢管(镀锌或非镀锌)、铸铁管等管材,管径宜以公称直径 DN 表示(如 DN15、DN50 等);无缝钢管、焊接钢管(直缝或螺旋缝)、铜管、不锈钢管等管材,管径宜以外径 D×壁厚表示(如 D108×4、D159×4.5 等);钢筋混凝土(或混凝土)管、陶土管、耐酸陶瓷管、缸瓦管等管材,管径宜以内径 d 表示(如 d230、d380 等);塑料管材、管径宜按产品标准的方法表示。

当设计中均采用公称直径 DN 表示管径时,应有公称直径 DN 与相应产品规格对照表。

(3) 管径标注方式如图 4-4、图 4-5 所示。

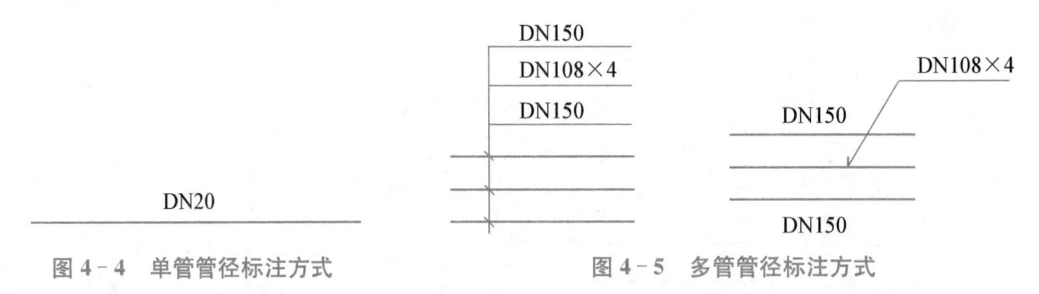

图 4-4 单管管径标注方式　　图 4-5 多管管径标注方式

4.1.5 编号

(1) 当建筑物的给水引入管或排水排出管的数量超过 1 根时,宜进行编号,编号宜按图 4-6 所示的方法表示。

(2) 建筑物穿越楼层的立管,其数量超过 1 根时宜进行编号,编号宜按图示 4-7 所示的方法表示。

(3) 在总平面图中,当给排水附属构筑物的数量超过 1 个时,宜进行编号。编号方法为:构筑物代号—编号;给水构筑物的编号顺序宜为:从水源到干管,再从干管到支管,最后到用户;排水构筑物的编号顺序宜为:从上游到下游,先干管后支管。

(4) 当给排水机电设备的数量超过 1 台时,宜进行编号,并应有设备编号与设备名称对照表。

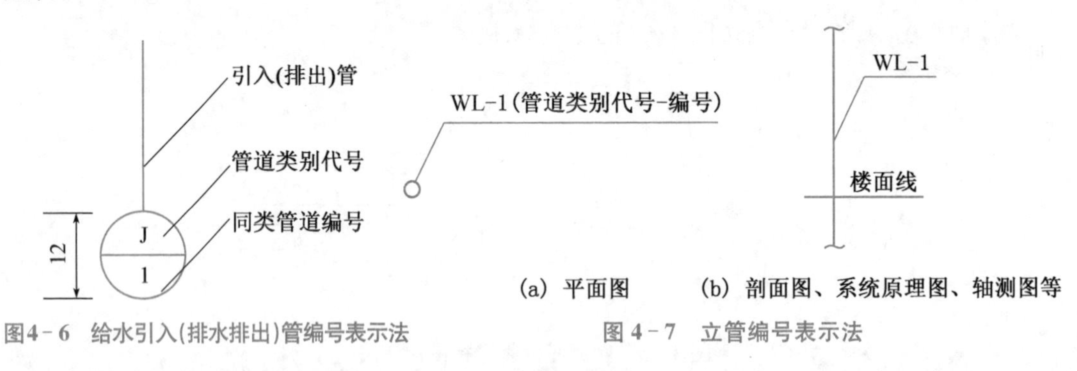

图4-6 给水引入(排水排出)管编号表示法　　图 4-7 立管编号表示法

4.1.6 常用图例

建筑给水排水施工图中的管道、给排水附件、卫生器具、升压和贮水设备以及给排水构筑物等都是用图例符号表示的,在识读施工图时,必须明白这些图例符号。现将常用的图例符号列于表 4-3 中。

表4-3 常用给水排水图例

名称	图例	名称	图例
生活给水管	——— J ———	地　漏	
生活污水管	——— W ———	清扫口	
雨水管	——— Y ———	检查口	
消火栓给水管	——— XH ———	通气帽	
自动喷水给水管	——— ZP ———	延时自闭冲洗阀	
污水通气管	——— T ———	液压脚踏阀	
弹簧安全阀		浴盆带喷头混合水嘴	
截止阀		水　嘴	
闸　阀		洗脸盆水嘴	
止回阀		S型存水弯	
蝶　阀		P型存水弯	
球　阀		浴　盆	
水　表		蹲式大便器	
室内消火栓(单口)	平面　系统	坐式大便器	
自动喷洒头(开式上喷)	平面　系统	立式小便器	
自动喷洒头(闭式上喷)	平面　系统	污水池	
自动喷洒头(闭式下喷)	平面　系统	台式洗脸盆	
温度计		压力表	
水表井		污水井	

4.2 给水排水施工图的基本内容

建筑给水排水施工图的组成

建筑给水排水施工图是工程项目中单项工程的组成部分之一，它是确定工程造价和组织施工的主要依据，也是国家确定和控制基本建设投资的重要依据材料。

建筑给水排水施工图按设计任务要求，应包括设计施工说明、平面布置图（总平面图、建筑平面图）、系统图、施工详图（大样图）、主要设备及材料表等。

4.2.1 设计施工说明

凡是图纸中无法表达或表达不清的而又必须为施工技术人员所了解的内容，均应用文字说明。文字说明应力求简洁，明了。设计施工说明应表达如下内容：设计依据（采用的规范及标准）、工程概况、设计内容、施工方法等。例如：给排水选用的管材以及管道防腐、防冻、防结露的做法；管道的连接、固定、竣工验收的要求；施工中特殊情况的技术处理措施；施工方法必须遵循的技术规程、规定等。

工程中选用的附件及设备的技术要求、材质、安装方式等一般也在设计施工说明中给出。

设计施工说明阐述的内容没有固定的条条框框，应视工程的集体情况、以能交代清楚设计意图为原则。

4.2.2 给水排水平面图

建筑给水排水平面图识读

给水排水平面图应表达给水排水管线和设备的平面布置情况。平面图应按下列规定绘制：

(1) 给水排水平面图中应绘制建筑物轮廓线、轴线号、房间名称、楼层标高、门、窗、梁柱、平台和绘图比例等，均应与建筑专业一致，但图线应用细实线绘制。

(2) 各类管道、用水器具和设备、消火栓、喷洒喷头、雨水斗、立管以及主要阀门、附件等，均应按《给水排水制图标准》(GB/T 50106—2010)中规定的图例，以正投影法绘制在平面图上，其图线应符合表 4-1 中的规定。管道种类较多、在一张平面图内表达不清楚时，可将给水排水、消防或直饮水管分别绘制相应的平面图。

(3) 各类管道应标注管径和管道、设备中心距建筑墙、柱或轴线的定位尺寸，必要时还应标注管道标高。

(4) 管道立管应按不同管道代号在图面上从左到右按标准分别进行编号，且不同楼层同一立管应一致。

(5) 敷设在该层的各种管道和为该层服务的压力流管道均应绘制该层的平面图上；敷设在下一层而为本层器具和设备排水服务的污水管、废水管和雨水管应绘制在本层平面图上。如有地下层时，各种排出管、引入管可绘制在地下层平面图上。

(6) 引入管、排出管应在地面层(±0.000)平面图中注明与建筑轴线的定位尺寸，穿建筑外墙的标高，以管道类型从左到右按顺序进行编号，应在图幅的右上方按现行国家标准《房屋建筑制图统一标准》(GB/T 50001—2017)的规定绘制指北针。

(7) 管道布置不相同的楼层应分别绘制其平面图；管道布置相同的楼层可绘制一个楼层的平面图，并按《房屋建筑制图统一标准》(GB/T 50001—2017)的规定，标注楼层地面标高。建筑各楼层地面标高应以相对标高标注，并应与建筑专业一致。

4.2.3 给水排水系统图

建筑给水排水系统图识读

给水排水系统图，也称“给水排水轴测图”是以45°正面斜轴测的投影规则绘制的。应表示出管道和设备、附件、管件等连接和配置情况。系统图应按下列规定绘制：

(1) 系统图应按给水、排水、热水、消防等各系统单独用中粗实线进行绘制，并应按系统编号。

(2) 系统图可不受比例和投影法则限制，应与平面图中的引入管、排出管、立管、横干管、给水设备、附件、仪器仪表及用水和排水器具等要素相对应。

(3) 系统图应绘出楼层(含夹层、跃层、同层升高或下降)等地面线。层高相同时楼层地面线应等距离绘制，并应在楼层地面线左端标注楼层层次和相对应楼层地面标高。

(4) 立管排列应按给排水平面图左端立管为起点，顺时针方向从左到右按立管位置及编号依次顺序排列。

(5) 管道上的阀门、附件、给水设备、给水排水设施和给水构筑物等，均应按平面图中的数量，位置示意给出。

(6) 给水立管、横管，排水立管等应标注管径，排水横管应标注管径、坡度。给水、排水横管距楼层面垂直高度要标注。

(7) 系统图中对用水设备及卫生器具的种类、数量和位置完全相同的支管、立管可不重复完全绘出，但应用文字表明。当系统图立管、支管在轴测方向重复交叉影响视线时，可标号断开移至空白处绘制。

4.2.4 给水排水施工详图

凡是给水排水平面图中局部构造因受图面比例影响而表达不完善或无法表达清楚时，必须绘制施工详图。绘制施工详图的比例，以能清楚表达构造为原则。详图中应尽量详细注明尺寸，不应以比例代替尺寸。

施工详图首先应采用标准图、通用施工详图，如卫生器具安装、排水检查井、阀门井、水表井、雨污水检查井、局部污水处理构筑物等，均有各种施工标准图。无标准图的管道井、设备安装绘制施工详图。

4.2.5 主要设备及材料表

主要设备及材料表是工程中选用的主要材料及设备一览表，只要包括设备、材料的名称、规格型号、数量、性能参数等。

4.3 给水排水施工图的识读

4.3.1 给水排水施工图的识读

以某单位办公楼的给水排水施工图的识读为例。

设计总说明

一、设计说明：

（一）设计依据：

1.《建筑设计防火规范》(GB50016－2006)

2.《建筑给水排水设计规范》(GB50015－2003)(2009年版)

3.《建筑灭火器配置设计规范》(GB50140－2005)

4.《建筑给水排水及采暖通风施工质量验收规范》GB50242－2002

5.《建筑排水硬聚氯乙烯管道工程技术规程》CJJ/T29－98

6.《建筑给水聚丙烯管道工程技术规范》GB/T50349－2005

（二）建筑概况：

本工程为某公司一办公楼，火灾危险性为丙类，耐火等级为二级，建筑面积为2 775 m^2。

（三）设计范围：

本设计范围包括办公楼内的给水排水管道系统。

（四）管道系统：

本工程设有建筑物室内生活给水系统、污水排水系统。

1. 生活给水系统

生活给水由开发区市政管理供给，市政水厂出厂压力位0.35 MP，接入厂区的给水管入口压力不详，本工程暂按能够满足生活给水压力要求进行设计。

2. 污水排水系统

本工程污水排水采用污废合流制，污废水统一排至室外污水检查井，污水经室外化粪池处理后排入市政污水管道。

3. 建筑灭火器设置

1）本建筑灭火系统按A类火灾中危险级设计，采用MF/ABC3手提式磷酸铵盐灭火器。

2）灭火器设置位置及数量详见平面图，灭火器放置在灭火器箱内。

二、施工说明：

（一）管材：

1. 生活给水管道：

1）本工程生活给水管采用压力等级为1.0 MPa的PP－R管，热熔连接。

2）PP－R管外径(ϕ)，与图中公称直径(DN)对照按下表选用：

DN(mm)	15	20	25	32	40	50
ϕ(mm)	20	25	32	40	50	63

2. 污水排水管道：

污水立管采用螺旋消费UPVC管，粘接、污水支管采用内壁光滑U－PVC管，粘接；污水管道小于DN200的出户管采用UPVC排水管，粘接。

（二）阀门及附件：

1. 阀门：

1）室内生活给水管上采用全铜制品，工作压力为1.0 MPa，管径<DN50用截止阀。

2. 附件：

1）卫生间采用铅合金或铜防返溢地漏，地漏水封高度不小于50 mm。

2）存水弯：要求水封深度不得小于50 mm。

3）地面清扫口采用铜制口，清扫口表面与地面平。

4）全部给水配件均采用节水型产品，不得采用淘汰产品。

5）污水立管设置伸缩节和阻火圈。

（三）管道敷设：

1. 管道坡度

污水管道除图中注明外，均按下列坡道安装

管径mm	DN50	DN75	DN100	DN150
污废水管标准坡度	0.025	0.015	0.012	0.010

2. 管道支架

1）管道支架或管卡应固定在顶板上或承重结构上。

2）立管装一管卡，安装高度为距地面1.5 m。

3）污水管上的吊钩或卡　应固定在承重结构上，固定件间距：横管不得大于2 m，立管不得大于3 m。层高小于或等于4 m，立管中部可按一个固定件。

（四）管道和设备保温：

1. 室内生活给水管道吊顶内和过门处均作防结露保温。

2. 保温材料采用橡塑管壳，防结露给水管保温厚度为10 mm。

（五）管道试压：

1. 生活给水管道试验压力为1.0 MPa。

2. 污水立管和横干管，还应按《建筑给水排水及采暖工程施工质量验收规范》(GB50242－2002)的要求作通球试验。

（六）管道冲洗：

1. 生活给水管道在系统运行前须用水冲洗和消毒，要求以不小于1.5 m/s的流速进行冲洗，并符合《建筑给水排水及采暖工程施工质量验收规范》(GB50242－2002)中4.2.3条的规定。

2. 污水排水管冲洗以管道通畅为合格。

（七）其他：

1. 图中所注尺寸除管长和标高以m计外，其他以mm计。

2. 本设计施工说明与图纸具有同等效力，二者有矛盾时，业主及施工单位应及时提出，并以设计单位解释为准。

3. 施工中应与土建和其他专业密切合作，合理安排施工进度，及时预留孔洞及预埋套管，以防碰撞和返工。

4. 凡说明未尽事项请按《建筑给水排水及采暖工程施工质量验收规范》(GB50242－2002)和《建筑给水聚丙烯管道工程技术规范》(GB/T50349－2005)规定执行。

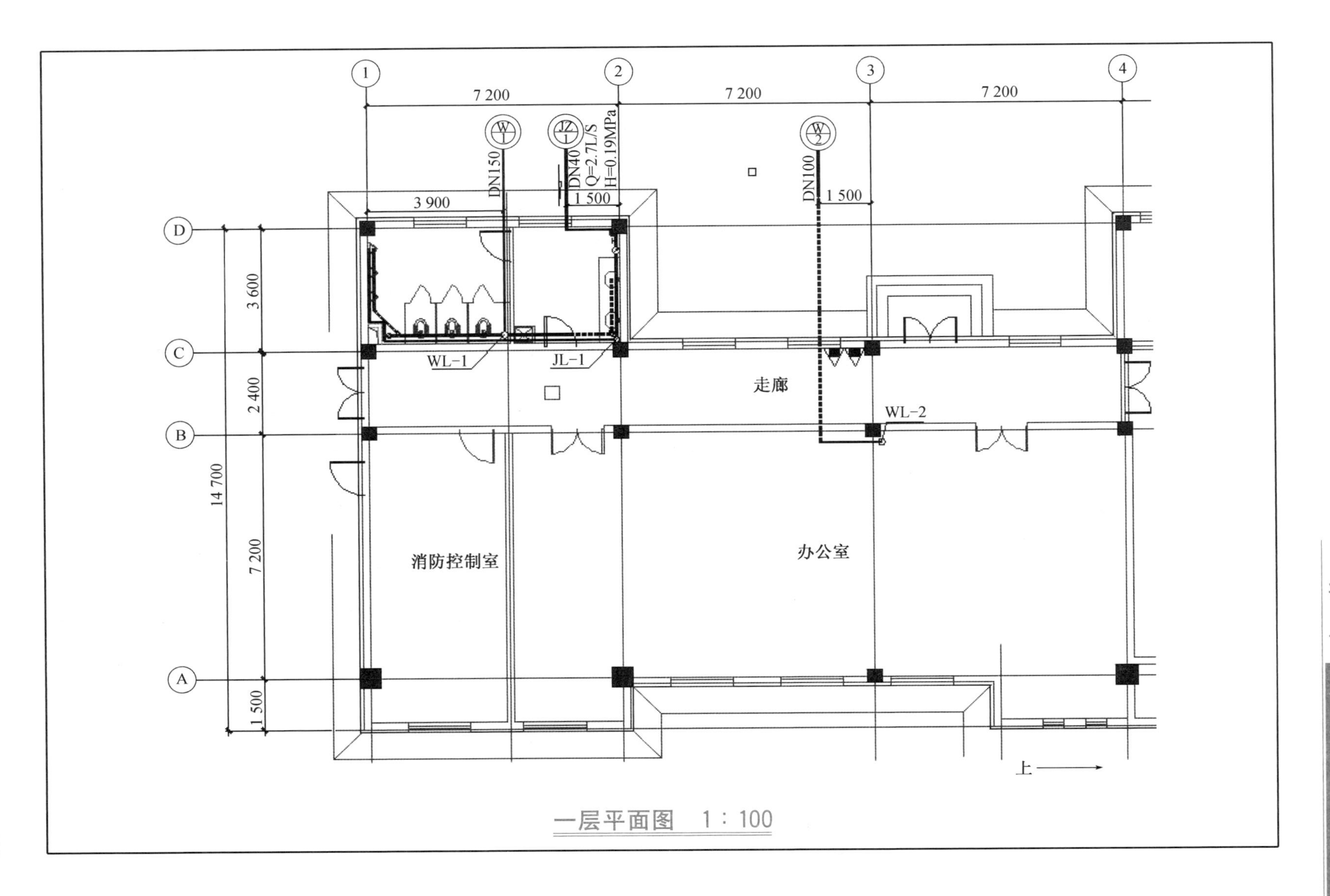
7 200
7 200
7 200
DN150
DN40
Q=2.7L/S
H=0.19MPa
DN100
3 900
1 500
1 500
3 600
2 400
14 700
7 200
1 500
WL-1
JL-1
走廊
WL-2
消防控制室
办公室
上

一层平面图 1：100

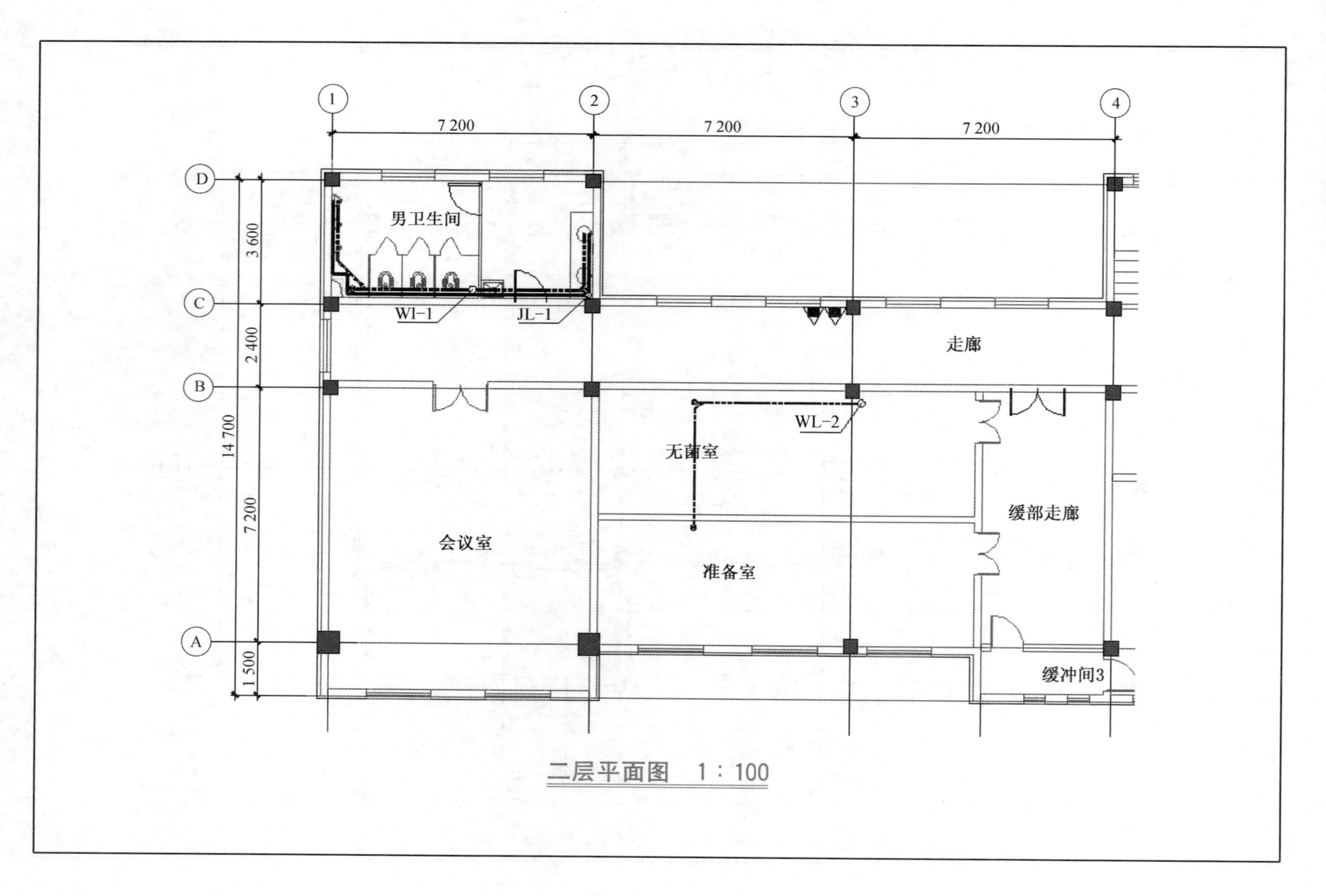
1
2
3
4
7 200
7 200
7 200
D
C
B
A
3 600
2 400
7 200
1 500
14 700
男卫生间
Wl-1
JL-1
走廊
WL-2
无菌室
会议室
准备室
缓部走廊
缓冲间3

二层平面图　1：100

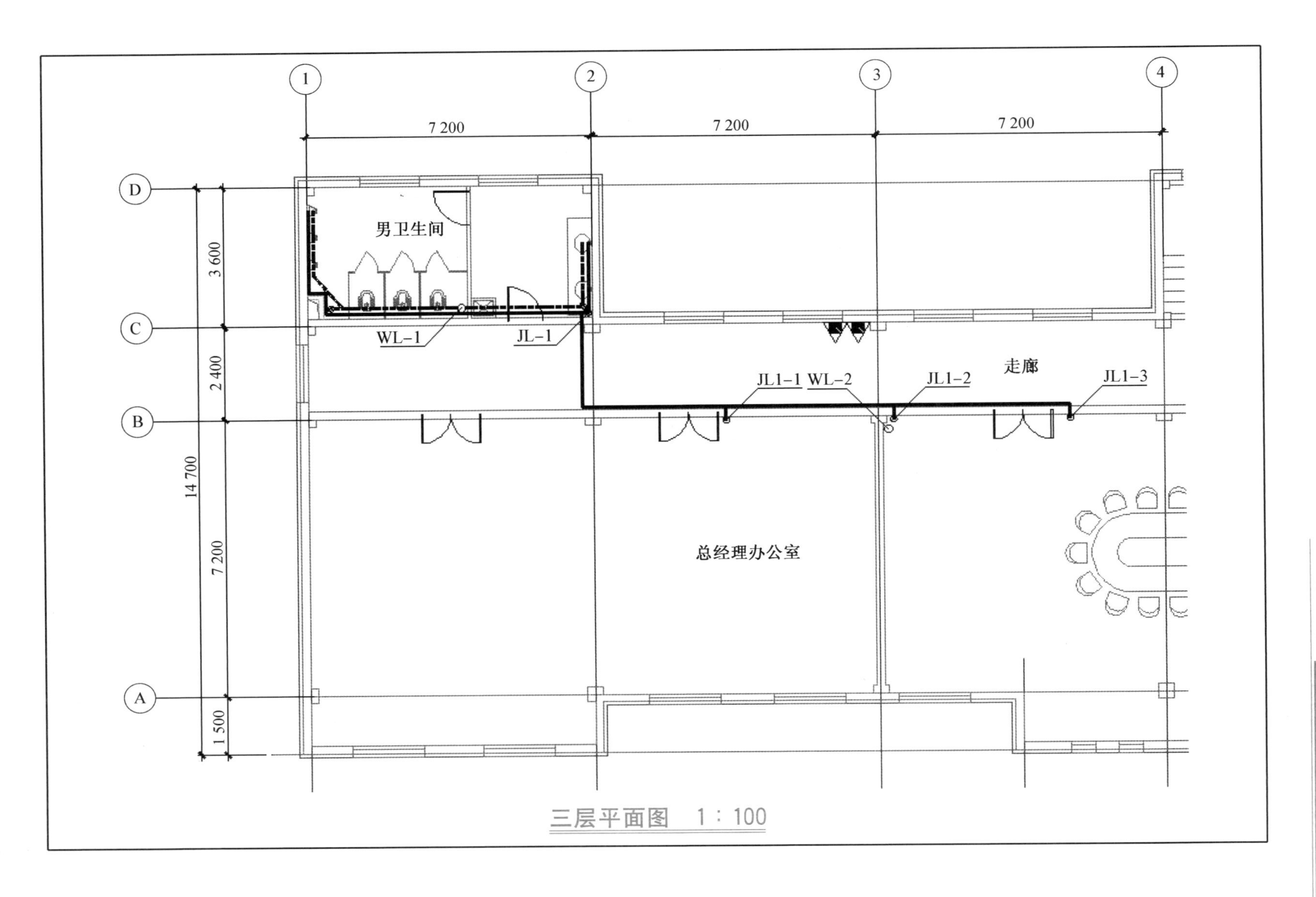

1
2
3
4
7 200
7 200
7 200
D
C
B
A
3 600
2 400
7 200
1 500
14 700
男卫生间
WL-1
JL-1
走廊
JL1-1 WL-2
JL1-2
JL1-3
总经理办公室
三层平面图 1：100

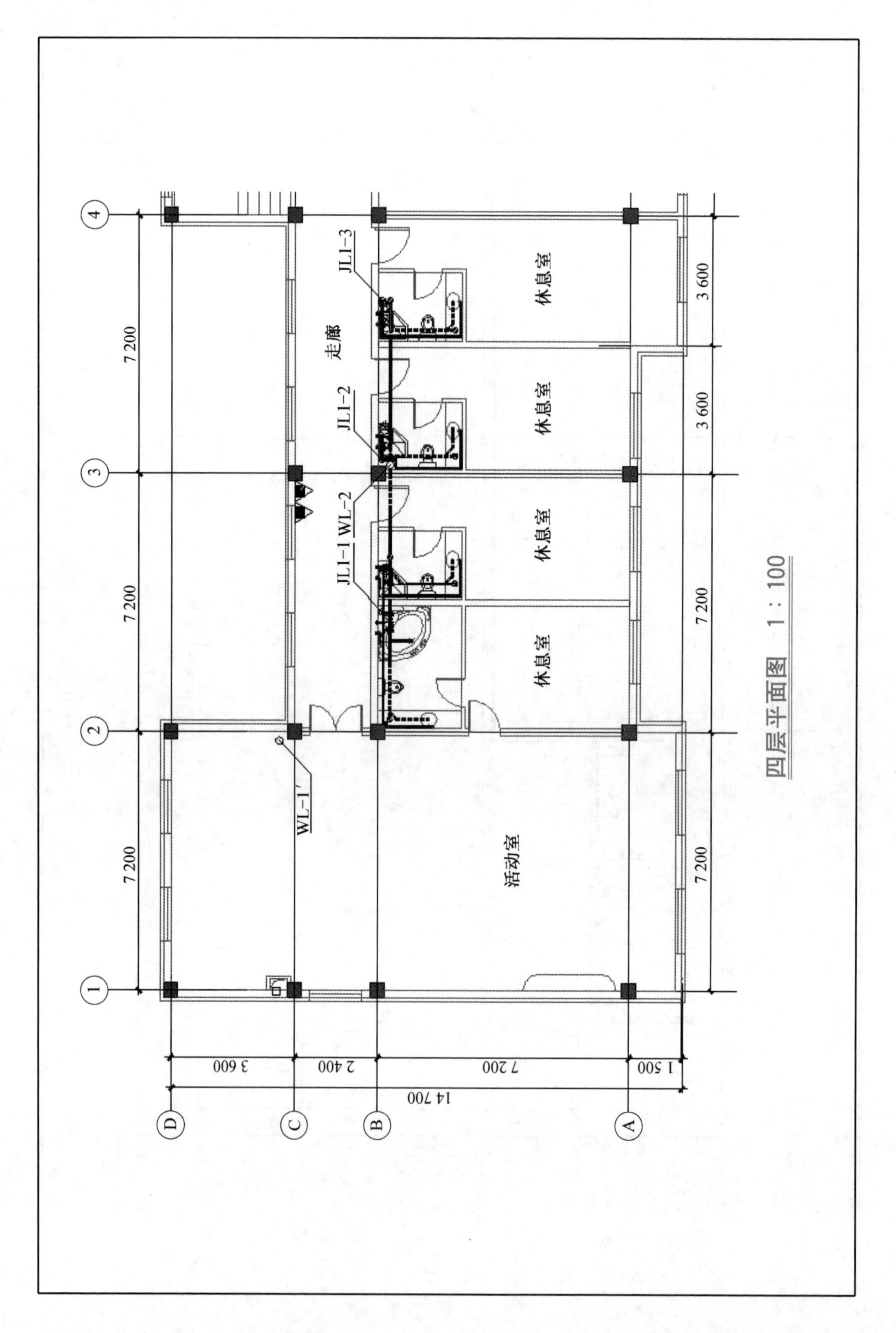

走廊
休息室
休息室
休息室
休息室
活动室
JL1-1
JL1-2
JL1-3
WL-2
WL-1′
7 200
7 200
7 200
3 600
3 600
7 200
7 200
3 600
2 400
7 200
1 500
14 700
1
2
3
4
A
B
C
D

四层平面图 1：100

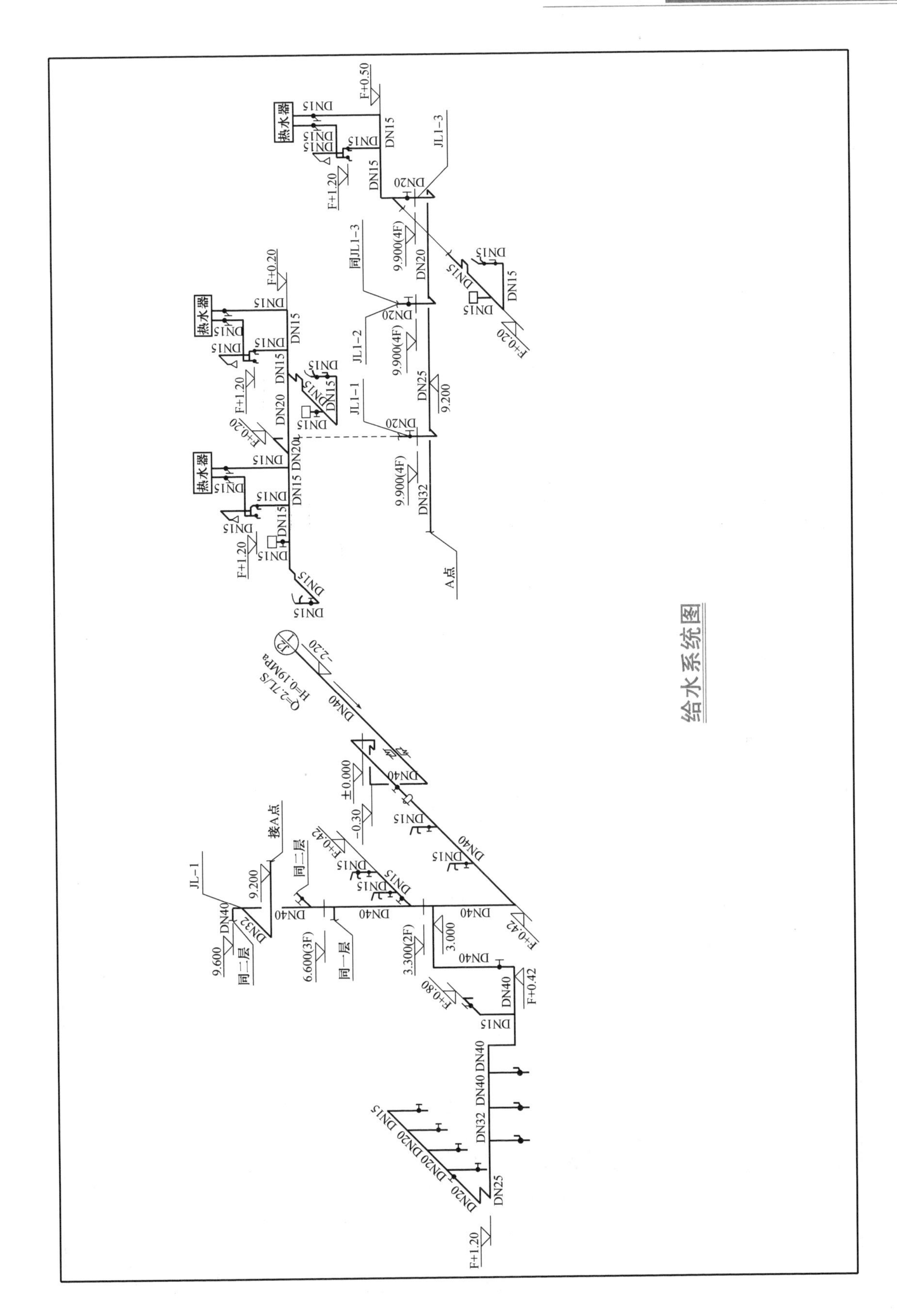
热水器
DN15
DN20
DN25
DN32
DN40
F+0.50
F+1.20
F+0.20
F+0.42
F+0.80
JL1-1
JL1-2
JL1-3
同JL1-3
9.900(4F)
9.200
A点
接A点
JL-1
9.600
同二层
6.600(3F)
同一层
3.300(2F)
3.000
±0.000
-0.30
-2.20
Q=2.7L/S
H=0.19MPa
J2

给水系统图

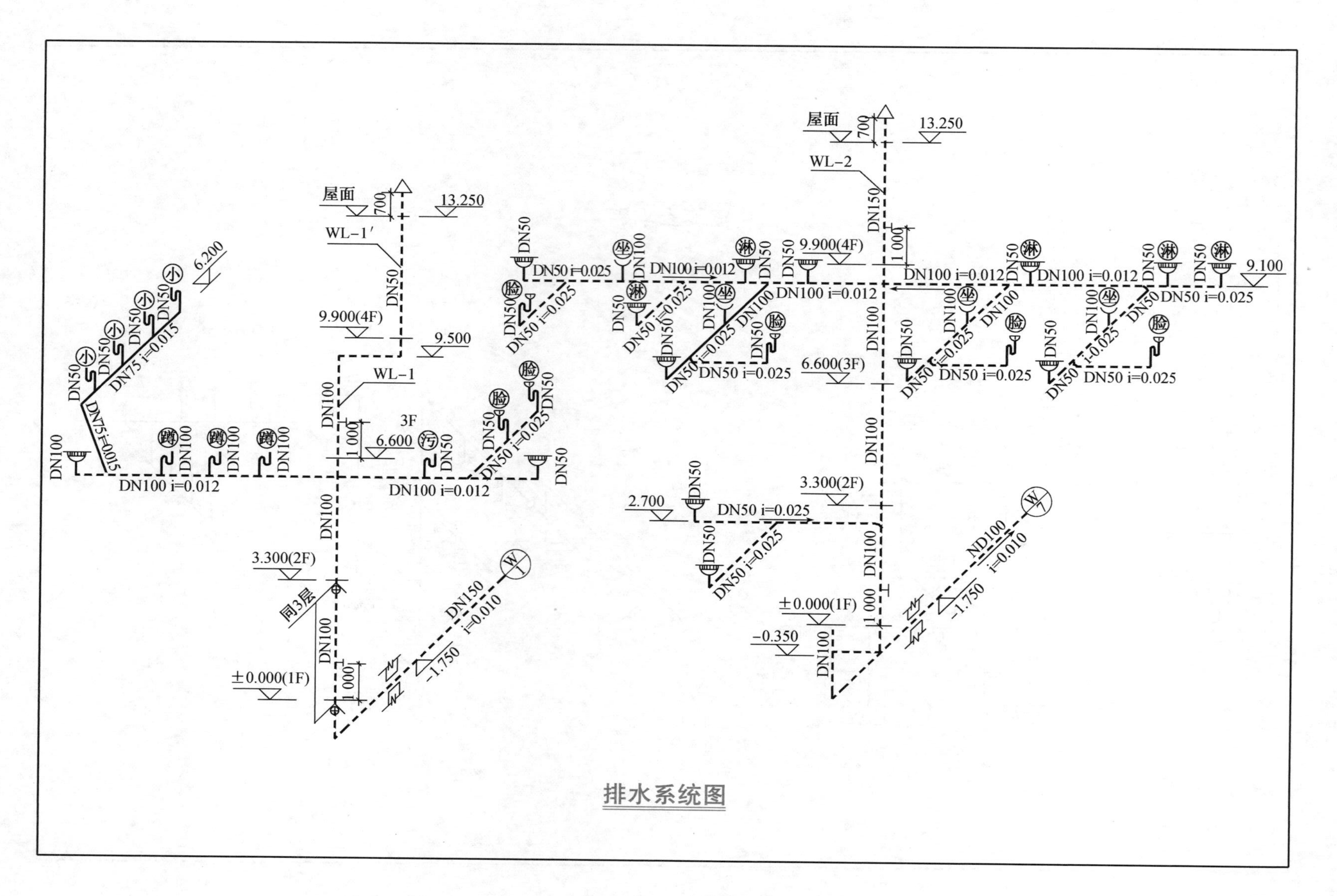
屋面
13.250
700
WL-1′
WL-1
WL-2
DN150
DN50
9.900(4F)
9.500
6.200
DN75 i=0.015
DN100 i=0.012
3F
6.600
DN50 i=0.025
3.300(2F)
同3层
±0.000(1F)
-1.750
DN150 i=0.010
1 000
9.100
6.600(3F)
2.700
-0.350
ND100 i=0.010

排水系统图

消防设计说明

1.设计依据:

<<高层民用建筑设计防火规范>>GB50045-95(2005年版)

<<自动喷水灭火系统设计规范>>GB50084-2006;

<<建筑灭火器配置设计规范>>GB50140-2005.

建筑专业条件

2.本建筑为二类高层建筑,建筑物高度为41.10m,室内设有消火栓灭火系统和自动喷水灭火系统.

3.消防用水量:

消火栓系统:室内30升/秒,室外20升/秒.火灾延续时间2小时, 消防用水量为360m^3.

自动喷水系统:室内30升/秒,火灾延续时间1小时, 消防用水量为108m^3.

一次消防总用水量为468m^3. 消防水量储存在消防水池内,消防水泵设在水泵房内.

4.本次设计消防系统为临时高压消防系统,高位消防水箱设置在本建筑物屋顶水箱间内,消防水箱容积为18m^3,能够满足10分钟消防用水量要求.消防水箱选用02S101-41图中18#水箱(水箱带人孔及液位计),公称容积19.8^3. 屋顶水箱间内设消火栓系统增压稳压设备一套,设备选用ZW(L)-I-X-10型,图集号为98S176-6. 设自动喷水系统增压稳压设备一套,设备选用ZW(L)-I-Z-10型,图集号为98S176-6.

5.本设计消火栓箱采用带灭火器组合式消防柜,箱内设消防按扭,发生火灾时按动消防按扭,启动室外水泵房内的消防水泵,进行灭火.消火栓水带为DN65,长25m,水枪直径Ø19.消火栓安装图见04S202-16,20. 一~三层消火栓采用减压稳压型消火栓.

6.消火栓安装高度栓口距所在处地面1.10m.系统工作压力为0.60MPa.

7.消防给水管道阀门采用对夹式碟阀,型号为D371X-1.0.

8.自动喷水系统:一~三层为一个报警阀组,四~十层为一个报警阀组. 报警阀组选用ZSFZ系列湿式报警阀组,图集号为04S206-10. 喷头采用普通型(68°C) DN15红色闭式喷头.

9.阀门井参见 05S502-26.消防水泵接合器采用SQX150-A型地下式,安装见99S203-17,25.

10.消火栓系统及自动喷水系统给水管道均采用热浸镀锌钢管,管径小于100mm时采用螺纹连接大于100mm时采用卡箍连接. 系统工作压力为0.70MPa. 管道安装完毕做水压试验.

11.消火栓系统试验压力为0.9MPa, 自动喷水系统试验压力为1.10MPa.

给水管道在试验压力下10min内,压力降不应大于0.02MPa,然后

降到工作压力进行检查,不渗不漏为合格.

12.自动喷水管道固定及支架设置详见04S402,防晃动支架见04S402-137,138.

04S402-137,138.

13.灭火器设置:每处消防柜内设2具磷酸胺盐干粉灭火器.灭火器型号为MF/ABC3型,灭火级别为2A,灭火器充装量为3Kg.

14. 其它未尽事宜遵照(GB50242-20020)中有关规定执行.

15. 图中尺寸标高以米计,其余均以毫米计,所有管道标高均为管中心标高.

16. 其它未尽事宜遵照(GB50242-2002)中有关 规定执行.

图 例

图例	名称	图例	名称
—J—	生活给水管		单栓室内消火栓
—X—	消防给水管		钢制法兰
—Z—	自动喷水给水管		可曲挠橡胶接头
	截止阀		自动冲洗阀
	蝶阀		钢制异径管
	水表		闭式喷头
	止回阀		防水套管
	浮球阀		水泵接合器
	湿式报警阀		压力表
	信号阀		水流指示器

设总				办公楼	沈阳某设计研究院 2006,05
审定					
室审					设计阶段 施工 专业 给排水
审核				说明及图例	图纸规格 0.75 比例尺
校对					所属图号
设计					LS0612-5S1-2
制图					

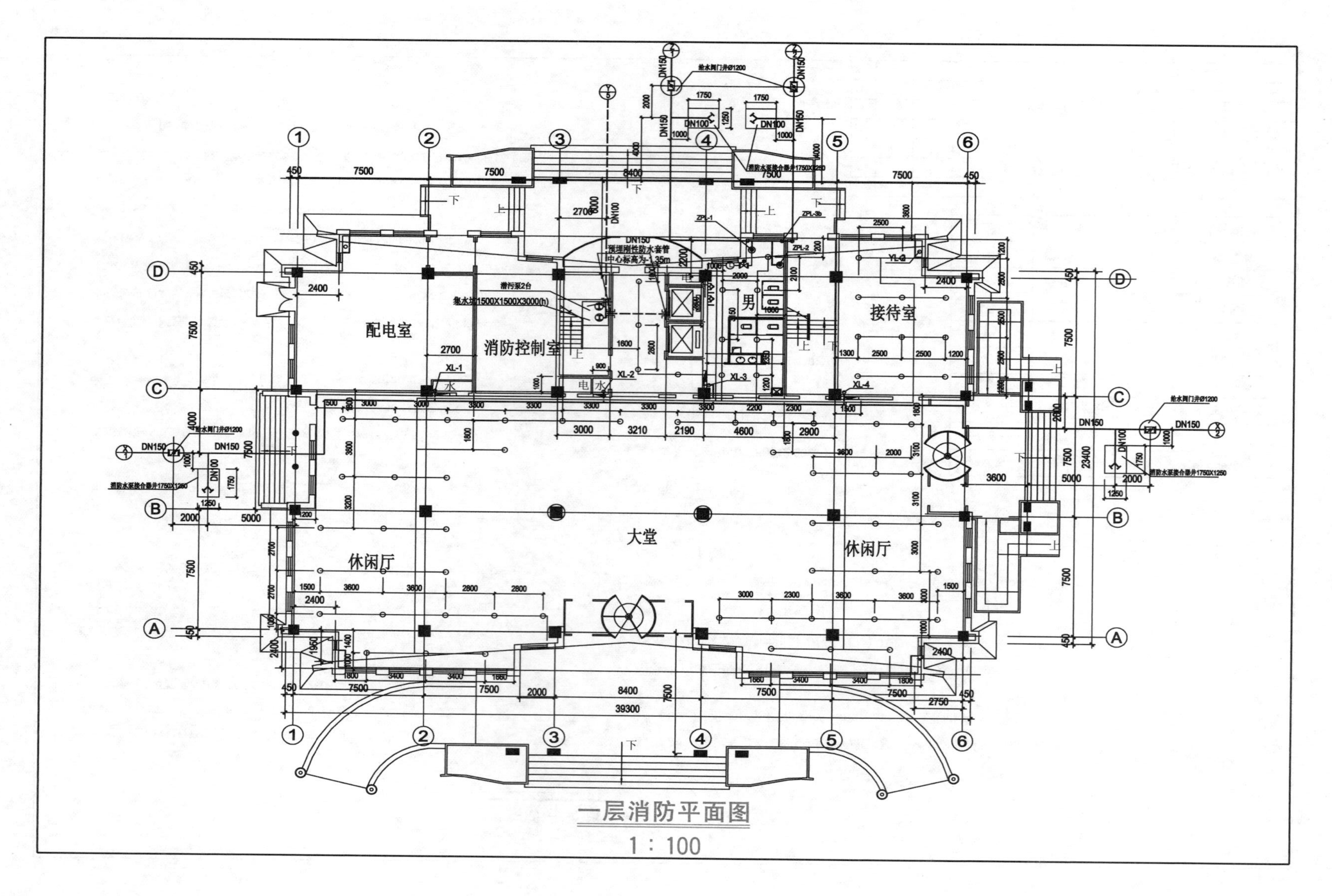

一层消防平面图
1：100

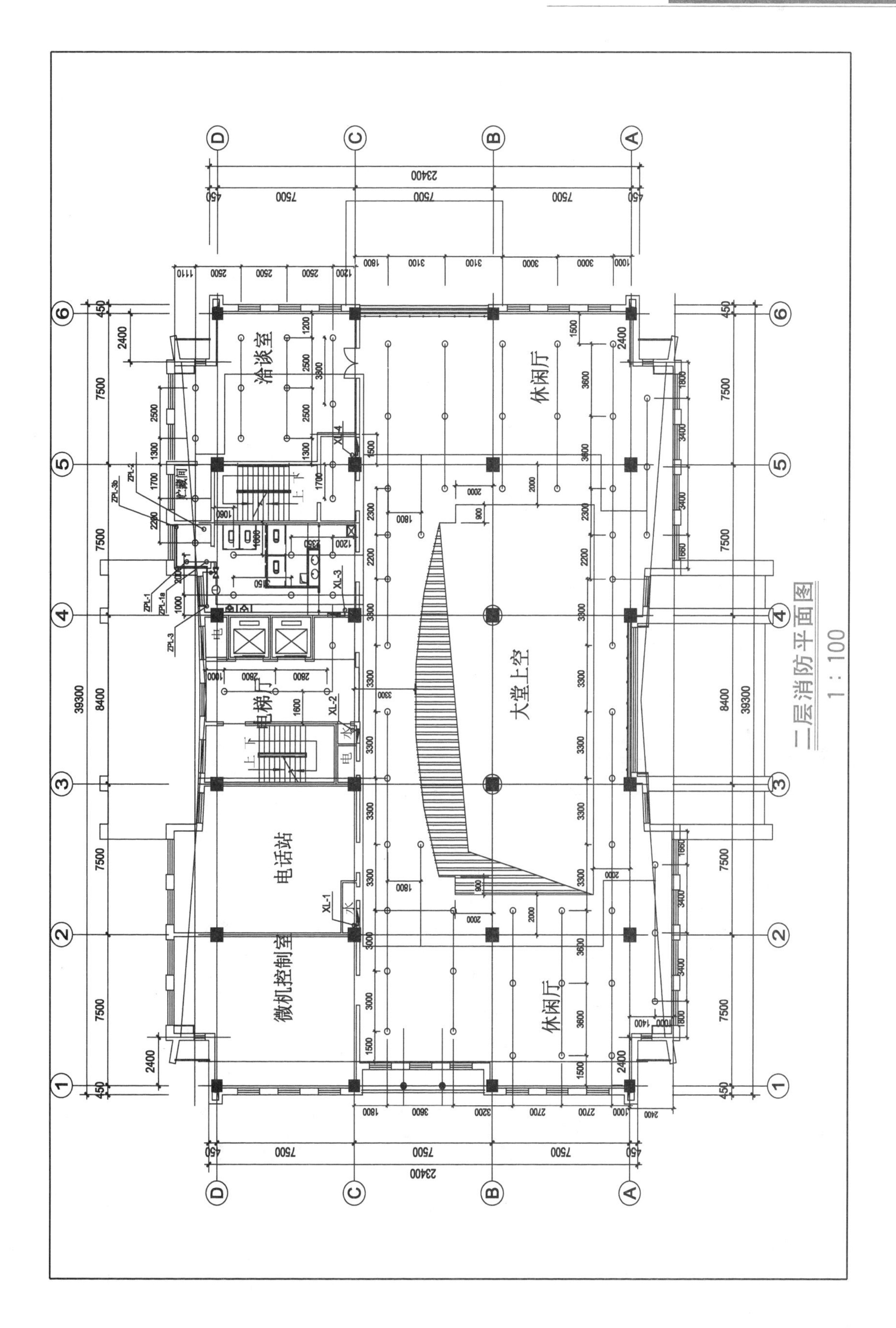
二层消防平面图
1：100
洽谈室
休闲厅
大堂上空
电梯厅
电话站
微机控制室
休闲厅
23400
39300

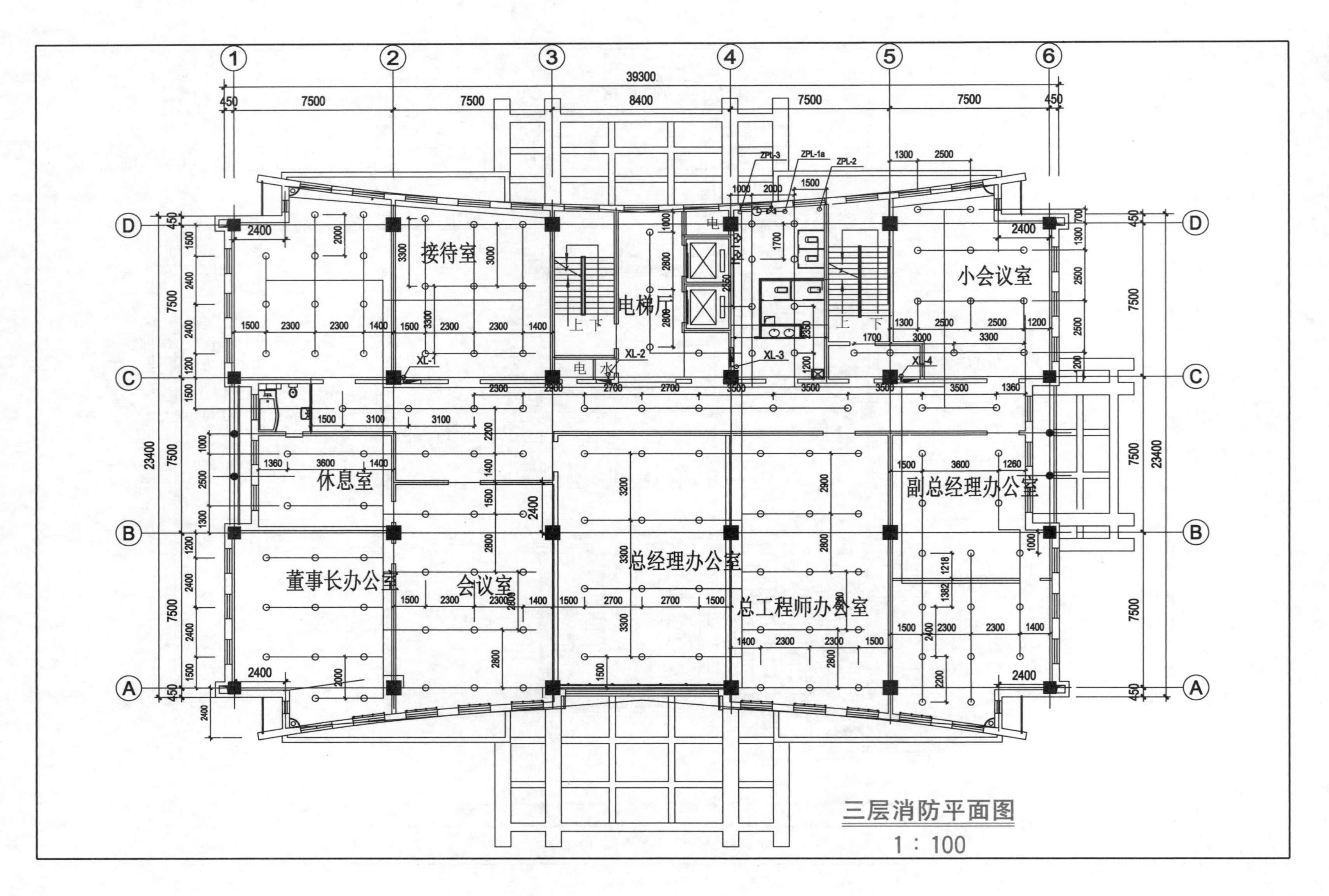

三层消防平面图
1：100

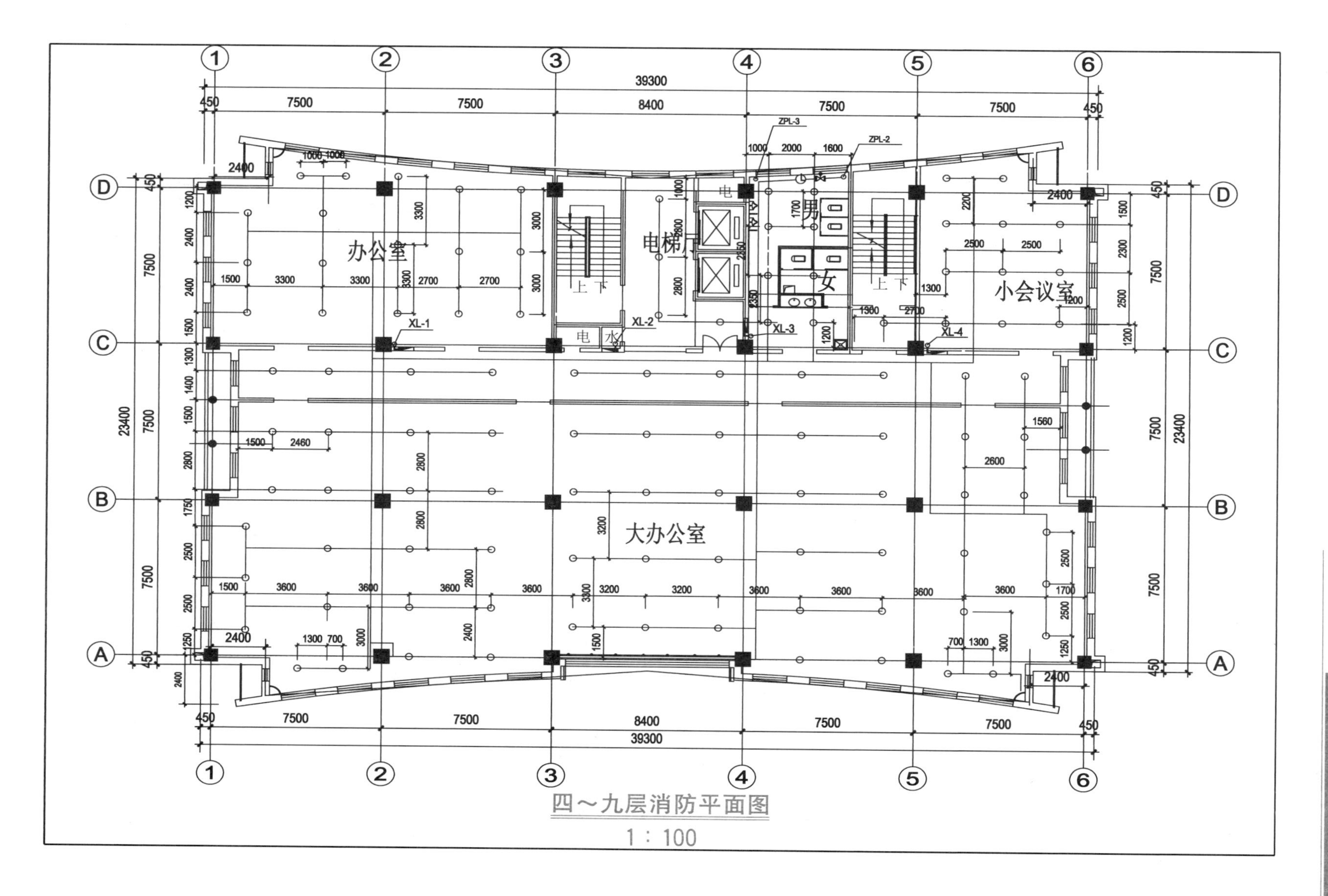

四～九层消防平面图

1：100

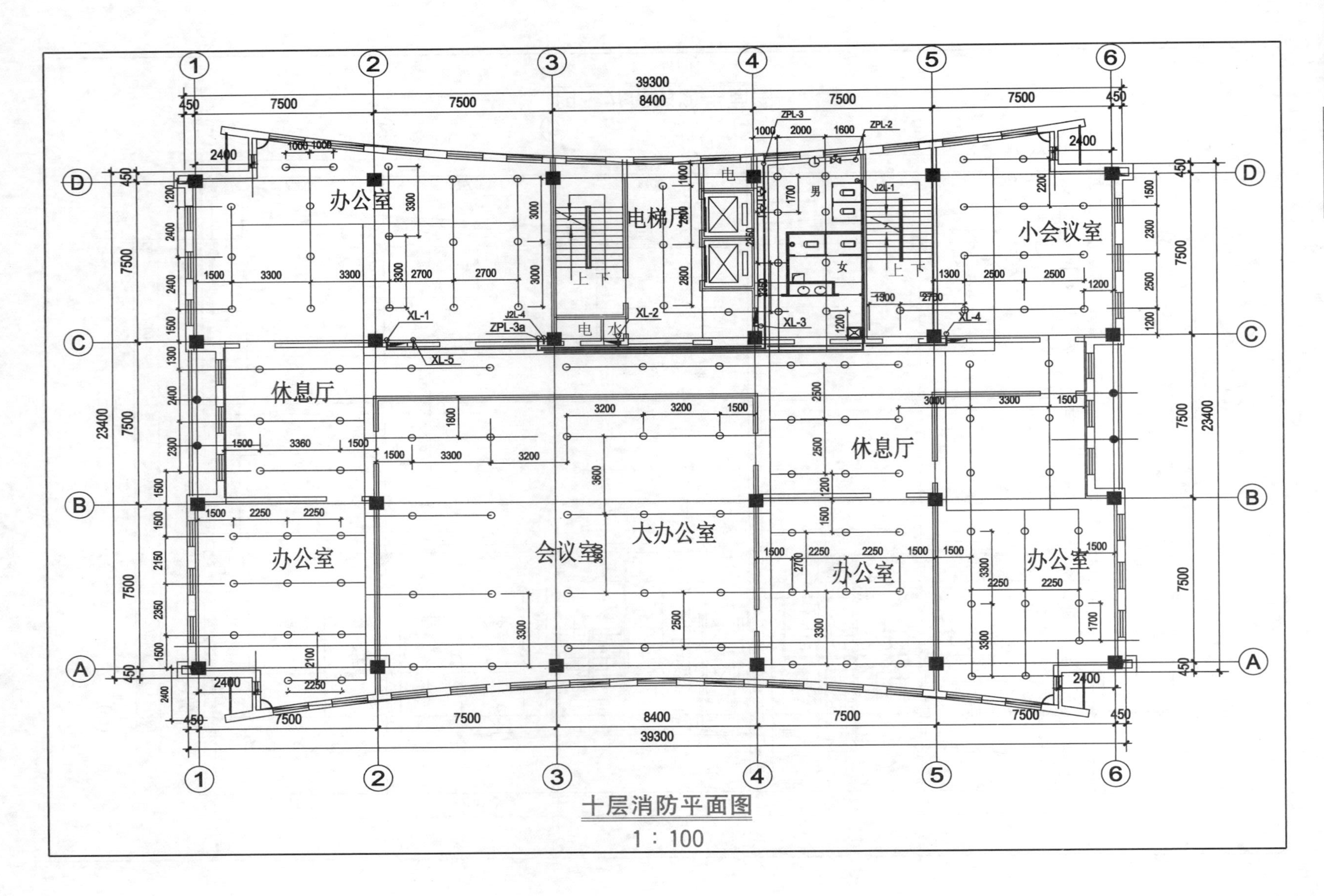

十层消防平面图

1 : 100

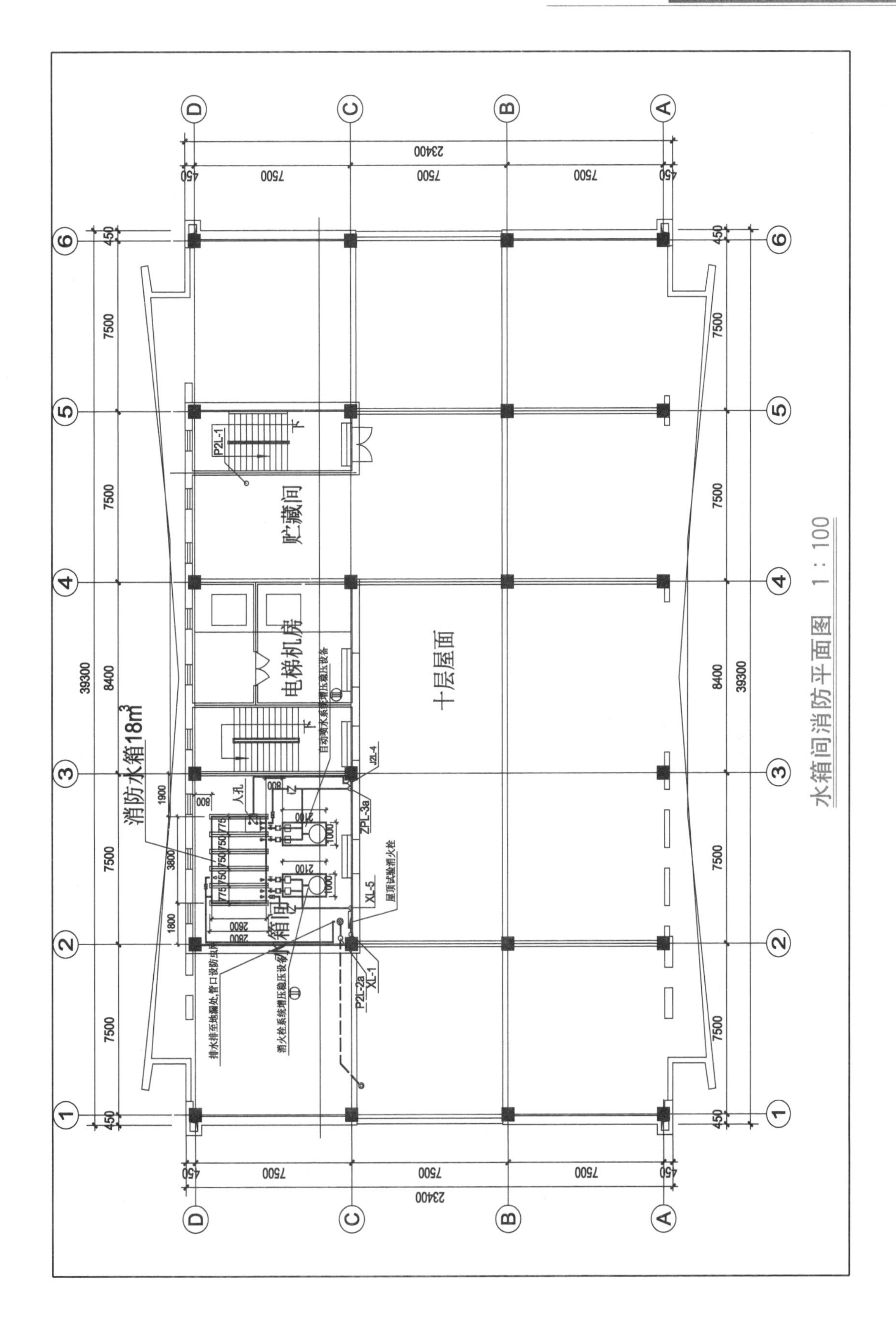

水箱间消防平面图 1：100

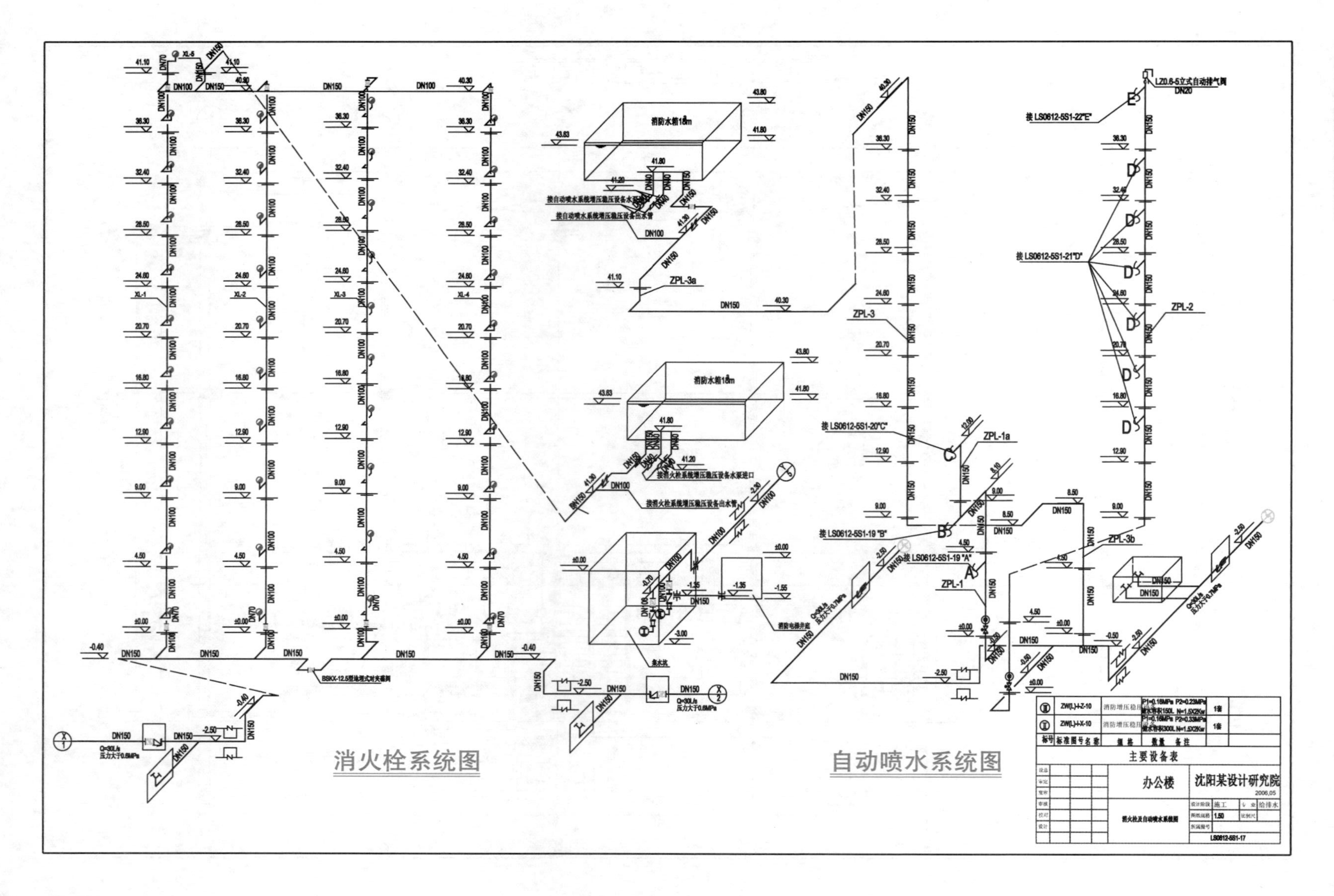
消防水箱18m
消火栓系统图
自动喷水系统图
主要设备表
办公楼
沈阳某设计研究院

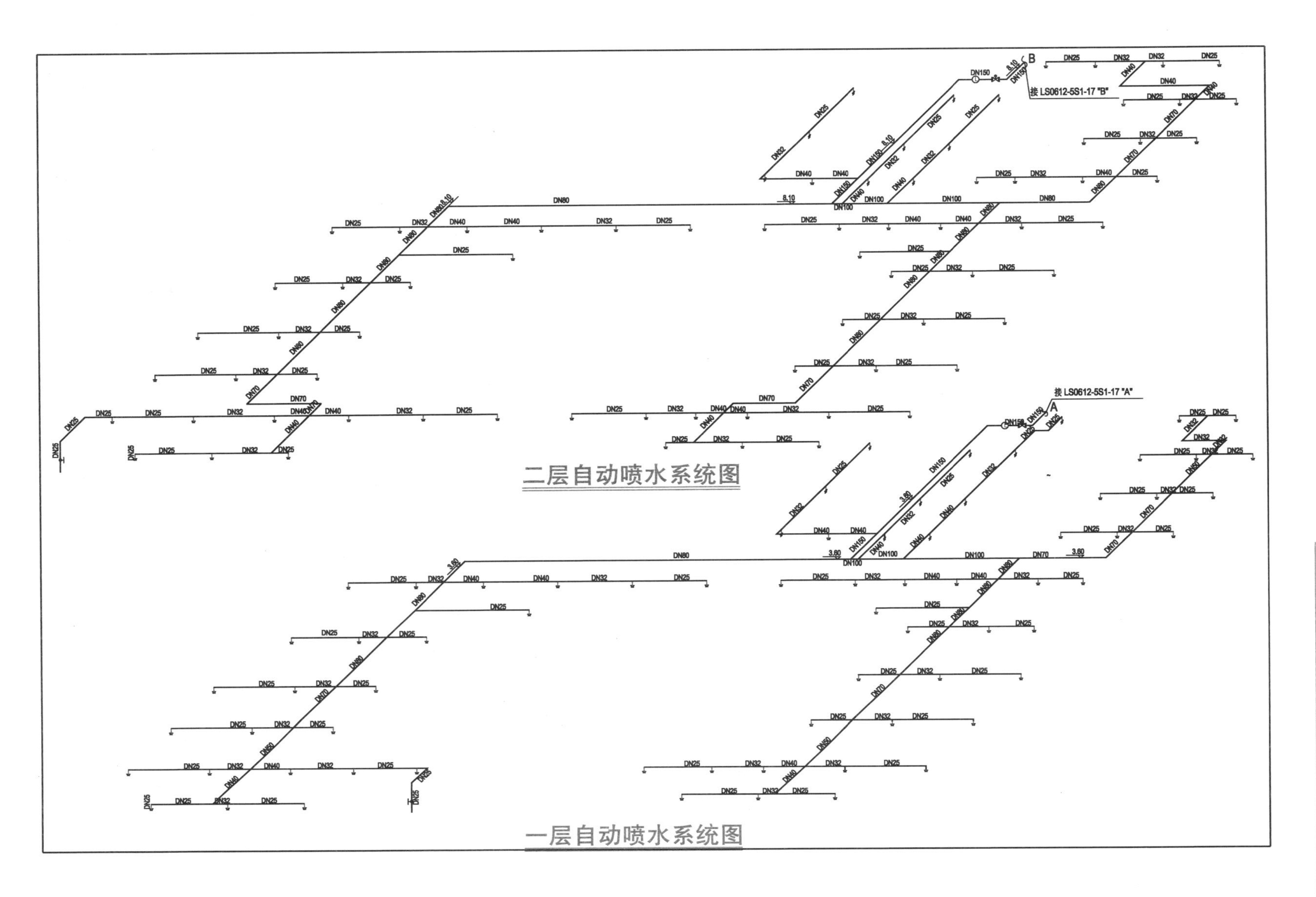
接 LS0612-5S1-17 "B"
二层自动喷水系统图
接 LS0612-5S1-17 "A"
一层自动喷水系统图

练习与思考题

1. 一套建筑给水排水施工图一般包括哪些图纸内容?
2. 建筑给水排水平面图一般由哪些图纸组成?
3. 建筑给水排水施工图总说明的内容包括哪些?
4. 室内给水排水系统图是怎么形成的?
5. 给水排水系统图侧重于反映哪些内容?
6. 为何要画给水排水施工详图?

第二篇

供暖、通风与空气调节

第 5 章　建筑采暖系统

教学要求

通过本章的学习，让读者掌握建筑采暖系统的基本知识和分类、采暖设备与管材、系统管道的布置与敷设；了解建筑采暖施工图的基本内容，熟悉建筑采暖施工图识读方法。

拓展视频

人与自然和谐共生

价值引领

新时代要站在对人类文明负责的高度，尊重自然、顺应自然、保护自然，探索人与自然和谐共生之路，促进经济发展与环境保护相协调，建设人与自然和谐共生的美丽家园，中国式现代化是人与自然和谐共生的现代化。

5.1　采暖系统的基本知识和分类

5.1.1　采暖系统的基本知识

在冬季，室外温度远远低于人体舒适所需求的温度，房间内的热量通过维护结构不断向室外散失，使得室内温度降低，影响人们的正常生活与工作，因此为了维持室内所需要的温度，必须向室内供给相应的热量，这种向室内供给热量的工程设备叫作采暖系统。建筑采暖系统的任务和目的就是满足人们日常生活和社会生产所需要的大量的热能，它是利用热媒（如热水、水蒸气或其他介质）将热能从热源通过热力管道输送至各个热用户的工程技术。

建筑采暖工程的应用已经有很长的一段历史。在 19 世纪初期，人们就已经开始用一个锅炉产生的蒸汽或热水通过管路供给一座建筑物各个房间来采暖。在 1877 年，美国建成了区域采暖系统，即由一个锅炉房满足全区许多座建筑物的生活、生产的采暖需求热能。区域采暖技术得到普遍应用是在第二次世界大战后苏联和东欧各国主要以热电厂作为区域采暖系统的热源，而美国和西欧则以区域锅炉房为主。我国的采暖事业，在新中国成立后随着我国经济的快速发展也得到了较大的发展，主要热源为热电厂、区域锅炉房和分散锅炉房。

5.1.2 采暖系统的分类

1. 按采暖系统主要组成部分的位置关系分类

(1) 局部采暖系统。将热源和散热设备合并成一个整体，分散设置在各个房间，称为局部采暖系统。这种采暖系统有火炉、火炕和火墙采暖，简易散热器供暖，煤气采暖和电热采暖等。

(2) 集中采暖系统。热源、用户的散热设备分别设置，热源产生的热量用热媒(热水或蒸汽)通过供暖管道输送至各用户的散热设备，这种供暖系统称为集中采暖系统。

局部采暖系统可作为集中采暖系统的补充形式。

集中采暖系统主要由远离供暖房间的热源、输送管网和散热设备三部分组成。

热源泛指锅炉房，煤、重油、轻油、天然气、液化气、管道煤气等作为燃料在锅炉中燃烧，使矿物能转化为热能，将水加热成热水或水蒸气。热能以热水或蒸汽作为载体，通过输送管道、管网输送到各个用热房间和多个用热建筑，以供使用，如图 5-1 所示。在这种系统中，供暖工程不仅承担为房间加热的任务，还常常为房间内的其他生活、生产过程提供热量。

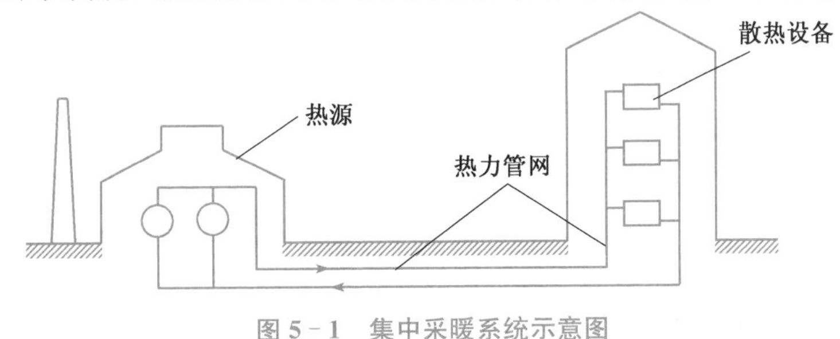

图 5-1 集中采暖系统示意图

2. 根据热媒性质的不同分类

(1) 烟气采暖系统。它是直接利用燃料在燃烧时所产生的高温烟气在流动过程中向房间散出热量，以满足采暖要求。

(2) 热风采暖系统。以热空气为热媒，通过风管道把热量输送到需供暖的建筑物内，一般与设置机械送风系统的建筑物相结合。

(3) 热水采暖系统。以热水为热媒，把热量带给散热设备的采暖系统，称为热水采暖系统。民用散热器集中热水采暖系统的供水温度一般为 95 ℃，回水 70 ℃，地板辐射低温采暖系统的供水温度一般为 75 ℃，回水 60 ℃，这些都属于低温水采暖系统。

(4) 蒸汽采暖系统。以蒸汽为热媒，把热量带给散热设备的采暖系统，称为蒸汽采暖系统。蒸汽相对压力小于 70 kPa，称为低压蒸汽采暖系统；蒸汽相对压力为 70～300 kPa 的，称为高压蒸汽采暖系统。

其中，以热水和蒸汽作为热媒的集中采暖系统，在工业和民用建筑中应用广泛普遍。它们具有供热量大、节约燃料、减轻污染、运行调节方便、费用低等优点。

5.2 热水采暖系统

以热水作为热媒的采暖系统，称为“热水采暖系统”，它是目前广泛使用的一种采暖系统,不仅用于居住和公用建筑,而且也用在工业建筑中。热水采暖系统的热能利用率高,输送时无效热损失较小,散热设备不易腐蚀,使用周期长,其室温比较稳定,卫生条件好;可集中调节水温,便于根据室外温度变化情况调节散热量;系统使用的寿命长,适于远距离输送。

5.2.1 热水采暖系统的分类

热水采暖系统可按下述方法进行分类:

(1) 按系统循环动力的不同,可分为自然(重力)循环系统和机械循环系统。靠流体的密度差进行循环的系统,称为自然(重力)循环系统;靠外加的机械(水泵)力循环的系统,称为机械循环系统。

(2) 按供、回水方式的不同可分为单管系统和双管系统。

(3) 按管道辐射方式的不同可分为垂直式系统和水平式系统。

(4) 按热媒温度不同分为低温水采暖系统和高温水采暖系统。

各个国家对高温水与低温水的界限分别有自己的规定。我国习惯认为:低于或等于100 ℃的热水称为低温水,超过100 ℃的热水,称为高温水。室内热水采暖系统大多采用低温水,设计供回水温度多采用95 ℃/70 ℃,高温水采暖宜在生产厂房中使用,设计供回水温度多采用120~130 ℃/70~80 ℃。

(5) 按照散热器的散热方式不同可分为对流采暖系统和辐射采暖系统。

通常我们使用的暖气片是通过自然对流采暖。习惯上把辐射传热比例占总热量50%~70%以上的采暖系统称为辐射采暖系统。辐射采暖系统是一种卫生条件和舒适标准都比较高的采暖方式。辐射采暖包括金属辐射板、电热膜采暖系统和地板辐射式采暖系统等,它是利用建筑物内部的顶面、墙面、地面或其他表面进行采暖的系统。

1. 自然(重力)循环热水采暖系统

如图5-2所示是重力循环热水采暖系统工作原理图。在系统工作之前,先将系统中充满冷水。当水在锅炉中被加热后,它的密度变小,同时受着从散热器流回来密度较大的回水的驱动,使得热水沿着供水干管流向散热器。这样,水连续被加热,热水不断上升,在散热器及管路中被散热冷却后的回水又流回锅炉被重新加热,形成图5-2中箭头所示的方向循环流动。为了计算自然循环作用压力大小,假设水温只在两处发生变化,即锅炉内(加热中心)和散热器内(冷却中心)。设供水管水温为 t_g(℃),密度为 ρ_g(kg/m³),冷却后的回水管水温为 t_h(℃),密度为 ρ_h(kg/m³),系统内各点之间的距离分别用 h_0、h、h_1 表示,假设图5-2的循环环路最低点的断面A-A处有一个假想阀门,若突然将阀门关闭,则在断面A-A两侧受到不同的水柱压力,这两侧所受到水柱压力之差就是驱使水进行循环流动的作用压力。

断面A-A左侧的水柱作用力为

$$P_{左}=g(h_0\rho_h+h\rho_g+h_1\rho_g) \tag{5-1}$$

断面A-A右侧的水柱作用力为

$$P_{右}=g(h_1\rho_h+h\rho_h+h_1\rho_g) \tag{5-2}$$

断面A-A两侧之差 $\Delta P=P_{右}-P_{左}$,即系统内的作用压力,其值为

$$\Delta P=gh(\rho_h-\rho_g) \tag{5-3}$$

式中:ΔP——自然循环系统的作用力,Pa;

g——重力加速度，取 9.81，m/s^2；

h——锅炉中心到散热中心的垂直距离，m；

ρ_g——供水热水的密度，kg/m^3；

ρ_h——水冷却后回水的密度，kg/m^3。

由式(5-3)可知，自然循环作用力取决于冷热水之间的密度差和锅炉中心到散热器中心的垂直距离。

低温热水采暖系统，供回水温度一定(95 ℃/70 ℃)时，为了提高系统的循环作用压力，锅炉的位置应尽可能降低，在有在地下室、半地下室或就近较低处设置锅炉时，才可采用重力循环热水采暖系统。由于自然循环系统的作用压力一般不太大，作用半径不宜超过 50 m。

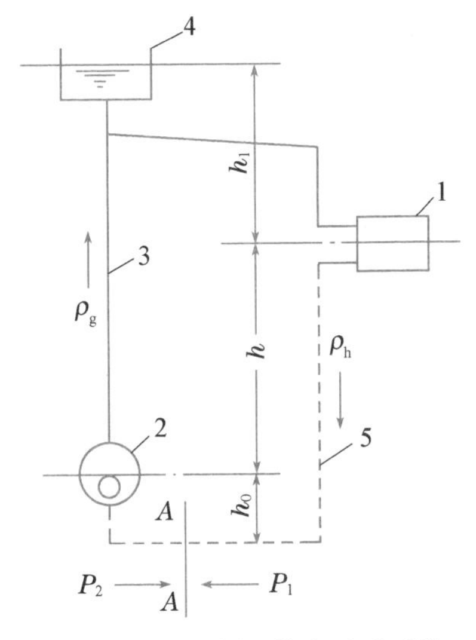

图 5-2　自然循环热水采暖系统

1—散热器；2—热水锅炉；3—供水管道；4—膨胀水箱；5—回水管道

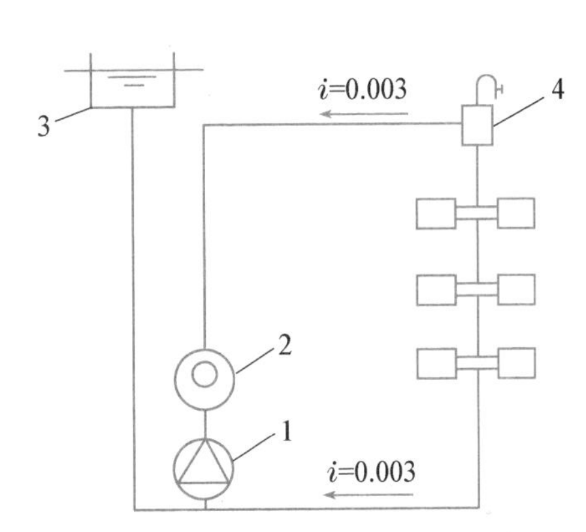

图 5-3　机械循环热水采暖系统

1—循环水泵；2—热水锅炉；3—膨胀水箱；4—集气装置

2. 机械循环热水采暖系统

机械循环热水采暖系统与重力循环热水采暖系统的主要区别是在系统中设置了循环水泵，主要靠水泵的机械能使水在系统中强制循环，如图 5-3 所示。在这种系统中，水泵装在回水干管上，膨胀管连接在水泵吸入端管路上，膨胀水箱位于系统的最高点，由于它能容纳水受热后膨胀的体积，因此可使整个系统处于正压状态下工作，不会有水汽化的状况发生，避免了因水汽化所带来的断水现象的产生。为了顺利排除系统中的空气，供水干管应按水流方向有向上的坡度，使气泡沿水流方向汇集到系统最高点，通过设在最高点的排气装置排除系统中的空气。回水干管坡向与重力循环相同：坡向锅炉的向下的坡度。供、回水干管的坡度一般为 0.003，不得小于 0.002。

5.2.2　热水供暖系统形式

1. 自然循环热水采暖系统形式

(1) 双管上供下回式

如图 5-4(a)所示，各层散热器与锅炉间形成独立的循环，各层散热器都并联在供、回水立管上，水经回水立管、干管直接流回锅炉，如不考虑水在管道中的冷却，则进入各层散热器的水温相同。由于系统供水干管在上面，回水干管在下面，故称为上供下回式。又由于这种系统中的散热器都并联在两根立管上，一根为供水立管，一根为回水立管，故称为这种系统为双管系统。双管系统的特点是每组散热器都能组成一个循环环路，每组散热器的供水温度基本上是一致的，各组散热器可自行调节热媒流量，互相不受影响。

(2) 单管上供下回式

如图 5-4(b)所示为单管上供下回式系统。热水经供水管顺序流过多组散热器，并顺序地在各散热器中冷却，对于下层系统热水供水管即为上层系统的回水管，故称为单管系统。单管系统的特点是热水送入立管后由上向下顺序流过各层散热器，水温逐渐降低，各组散热器串联在立管上，每根立管(包括立管上各层散热器)与锅炉、供回水干管形成一个循环环路，各立管环路是并联关系。

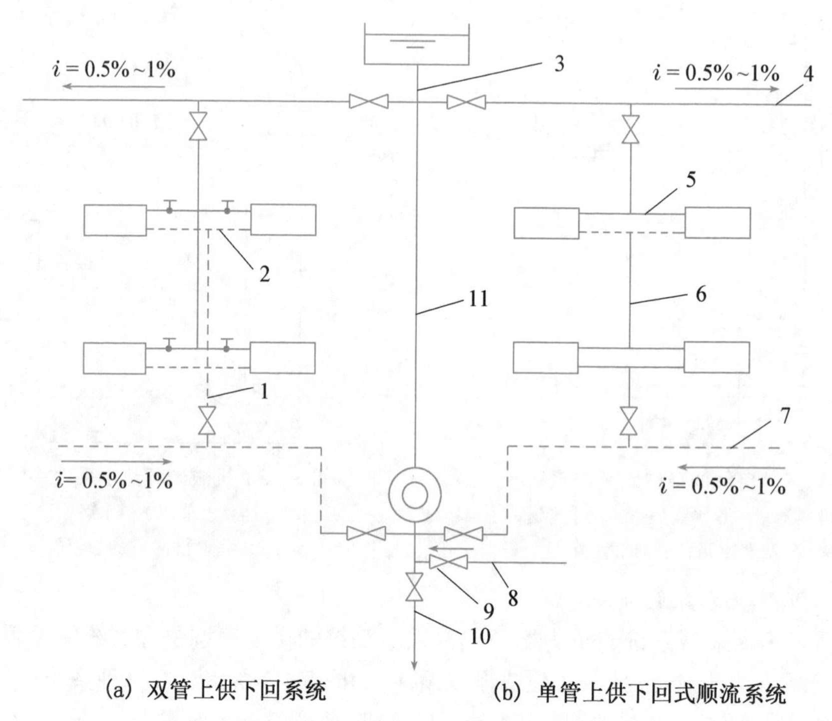

图 5-4　自然循环热水采暖系统形式

1—回水立管；2—散热器回水支管；3—膨胀水箱连接管；4—供水干管；5—散热器供水支管；6—供水立管；7—回水干管；8—充水管；9—单向阀；10—泄水管；11—总干管

单管系统与双管系统比较，其优点是系统简单，节省管材，造价低安装方便。缺点是上下层房间的进水温度差异较大，每组散热器的热媒流量不能单独调节。

自然循环上供下回式热水供暖系统的供水干管应顺水流方向设下降坡度，坡度宜为 0.5%～1.0%。散热器支管也应顺水流方向设下降坡度，坡度值为 0.5%～1.0%，以便空气能逆着水流方向上升，聚集到供水干管最高处设置的膨胀水箱排除。

回水干管应该有向锅炉方向下降的坡度，以便于系统停止运行或检修时能通过回水干管顺利泄水。

2. 机械循环热水采暖系统形式

机械循环热水采暖系统与重力循环热水采暖系统的主要区别是在系统中设置了循环水泵，主要靠水泵的机械能使水在系统中强制循环，这虽然增加了运行管理费用和电耗，但系统循环作用压力大，管径较小，系统的作用半径会显著提高。

(1) 上供下回式

上供下回式机械循环热水采暖系统有单管和双管系统两种形式。如图5-5所示，左侧为双管式系统，右侧为单管式系统，机械循环单管上供下回式采暖系统，形式简单，施工方便，造价低，是一种最常用的形式。

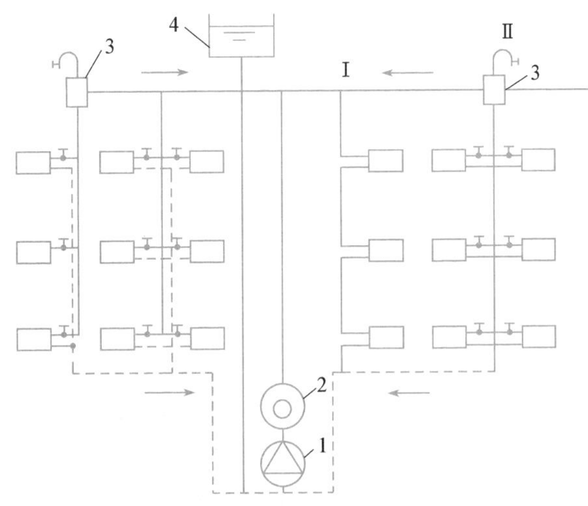

图5-5 机械循环上供下回式热水采暖系统

1—循环水泵；2—锅炉；3—集气装置；4—膨胀水箱

(2) 双管下供下回式

双管下供下回式系统的供水管和回水管均敷设在所有散热器的下面，如图5-6所示。当建筑物设有地下室或平屋顶建筑顶棚下不允许布置供水干管时采用这种形式，但必须解决好空气排出的问题。可以通过专设的空气管或顶层散热器上的跑风门进行排气。

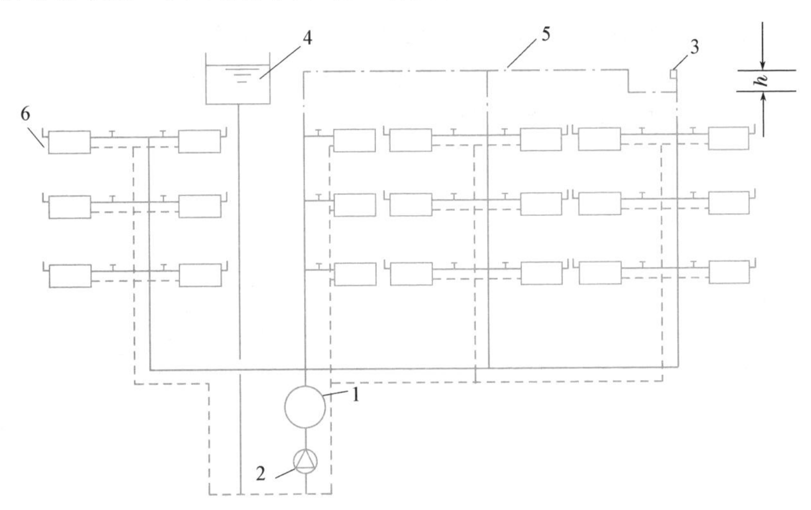

图5-6 机械循环下供下回式系统

1—热水锅炉；2—循环水泵；3—集气装置；4—膨胀水箱；5—空气管；6—冷风阀

（3）中供式

如图 5－7 所示，为机械循环中供式热水采暖系统示意图。它适用于顶层无法设置供水干管或边施工边使用的建筑。水平供水干管布置在系统的中部。这种系统减轻了上供下回系统楼层过高易引起的垂直失调的问题，同时可避免顶层梁底高度过低致使供水干管挡住窗户而妨碍开启等的问题。

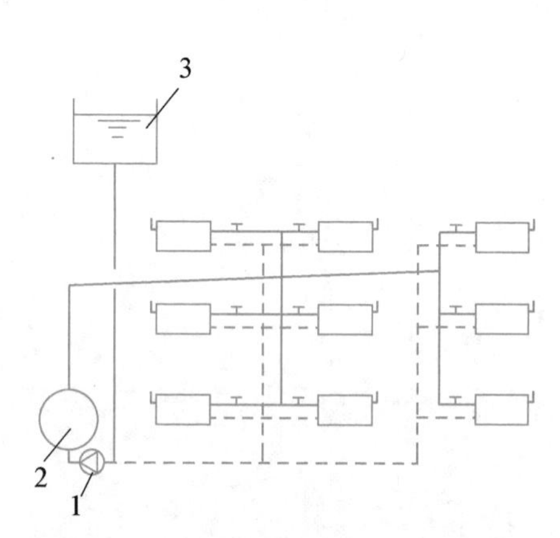

图 5－7　机械循环中供式热水采暖系统

1—循环水泵；2—热水锅炉；3—膨胀水箱

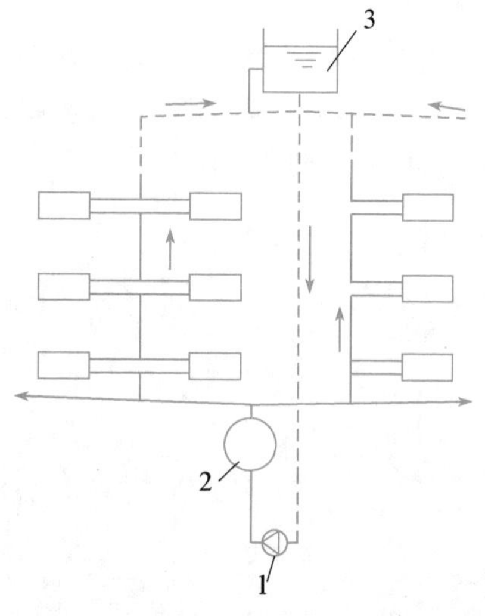

图5－8　机械循环下供上回式热水采暖系统

1—循环水泵；2—热水锅炉；3—膨胀水箱

（4）下供上回(倒流)式

如图 5－8 所示，为机械循环下供上回式热水采暖系统，这种系统的供水干管设置在下部，回水干管设置在上部，顶部有顺流式膨胀水箱，排气方便，可取消集气装置，水的流向与系统中空气的流动方向一致，都是由下而上，系统排气好，水流速度可增大，节省管材；底层散热器内热媒温度高，可减少散热器片数，有利于布置散热器；该系统适用于高温水供暖。

（5）水平单管顺流式

如图 5－9 所示，为水平单管顺流式采暖系统，由一根立管水平串联起多组散热器的布置形式。由于系统串联的散热器较多，因此易出现前端过热，末端过冷的水平失调现象，因而一般每个环路散热器组数以 8～12 为宜。这种系统的排气可以采用在每个散热器的上部设置专门的空气管，最终集中在一个散热器上由放气阀集中排气，如图 5－9 中的(2)所示，当设置空气管有碍建筑使用和美观时，可在每个散热器上装一个排气阀进行局部排气。如图 5－9 中的(1)所示。

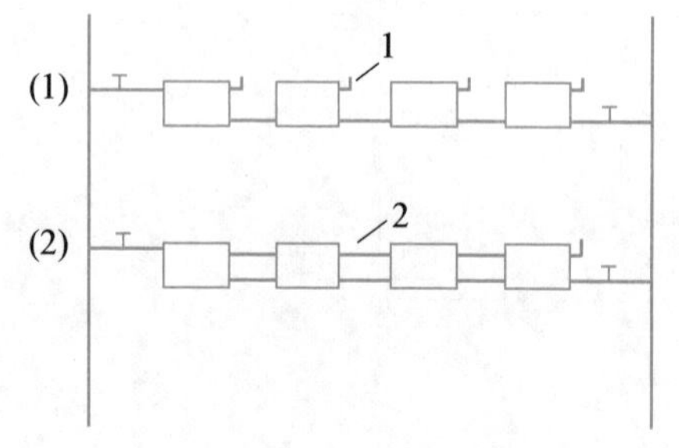

图 5－9　水平单管顺流式热水采暖系统

1—冷风阀；2—空气管

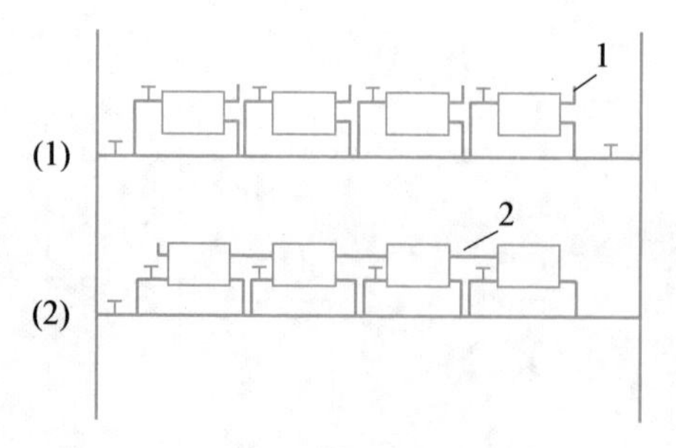

图 5－10　水平单管跨越式热水采暖系统

1—冷风阀；2—空气管

(6) 水平单管跨越式

如图 5－10 所示,为水平单管跨越式采暖系统。该系统在散热器支管间连接一跨越管,热水一部分流入散热器,一部分经跨越管直接流入下组散热器。这种形式允许在散热器支管上安装阀门,能够调节散热器的进水流量。

(7) 同程式系统与异程式系统

如图 5－11 所示,采暖系统通过各个立管的循环环路的总长度相等的布置形式称为同程式系统。因而环路间的压力损失易于平衡,热量分配易于达到设计要求。只是管材用量加大,地沟加深。系统环路较多,管线较长时,常采用同程式系统布置。

如图 5－12 所示,系统各个立管的循环环路的总长度不相等的布置形式则称为异程式系统。异程式系统最远环路同最近环路之间的压力损失相差很大,压力不易平衡,使得靠近总立管附近的分立管供水量过剩,而系统末端立管供水不足,供热量达不到要求。这种冷热不均的现象叫作系统的水平失衡。

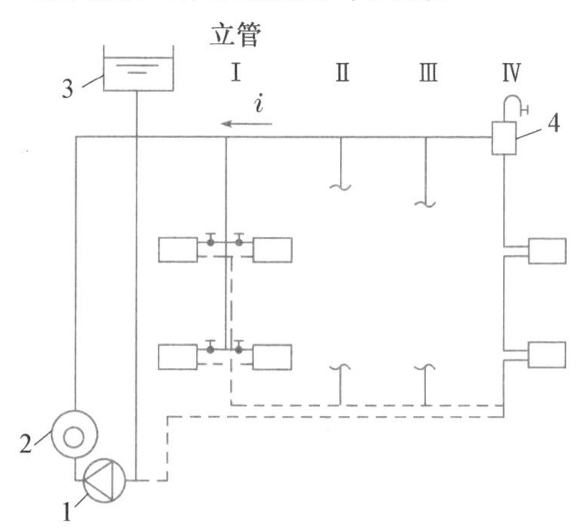

图 5－11　同程式系统示意图

1—循环水泵;2—热水锅炉;3—膨胀水箱;4—集气装置

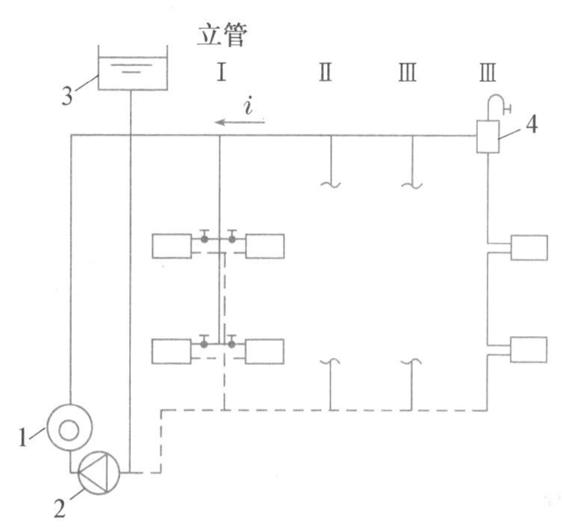

图 5－12　异程式系统示意图

1—循环水泵;2—热水锅炉;3—膨胀水箱;4—集气装置

(8) 低温地板辐射采暖系统

地板辐射采暖是以温度不高于 60 ℃的热水作为热源,在埋置于地板下的盘管系统内循环流动,加热整个地板,通过地面均匀地向室内辐射散热的一种供暖方式,近 10 多年来得到广泛应用。低温热水地板辐射采暖系统主要由三部分构成:热源、热媒集配系统、地板辐射采暖管。常用的采暖热源有地源热水泵,空气源热水泵,燃气(电)、燃煤锅炉等。

热媒集配系统如图 5－13 所示,也就是集水器和分水器,是有一个是进口(出口)和多个出口(或进口)的筒形承压装置,使横断面的流速限制在一定范围内,并配置放气装置和各通路阀门,起到控制系统流量和使各通路流量分配均匀的作用。也就是说热媒集配系统对低温地板辐射供暖系统的各个的热量匹配、室温的控制调节起到决定性的作用。

热媒集配装置的设置要求:① 如果是住宅,每户至少应设计一套集配装置。② 每一集配装置的分支路不宜多于 8 个。③ 集配装置的直径,应大于总供回水管径。④ 集配装置应高于地板加热管,并配置排气阀。⑤ 总供回水管和每一供回水分支路均应配置截止阀或球阀。⑥ 总供水管阀的内侧应设计过滤器。

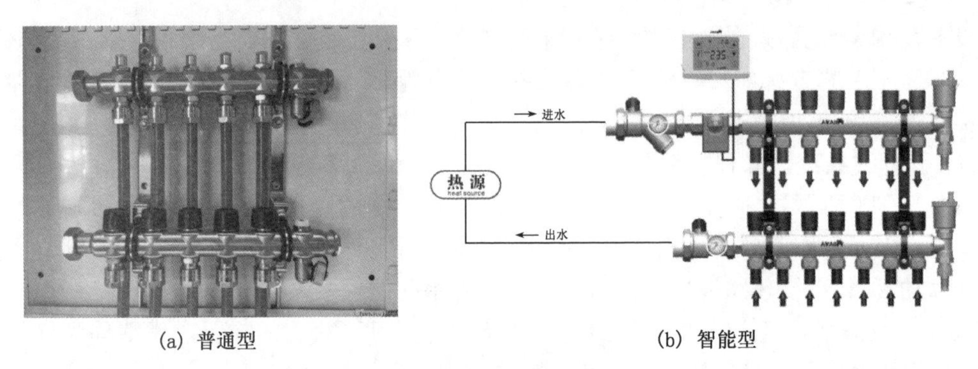

(a) 普通型　　(b) 智能型

图 5-13　热媒集配装置

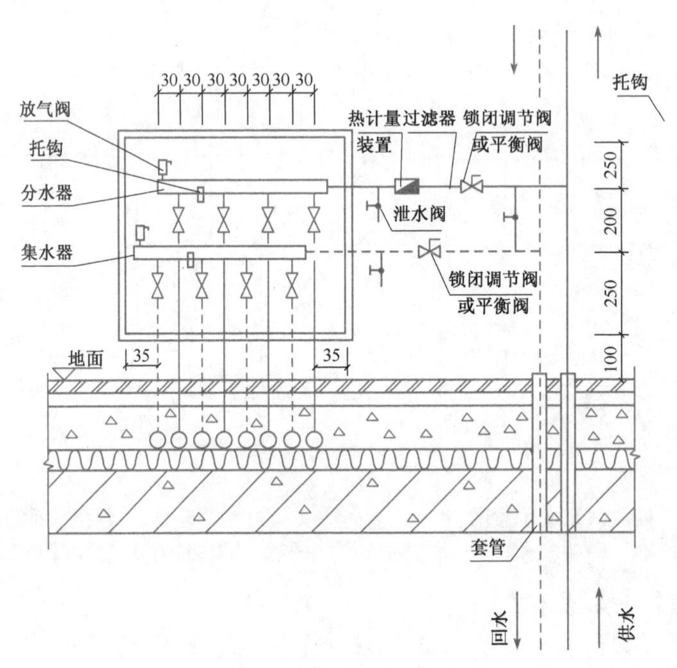

图 5-14　热媒集配装置安装图

地板辐射采暖管即散热管，有交联聚乙烯(PE-X)、聚丁烯(PB)、无规共聚聚丙烯(PP-R)、共聚聚丙烯(PP-C)和交联铝塑复合管(XPAP)等类管材。低温地板辐射供暖系统比较常用的加热盘管布置形式有3种：直列式、旋转式、往复式，如图5-15所示。

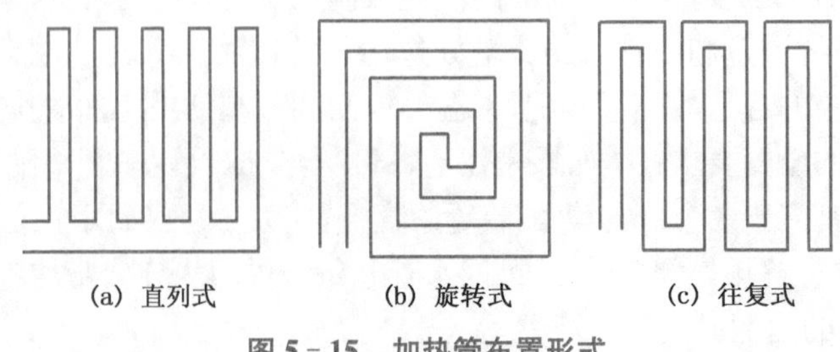

(a) 直列式　　(b) 旋转式　　(c) 往复式

图 5-15　加热管布置形式

地板辐射采暖系统方便与分户计量和控制，系统供回水多为双管系统，可在每户的热媒集配装置前安装热量表进行分户计量，还可以通过用户室内的自动温控装置，自行控制室温。如图 5－16 所示为热水地板供暖系统结构示意图。在地面或楼板内埋管时地板结构层厚度：公共建筑≥90 mm，住宅≥70 mm(不含地面层及找平层)。必须将盘管完全埋设在混凝土层内，管间距为 100～300 mm，盘管上部应保持厚度不小于 30 mm 的覆盖层。

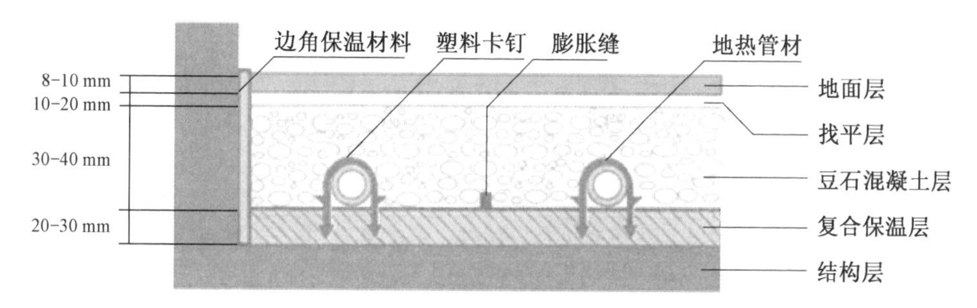

图 5－16　为热水地板供暖结构示意图

地板辐射采暖相比传统采暖有无可比拟的优势，具有舒适、节能、环保等优点，地板辐射散热室内地表温度均匀，室温由下而上随着高度的增加温度逐步下降，这种温度曲线正好符合人的生理需求，给人以脚暖头凉的舒适感受。但系统中加热管埋设在建筑结构内部，使建筑结构变得复杂，施工难度增大，维护检修也不方便。

5.3　热风采暖系统

热风采暖系统是以空气作为热媒，首先将空气加热，然后将高于室温的热空气送入室内，与室内空气进行混合换热，达到加热房间、维持室内气温达到采暖使用要求的目的。在这种系统中，空气可以通过热水、蒸汽或高温烟气来加热。

热风采暖是比较经济的采暖方式之一，它具有热惰性小、升温快、室内温度分布均匀、温度梯度较小、设备简单和投资较小等优点。因此，在既需要采暖又需要通风换气的建筑物内通常采用能送较高温度空气的热风采暖系统；在产生有害物质很少的工业厂房中，广泛的应用暖风机来采暖；在人们短时间内聚散，需间歇调节的建筑物，如影剧院、体育馆等，也广泛采用热风采暖系统，以及由于防火防爆和卫生要求必须采用全新风的车间等都适用热风采暖系统。

根据送风方式的不同，热风采暖有集中送风、风道送风及暖风机送风等几种基本形式。根据空气来源不同，可分为直流式(即空气为新鲜空气，全部来自室外)、再循环式(即空气为回风，全部来自室内)和混合式(即空气由室内部分回风和室外部分新风组成)等采暖系统。

热风集中采暖系统是以大风量、高风速、采用大型孔口为特点的送风方式，它以高速喷出的热射流带动室内空气按照一定的气流组织强烈的混合流动，因而温度场均匀，可以大大降低室内的温度梯度，减少房屋上部的无效热损失，并且节省管道和设备等。这种采暖方式一般适用于室内空气允许再循环的车间或作为大量局部排风车间的补入新风和采暖之用。

对于散发大量有害气体或灰尘的房间，不宜采用集中送风采暖系统形式。

热风采暖系统可兼有通风换气系统的作用，只是热风采暖系统的噪声比较大。面积比较大的厂房，冬季需要补充大量热量，因此经常采用暖风机或采用与送风系统相结合的热风采暖方式。

暖风机是由空气加热器、通风机和电动机组合而成的一种采暖通风联合机组。由于暖风机具有加热空气和传输空气两种功能，因此省去了敷设大型风管的麻烦。暖风机采暖是靠强迫对流来加热周围的空气，与一般散热器采暖相比，它作用范围大、散热量大，但消电能较多、维护管理复杂、费用高。

如图 5-17 为 NC 型暖风机，它是由风机、电动机、空气加热器、百叶格等组成，可悬挂或用支架安装在墙上或柱子上，也叫悬挂式暖风机。

如图 5-18 为 NBL 型暖风机的外形图。这种大型暖风机的风机不同于小型暖风机的轴流式风机，它采用的是离心式风机，因此其射程长、风速高、送风量大、散热量也大(每台暖风机散热量在 200 kW 以上)。这种暖风机直接放在地面上，故又称为落地式暖风机。

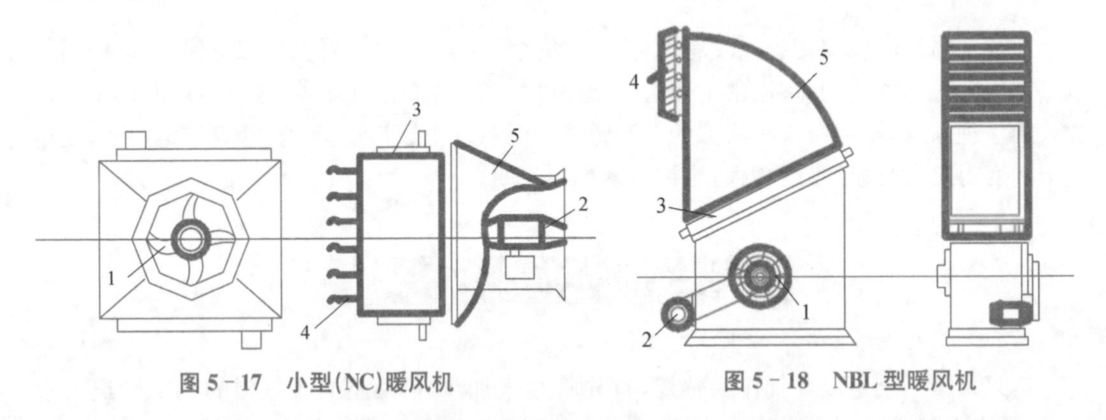

图 5-17　小型(NC)暖风机　　图 5-18　NBL 型暖风机

1—风机；2—电动机；3—空气加热器；4—百叶格；5—支架

5.4　采暖系统常用设备及材料

5.4.1　采暖系统常用设备

1. 散热器

散热器是安装在房间内的一种散热设备，也是我国目前大量使用的一种散热设备。它是把来自管网的热媒(热水或蒸汽)的部分热量传给室内，以达到补偿房间散失的热量的目的，维持室内所要求的温度，从而达到采暖的目的。

热媒在散热器内流动，首先加热散热器壁面，使得散热器外壁面温度高于室内空气的温度，因温差的存在促使热量通过对流、辐射两种传热方式不断传给室内空气，以及室内的物体和人，从而达到提高室内空气温度的目的。

在选择散热器时，对散热器有一些要求，如在热工性能方面要求散热器壁面热阻越小，即传热系数越大越好；在经济方面则要求散热器的金属热强度大、使用寿命长、成本低，所谓金属热强度是指散热器内热媒平均温度与室内空气温度差为1 ℃时，每单位质量的散热器单位时间内所散出的热量，其单位为 W/(kg·℃)；在卫生和美观方面则要求外表光滑美观、不积灰且易于清洗，并要与房间装饰相协调；在制造和安装方面，则要求散热器具有一定的机械强度和承压能力，不漏水，不漏气，耐腐蚀，便于大规模生产和组装，散热器高度应有多种尺寸，以便于满足不同窗台高度的要求。

散热器的种类繁多，按其制造材质的主要分为铸铁和钢制两种；按其结构形状可分为管型、翼型、柱型、平板型和串片式等。

(1) 铸铁柱型散热器

铸铁柱型散热器是呈柱状的单片散热器，外表光滑，无肋，每片都有几个中空的立柱相互连通。根据散热器面积的需要，可把各个单片组合在一起形成一组散热器。我国目前常用的柱型散热器类型有二柱、三柱、四柱、五柱等多种类型，如图5-19所示。

铸铁制造的散热器不易腐蚀，外形也较美观，金属强度高，传热效果好，易于组合，因而使用广泛，但占地较多。

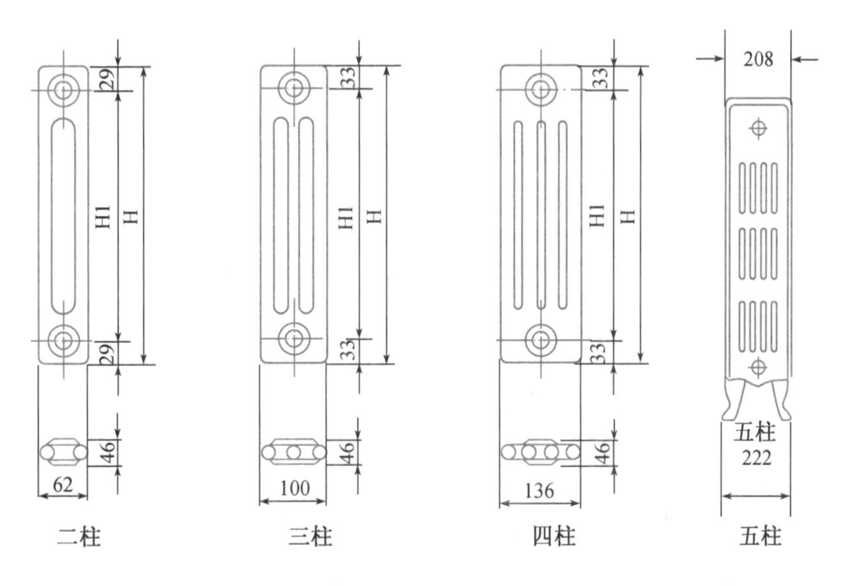

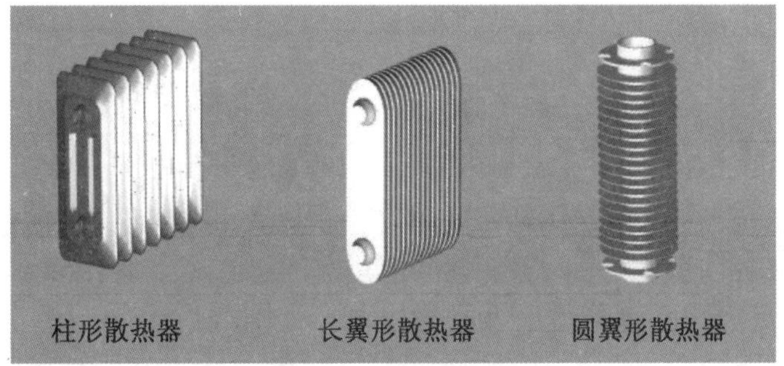

图5-19 铸铁柱型散热器

（2）钢制散热器

钢制散热器主要有闭式钢串片、板式、柱型及扁管型几大类。与铸铁相比，它具有金属耗量少，外形美观整洁，占地少，耐压强度高，但易于腐蚀等特点。

（3）铝制散热器

图5-21所示为一种铝制多联式柱形散热器，它是用耐腐蚀的铝合金，经过特殊的内防腐处理，采用焊接连接形式加工而成。

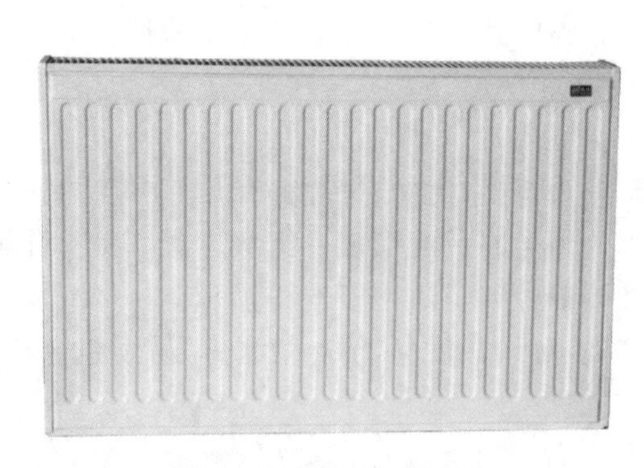

图5-20　钢制散热器图

图5-21　铝制散热器图

散热器的布置应注意：

（1）散热器设置在外墙窗口下面最为合理。这样经散热器上升的对流热气流沿外窗上升，能阻止渗入的冷空气沿墙和窗户下降，因而防止冷空气直接进入室内工作区域，使房间温度分布均匀，流经室内的空气比较舒适暖和。

（2）散热器尽量少占建筑使用面积和有效空间，且与室内装修相协调。

一般情况下，为了散热器更好的散热，散热器应采用明装。在建筑、工艺方面有特殊要求时，应将散热器加以围挡，但要设有便于空气对流的通道。楼梯间的散热器应尽量放置在底层。双层外门的外室、门斗不宜设置，以防冻裂。

（3）在热水采暖系统中，支管与散热器的连接，应尽量采用上进下出的方式，且进出水管尽量在散热器同侧，这样传热效果好且节约支管；下进下出的连接方式传热效果较差，但安装简单，对分层控制散热量有利；下进上出的连接方式传热效果最差，但这种连接方式有利于排气。

（4）安装在同一房间内的散热器可以增设立管而进行横向串联，连接管径一般采用DN32。且同一房间的散热器安装高度应保持一致且要使干管及散热器支管具有规范要求的坡度。

2. 膨胀水箱

膨胀水箱一般用钢板制作，通常是圆形或矩形。膨胀水箱安装在系统的最高点，用来容纳系统加热后膨胀的体积水量，并控制水位高度。膨胀水箱在自然循环系统中起到排气作用，在机械循环中还起到恒定系统压力的作用。

在上供下回热水采暖系统中，其膨胀水箱常放置在顶棚内；在平顶房屋中，则将膨胀水箱放置在专设的屋顶小室内，膨胀水箱由承重墙、楼板梁等支撑；下供下回式热水采暖系统中，膨胀水箱常放置在楼梯间顶层的平台上。膨胀水箱外应有一保温小室以免水箱中水在停运时冻结，小室的尺寸应以便于膨胀水箱的拆卸维修为计算标准。

膨胀管是系统主干管与膨胀水箱的连接管，当膨胀管与自然循环系统连接时，膨胀管应接在总立管的顶端，如图 5－22 所示；当与机械循环系统连接时，膨胀管应接在水泵入口前，如图 5－23 所示。一般开式膨胀水箱内的水温不应超过 95 ℃。

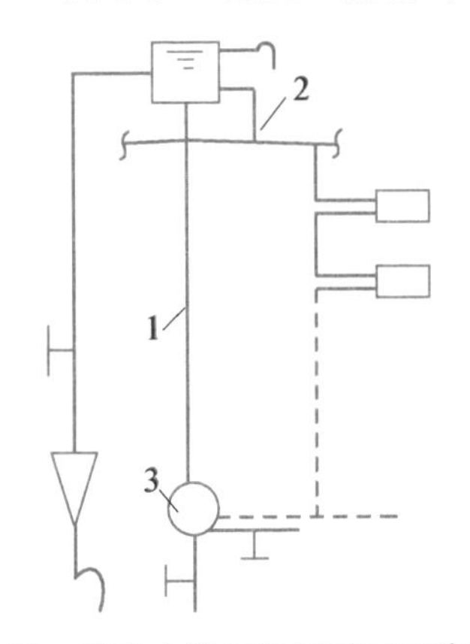

图 5－22　膨胀水箱与自然循环系统的连接

1—膨胀管；2—循环管；3—加热器

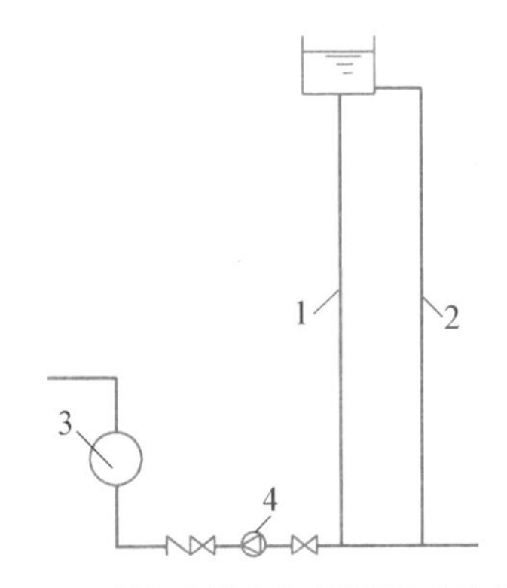

图 5－23　膨胀水箱与机械循环系统的连接

1—膨胀管；2—循环管；3—加热器；4—水泵

3. 排气设备

排气设备是及时排除采暖系统中空气的重要设备，在不同的系统中可以用不同的排气设备。在机械循环上供下回式系统中，可用集气罐、自动排气阀来排除系统中的空气，且装在系统末端最高点。集气罐一般由直径为 100～250 mm 的短管制成，分立式和卧式两种。而自动排气阀的自动排气是靠本体内的自动机构使系统中的空气自动排出系统外，它外形美观、体积小、管理方便、节约能源，如图 5－24 所示。在水平式和下供式系统中，用装在散热器上的手动排气阀来排除系统中的空气。

热水采暖上供下回式系统中，一个系统中的两个环路不能合用一个集气罐，以免热水通过集气罐互相串通，造成流量分配的混乱情况产生。

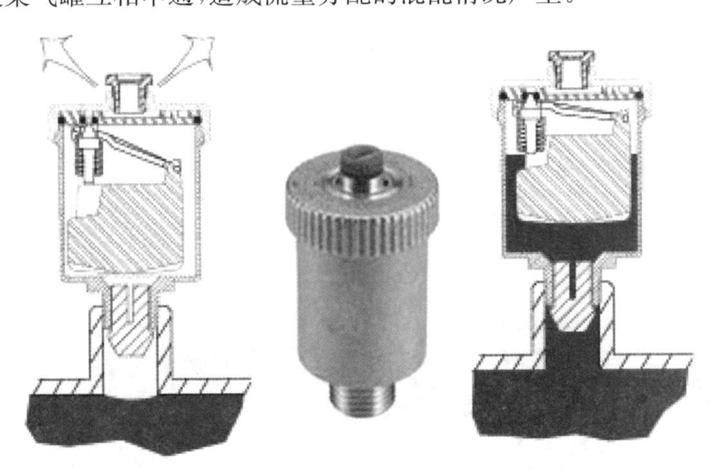

图 5－24　自动排气阀

图 5－25　手动排气阀

4. Y型过滤器

过滤器作用是过滤介质中的机械杂质，可以对污水中的铁锈、沙粒、液体中少量固体颗粒等进行过滤以保护设备管道上的配件免受磨损和堵塞，可保护设备的正常工作。Y型过滤器是Y字型的，去除液体中少量固体颗粒的小型设备，可保护设备的正常工作，当流体进入置有一定规格滤网的滤筒后，其杂质被阻挡，而清洁的滤液则由过滤器出口排出，当需要清洗时，只要将可拆卸的滤筒取出，处理后重新装入即可。因此，使用维护极为方便。Y型过滤器是输送介质的管道系统不可缺少的一种装置。

5. 散热器控制阀

散热器控制阀是一种自动控制进入散热器热媒流量的设备，它由阀体部分和感温元件部分组成，如图5-26所示。是安装在散热器入口管上，根据室温和给定温度之差自动调节热媒流量的大小来自动控制散热器散热量的设备。主要应用于双管系统中，单管跨越系统中也可使用。这种设备具有恒定室温，节约系统能源的功能，但其阻力较大。

图5-26　散热器控制阀

6. 热量表

热量表，是计算热量的仪表。热量表的工作原理：将一对温度传感器分别安装在通过载热流体的上行管和下行管上，流量计安装在流体入口或回流管上（流量计安装的位置不同，最终的测量结果也不同），流量计发出与流量成正比的脉冲信号，一对温度传感器给出表示温度高低的模拟信号，而积算仪采集来自流量和温度传感器的信号，利用积算公式算出热交换系统获得的热量。

热能表按照热表流计结构和原理不同，可分为机械式（其中包括：涡轮式、孔板式、涡街式）、电磁式、超声波式等种类。如图5-27所示。

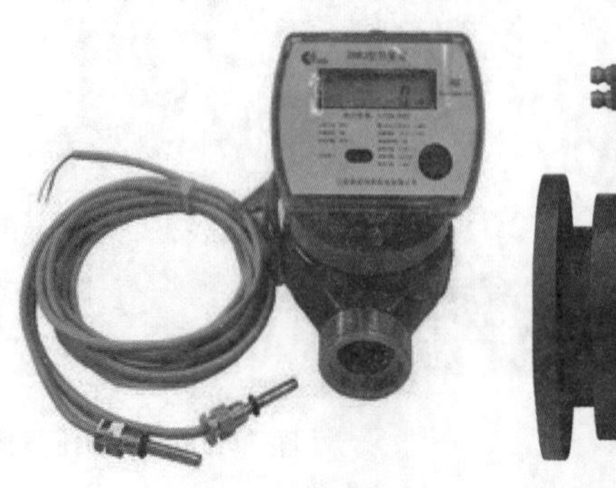

(a) 机械式

(b) 电磁式

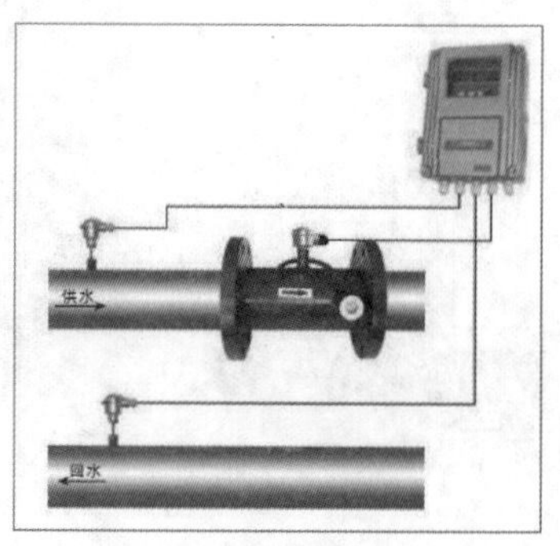

(c) 超声波式

图5-27　热量表

7. 疏水器

疏水器在蒸汽采暖系统中是必不可少的重要设备，它的作用是自动阻止蒸汽逸漏且迅速排出用热设备及其管道中的凝水，同时还能排除系统中积留的空气和其他不凝性气体。它通常设置在散热器回水管支管或系统的凝水管上。最常用的疏水器主要有机械型疏水器、热动力型疏水器和热静力型疏水器三种。其中，机械型疏水器是利用蒸汽、凝水的密度差，形成凝水液位来控制凝水排气孔自动启闭的疏水器；热动力型疏水器是利用蒸汽、凝水在流动过程中压力、比容的变化来控制流道启闭的疏水器；热静力型疏水器是利用蒸汽、凝水的温度变化引起恒元件膨胀和收缩来控制启闭的疏水器。凝水流入疏水器后，经过一个缩小的孔口流出。此孔的启闭由内装酒精的金属波形囊控制，当蒸汽经过疏水器时，酒精受热蒸发，体积膨胀，波形囊伸长，带动底部的锥形阀，堵住小孔，使蒸汽不能流入凝水管。直到疏水器内的蒸汽冷凝成水后，波形囊收缩，小孔打开，排出凝水。当空气或较冷的凝水流入时，波形囊加热不够，小孔继续开着，它们可以顺利通过。

疏水器很容易被系统管道中的杂质堵塞，因此在疏水器前应有过滤措施。

8. 减压阀

蒸汽减压阀是采用控制阀体内的启闭件的开启角度来调节介质的流量，将介质的压力降低，同时借助阀后压力的作用调节启闭件的开度，使阀后压力保持在一定范围内，在进口压力不断变化的情况下，保持出口压力在设定的范围内，保护其后的管道及设备。蒸汽减压阀一般采用水平安装。

减压阀的种类很多，常见的有：先导活塞式减压阀、薄膜式减压阀、波纹管式减压阀等，如图5-28所示。

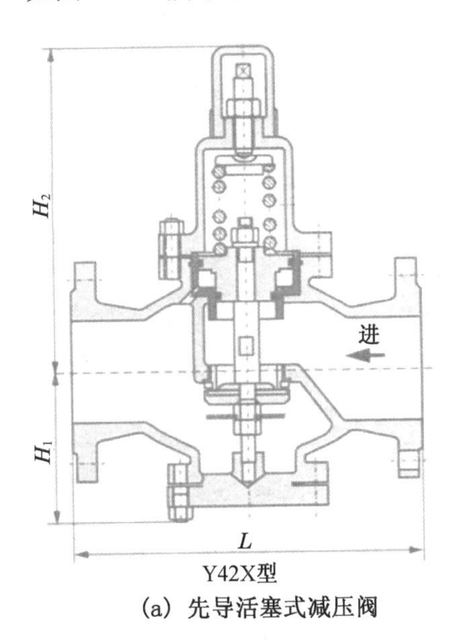

Y42X型

(a) 先导活塞式减压阀

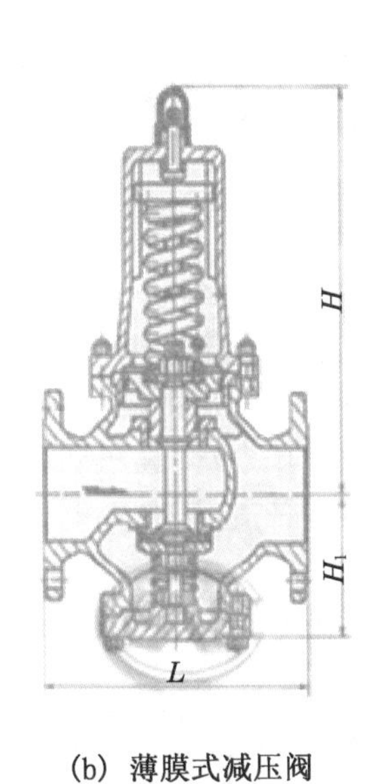

(b) 薄膜式减压阀

Y44T-10,Y44H-16

(c) 波纹管式减压阀压阀

图5-28 减压阀

5.4.2 采暖系统常用管材

近年来，供暖方式多样化，各种非金属管材大量涌现，供暖管道的材质应根据供暖热媒的性质、管道敷设方式选用。

供暖系统管材有以下几种：

(1) 焊接钢管。焊接钢管俗称黑铁管，经过镀锌处理后，称为镀锌钢管，俗称白铁管。这两种钢管常用于输送低压流体，是供暖工程中最常用的管材。因为焊接钢管是有缝管，所以使用时压力最好不超过 1.0 MPa，输送介质的温度不超过 130 ℃。

焊接钢管的直径表示符号为 DN，而管径均以公称直径表示。根据管壁厚度可分为普通管和加厚管，并可以加工成螺纹管以便螺纹连接，同时具有良好的可焊性能。DN≤50 时，用螺纹方式连接；DN>50 时，可用焊接方式连接。

(2) 无缝钢管。无缝钢管具有承受高压及高温的能力，随着壁厚增加，承受压力及温度的能力也增加，用于输送高压蒸汽、高温热水和易燃、易爆物质及高压流体等。无缝钢管可分热轧和冷拔两种管，标注方式以外径 X 壁厚表示，符号 ΦXδ。例如 Φ32X2.5 的无缝钢管，其外径为 32 mm，壁厚为 2.5 mm。无缝钢管主要用于系统需承受较高压力的室内供暖系统，焊接连接。

(3) 交联聚乙烯(PE-X)、聚丁烯(PB)、无规共聚聚丙烯(PP-R)、共聚聚丙烯(PP-C)和交联铝塑复合管(XPAP)等新兴管材，具有良好的卫生性能和综合力学性能，是新一代的绿色管材。

5.5 建筑采暖工程系统管道布置、敷设与安装

5.5.1 采暖系统的管道布置和敷设

(1) 在布置采暖管道之前，应先确定采暖系统的热媒种类以及系统形式特点，然后再确定合理的引入口位置，系统的引入口一般设置在建筑物长度方向上的中点，且不能与热力网的总体布局矛盾。同时在布置采暖管道时，应力求管道最短，便于维护方便，并不影响房间美观要求。

(2) 在上供下回式系统中，一般将干管布置在顶层顶棚以下，只是对于大量底面标高过低妨碍供水，或是蒸汽干管敷设时，才将干管布置在顶棚内。当建筑物是平顶时，从美观上又不允许将干管敷设在顶棚下面时，则可在平屋顶上建造专门的管槽。干管到顶棚的净距，要考虑管道的坡度和集气装置的安装条件。且顶棚中干管与外墙距离不得小于 1.0 m，以便于安装和检修。

(3) 对下供式和上供下回式采暖系统的回水干管一般设置在首层地面下的地下室或地沟中，也可敷设在地面上。当地面上不允许敷设(如有过门)或高度不够时，可设在半通行小管沟或不通行地沟内。小管沟每隔一段距离，应设活动盖板，以便于检修。地沟尺寸沟深一

般为1.0～1.4 m、沟宽一般为0.8 m。当允许地面明装，在遇到过门时，可采用两种方法：一种是在门下砌筑小地沟；一种是从门上绕过。

(4) 立管一般为明装，只有对美观要求很高的建筑物才暗装。立管明装时，应尽量布置在外墙墙角及窗间墙处。每根立管的上端和下端都应安装阀门，以利检修。立管与地面一般是垂直安装。

(5) 一般民用建筑、公用建筑和工业厂房采用明装方法来安装采暖管道。礼堂、剧院、展览馆等装饰要求高的建筑物经常采用暗装方法来安装采暖管道。

(6) 对于一个系统的管道，应合理地设置固定点和在两个固定点之间设置自然补偿或方形补偿器，来避免金属管道热胀冷缩时造成的弯曲变形甚至破坏。

(7) 当管道穿过楼板或隔墙时，为了使管道可自由伸缩且不致弯曲变形甚至破坏，不致损坏楼板或墙面，应在楼板或隔墙内预埋套管，套管的内径应稍大于管道的外径，且套管两端应与饰面平行，在套管与管道之间，应用石棉绳塞紧。

(8) 当采暖管道实施保温措施时，其保温材料应采用不易腐烂、热阻较大的非燃烧材料，保温层的厚度根据管道的管径来确定，且保温层外面应作保护层。

(9) 在区域性采暖系统中，由于热水或蒸汽采暖系统的建筑物热力引入口是调节、统计和分配从热力管网取得热量的中心，所以热力引入口的位置最好设在建筑物的中央。可用地下室楼梯间或次要房间作为设置热力引入口的房间。

(10) 高压蒸汽采暖系统的凝水干管宜敷设在所有散热器的下面，顺流向下作坡度。凝水箱可以布置在采暖房间内，或是布置在锅炉房或专门的凝水回收泵站内。凝水箱可以是开式的，也可以是闭式的。

5.5.2 室内采暖管道的安装

室内采暖管道的安装程序是：供暖总管→散热设备→采暖立管→采暖支管。

1. 采暖总管的安装

室内采暖管道以入口阀门为界。由总供水(汽)和回水(凝结水)管构成，管道上安装有总控制阀门及入口装置(如减压、调压、除污、疏水、测温、测压等装置)，用以调节测控和启闭。

因为采暖系统入口需穿越建筑物基础，所以土建施工时应预留孔洞。热水采暖系统总管安装及入口装置如图5-29所示。蒸汽采暖系统总管及入口装置见有关标准图集。

2. 总立管的安装

总立管的安装位置要正确，穿越楼板应预埋套管。

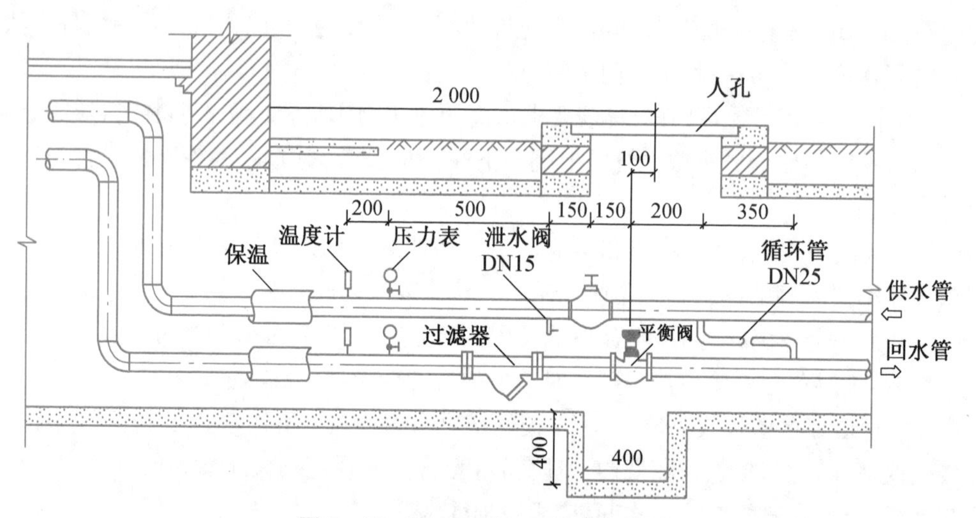

图 5-29　热水采暖入口总管安装图

3. 干管的安装

干管安装标高、坡度应符合设计或规范规定。上供下回式系统的热水干管变径应用高平偏心连接，蒸汽干管变径应用低平偏心连接。凝结水管道应采用正心大小头连接，回水干管过门时应按如图 5-30 所示的形式安装。

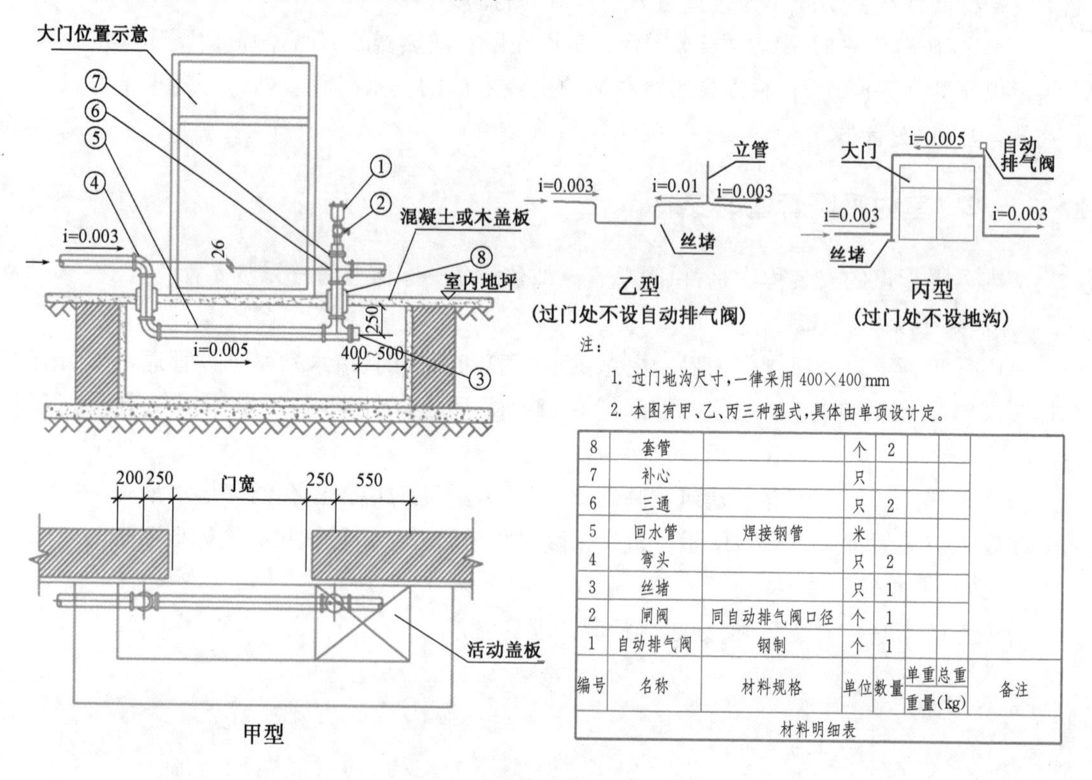

编号	名称	材料规格	单位	数量	单重重量	总重(kg)	备注
8	套管		个	2			
7	补心		只				
6	三通		只	2			
5	回水管	焊接钢管	米				
4	弯头		只	2			
3	丝堵		只	1			
2	闸阀	同自动排气阀口径	个	1			
1	自动排气阀	钢制	个	1			

材料明细表

图 5-30　干管过门的安装

4. 立管的安装

对垂直供暖系统，立管由供水干管接出时，对热水立管应从干管底部接出；对蒸汽立管，应从干管的侧部或顶部接出，如图 5-31 所示。与设于地面或地沟内的回水干管连接时，一般用 2～3 个弯头连接起来，并应在立管底部安装泄水丝堵，如图 5-32 所示。

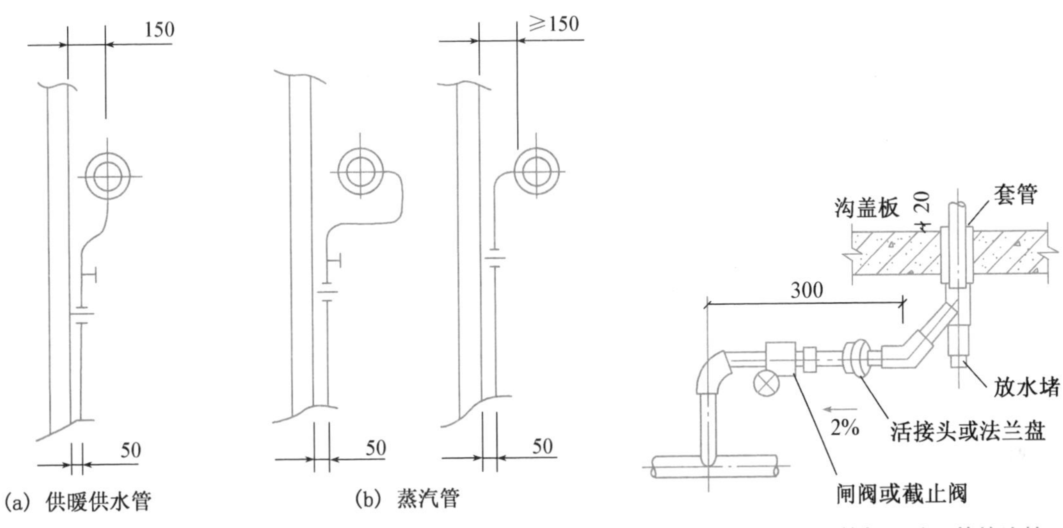

图 5-31 采暖立管与顶部干管的连接

图 5-32 采暖立管与下端干管的连接

5. 散热器支管的安装

散热器支管安装时如与立管相交，支管应煨弯绕过立管。支管长度大于 1.5 m，应在中间安装管卡或托架，支管上应安装可拆卸件。

6. 系统水压试验

(1) 采暖系统安装完毕(包括散热器安装)，管道保温之前应进行水压试验。试验压力应符合设计要求。当设计未注明时，应符合下列规定：

① 蒸汽、热水采暖系统，应以系统顶点工作压力加 0.1 MPa 作水压试验，同时在系统顶点的试验压力不小于 0.3 MPa。

② 高温热水采暖系统，试验压力应为系统顶点工作压力加 0.4 MPa。

③ 使用塑料管及复合管的热水采暖系统，应以系统顶点工作压力加 0.2 MPa 作水压试验，同时在系统顶点的试验压力不小于 0.4 MPa。

检验方法：使用钢管及复合管的采暖系统应在试验压力下 10 min 内压力降不大于 0.02 MPa，降至工作压力后检查，不渗、不漏；使用塑料管的采暖系统应在试验压力下 1 h 内压力降不大于 0.05 MPa，然后降压至工作压力的 1.15 倍，稳压 2 h，压力降不大于 0.03 MPa，同时各连接处不渗、不漏。

(2) 系统试压合格后，应对系统进行冲洗并清洗过滤器及除污器。

7. 采暖管道保温

根据《民用建筑供暖通风与空气调节设计规范》(GB 50736—2012)的规定：除采暖房间内的采暖管道外，其余情况采暖管道应保温，防止散热，浪费热量。

8. 系统联合试运行和调试

采暖系统安装完毕后，应在采暖期内与热源进行联合试运行和调试。联合试运行和调试结果应符合设计要求，采暖房间温度相对于设计计算温度不得低于 2 ℃，且不高于 1 ℃。

5.6 建筑采暖工程施工图的识读

5.6.1 采暖施工图的组成

采暖工程施工图由设计施工说明、平面图、系统图、详图和设备材料表组成，简单工程可不编制设备材料标。其基本内容如下：

1. 设计施工说明

设计施工图纸上用图或符号表达不清楚的问题，或用文字能更简单明了表达清楚的问题，用文字加以说明，构成设计说明。主要内容有：

(1) 建筑物的供暖面积；(2) 采暖系统的热媒种类、热媒参数、系统总热负荷；(3) 系统形式，进出口压力差(即采暖系统所需资用压力)；(4) 各个房间设计温度；(5) 散热器型号及安装方式；(6) 管材种类及连接方式；(7) 管道防腐、保温的做法；(8) 所采用标准图号及名称；(9) 施工注意事项、施工验收应达到的质量要求；(10) 系统的试压要求。

一般中小型工程的设计施工说明可以直接写在图纸上，工程较大、内容较多时另附专页编写，放在一份图纸的首页，施工人员看图时，应首先看设计施工说明，然后再看图，在看图过程中，针对图上的问题再看设计施工说明。

2. 平面图

采暖平面图是采暖施工图的主要部分。采用的比例与建筑图相同，常用 1∶100、1∶200。采暖平面图中，管道用粗线(粗实线、粗虚线)表示，其余均用细线表示。

平面图要求表达出房屋内部各个房间的分布和过道、门窗、楼梯位置等情况以及采暖系统在水平方向的布置情况。它把采暖系统的干管、立管、支管和散热器以及其他附属设备等在水平方向的连接和布置情况都表达出来。应当指出，这种平面布置图，房屋尺寸严格按照比例绘制，但对于管道和散热器的位置，不能精确表达，因为管线之间、管线与设备之间靠得很近，精确表达反而无法识别，此时往往会采用一些夸张的画法表达清楚。具体的定位，将由安装大样图表达并按图施工；对一些普通性要求，则在施工说明中做出规定。除图形外，还需注出尺寸，对于房屋建筑，要注出定位轴线的距离、外墙总长度、地面和楼板标高等。对于管道系统要注出各管段管径，在立管的附近标注立管的编号，在散热器旁注出散热器的片数或长度。管道和散热器的定位尺寸，通常在安装大样图中说明，平面图就不再另注。除此之外，还要在各个房间标注房间热负荷的值。

3. 系统图

采暖系统图与给排水系统图一样，都是轴测图，是按正面斜轴测的方式绘制的。主要反映管道立体布置情况，是补充平面图无法表示清楚的图纸。可反映立管和支管的连接方式、管径，立、支管阀门的位置，支管与散热器的连接方法，管道的标高，管道的坡度与坡向，主干管上做分支管道的三维空间连接方法，散热器的安装高度和连接方法，自动排气阀(集气罐)安装位置和标高等内容。系统图上各立管的编号应和平面图上一一对应，散热器的片数也应与平面图完全对应。在施工中可与平面图相互参照，以便更准确地完成设计者的意图。

4. 详图及图例

当局部管道布置较为复杂时。或建筑物屋顶上设有膨胀水箱时，可增加大样图，将局部放大表示清楚，以便于施工者操作，如图 5－33 至图 5－36 图所示。详图包括标准详图和节点详图。

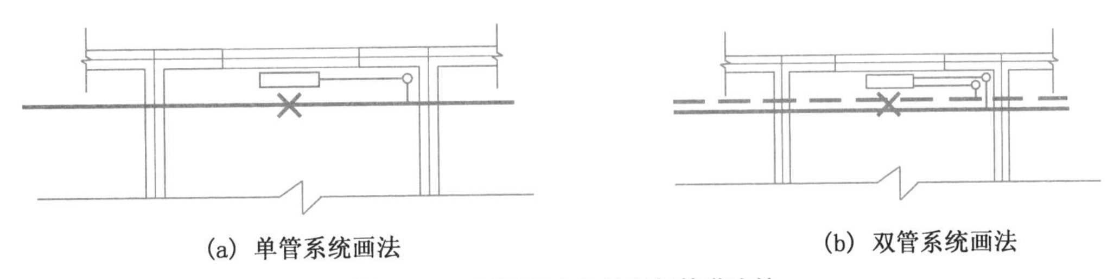

(a) 单管系统画法　　(b) 双管系统画法

图 5－33　平面图中散热器与管道连接

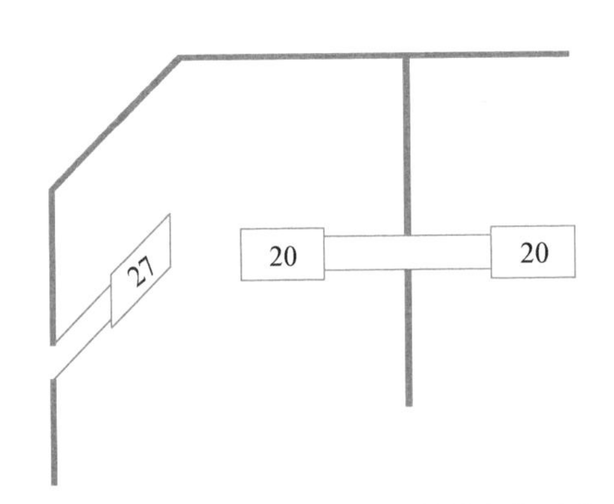

图 5－34　系统图中散热器与管道连接画法

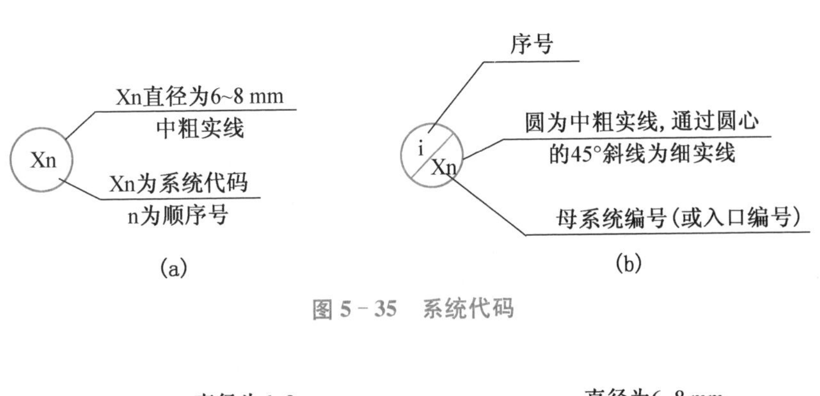

图 5－35　系统代码

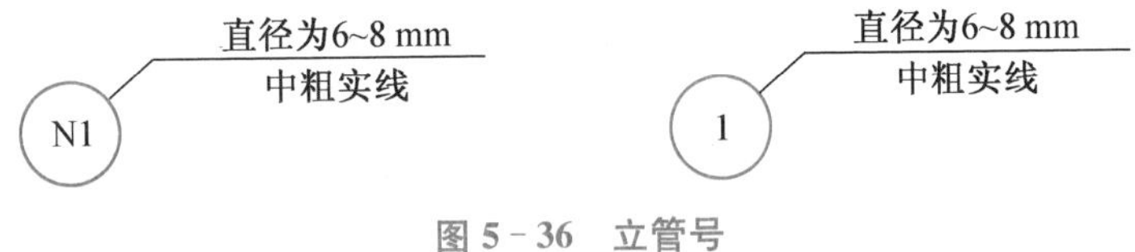

图 5－36　立管号

表 5-1　室内采暖工程施工图图例

名称	图例	名称	图例
供气(水)管道		截止阀	
回(凝结)水管道		锁封调节阀	
散热器		闸阀	
Y 型过滤器		热量计	
温度计		减压阀	
压力表		球阀	
自动排气阀		安全阀	
手动排气阀		疏水器	

5.6.2　采暖施工图的识读实例

以某单位倒班宿舍楼采暖施工图的识读为例。

设计说明

1. 采暖室外计算温度：-5 ℃；采暖室内设计温度：库房 10 ℃，厕所 15 ℃，活动室 16 ℃，宿舍管理室盥洗室 18 ℃。

2. 采暖热负荷为：N-1 系统 129750 W。

3. 采暖热媒为 95 ℃～70 ℃热水。

4. 管道采用焊接钢管，DN>50 mm 时采用焊接，DN≤50 mm 时采用螺纹连接；钢管外表面应在除锈后刷防锈底漆一遍，银粉二遍，散热器为乳白色。

5. 散热器采用钢制复合式散热器 GF600 型。

6. 系统图中未标注管径的立、支管，其管径均为 DN20。

7. 供暖总立管，敷设在走廊，地沟，楼梯间内的供回水管，均采用岩棉保温，保温层厚度 500 mm，做法参见《03R411》图集。

8. 其余事项严格遵守《建筑给水排水及采暖工程施工质量验收规范》(GB 50242—2002)。

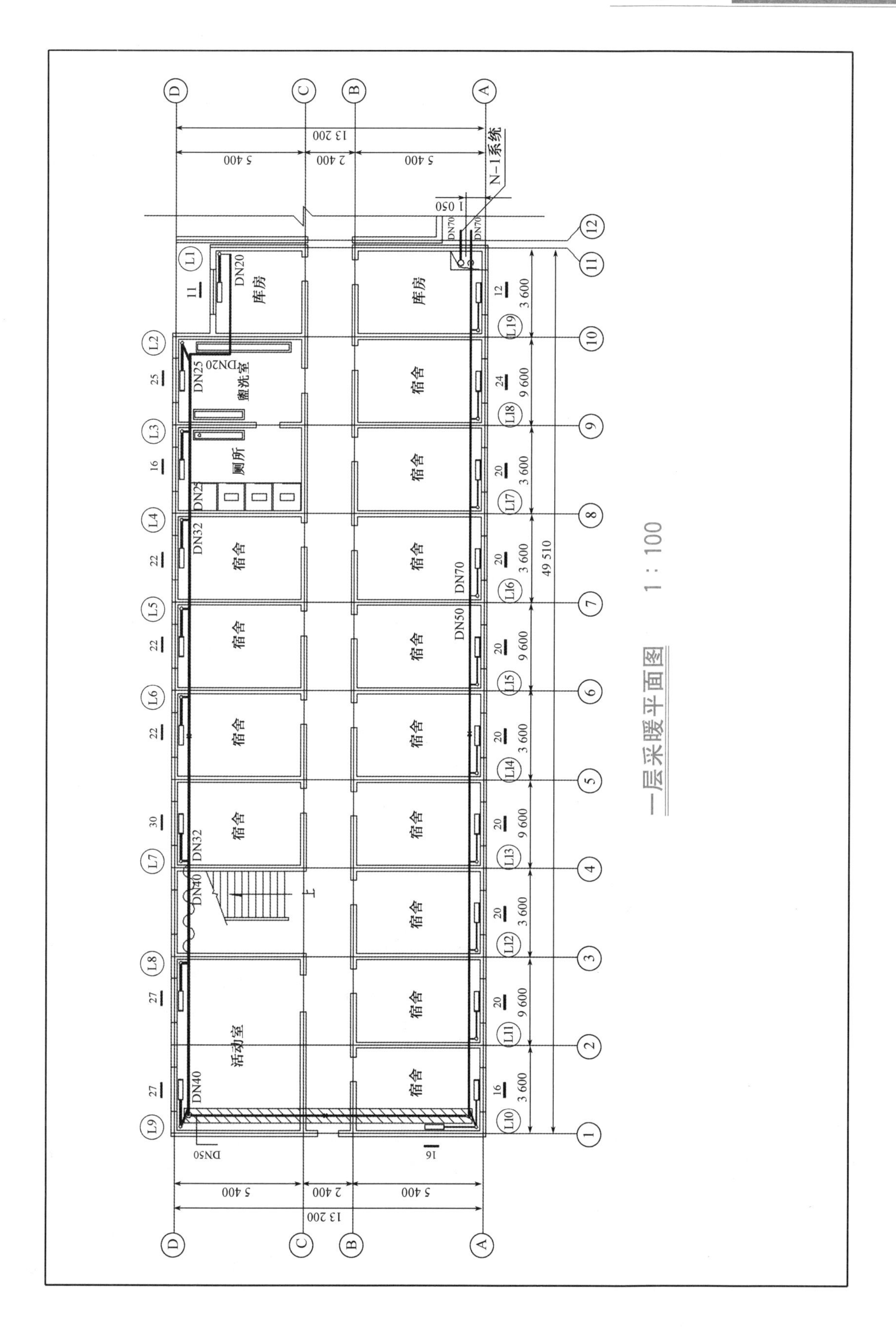

一层采暖平面图　1：100

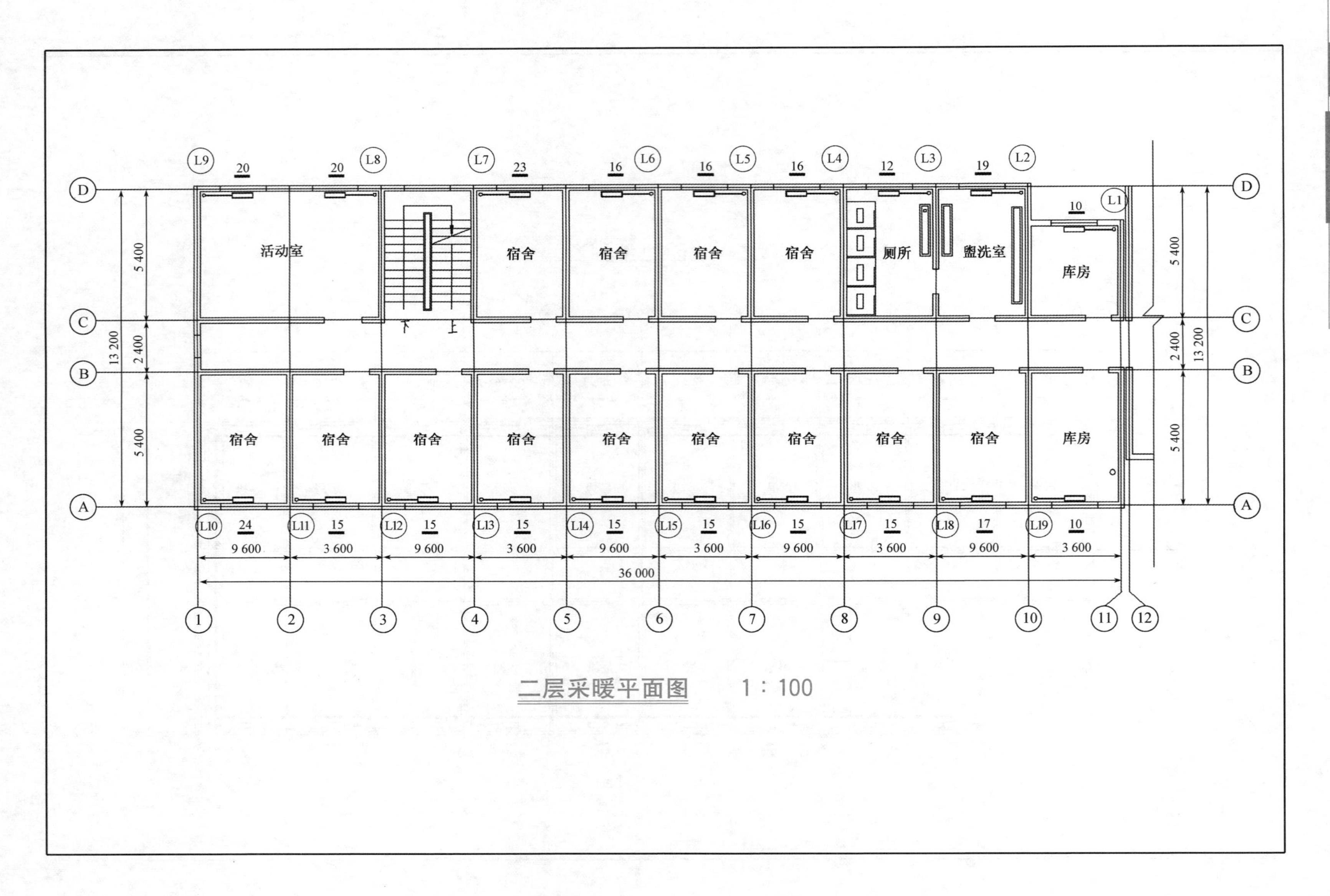

二层采暖平面图　1 : 100

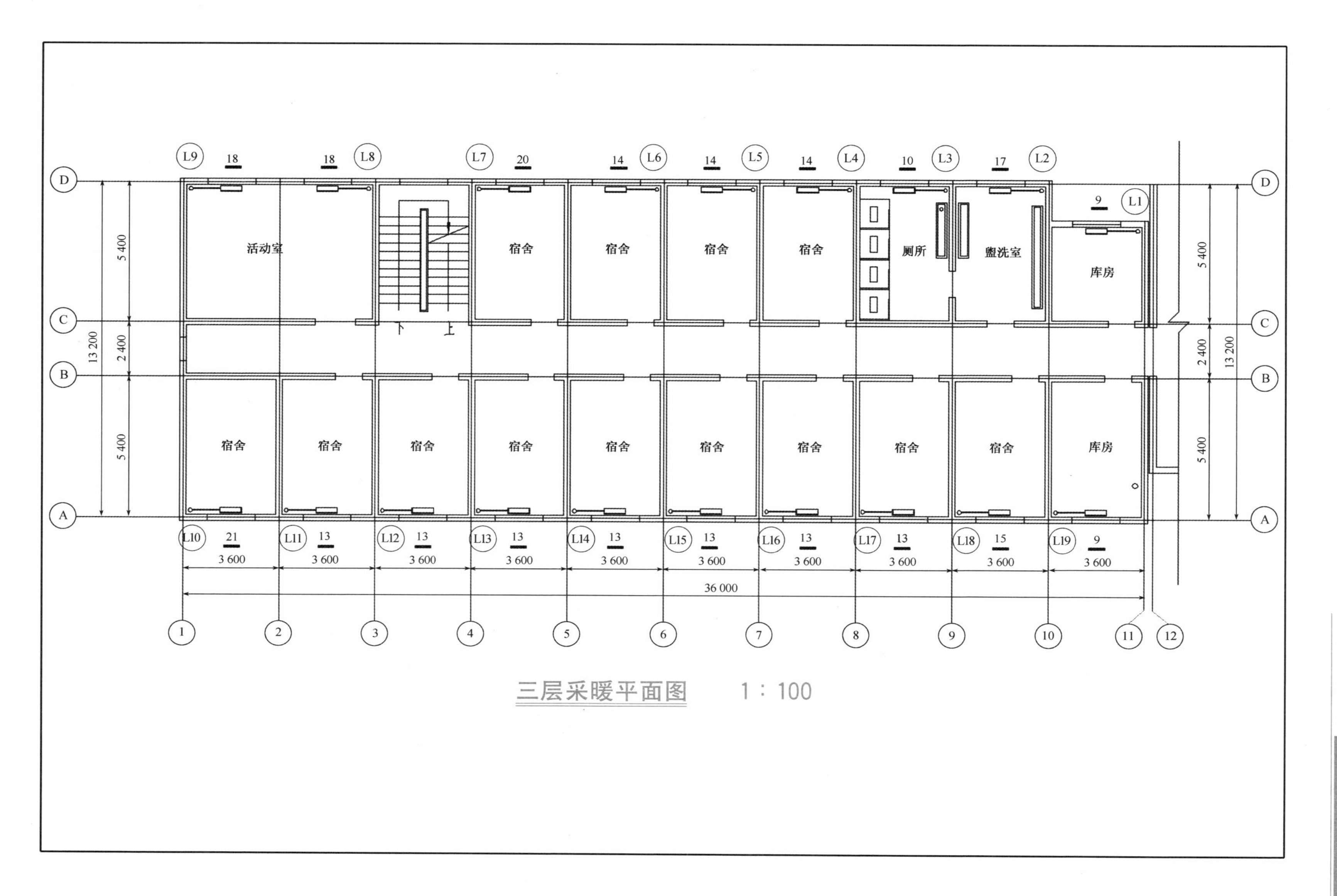

三层采暖平面图 1:100

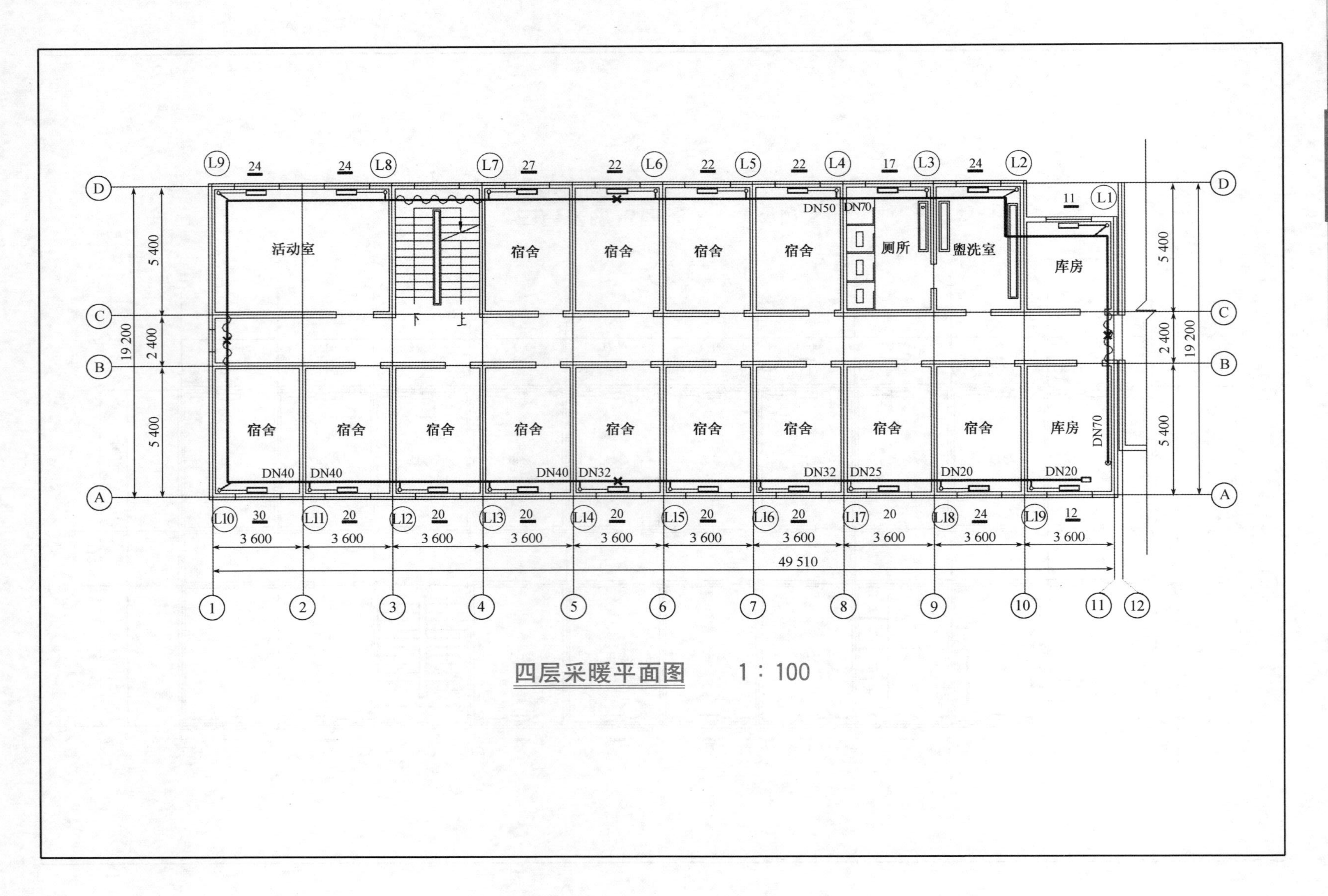
活动室
宿舍
厕所
盥洗室
库房
DN70
DN50
DN40
DN32
DN25
DN20
L1
L2
L3
L4
L5
L6
L7
L8
L9
L10
L11
L12
L13
L14
L15
L16
L17
L18
L19
3 600
49 510
5 400
2 400
19 200
四层采暖平面图 1：100

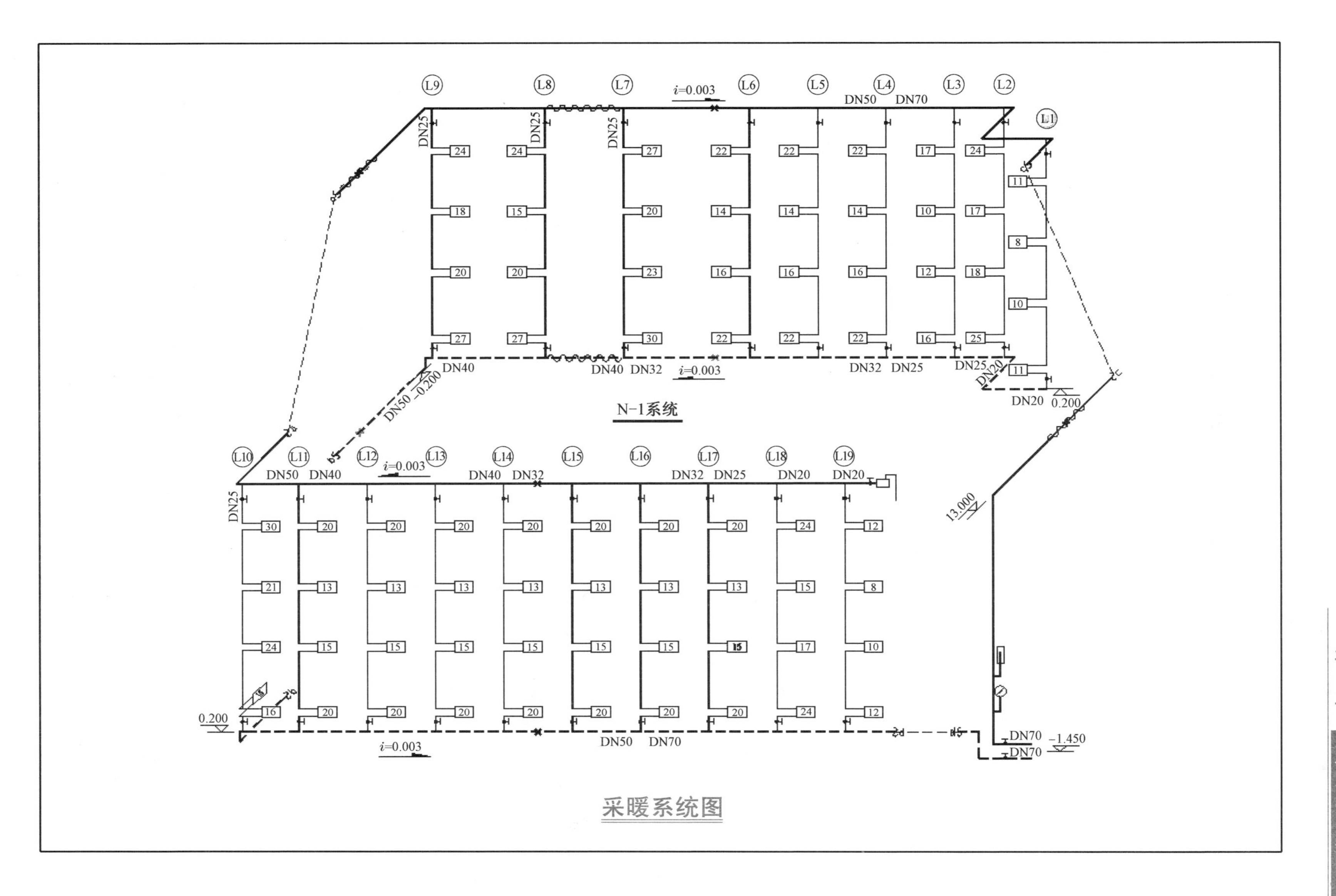
L1
L2
L3
L4
L5
L6
L7
L8
L9
L10
L11
L12
L13
L14
L15
L16
L17
L18
L19
i=0.003
DN50 DN70
DN25
DN40
DN40 DN32
DN32 DN25
DN25
DN20
DN20 0.200
DN50 -0.200
N-1系统
DN50 DN40
DN40 DN32
DN32 DN25
DN20
13.000
0.200
DN50 DN70
DN70 -1.450
DN70

采暖系统图

练习与思考题

一、单项选择题

1. 采暖管网的最高处设(　　)。

A. 泄水阀　　B. 排气阀　　C. 截止阀　　D. 止回阀

2. 地板辐射采暖是以温度不高于(　　)℃的热水作为热源

A. 50 ℃　　B. 60 ℃　　C. 70 ℃　　D. 80 ℃

3. 疏水器作用是自动阻止(　　)逸漏且迅速排出设备及其管道中的凝水,同时还能排除系统中积留的空气和其他不凝性气体。

A. 蒸汽　　B. 凝结水　　C. 冷水　　D. 热水

4. 下列不是低温热水地板辐射采暖主要组成部分的是(　　)。

A. 热源　　B. 热媒集配系统　　C. 地板辐射采暖管　　D. 膨胀水箱

5. 民用散热器集中热水采暖系统的供、回水温度一般为(　　)。

A. 75 ℃/50 ℃　　B. 85 ℃/60 ℃　　C. 85 ℃/60 ℃　　D. 95 ℃/70 ℃

二、思考题

1. 热水采暖系统根据分类方法不同,分为几类?
2. 自然循环热水采暖系统形式有几种?
3. 机械循环热水采暖系统形式有几种?
4. 蒸汽采暖系统具有哪些优点,与热水采暖系统相比存在那些不足之处?
5. 散热器的布置应注意哪些问题?
6. 供暖系统管材有几种,各自的连接方式是怎样的?

第6章 建筑热水与燃气供应系统

教学要求

通过本章的学习，让读者了解热水与燃气供应系统的分类和组成；了解热水用水定额、水温和水质要求；熟悉热水供应管道系统形式；掌握热水供应管道系统的布置和敷设。

拓展视频

奋斗成就梦想

价值引领

梦想是人一生中追求的目标，只有奋斗和拼搏，梦想才会成真，即使平凡也要努力往上，即使条件有限，即使资质平平，也要不断奋斗、加倍努力，让自己的人生绽放光彩。

6.1 建筑热水供应系统

6.1.1 热水供应系统的分类和组成

建筑热水供应系统的分类和组成

1. 热水供应系统的分类

建筑室内热水供应是满足建筑内人们在生产或生活中对热水的需求。热水供应系统按热水供应的范围大小，可分为局部热水供应系统、集中热水供应系统、区域性热水供应系统。

局部热水供应系统供水范围小，热水分散制备(一般是靠近用水点设置小型加热设备供一个或几个配水点使用)，热水管路短，系统简单，热损失小，使用灵活，该系统适用于热水用水量较小且较分散的建筑，例如单元式住宅、医院、诊所和布置较分散的车间、卫生间等建筑。

集中热水供应系统供水范围大，热水在锅炉房或热交换站集中制备，用管网输送到一幢或几幢建筑使用，热水管网较复杂，设备较多，一次性投资大，该系统适用于使用要求高，耗热量大，用水点多且比较集中的建筑，例如高级居住建筑、旅馆、医院、疗养院、体育馆等公共建筑。

区域性热水供应系统供水范围大，一般是城市片区、居住小区的范围内，热水在区域性锅炉房或热交换站制备，通过市政热水管网送至整个建筑群，热水管网复杂，热损失大，设备、附件多，自动化控制技术先进，管理水平要求高，一次性投资大。

2. 热水供应系统的组成

建筑室内热水供应系统中，局部热水供应系统所用加热器、管路等比较简单。区域热水供应系统管网复杂、设备多。集中热水供应系统应用较为普遍，如图 6－1 所示。集中热水供应系统一般由下列部分组成：

(1) 第一循环系统(热水制备系统)

第一循环系统又称为热水制备系统，由热源、水加热器和热媒管网组成。锅炉生产的蒸汽(或过热水)通过热媒管网输送到水加热器，经散热面加热冷水。蒸汽经过热交换变成凝结水，靠余压经疏水器流至凝结水箱，凝结水和新补充的冷水经冷凝水循环泵再送回锅炉生产蒸汽。如此循环而完成水的加热，即热水制备系统。

(2) 第二循环系统(热水供应系统)

热水供应系统由热水配水管网和回水管网组成。被加热到设计要求温度的热水，从水加热器出口经配水管网送至各个热水配水点，而水加热器所需冷水来源于高位水箱或给水管网。为满足各热水配水点随时都有设计要求温度的热水，在立管和水平干管甚至配水支管上设置回水管，使一定量的热水在配水管网和回水管网中流动，以补偿配水管网所散失的热量，避免热水温度的降低。

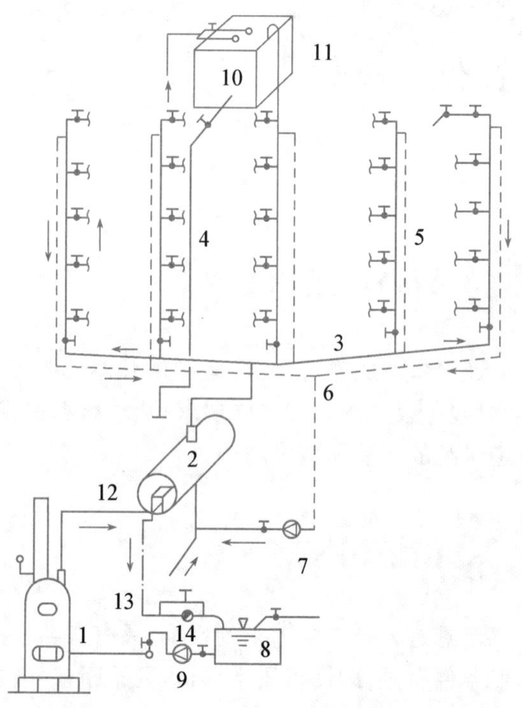

图 6－1　热媒为蒸汽的集中热水供应系统

1—锅炉；2—水加热器；3—配水干管；4—配水立管；5—回水立管；6—回水干管；7—循环泵；8—凝结水池；9—冷凝水泵；10—给水水箱；11—膨胀排气管；12—热媒蒸汽管；13—凝水管；14—疏水器

(3) 附件

由于热媒系统和热水供应系统中控制、连接的需要，以及由于温度的变化而引起的水的体积膨胀、超压、气体离析、排除等，常使用的附件有：温度自动调节器、疏水器、减压阀、安全阀、膨胀罐(箱)、管道自动补偿器、闸阀、水嘴、自动排气器等。

6.1.2　热水用水定额、水温和水质要求

1. 热水用水定额

生活用热水定额有 2 种：一种是根据建筑物的使用性质和内部卫生器具的完善程度，用单位数来确定，其水温按 60 ℃计算，见表 6－1；另一种是根据建筑物使用性质和内部卫生器具的单位用水量来确定，即卫生器具 1 次和 1 h 的热水用水定额，其水温随卫生器具的功用不同，水温要求也不同，见表 6－2。

生产用热水定额应根据生产工艺要求确定。

表6-1 60 ℃热水用水定额

序号	建筑物名称		单位	用水定额/L		使用时间/h
				最高日	平均日	
1	普通住宅	有热水器和沐浴设备	每人每日	40～80	20～60	24
		有集中热水供应(或家用热水机组)和沐浴设备		60～100	25～70	
2	别墅		每人每日	70～110	30～80	24
3	酒店式公寓		每人每日	80～100	65～80	24
4	宿舍招待所、培训中心、普通旅馆	居室内设卫生间	每人每日	70～100	40～55	24或定时供应
		设公用盥洗卫生间		40～80	35～45	
		设公用盥洗室	每人每日	25～40	20～30	24或定时供应
		设公用盥洗室、淋浴室		40～60	35～45	
		设公用盥洗室、淋浴室、洗衣室		50～80	45～55	
		设单独卫生间、公用洗衣室		60～100	50～70	
5	宾馆客房	旅客	每床位每日	120～160	110～140	24
		员工	每人每日	40～50	35～40	8～10
7	医院住院部	设公用盥洗室	每床位每日	60～100	40～70	24
		设公用盥洗室、淋浴室		70～130	65～90	
		设单独卫生间		110～200	110～140	
		医务人员	每人每班	70～130	65～90	8
	门诊部、诊疗所	病人	每床位每次	7～13	3～5	8～12
		医务人员	每人每班	40～60	30～50	8
		疗养院、休养所住房部	每床位每日	100～160	90～110	24
8	养老院、托老所	全托	每床位每日	50～70	45～55	24
		日托		25～40	15～20	10
9	幼儿园、托儿所	有住宿	每儿童每日	25～50	20～40	24
		无住宿		20～30	15～20	10
10	公共浴室	淋浴	每顾客每次	40～60	35～40	12
		淋浴、浴盆		60～80	55～70	
		桑拿浴(淋浴、按摩池)		70～100	60～70	
11	理发室、美容院		每顾客每次	20～45	20～35	12
12	洗衣房		每公斤干衣	15～30	15～30	8

（续表）

序号	建筑物名称		单位	用水定额/L		使用时间/h
				最高日	平均日	
13	餐饮业	中餐酒楼	每顾客每次	15～20	8～12	10～12
		快餐店、职工及学生食堂		10～12	7～10	12～16
		酒吧、咖啡厅、茶座、卡拉OK房		3～8	3～5	8～18
14	办公楼	坐班制办公	每人每班	5～10	4～8	8～10
		公寓式办公	每人每日	60～100	25～70	10～24
		酒店式办公		120～160	55～140	24
15	健身中心		每人每次	15～25	10～20	8～12
16	体育馆	运动员淋浴	每人每次	17～26	15～20	4
17	会议厅		每座位每次	2～3	2	4

注：1. 本表以60 ℃热水水温为计算温度，生器具的使用水温见表6.2.

2. 学生宿舍使用IC卡计算热水时，可按每人每日最高日用水定额25 L～30 L，平均日用水定额20 L～25 L。

3. 表中平均日用水定额仅用于计算太阳能热水系统集热器面积和计算节水用水量。

表6-2　卫生器具的一次和小时热水用水定额及水温

序号	卫生器具名称			一次用水量/L	小时用水量/L	使用水温/℃
1	住宅、旅馆、别墅、宾馆、酒店式公寓	带有淋浴器的浴盆		150	300	40
		无淋浴器的浴盆		125	250	
		淋浴器		70～100	140～200	37～40
		洗脸盆、盥洗槽水嘴		3	20	30
		洗涤盆（池）		—	180	50
2	宿舍、招待所、培训中心	淋浴器	有淋浴小间	70～100	210～300	37～40
			无淋浴小间		450	
		盥洗槽水嘴		3～5	50～80	30
3	餐饮业	洗涤盆（池）		—	250	50
		洗脸盆	工作人员用	3	60	30
			顾客用	—	120	
		淋浴器		40	400	37～40
4	幼儿园、托儿所	浴盆	幼儿园	100	400	35
			托儿所	30	120	
		淋浴器	幼儿园	30	180	
			托儿所	15	90	
		盥洗槽水嘴		15	25	30
		洗涤盆（池）		—	180	50

（续表）

<table>
<tr><th>序号</th><th colspan="3">卫生器具名称</th><th>一次用水量/L</th><th>小时用水量/L</th><th>使用水温/℃</th></tr>
<tr><td rowspan="4">5</td><td rowspan="4">医院、疗养院、休养所</td><td colspan="2">洗手盆</td><td rowspan="3">—</td><td>15～25</td><td>35</td></tr>
<tr><td colspan="2">洗涤盆(池)</td><td>300</td><td>50</td></tr>
<tr><td colspan="2">淋浴器</td><td>200～300</td><td>37～40</td></tr>
<tr><td colspan="2">浴盆</td><td>125～150</td><td>250～300</td><td>40</td></tr>
<tr><td rowspan="4">6</td><td rowspan="4">公共浴室</td><td colspan="2">浴盆</td><td>125</td><td>250</td><td>40</td></tr>
<tr><td rowspan="2">淋浴器</td><td>有淋浴小间</td><td>100～150</td><td>200～300</td><td rowspan="2">37～40</td></tr>
<tr><td>无淋浴小间</td><td>—</td><td>450～540</td></tr>
<tr><td colspan="2">洗脸盆</td><td>5</td><td>50～80</td><td>35</td></tr>
<tr><td>7</td><td>办公楼</td><td colspan="2">洗手盆</td><td>—</td><td>50～100</td><td>35</td></tr>
<tr><td>8</td><td>理发室、美容院</td><td colspan="2">洗手盆</td><td>—</td><td>35</td><td>35</td></tr>
<tr><td rowspan="2">9</td><td rowspan="2">实验室</td><td colspan="2">洗脸盆</td><td rowspan="2"></td><td>60</td><td>50</td></tr>
<tr><td colspan="2">洗手盆</td><td>15～25</td><td>30</td></tr>
<tr><td rowspan="2">10</td><td rowspan="2">剧场</td><td colspan="2">淋浴器</td><td>60</td><td>200～400</td><td>37～40</td></tr>
<tr><td colspan="2">演员用洗脸盆</td><td>5</td><td>80</td><td>35</td></tr>
<tr><td>11</td><td>体育馆</td><td colspan="2">淋浴器</td><td>30</td><td>300</td><td>35</td></tr>
<tr><td rowspan="4">12</td><td rowspan="4">工业企业生活间</td><td rowspan="2">淋浴器</td><td>一般车间</td><td>40</td><td>360～540</td><td>37～40</td></tr>
<tr><td>脏车间</td><td>60</td><td>180～480</td><td>40</td></tr>
<tr><td>洗脸盆</td><td>一般车间</td><td>3</td><td>90～120</td><td>30</td></tr>
<tr><td>盥洗槽水嘴</td><td>脏车间</td><td>5</td><td>100～150</td><td>35</td></tr>
</table>

注：1. 一般车间指现行国家标准《工业企业设计卫生标准》(GBZ 1)中规定的3、4级卫生特征的车间，脏车间指该标准中规定的1、2级卫生特征的车间。

2. 学生宿舍等建筑的淋浴间，当使用IC卡计费用水时，其一次用水量和小时用水量可按表中数值的25%～40%取值。

2. 热水水温要求

(1) 热水使用温度

生活用热水水温应满足生活使用的各种需要，一般常使用的热水水温见表6-2中各卫生器具的热水混合水温。

生产用热水水温应根据工艺要求确定。

(2) 热水供应温度

直接供应热水的热水锅炉、热水机组、水加热器或水加热器出口的水温按表6-3确定。水温偏低，满足不了需要，水温过高，会使热水系统的设备、管道结垢加剧，且易发生烫伤、积尘、热散失增加等。热水锅炉或水加热器出口水温与系统最不利配水点的水温差，称为温降值，一般为5～10℃。

表 6-3 直接供应热水的热水锅炉、热水机组或水加热器出口的最高水温和配水点的最低水温

水质处理情况	热水锅炉、热水机组或水加热器出口的最高水温/℃	配水点的最低水温/℃
原水水质无需软化处理、原水水质需水质处理且有水质处理	75	50
原水水质需水质处理但未进行水质处理	60	50

3. 热水水质要求

生活用热水的水质应符合我国现行的《生活饮用水卫生标准》(GB 5749—2006)。

生产用热水的水质应根据生产工艺要求确定。

6.1.3 热水供应管道系统

1. 热水供应管道系统形式

热水供应管道系统

热水供应管道系统形式较多,按不同的分类标准有不同的划分方法。

(1) 不循环、半循环、全循环方式

热水供应系统中根据是否设置循环管网或如何设置循环管网,可分出不循环、半循环、全循环热水供应方式。

不循环热水供应方式是指热水供应系统中热水配水管网的水平干管、立管、配水支管都不设任何回水管道。对于小型系统,使用要求不高的定时供应系统或如公共浴室、洗衣房等连续用水系统可采用此种不循环热水供应方式,如图 6-2 所示。

半循环热水供应方式是指热水供应系统中只在热水配水管网的水平干管设回水管道,该方式多适用于设有全日供应热水的建筑和定时供应热水的建筑中,如图 6-3 所示。

全循环热水供应方式是指热水供应系统中热水配水管网的水平干管、立管甚至配水支管都设有回水管道。该系统设循环水泵,用水时不存在使用前放水和等待时间,适用于高级宾馆、饭店、高级住宅等高标准建筑中,如图 6-4 所示。

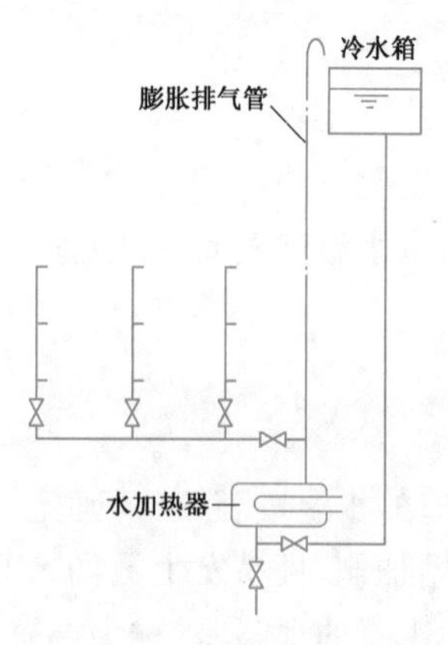

图 6-2 不循环热水供应方式

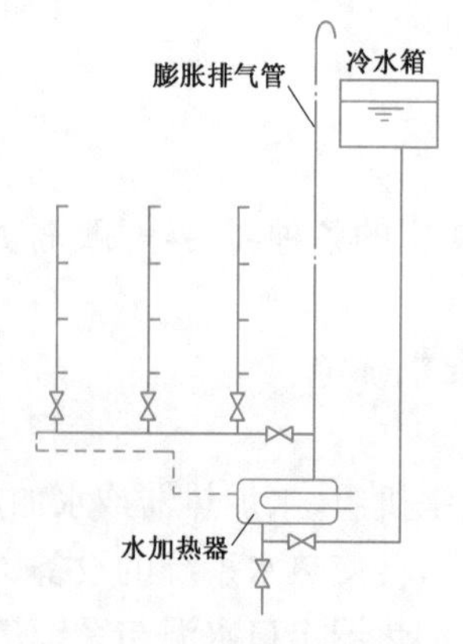

图 6-3 半循环热水供应方式

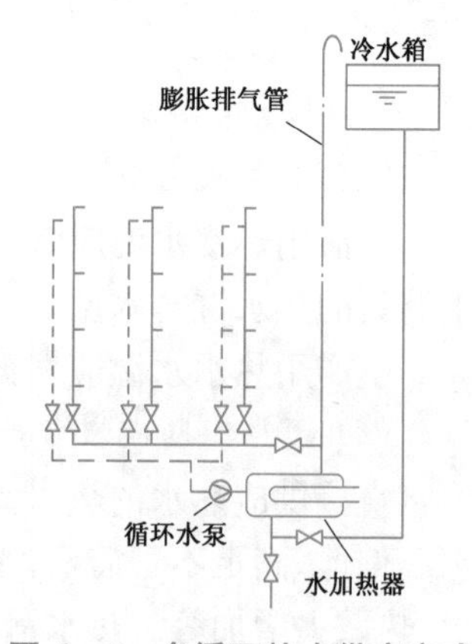

图 6-4 全循环热水供应方式

(2) 开式和闭式

热水供应方式按管网压力工况特点可分为开式和闭式 2 种，如图 6－5、图 6－6 所示。

开式热水供应方式一般是在热水管网顶部设有开式水箱，其水箱设置高度由系统所需水压计算确定，管网与大气相通。例如用户对水压要求稳定，室外给水管网水压波动较大，宜采用开式热水供应方式。闭式热水供应方式管理简单，水质不易受外界污染，但安全阀易失灵，安全可靠性较差。无论采用何种方式，都必须解决水加热后体积膨胀的问题，以保证系统的安全。

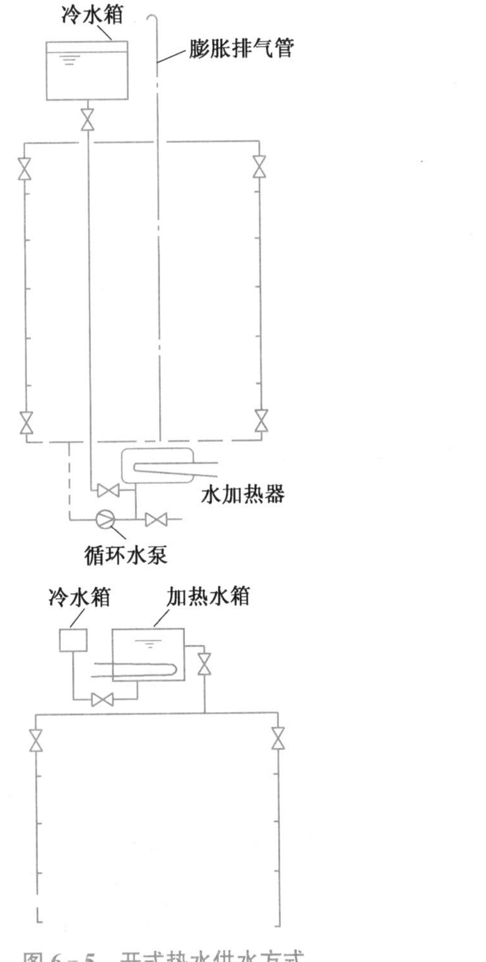

图 6－5　开式热水供水方式

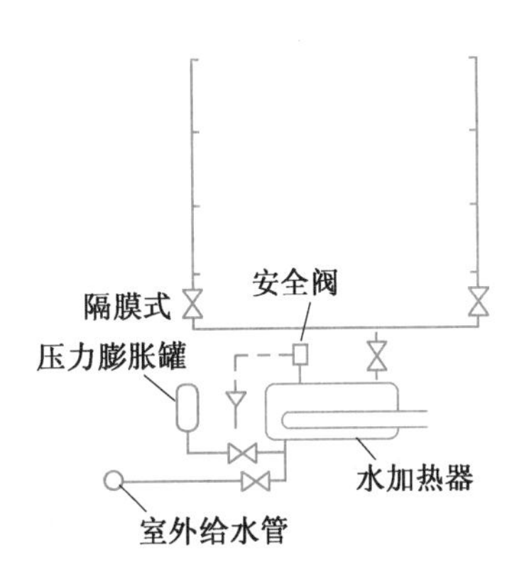

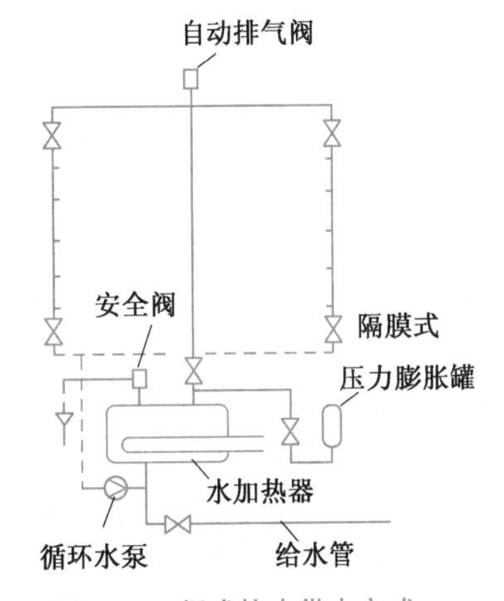

图 6－6　闭式热水供水方式

(3) 同程式和异程式

在全循环热水供应方式中，各循环管路长度可布置成相等或不相等的方式，又可分为同程式和异程式。同程式是指每一个热水循环环路长度相等，对应管段管径相同，所有环路的水头损失相同，如图 6－7 所示。异程式是指每一个热水循环环路长度各不相等，对应管段的管径也不相同，所有环路的水头损失也不相同，如图 6－8 所示。

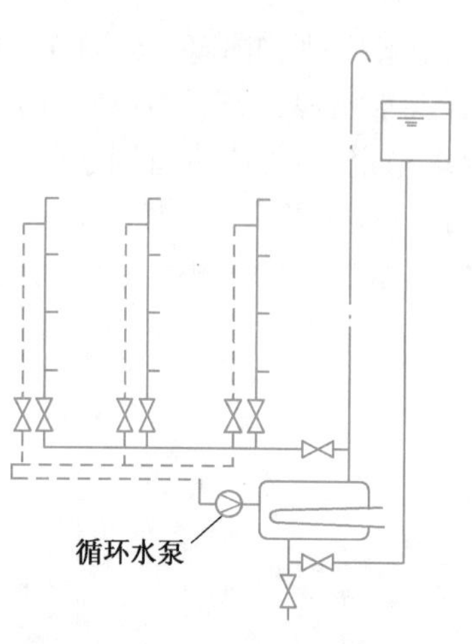

图 6-7 同程式全循环

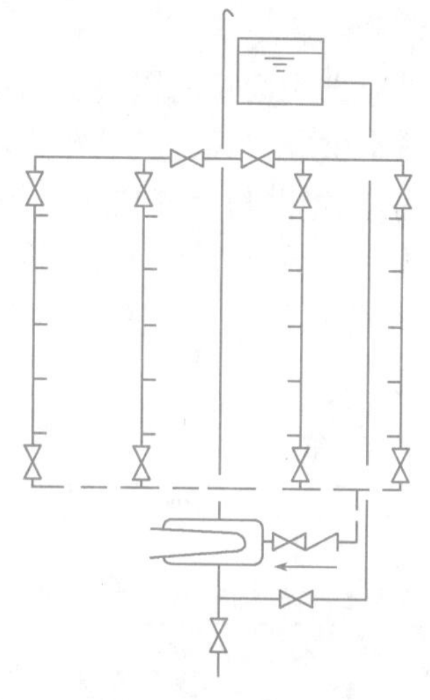

图 6-8 异程式自然全循环

(4) 自然循环方式和机械循环方式

热水供应循环系统中根据循环动力的不同可分为自然循环方式和机械循环方式。

自然循环方式是利用配水管和回水管中的水温差所形成的压力差,使管网内维持一定的循环流量,以补偿配水管道热损失,保证用户对热水温度的要求,如图 6-2、图 6-3 所示。该种方式适用于热水供应系统小,用户对水温要求不严格的系统中。

机械循环方式是在回水干管上设循环水泵强制一定量的水在管网中循环,以补偿配水管道热损失,保证用户对热水温度的要求,如图 6-4、图 6-7 所示。该种方式适用于中、大型,且用户对热水温度要求严格的热水供应系统。

2. 热水供应管道系统的布置和敷设

热水管网的布置是在设计方案已确定和设备选型后,在建筑图上对设备、管道、附件进行定位。热水管网布置除满足给水要求外,还应注意因水温高而引起的体积膨胀、管道伸缩补偿、保温、防腐、排气等问题。

热水管网的布置,可采用下行上给式或上行下给式,如图 6-1、图 6-2 所示。下行上给式布置时,水平干管可布置在地沟内或地下室顶部,一般不允许埋地。干管的直线段应有足够的伸缩器,尤其是线性膨胀系数大的管材要特别重视直线管段的补偿,并利用最高配水点排气,方法是循环回水立管应在配水立管最高配水点下不低于 0.5 m 处连接。为便于排气和泄水,热水横管均应有与水流方向相反的坡度,其值一般不小于 0.003,并在管网的最低处设泄水阀门,以便检修。为保证配水点的水温需平衡冷热水的水压,热水管道通常与冷水管道平行布置,热水管道在上、左,冷水管道在下、右。上行下给式的热水管网,水平干管可布置在建筑最高层吊顶内或专用技术设备层内。上行下给式管网水平干管应有不小于 0.003 的坡度,与水流方向反向,并在最高点设自动排气阀排气。为满足整个热水供应系统的水温均匀,可按同程式方式来进行管网布置,如图 6-7 所示。

高层建筑热水供应系统,应与冷水给水系统一样,采取竖向分区,且冷热水分区应一致,这样才能保证系统内的冷热水压力平衡,便于调节冷、热水混合水嘴的出水温度,且要求各区的水加热器和贮水器的进水,均应由同区的给水系统供应。若需减压则减压的条件和采取的具体措施与高层建筑冷水给水系统相同。

热水管网的敷设，根据建筑的使用要求，可采用明装和暗装两种形式。明装尽可能敷设在卫生间、厨房，并沿墙、梁、柱敷设。暗装管道可敷设在管道竖井或预留沟槽内，塑料热水管宜暗设。热水立管与横管连接处，为避免管道伸缩应力破坏管网，立管与横管相连应采用乙字弯管如图6－9所示。

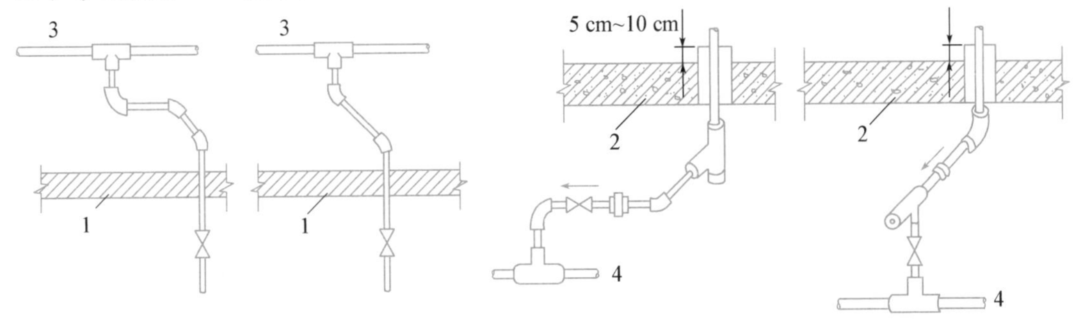

图6－9 热水立管与水平干管的连接方式

1—吊顶；2—地板或沟盖板；3—配水横管；4—回水管

热水管道在穿楼板、基础和墙壁处应设套管，让其自由伸缩。穿楼板的套管应视其地面是否集水，若地面有集水可能时，套管应高出地面50～100 mm，以防止套管缝隙向下流水。为满足热水管网中循环流量的平衡调节和检修的需要，在配水管道或回水管道的分干管处均应设阀门。当需计量热水总用水量时，可在水加热设备的冷水供水管上装冷水表，对成组和个别用水点可在专供支管上装设热水水表。有集中供应热水的住宅应装设分户热水水表。

热水供应管道系统常用管材与室内给水管道有所区别，宜采用铜管、钢塑复合管、铝塑复合管及不锈钢管等。

在热水系统中，对管道和设备进行保温是一项重要的工作，其主要目的是为了减少介质在输送过程中的热散失，从而降低热水制备、循环流量的热量，提高长期运行的经济性，从技术安全角度出发，使蒸汽和热水管道在保温后其外表面温度不致过高，以避免大量的热散失、烫伤或积尘等，从而创造良好的工作环境。管道和设备保温层厚度的确定，均需按经济厚度计算法计算确定。常用的保温材料有玻璃棉纤维类、珍珠岩类、蛭石类、硅藻土类、石棉类、矿渣棉类、泡沫混凝土类等。施工方法有包扎式、预制式、填充式、涂抹式等。

6.2 建筑燃气供应系统

6.2.1 燃气的分类和性质

建筑燃气供应系统

城市的工业与民用燃料中，燃气将逐渐取代煤炭等固体燃料，已经成为建筑供热、供暖系统中的重要热源。燃气是由几种气体组成的混合气体，包括可燃和不可燃气体。可燃气体包括碳氢化合物、氢、一氧化碳；不可燃气体包括二氧化碳、氮和氧等。

燃气又称煤气，一般有人工煤气、天然气及液化石油气三大类。

1. 人工煤气

包括以煤炭为原料的煤气及以石油为原料的油制气。其主要成分为氢、一氧化碳及甲烷(CH4)。煤制气的热值较低。人工煤气具有强烈的气味及毒性,还含有很多杂质,容易腐蚀和阻塞管道,因此,人工煤气需加以净化后才能使用。

2. 天然气

一般分两类:从天然气田开采出来的燃气称为纯天然气;伴随石油一起开采出来的天然气中含有石油蒸汽的称为伴生天然气。天然气的主要成分为甲烷。其热值比人工煤气高,可用管道长距离输送给城市用户,如我国的“西气东输”工程,它的优点是减少废气对环境的污染。

3. 液化石油气

液化石油气是在对石油进行加工处理过程中作为副产品而获得的多种碳氢化合物,热值最高。

燃气作为城市的新能源,具有容易点火、燃烧迅速完全、燃烧效率高、便于管道输送、卫生条件好、减轻城市运煤与除灰的交通负荷等优点。但是燃气中的一氧化碳、碳氢化合物均为有毒气体。与空气混合达到一定浓度后,遇到明火会发生爆炸。因此,使用时必须严格遵守相关操作规程和安全措施。

不同种类的燃气由于成分、热值及燃烧所需空气量的不同,使用的煤气炉具也是不同的。

6.2.2 室内燃气供应系统

室内燃气供应系统一般有用户引入管、水平干管、立管、用户支管、燃气计量表、用具连接管和燃气用具组成,如图 6-10 所示。

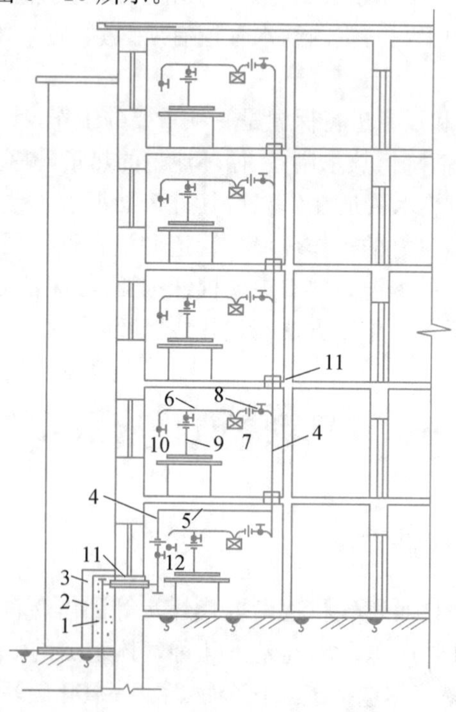

图 6-10 室内燃气供应系统

1—用户引入管;2—砖台;3—保温层;4—立管;5—水平干管;6—用户支管;7—燃气计量表;8—表前阀门;9—燃气灶连接管;10—燃气灶;11—套管;12—燃气热水器接头

1. 引入管

用户引入管与城市或庭院低压分配管道连接，在分支管处设阀门。输送湿煤气的引入管一般由地下引入室内，引入管应有不小于0.01的坡度，坡向室外管道。在非采暖地区输送干煤气，且管径不大于75 mm时，可由地上引入室内。当引入管穿越房屋基础或管沟时，应预留孔洞，并加套管，间隙用油麻、沥青或环氧树脂填塞。管顶间隙应不小于建筑物最大沉降量，具体做法如图6-11所示。当引入管沿外墙翻身引入时，其室外部分应采取适当的防腐、保温和保护措施，具体做法如图6-12所示。

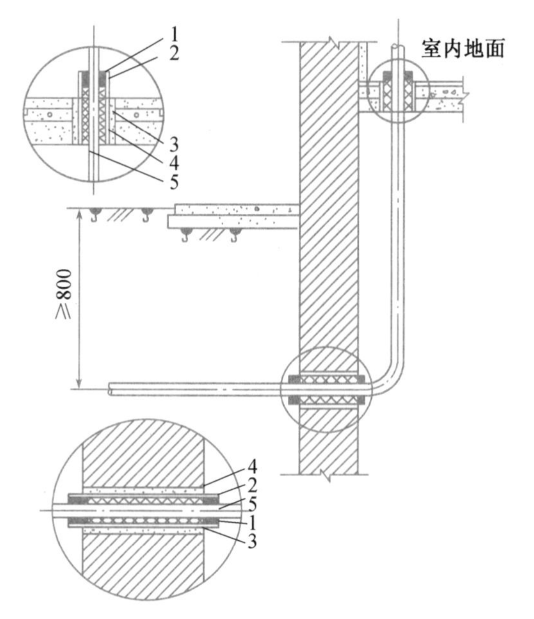

图6-11 引入管穿越基础地下引入示意图

1—沥青密封层；2—套管；3—油麻；
4—水泥砂浆；5—燃气管道

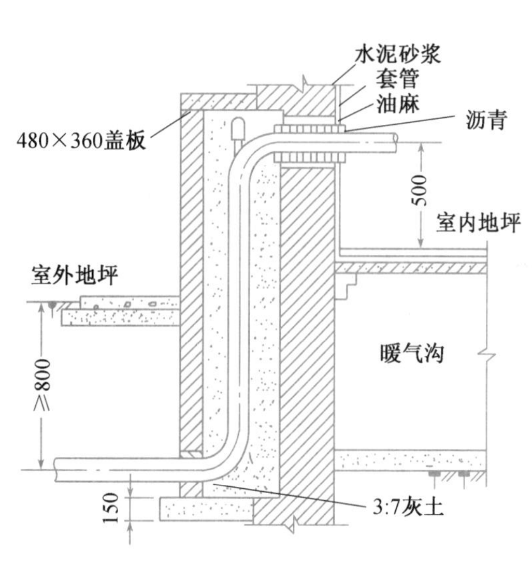

图6-12 引入管地上翻身引入示意图

2. 水平干管

引入管连接多根立管时，应设水平干管。水平干管可沿楼梯间或辅助间的墙壁辐射，不宜穿过建筑物的沉降缝，不得暗设于地下土层或地面混凝土层内。管道经过的楼梯和房间应有良好的通风。

3. 立管

立管是将燃气由水平干管(或引入管)分送到各层的管道。立管宜明装。立管一般辐射在厨房、走廊或楼梯间内，每一立管的顶端或底端设丝堵三通，作清洗用，其直径不小于25 mm。当由地下室引入时，立管在第一层应设阀门，阀门应设于室内。对重要的用户，应在室外另设阀门。

4. 用户支管

由立管引向各单独用户计量表及燃气用具的管道为用户支管。支管穿墙时也有套管保护。

室内燃气管道一般宜明装。当建筑物或工艺有特殊要求时，也可以采用暗装，但必须敷设在有人孔的闷顶或有活盖的墙槽内，以便安装和检修，暗转部分不宜有接头。

当室内燃气管道需要穿过卧室、浴室或地下室时，必须设置在套管中。室内燃气管道可采用镀锌钢管或普通焊接钢管。连接方式可以用法兰，也可以焊接或螺纹连接，一般直径小于或等于 50 mm 的管道均采用螺纹连接。用气设备与燃气管道可采用硬管连接或软管连接。当采用软管时，其长度不超过 2 m；当使用液化石油气时，应选用耐油软管。

5. 阀门

燃气管道在燃气表前、用气设备或燃烧器前、点火器和测压点前、放散管前、燃气引入管上应设置阀门。

6. 燃气表

燃气表是计量燃气用量的仪表。使用管道燃气的用户均应设置燃气表。居住建筑应一户一表，公共建筑至少每个用气单位设一个燃气表。

图 6-13　智能煤气表

为保证安全，燃气表宜设置在通风良好的非燃结构上，应便于安装、维修、调试、抄表，并满足安全使用要求。室温不低于 5 ℃、不超过 35 ℃的房间，不得装在卧室、浴室、危险品和易燃、易爆物仓库内。小表可挂在墙上，距地面 1.6～1.8 m 处。燃气表到燃气用具的水平距离不得小于 0.3 m。

7. 燃气灶

燃气灶的形式很多，有单眼、双眼、多眼灶等。家用的一般是双眼灶，由炉体、工作面和燃烧器三个部分组成。灶面采用不锈钢材料，燃烧器为铸铁件。各种燃气灶对应于液化石油气、人工燃气及天然气的不同型号。

为提高燃气灶的安全性，避免发生中毒、火灾或爆炸事故，目前有些家用灶增设了熄火装置，它的作用是一旦灶的火焰熄灭，立即发出信号，将燃气通路切断，使燃气不能逸漏。

灶具在安装时，其侧面及背面应离可燃物（墙壁面等）0.2 mm 以上，燃气灶与可燃或难燃烧的墙壁面之间应采取有效的防火隔热措施。燃气灶与对面墙之间应有不小于 1 m 的净距。

8. 燃气热水器

燃气热水器根据排气方式可分为直接排气式热水器、烟道排气式热水器和平衡式热水器三类。目前国内应用的多为直接排气式热水器，该热水器严禁安装在浴室内；烟道排气式热水器可安装在有效排烟的浴室内，浴室体积应大于 7.5 m^3；平衡式热水器可安装在浴室内。装有直接排气式热水器和烟道排气式热水器的房间，房间门或墙的下部应设有效截面积不小于 0.02 m^2 的隔栅，或在门与地之间留有不小于 0.03 m 的间隙；房间净高应大于 2.4 m。热水器与对面墙之间应有不小于 1 m 的通道。热水器的安装高度，一般以热水器的观火孔与人眼高度相齐为宜，一般距地面 1.5 m。

练习与思考题

一、单项选择题

1. 热水管网的最低处设(　　)。
   A. 泄水阀　　B. 排气阀　　C. 截止阀　　D. 止回阀
2. 满足整个热水供应系统的水温均匀,可按(　　)方式来进行管网布置。
   A. 同程式　　B. 异程式　　C. 开式　　D. 闭式
3. 热水管道在穿楼板处套管应高出地面(　　)mm。
   A. 50～100　　B. 20～30　　C. 50～60　　D. 30～60
4. 燃气管道直径小于或等于 50 mm 的管道采用(　　)连接。
   A. 法兰　　B. 螺纹　　C. 卡箍　　D. 焊接
5. 燃气灶与对面墙之间应有不小于(　　)m 的净距。
   A. 1.0　　B. 2.0　　C. 0.5　　D. 1.5

二、思考题

1. 简述热水供应系统按供水范围的大小是如何分类的?
2. 热水供应系统的组成有哪些?
3. 开式加热方式和闭式加热方式有何特点?
4. 热水供应系统中根据是否设置循环管网分为几种方式,各种方式的优缺点?
5. 热水供应系统中自然循环、机械循环方式是如何定义的?
6. 热水供应管道系统的布置和敷设需要注意哪些问题?
7. 请叙述燃气的分类及性质。
8. 室内燃气供应系统的组成有哪些?

第7章 建筑通风与空调系统

教学要求

通过本章的学习，应当对建筑通风与空调系统的分类和组成有所了解；熟悉常用空调系统形式；掌握通风与空调系统的常用设备和附件；掌握空调制冷技术常用装置和系统形式；能识读通风与空调系统施工图。

拓展视频

科技中国

价值引领

抬头看，北斗组网，战机翱翔；俯首察，蛟龙深潜，稻谷飘香；放眼望，国泰民安，盛世辉煌；掌握古今、肩挑明天，国民齐心；生逢盛世正是我辈努力奋斗的大好时光，让我们珍惜当下，努力学习，为大国崛起添砖加瓦！

7.1 建筑通风系统

7.1.1 通风系统的分类

建筑通风系统

建筑通风，就是利用自然和机械的方法将室内被污染的空气排至室外；或者把室外新鲜的空气送至室内，以保证室内的空气环境满足卫生标准和生产工艺需要的技术。前者称为排风，后者称为送风。送、排风过程中所使用的设备和装置称为通风系统。

通风系统按照通风方式的不同可分为如下两种：

1. 按照通风系统作用范围可分为全面通风和局部通风

全面通风是对整个房间进行通风换气，用送入室内的新鲜空气把房间里的有害气体浓度稀释到卫生标准的允许范围以下，同时把室内污染的空气直接或经过净化处理后排放到室外大气中去。

局部通风是对房间的个别地点或局部区域进行通风来控制局部区域污染物的扩散或在局部区域获得较好的空气环境。例如厨房炉灶的排风就是典型的局部排风。

2. 按照通风系统的作用动力可分为自然通风和机械通风

自然通风是利用室内外空气的温度差所引起的热压或室外风力形成的风压使空气流

动。它的优点是不需要动力设备，投资少，管理方便；缺点是热压或风压均受自然条件的约束，通风效果不稳定。在建筑中多利用开启外窗的换气方式来实现。

机械通风是依靠系统配置的动力设备——风机，提供的动力来强制使室内外空气流动的方式。它的优点是作用压力可根据需要确定，可对空气进行处理，通风量调节方便，通风效果稳定；缺点是占用较大建筑面积或空间，投资大，运行及维护费高，安装和管理复杂。

在通风系统设计时，先考虑局部通风，若达不到要求，再采用全面通风。另外还要考虑建筑设计和自然通风的配合。

7.1.2 通风系统的组成

通风系统由于设置场所的不同，其系统组成也各不相同。以机械通风系统为例，一般主要由以下各部分组成：

1. 送风系统

如图7－1所示，由新风百叶窗、空气处理设备（过滤器、加热器等）、通风机、风道以及送风口等组成。

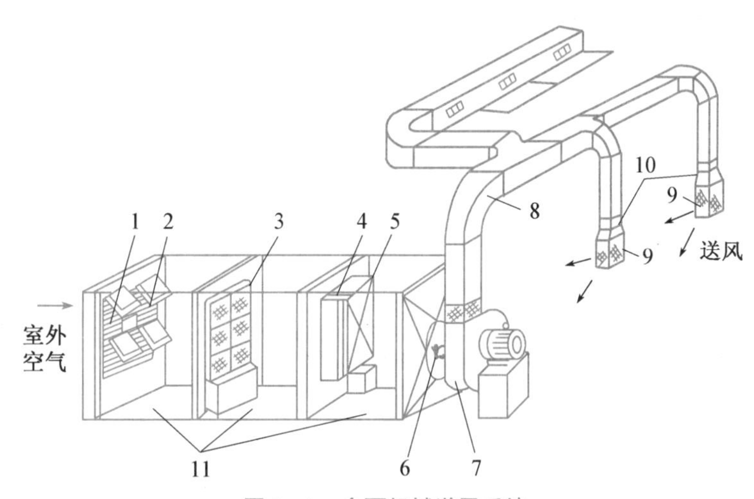

图7－1 全面机械送风系统

1—百叶窗；2—保温阀；3—空气过滤器；4—旁通阀；5—空气加热器；6—启动阀；7—风机；8—通风管；9—送风口；10—调节阀；11—送风室

2. 排风系统

如图7－2所示，由排风口（排风罩）、风道、空气处理设备（除尘器、空气净化器等）、风机、风帽等组成。

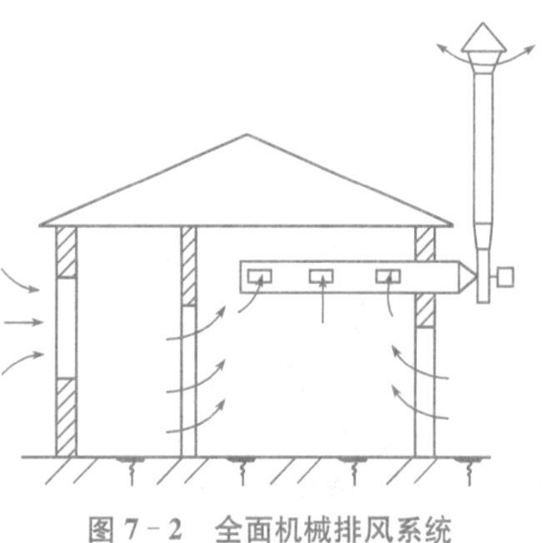

图7－2 全面机械排风系统

7.1.3 进风窗、避风天窗与风帽

1. 进风窗的布置与选择

对于单跨厂房进风窗应设在外墙上，在集中供暖地区最好设上、下两排。自然通风进风窗的标高应根据其使用的季节来确定：夏季通常使用房间下

部的进风窗，其下缘距室内地坪的高度一般为0.3～1.2 m，这样可使室外新鲜空气直接进入工作区；冬季通常使用车间上部的进风窗，其下缘距地面不宜小于 4.0 m，以防止冷风直接吹向工作区。夏季车间余热量大，下部进风窗面积应开设大一些，宜用门、洞、平开窗或垂直转动窗板等；冬季使用的上部进风窗面积应小一些，宜采用下悬窗扇，向室内开启。尤其是在窗口下沿高度小于 4.0 m 时，采用下悬窗更为有利。

2. 避风天窗

在工业车间的自然通风中，往往依靠天窗（车间上部的排风窗）来排除室内的余热及烟尘等污染物。普通天窗往往在迎风面上发生倒灌现象，为了稳定排风，需要在天窗外加设挡板或采取特殊构造形式的天窗，以使天窗的排风口在任何风向时都处于负压区，这种天窗称为避风天窗，常见的避风天窗有矩形天窗、下沉式天窗、曲线形天窗等多种形式。

(1) 矩形天窗如图 7－3 所示，挡风板常用钢板、木板或木棉板等材料制成，两端应封闭。挡风板上缘一般应与天窗屋檐高度相同。矩形天窗采光面积大，便于热气流排除，但结构复杂、造价高。

(2) 下沉式天窗如图 7－3 所示，其部分屋面下凹，利用屋架本身的高差形成低凹的避风区。这种天窗无须专设挡风板和天窗架，其造价低于矩形天窗，但是不易清扫。

(3) 曲(折)线形天窗是一种新型的轻型天窗，如图 7－3 所示。挡风板的形状为折线或曲线形。与矩形天窗相比，其排风能力强、阻力小、造价低、质量轻。

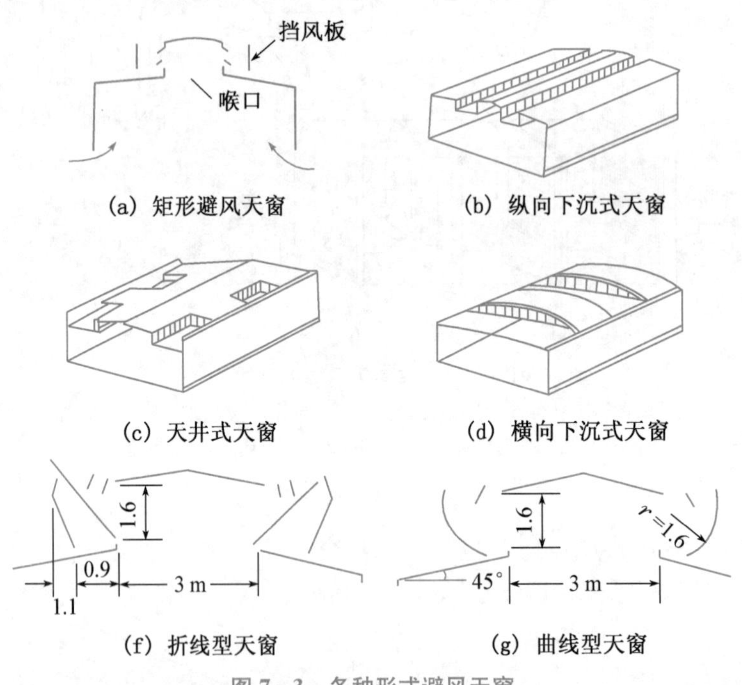

图 7－3　各种形式避风天窗

3. 避风风帽

避风风帽是在普通风帽的外围增设一周挡风圈。挡风圈的作用同挡风板相同。风帽多用于局部自然通风和设有排风天窗的全面自然通风系统中，一般安装在局部排风罩风道出口的末端和全面自然通风的建筑物屋顶上。风帽的作用在于使排风口处和风道内产生负压，防止室外倒灌和防止雨水或污物进入风道或室内。

7.1.4 通风系统的主要设备和构件

1. 风机

(1) 离心风机和轴流风机的结构原理

① 离心式风机主要由叶轮、机壳、风机轴、进风口、电动机等部分组成，叶轮上有一定数量的叶片，机轴由电动机带动旋转，由进风口吸入空气，在离心力的作用下空气被抛出叶轮甩向机壳，获得了动能与压能，由出风口排出。当叶轮中的空气被压出后，叶轮中心处形成负压，此时室外空气在大气压力作用下由吸风口吸入叶轮，再次获得能量后被压出，形成连续的空气流动，如图 7-4 所示。

② 轴流式风机主要由叶轮、机壳、风机轴、进风口、电动机等部分组成，它的叶片安装于旋转的轮毂上，叶片旋转时将气流吸入并向前方送出。风机的叶轮在电动机的带动下转动时，空气由机壳一侧吸入，从另一侧送出。我们把这种空气流动与叶轮旋转轴相互平行的风机称为轴流式风机，如图 7-5 所示。

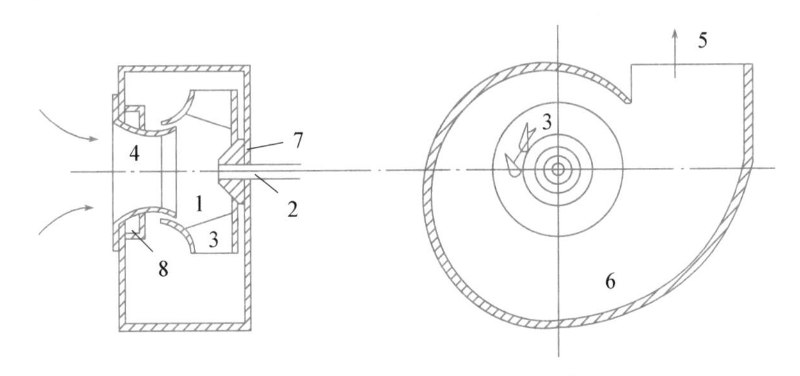

图 7-4 离心风机构造示意图

1—叶轮；2—机轴；3—叶轮；4—吸气口；5—出口；6—机壳；7—轮毂；8—扩压环

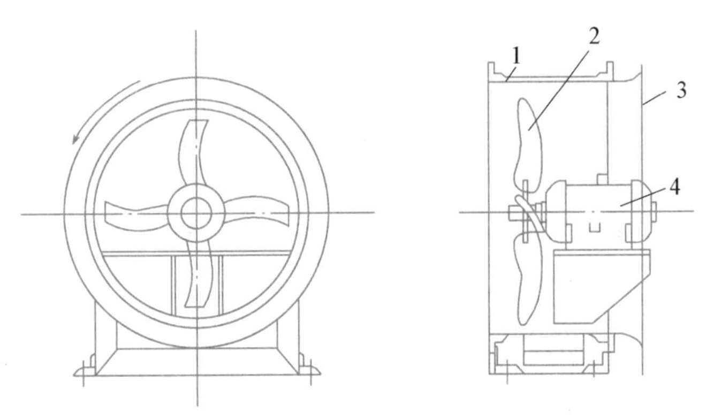

图 7-5 轴流风机的构造简图

1—圆筒形机壳；2—叶轮；3—进口；4—电动机

(2) 风机的基本性能参数

① 风量(L)——风机在标准状况下工作时，在单位时间内所输送的气体体积，称为风机风量，以符号 L 表示，单位为 m^3/h；

② 全压(或风压 P)——每 m^3 空气通过风机应获得的动压和静压之和,Pa;

③ 轴功率(N)——电动机施加在风机轴上的功率,kW;

④ 有效功率(N_x)——空气通过风机后实际获得的功率,kW;

⑤ 效率(η)——风机的有效功率与轴功率的比值;

⑥ 转数(n)——风机叶轮每分钟的旋转数,r/min。

(3) 通风机的选择

① 根据被输送气体(空气)的成分和性质以及阻力损失大小,选择不同类型的风机。例如:用于输送含有爆炸、腐蚀性气体的空气时,需选用防爆、防腐性风机;用于输送含尘浓度高的空气时,用耐磨通风机;对于输送一般性气体的公共民用建筑,可选用离心风机;对于车间内防暑散热的通风系统,可选用轴流风机。

② 根据通风系统的通风量和风道系统的阻力损失,按照风机产品样本确定风机型号。

由于风机的磨损和系统不严密处产生的渗风量,应对通风系统计算的风量和风压附加安全系数。即

$$L_{风机}=(1.05\sim1.10)L \tag{7-1}$$

$$P_{风机}=(1.10\sim1.15)P \tag{7-2}$$

按照 $L_{风机}$ 和 $P_{风机}$ 两个参数来选择风机。另外,样本中所提供的性能选择表或性能曲线,是指标准状态下的空气。所以,当实际通风系统中空气条件与标准状态相差较大时,应进行换算。

(4) 通风机的安装

对于输送气体用的中、大型离心风机一般应安装在混凝土基础上,对于轴流风机通常安装在风道中间或墙洞中。在风管中间安装时,可将风机装在用角钢制成的支架上,再将支架固定在墙上、柱上或混凝土楼板的下面。对隔振有特殊要求的情况,应将风机装置在减振台座上。

2. 风道

(1) 风道的材料及保温

在通风空调工程中,管道及部件主要用普通薄钢板,镀锌钢板制成,有时也用铝板、不锈钢板、硬聚氯乙烯塑料板及砖、混凝土、玻璃、矿渣石膏板等制成。

风道的断面形状有圆形和矩形。圆形风道的强度大、阻力小、耗材少,但占用空间大,不易与建筑配合。对于流速高、管径小的除尘和高速空调系统,或是需要暗装时可选用圆形风道。矩形风道容易布置,易于和建筑结构配合,便于加工。对于低流速、大断面的风道多采用矩形风道。

风道在输送空气过程中,如果要求管道内空气温度维持恒定,应考虑风道的保温处理问题。保温材料主要有软木、泡沫塑料、玻璃纤维板等,保温厚度应根据保温要求进行计算,或采用带保温的通风管道。

3. 室内送、排风口

室内送、排风口的位置决定了通风房间的气流组织形式。室内送风的形式有多种,如图7-6所示。最简单的形式就是在风道上开设孔口,孔口可开在侧部或底部,用于侧向和下向送风。如图7-6(a)所示的送风口没有任何调节装置,不能调节送风流量和方向;如图7-6(b)为插板式风口,插板可用于调节孔口面积的大小,这种风口虽可调节送风量,但不

能控制气流的方向。常用的送风口还有百叶式送风口，如图 7－7 所示。对于布置在墙内或暗装的风道可采用这种送风口，将其安装在风道末端或墙壁上，百叶式送风口有单、双层和活动式，固定式之分，双层式不但可以调节风向也可以调节送风速度。

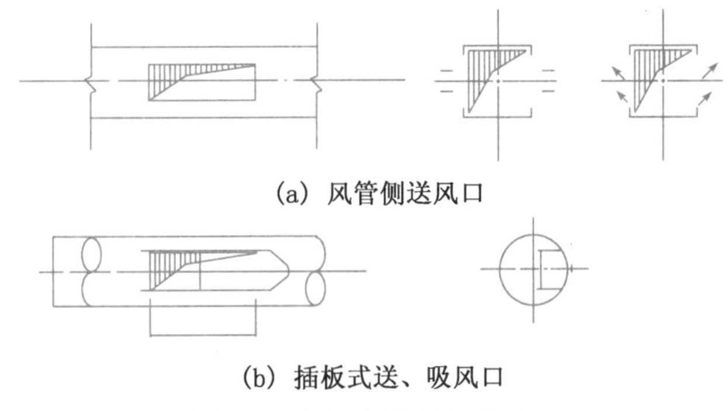

(a) 风管侧送风口

(b) 插板式送、吸风口

图 7－6　两种最简单的送风口

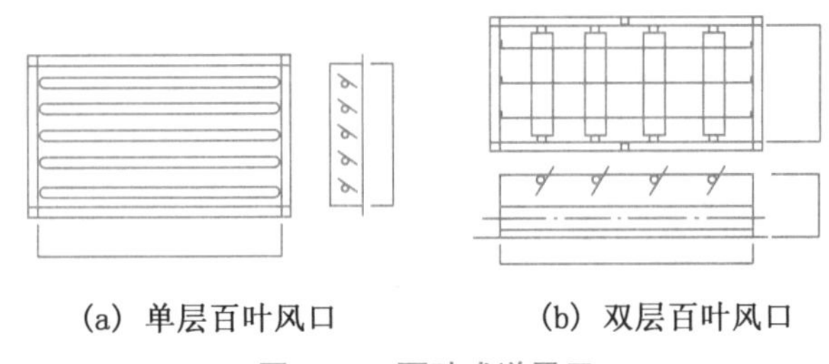

(a) 单层百叶风口　　(b) 双层百叶风口

图 7－7　百叶式送风口

在工业车间中往往需要大量的空气从较高的上部风道向工作区送风，而且为了避免工作地点有“吹风”的感觉，要求送风口附近的风速迅速降低，在这种情况下常用的室内送风口形式是空气分布器，如图 7－8 所示。

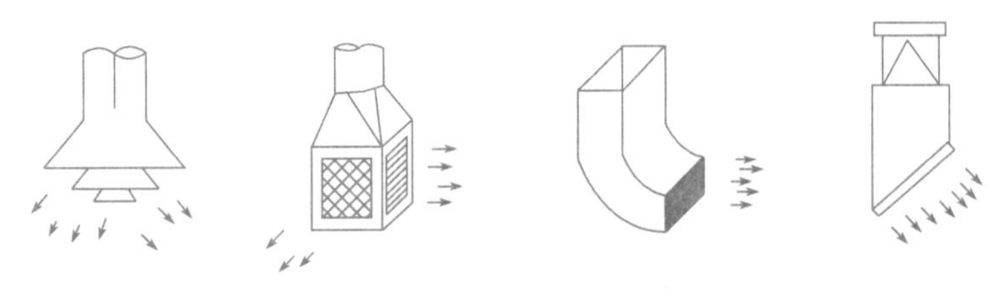

图 7－8　空气分布器

室内排风口一般没有特殊要求，其形式种类也很多。通常多采用单层百叶式送风口，有时也采用水平排风道上开孔的孔口排风形式。

4. 进、排风装置

(1) 室外进风装置

室外进风口是通风和空调系统采集新鲜空气的入口。根据进风室的位置不同，室外进风口可采用竖直风道塔式进风口，如图 7－9 所示，图(a)是贴附于建筑物的外墙上，图(b)是做成离开建筑物而独立的构筑物。

机械送风系统的进风室常设在地下室或底层，在工业厂房里为减少占地面积也可设在平台上。图 7－10、7－11 分别是布置在地下室和平台上的进风室示意图。

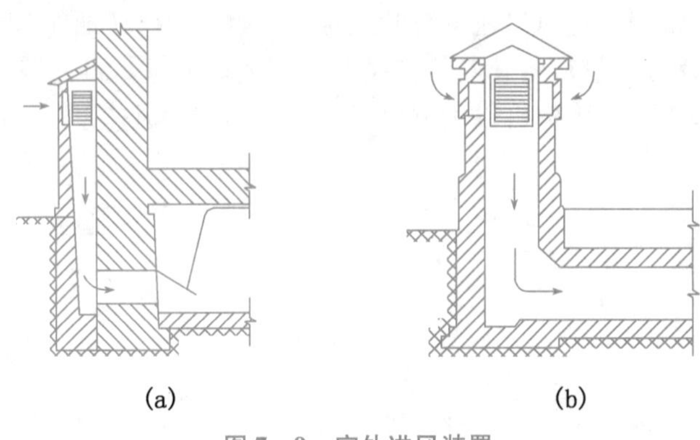

图 7-9　室外进风装置

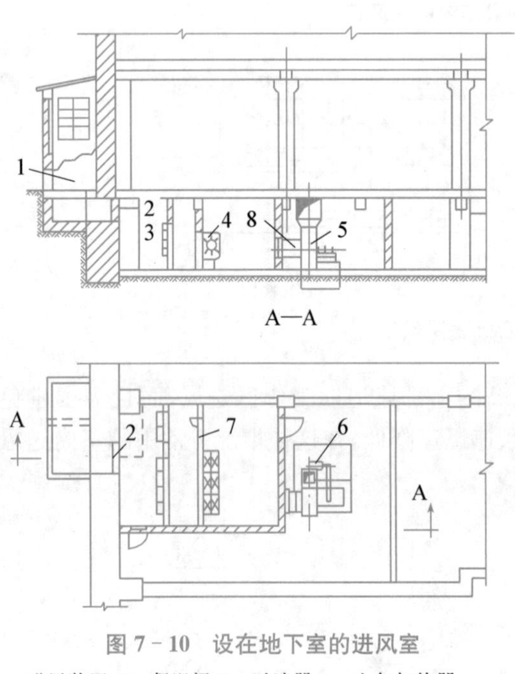

图 7-10　设在地下室的进风室

1—进风装置；2—保温阀；3—过滤器；4—空气加热器；
5—风机；6—电动机；7—旁通阀；8—帆布接头

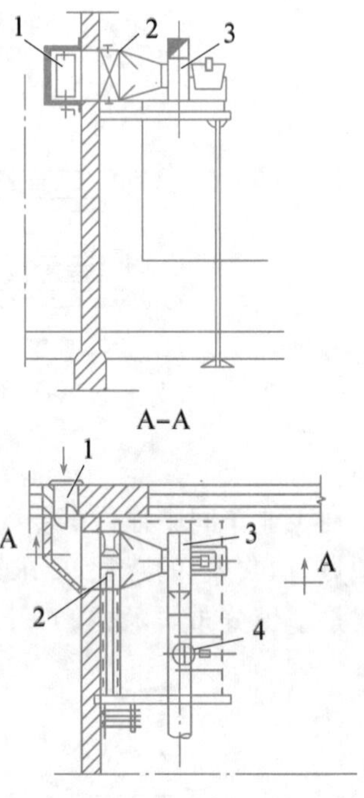

图 7-11　设在平台上的进风室

1—进风室；2—空气加热器；
3—风机；4—电动机

室外进风口的位置应满足以下要求：

① 设置在室外空气较为洁净的地点，在水平和垂直方向上都应远离污染源。

② 室外进风口下缘距室外地坪的高度不宜小于 2 m，并须装设百叶窗，以免吸入地面上的粉尘和污物，同时可避免雨、雪的侵入。

③ 用于降温的通风系统，其室外进风口宜设在背阴的外墙侧。

④ 室外进风口的标高应低于周围的排风口，宜设在排风口的上风侧，以防吸入排风口排出的污浊空气。当进、排风口的水平间距小于 20 m 时，进风口应比排风口至少低 6 m。

⑤ 屋顶式进风口应高出屋面 0.5～1.0 m，以防吸进屋面上的积灰和被积雪埋没。

室外新鲜空气由进风装置采集后直接送入室内通风房间或送入进风室，根据用户对送风的要求进行预处理。机械送风系统的进风室多设在建筑物的地下室或底层，也可以设在室外进风口内侧的平台上。

（2）室外排风装置

室外排风装置的任务是将室内被污染的空气直接排到大气中去。管道式自然排风系统和机械排风系统的室外排风口通常是由屋面排出，也有由侧墙排出的，但排风口应高出屋面。一般地，室外排风口应设在屋面以上1 m的位置，出口处应设置风帽或百叶风口。

7.2 建筑空调系统

7.2.1 空气调节的任务和作用

空气调节是采用技术手段把某一特定空间内部的空气环境控制在一定状态下，以满足人体舒适和工艺生产过程的要求。控制的内容包括空气的温度、湿度、空气流动速度及洁净度等。现代技术发展有时还要求对空气的压力、成分、气味及噪声等进行调节与控制。

所以，采用技术手段创造并保持满足一定要求的空气环境是空气调节的任务。

众所周知，对这些参数产生干扰的来源主要有两个：一是室外气温变化、太阳辐射及外部空气中的有害物的干扰；二是内部空间的人员、设备与生产过程所产生的热、湿及其他有害物的干扰。因此需要采用人工的方法消除室内的余热、余湿，或补充不足的热量与湿量，清除室内的有害物，保证室内新鲜空气的含量。

一般把为生产或科学实验过程服务的空调称为“工艺性空调”，而把为保证人体舒适的空调称为“舒适性空调”。而工艺性空调往往同时需要满足人员的舒适性要求，因此二者又是相互关联的。

舒适性空调的作用是为人们的工作和生活提供一个舒适的环境，目前已普遍应用于公共与民用建筑中，如会议室、图书馆、办公楼、商业中心、酒店和部分民用住宅。交通工具如汽车、火车、飞机、轮船，空调的装备率也在逐步提高。

对于现代化生产来说，工艺性空调更是不可缺少。工艺性空调一般对新鲜空气量没有特殊要求，但对温湿度、洁净度的要求比舒适性空调高。在这些工业生产过程中，为避免元器件由于温度变化产生胀缩及湿度过大引起表面锈蚀，一般严格规定了温湿度的偏差范围，如温度不超过±0.1 ℃，湿度不超过±5%。在电子工业中，不仅要保证一定的温湿度，还要保证空气的洁净度。制药行业、食品行业及医院的病房、手术室则不仅要求一定的空气温湿度，还需要控制空气洁净度和含菌数。

现代农业建筑设备的发展也与空调密切相关，如大型温室、禽畜养殖、粮食贮存等都需要对内部空气环境进行调节。

另外，在宇航、核能、地下设施及军事领域，空气调节也都发挥着重要作用。因此可以说，现代化发展需要空气调节，空气调节技术的提高与发展则依赖于现代化。

空气调节具有广阔的发展前景。

7.2.2 空调系统的组成与分类

一、空调系统的基本组成部分

如图 7－12 所示，完整的集中空调系统通常由以下四个部分组成：

1. 空调房间

空调房间可以是封闭式的，也可以是敞开式的；可以由一个房间或多个房间组成，也可以是一个房间的一部分。

2. 空气处理设备

空气处理设备是由过滤器、表面式空气冷却器、空气加热器、空气加湿器等空气热湿处理和净化设备组合在一起的，是空调系统的核心，室内空气与室外新鲜空气被送到这里进行热湿处理与净化，达到要求的温度、湿度等空气状态参数，再被送回室内。

3. 空气输配系统

空气输配系统是由送风机、送风管道、送风口、回风口、回风管道等组成。它把经过处理的空气送至空调房间，将室内的空气送至空气处理设备进行处理或排出室外。

4. 冷热源

空气处理设备的冷源和热源。夏季降温用冷源一般用制冷机组，在有条件的地方也可以用深井水作为自然冷源。空调加热或冬季加热用热源可以是蒸汽锅炉、热水锅炉、热泵等。

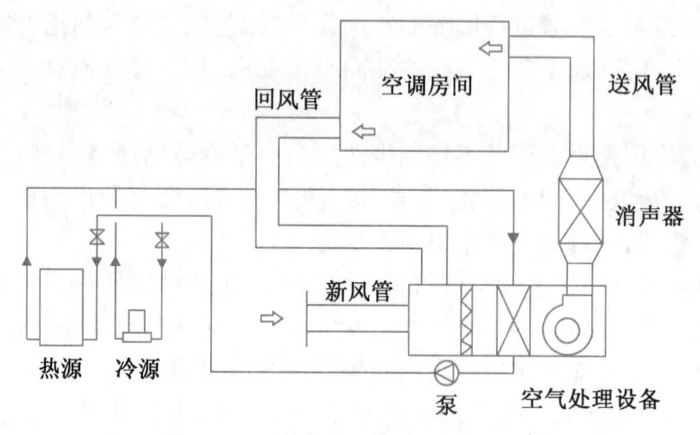

图 7－12 集中空调系统组成示意图

二、空调系统的分类

空调系统有很多类型，可以采用不同的方法对空调系统进行分类。

1. 按空气处理设备的位置来分类

(1) 集中式空调系统

集中式空调系统是指空气处理设备集中放置在空调机房内，空气经过处理后，经风道输送和分配到各个空调房间。

集中式空调系统可以严格地控制室内温度和相对湿度;可以进行理想的气流分布;可以对室外空气进行过滤处理,满足室内空气洁净度的不同要求;但是集中空调风道系统复杂,布置困难,而且空调各房间被风管连通,当发生火灾时会通过风管迅速蔓延。

对于大空间公共建筑物的空调设计,如商场,可以采用这种空调系统。

(2) 半集中式空调系统

半集中式空调系统是指空调机房集中处理部分或全部风量,然后送往各房间,由分散在各被调房间内的二次设备(又称末端装置)再进行处理的系统。

半集中式空调系统可根据各空调房间负荷情况自行调节,只需要新风机房,机房面积较小;当末端装置和新风机组联合使用时,新风风量较小,风管较小,利于空间布置;但对室内温湿度要求严格时,难于满足;水系统复杂,易漏水。

对于层高较低又主要由小面积房间构成的建筑物的空调设计,如办公楼、旅馆饭店,可以采用这种空调系统。

(3) 分散式空调系统(局部空调系统)

分散式空调系统是指把空气处理所需的冷热源、空气处理设备和风机整体组装起来,直接放置在被调房间内或被调房间附近,控制一个或几个房间的空调系统。

分散式空调系统布置灵活,各空调房间可根据需要启停;各空调房间之间不会相互影响;室内空气品质较差;气流组织困难。

2. 按负担室内负荷所用介质来分类

(1) 全空气系统

全空气系统是指室内的空调负荷全部由经过处理的空气来负担的空调系统。集中式空调系统就属于全空气系统。

由于空气的比热较小,需要用较多的空气才能消除室内的余热余湿,因此这种空调系统需要有较大断面的风道,占用建筑空间较多。

(2) 全水系统

全水系统是指室内的空调负荷全部由经过处理的水来负担的空调系统。由于水的比热比空气大得多,因此在相同的空调负荷情况下,所需的水量较小,可以解决全空气系统占用建筑空间较多的问题,但不能解决房间通风换气的问题,因此不单独采用这种系统。

(3) 空气-水系统

空气-水系统是指室内的空调负荷是由空气和水共同来负担的空调系统。风机盘管加新风的半集中式空调系统就属于空气-水系统。这种系统实际上是前两种空调系统的组合,既可以减少风道占用的建筑空间,又能保证室内的新风换气要求。

(4) 制冷剂系统

制冷剂系统是指由制冷剂直接作为负担室内空调负荷介质的空调系统。如窗式空调器、分体式空调器就属于制冷剂系统。

这种系统是把制冷系统的蒸发器直接放在室内来吸收室内的余热余湿,通常用于分散式安装的局部空调。由于制冷剂不宜长距离输送,因此不宜作为集中式空调系统来使用。

7.2.3 常用空调系统简介

1. 一次回风系统

(1) 工作原理

一次回风系统属于典型的集中式空调系统，也属于典型的全空气系统。该系统是由室外新风与室内回风进行混合，混合后的空气经过处理后，经风道输送到空调房间。

这种空调系统的空气处理设备集中放置在空调机房内，房间内的空调负荷全部由输送到室内的空气负担。空气处理设备处理的空气一部分来自室外（这部分空气称为新风），另一部分来自室内（这部分空气称为回风），所谓一次回风是指回风和新风在空气处理设备中只混合一次。

(2) 系统的应用

一次回风系统具有集中式空调系统和全空气系统的特点，从它具体的特点分析，这种空调系统适用于空调面积大、各房间室内空调参数相近、各房间的使用时间也较一致的场合。会馆、影剧院、商场、体育馆，还有旅馆的大堂、餐厅、音乐厅等公共建筑场所都广泛地采用这种系统。

根据空调系统所服务的建筑物情况，有时需要划分成几个系统。建筑物的朝向、层次等位置相近的房间可合并在一个系统，以便于管路的布置、安装和管理；工作班次和运行时间相同的房间可划分成一个系统，以便于运行管理和节能；对于体育馆、纺织车间等空调风量特别大的地方，为了减少和建筑配合的矛盾，可根据具体情况划分成几个系统。

商场的空调经常采用集中式全空气系统，这是商场空调的典型方式。采用这种方式是因为空调处理设备放置在机房内，运转、维修方便；能对空气进行过滤，能减小振动和噪声的传播，但机房占用面积大。图 7－13 为商场空调最常用的标准空调方式的系统图。

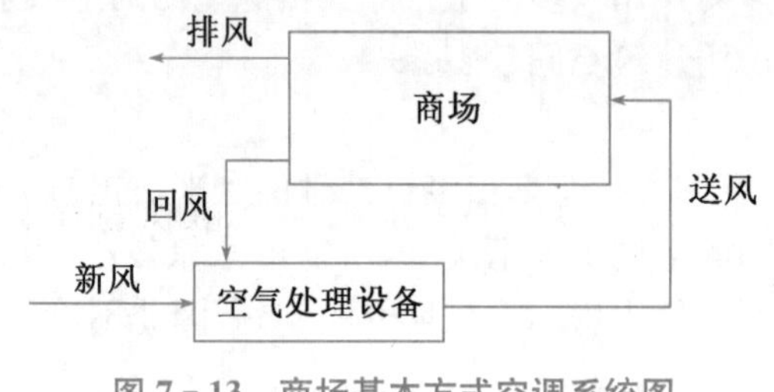

图 7－13　商场基本方式空调系统图

2. 风机盘管加新风空调系统

(1) 工作原理

风机盘管加新风空调系统属于半集中式空调系统，也属于空气—水系统。它由风机盘管机组和新风系统两部分组成。风机盘管设置在空调系统内作为系统的末端装置，将流过机组盘管的室内循环空气冷却、加热后送入室内；新风系统是为了保证人体健康的卫生要求，给房间补充一定的新鲜空气。通常室外新风经过处理后，送入空调房间。

这种空调系统主要有三种新风供给方式：

① 靠渗入室外新鲜空气补给新风，这种方法比较经济，但是室内的卫生条件较差。

② 墙洞引入新风直接进入机组，这种做法常用于要求不高或旧建筑中增设空调的

场合。

③ 独立新风系统，由设置在空调机房的空气处理设备把新风集中处理到一定参数，然后送入室内。新风一般单独接入室内，如图 7－14 所示。

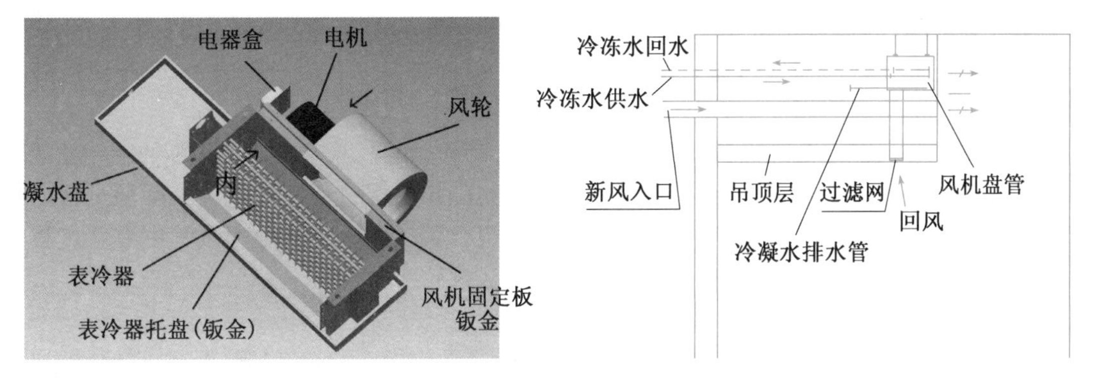

图 7－14 风机盘管外形及安装示意图

(2) 系统的应用

风机盘管加新风空调系统具有半集中式空调系统和空气-水系统的特点。目前这种系统已广泛应用于宾馆、办公楼、公寓等商用或民用建筑。

对于大型办公楼(建筑面积超过 1 万平方米)的周边区往往采用轻质幕墙结构，由于热容量较小，室内温度随室外空气温度的变化而波动明显。所以空调外区一般冬季需要供热，夏季需要供冷。内区由于不受室外空气和日射的直接影响，室内负荷主要是人体、照明和设备发热，全年基本上是冷负荷，且全年负荷变化较小，为了满足人体需要，新风量较大。所以针对负荷特点，内区可以采用全空气系统或全新风系统，外区采用风机盘管系统。

对于中小型办公楼，由于建筑面积较小或平面形状呈长条形，通常不分内外区，可以采用风机盘管加新风系统空调方式。

对于客房空调一般多采用风机盘管加新风系统的典型方式。客房风机管道常用的有四种方式：

① 卧室暗装型一般安装在客房过厅的吊顶内，通过送风管道及风口把处理后的空气送入室内，对室内特别是吊顶的装修较为有利；但是检修困难，尤其是吊顶不可拆卸时，必须预留专门的检修入孔。

② 立式明装型一般安装于窗下地面上，安装方便，检修时可直接拆下面板。其水管通常从该层楼板下穿上来，在机组内留有专门的接管空间。这种方式占用部分室内面积。

③ 卧式明装型它不占用地板面积和吊顶空间，但是它的水管连接较为困难，因此通常靠近管道竖井隔墙安装。

④ 立式暗装型由于装修的要求，机组被装修材料遮掩，对机组外表面的美观要求较低，但是检修工作量相对大一些，需要与装修工程配合。

7.2.4 空气处理设备

1. 基本的空气处理方法

在空调系统中，通过使用各种设备及技术手段使空气的温度、湿度等参数发生变化，最终达到要求的状态。对空气的主要处理过程包括热湿处理与净化处理两大类，其中热湿处理是最基本的处理方式。

最简单的空气热湿处理过程可分为四种：加热、冷却、加湿、除湿。所有实际的空气处理过程都是上述各种单一过程的组合，如夏季最常用的冷却去湿过程就是除湿与降温过程的组合，喷水室内的等焓加湿过程就是加湿与降温的组合。在实际空气处理过程中有些过程往往不能单独实现，如降温有时伴随着除湿或加湿。

(1) 加热

单纯的加热过程是容易实现的。主要的实现途径是用表面式空气加热器或电加热器加热空气。如果用温度高于空气温度的水喷淋空气，则会在加热空气的同时又使空气的湿度升高。

(2) 冷却

采用表面式空气冷却器或温度低于空气温度的水喷淋空气都可使空气温度下降。如果表面式空气冷却器的表面温度高于空气的露点温度，或喷淋水的水温等于空气的露点温度，则可实现单纯的降温过程；如果表面式空气冷却器的表面温度或喷淋水的水温低于空气的露点温度，则空气会实现冷却去湿过程；如果喷淋水的水温高于空气的露点温度，则空气会实现冷却加湿的过程。

(3) 加湿

单纯的加湿过程可通过向空气加入干蒸汽来实现。直接向空气喷入水雾可实现等焓加湿过程。

(4) 除湿

除了可用表面式空气冷却器与喷冷水对空气进行减湿处理外，还可以使用液体或固体吸湿剂来进行除湿。液体吸湿是利用某些盐类水溶液对空气的水蒸气的强吸收作用来对空气进行除湿，方法是根据要求的空气处理过程的不同(降温、加热或等温)用一定浓度和温度的盐水喷淋空气。固体吸湿剂是利用有大量孔隙的固体吸附剂(如硅胶)对空气中的水蒸气的表面吸附作用来承受的。但在吸附过程中固体吸附剂会放出一定的热量，所以空气在除湿过程中温度会升高。

2. 典型的空气处理设备

(1) 表面式换热器

表面式换热器是空调工程中最常用的空气处理设备，它的优点是结构简单、占地少、水质要求不高、水侧的阻力小。目前应用的这类设备都由肋片管组成，管内流通冷水、热水、蒸汽或制冷剂，空气经过管外通过管壁与管内介质换热。制作材料有铜、钢和铝。使用时一般用多排串联，便于提高空气的换热量；如果通过的空气量较大，为避免迎风风速过大，也可以多个并联。表面式换热器可分为表面式空气加热器与表面式空气冷却器两类：

① 表面式空气加热器用热水或蒸汽做热媒，可实现对空气的等湿加热。

② 表面式空气冷却器用冷水或制冷剂做冷媒，因此又可分为冷水式与直接蒸发式两

种。其中直接蒸发式冷却器就是制冷系统中的蒸发器。使用表面式冷却器可实现空气的干式冷却或湿式冷却过程，过程的实现取决于表面式冷却器的表面温度是高于还是低于空气的露点温度。

表面式换热器的冷热水管上一般装有阀门，用来根据负荷的变化调节水的流量，以保证出口空气参数符合控制要求。风机盘管机组中的盘管就是一种表面式换热器，空调机组中的空气冷却器是直接蒸发式冷却器。

(2) 喷水室

喷水室的空气处理方法是向流过的空气直接喷淋大量的水滴，被处理的空气与水滴接触，进行热湿处理，达到要求的状态。喷水室由喷嘴、水池、喷水管路、挡水板、外壳等组成，如图 7－15 所示。它的优点是能够实现多种空气处理过程，具有一定的空气净化能力，耗费金属少，容易加工，缺点是占地面积大，对水质要求高，水系统复杂，水泵耗电大等，而且要定期更换水池中的水，耗水量比较大。目前在一般建筑中已很少使用，但在纺织厂、卷烟厂等以调节湿度为主要任务的场合仍大量使用。

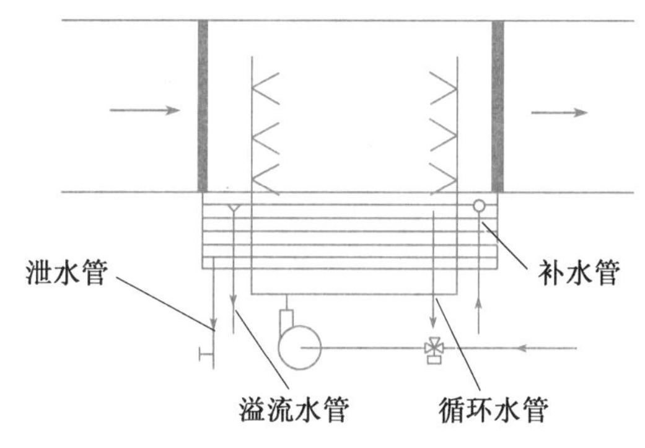

图 7－15　喷水室构造原理

(3) 加热与除湿设备

① 喷蒸汽加湿器

蒸汽喷管是最简单的加湿装置，它由直径略大于供气管的管段组成，管段上开有多个小孔。蒸汽在管网压力作用下由小孔喷出，混入空气中。为保证喷出的蒸汽中不夹带冷凝水滴，蒸汽喷管外有保温套管，如图 7－16 所示。使用蒸汽喷管需要由集中热源提供蒸汽，它的优点是节省动力用电，加湿稳定迅速，运行费用低，因此在空调工程中应用广泛。

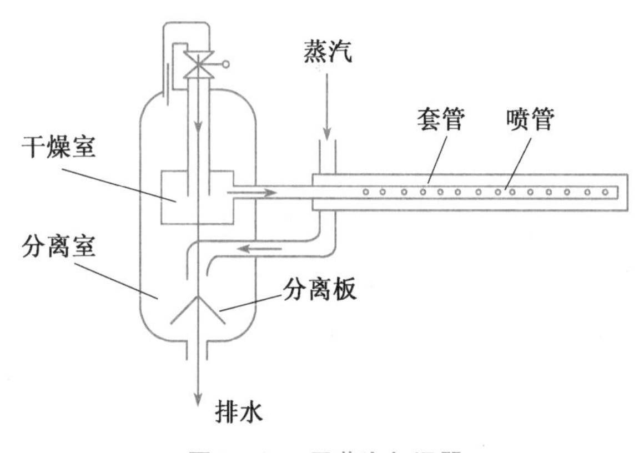

图 7－16　干蒸汽加湿器

② 电加湿器

电加湿器是一种喷蒸汽的加湿器，它是利用电能使水汽化，然后用短管直接将蒸汽喷入空气中，电加湿器包括电热式和电极式两种。电热式加湿器是由管状电热元件置于水槽中做成的。电热元件通电后加热水至沸腾产生蒸汽。为了防止断水空烧，补水通常采用浮球阀自动控制；为了避免蒸汽中夹带水滴，在电热加湿器的后面应装蒸汽过热器；为了减少加湿器的热耗和电耗，电热式加湿器的外壳应做好保温。电极式加湿器是利用三根不锈钢棒或镀铬铜棒做电极，插入水容器中组成。以水作为电阻，通电之后水被加热产生蒸汽；蒸汽由排气管送到空气里，水位越高、导热面积越大，通过电流越强，产生的蒸汽也越多；通过改变溢流管的高低来调节水位的高低，从而调节加湿量。使用电极式加湿器时，应注意外壳要有良好的接地，使用中要经常排污并定期清洗。

这两种电加湿器的缺点是耗电量大，电热元件与电极上易结垢，优点是结构紧凑，加湿量易于控制，经常应用于小型空调系统中。

③ 冷冻除湿机

冷冻除湿机是由制冷系统与送风装置组成的。其中制冷系统的蒸发器能够吸收空气中的热量，并通过压缩机的作用，把所吸收的热量从冷凝器排到外部环境中去。冷冻除湿机的工作原理是由制冷系统的蒸发器将要处理的空气冷却除湿，再由制冷系统的冷凝器把冷却除湿后的空气加热。这样处理后的空气虽然温度较高，但湿度很低，适用于只需要除湿，而不需要降温的场合。

④ 氯化锂转轮除湿机

这是一种固体吸湿剂除湿设备，是由除湿转轮传动机构外壳风机与再生电加热器组成，如图 7－17 所示。它利用含有氯化锂和氯化锰晶体的石棉纸来吸收空气中的水分。吸湿纸做的转轮缓慢转动，要处理的空气流过 3/4 面积的蜂窝状通道被除湿，再生空气经过滤器与加热器进入另 1/4 面积通道，带走吸湿纸中的水分排出室外。这种设备吸湿能力强，维护管理简单，是比较理想的除湿设备。

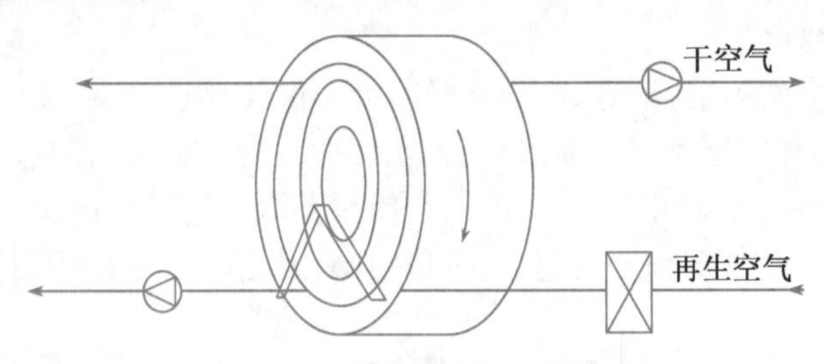

图 7－17　转轮除湿机工作原理

⑤ 电加热器

电加热器是让电流通过电阻丝发热来加热空气的设备。其优点是加热均匀、热量稳定、易于控制、结构紧凑，可以直接安装在风管内，缺点是电耗高。因此一般用于温度精度要求较高的空调系统和小型空调系统，加热量要求大的系统不宜采用。电加热器有裸线式和管式两种类型。裸线式电加热器的电阻丝直接暴露在空气中，空气与电阻丝直接接触，加热迅速，结构简单，但容易断丝漏电，安全性差。管式电加热器是将电阻丝装在特制的金属套管内，中间填充导热性能好的电绝缘材料，如结晶氧化镁等。这种电热管有棒形、蛇形和螺旋形等多种形式。

通过电加热器的风速不能过低，以避免造成电加热器表面温度过高。通常电加热器和通风机之间要有启闭连锁装置，只有通风机运转时，电加热器才能接通。

3. 组合式空调机组

组合式空调机组也称为组合式空调器，是将各种空气热湿处理设备和风机、阀门等组合成一个整体的箱式设备。箱内的各种设备可以根据空调系统的组合顺序排列在一起，能够实现各种空气的处理功能。可选用定型产品，也可自行设计。如图 7－18 所示是一种组合式空调机组。

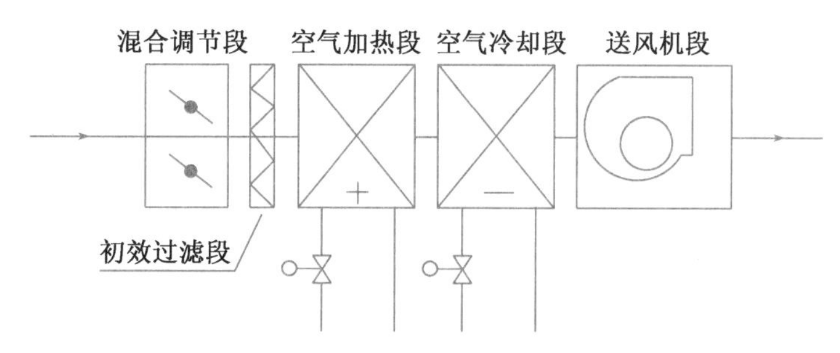

图 7－18 组合式空调机组的形式

4. 局部空调机组

局部空调机组属于直接蒸发表冷式空调机组。它是指一种由制冷系统、通风机、空气过滤器等组成的空气处理机组。

根据空调机组的结构形式分为整体式、分体式和组合式三种。整体式空调机组是指将制冷系统、通风机、空气过滤器等组合在一个整体机组内，如窗式空调器。分体式空调机组是指将压缩机和冷凝器及冷却冷凝器的风机组成室外机组，蒸发器和送风机组成室内机组，两部分独立安装，如家用壁挂式空调器。组合式空调机是指压缩机和冷凝器组成压缩冷凝机组，蒸发器、送风机、加热器、加湿器、空气过滤器等组成空调机组，两部分可以装在同一房间内，也可以分别装在不同房间内。相对于集中式空调系统而言，局部空调机组投资低、设备结构紧凑、体积小、占机房面积少、安装方便；但设备噪声较大，对建筑物外观有一定影响。局部空调机组不带风管，如需接风管，用户可自行选配。局部空调机组一般无防震要求，可直接放在一般地面上或混凝土基础上；有防震要求时，要做防震基础或垫橡胶垫、弹簧减震器等减震措施。若机组安装在楼板上，则楼板荷重不应低于机组荷重。

7.2.5 空调冷源及制冷机房

空调冷源和制冷原理

1. 空调冷源和制冷原理

空调工程中使用的冷源，有天然和人工两种。

天然冷源包括一切可能提供低于正常环境温度的天然物质，如深井水、天然冰等。其中地下水是常用的天然冷源。在我国的大部分地区，用地下水喷淋空气都具有一定的降温效果，特别是北方地区，由于地下水的温度较低（如东北地区的北部和中部约为 4～12 ℃）可以采用地下水来满足空调系统降温的需要。但必须强调指出，我国水资源不够丰富，在北方尤其突出。许多城市，由于对地下水的过分开采，导致地下水位明显降低，甚至造成地面沉陷。因此，节约用水和重复利用水是空调技术中的一项重要课题。此外，各地地下水的温度也并非都能满足空调要求。

由于天然冷源受时间、地区、气候条件的限制，不可能总能满足空调工程的要求，因此，目前世界上用于空调工程的主要冷源依然是人工冷源。人工制冷的设备叫作制冷机。

空调工程中使用的制冷机有压缩式、吸收式和蒸汽喷射式三种，其中以压缩式制冷机应用最为广泛。

(1) 压缩式制冷

压缩式制冷机的工作原理，是利用“液体汽化时要吸收热量”这一物理特性，通过制冷剂的热力循环，以消耗一定量的机械能作为补偿条件来达到制冷的目的。

压缩式制冷机是由制冷压缩机、冷凝器、膨胀阀和蒸发器等四个主要部件组成，并用管道连接，构成一个封闭的循环系统。制冷剂在制冷系统中历经蒸发、压缩、冷凝和节流四个热力过程，如图 7-19 所示。

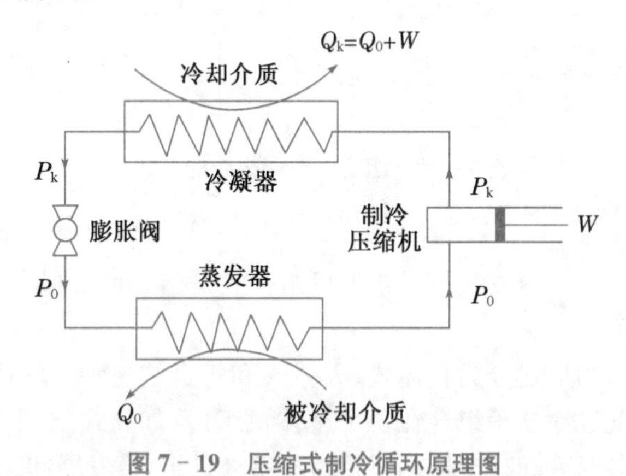

图 7-19　压缩式制冷循环原理图

在蒸发器中，低温低压的制冷剂液体吸收被冷却介质(如冷水)的热量，蒸发成低温低压的制冷剂蒸汽，每小时吸收的热量 Q_0 即为制冷量。

低温低压的制冷剂蒸汽被压缩机吸入，并被压缩成高温高压的蒸汽后排入冷凝器，在压缩过程中，制冷压缩机消耗机械功 W。

在冷凝器中，高温高压的制冷剂蒸汽被冷却水冷却，冷凝成高压的液体，放出热量 Q_k ($Q_k=Q_0+W$)。

从冷凝器排出的高压液体，经膨胀阀节流后变成低温低压的液体，进入蒸发器再行蒸发制冷。

由于冷凝器中所使用的冷却介质(水或空气)的温度比被冷却介质的温度高得多，因此上述人工制冷过程实际上就是从低温物质夺取热量而传递给高温物质的过程。由于热量不可能自发地从低温物体转移到高温物体，故必须消耗一定量的机械功 W 作为补偿条件，正如要使水从低处流向高处时，需要通过水泵消耗电能才能实现一样。

以前常用的制冷剂有氨和氟利昂。氨有良好的热力学性能，价格便宜，但有强烈的刺激作用，对人体有害，且易燃易爆。氟利昂是饱和碳氢化合物的卤族衍生物的总称，种类很多，可以满足各种制冷要求，目前国内常用的是 R12 和 R22。这种制冷剂的优点是无毒无臭，无燃烧爆炸危险，但价格高，极易渗漏并不易发现。中小型空调制冷系统多采用氟利昂做制冷剂。

但1979年科学家们发现，由于氟利昂的大量使用与排放，已造成地球大气臭氧层的明显衰减，局部甚至形成臭氧空洞，也是导致全球气候变暖的主要原因之一。因此联合国环境规划署于1992年制定了全面禁止使用氟利昂的蒙特利尔协定书。我国政府也于1993年制订了逐步淘汰消耗臭氧层物质的实施方案，因此寻找新的替代工质成为空调制冷行业面临的重要课题。

(2) 吸收式制冷

吸收式制冷的工作原理与压缩式制冷基本相似，不同之处是用发生器、吸收器和溶液泵代替了制冷压缩机，如图7-20所示。吸收式制冷不是靠消耗机械功来实现热量从低温物质向高温物质的转移传递，而是靠消耗热能来实现这种非自发的过程。

在吸收式制冷机中，吸收器相当于压缩机的吸入侧，发生器相当于压缩机的压出侧。

低温低压的液态制冷剂在蒸发器中吸热蒸发成为低温低压的制冷剂蒸汽后，被吸收器中的液态吸收剂吸收，形成制冷剂—吸收剂溶液，经溶液泵升压后进入发生器。在发生器中，该溶液被加热、沸腾，其中沸点低的制冷剂变成高压制冷剂蒸汽，与吸收剂分离，然后进入冷凝器液化，经膨胀阀节流的过程与压缩式制冷一致。

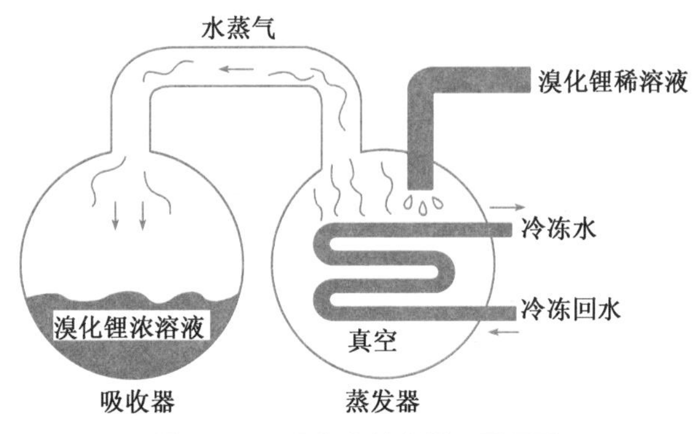

图7-20 吸收式制冷循环原理图

吸收式制冷目前常用的有两种工质，一种是溴化锂—水溶液，其中水是制冷剂，溴化锂为吸收剂，制冷温度为0℃以上；另一种是氨—水溶液，其中氨是制冷剂，水是吸收剂，制冷温度可以低于0℃。

吸收式制冷可利用低位热能(如0.05 MPa蒸汽或80℃以上热水)用于空调制冷，因此有利用余热或废热的优势。由于吸收式制冷机的系统耗电量仅为离心式制冷机的20%左右，在供电紧张的地区可选择使用。

2. 制冷压缩机的种类

制冷压缩机是压缩式制冷装置的一个重要设备。制冷压缩机的形式很多，根据工作原理的不同，可分为容积型和速度型压缩机两类。容积型压缩机是靠改变工作腔的容积，周期性地吸入气体并压缩。常用的容积型压缩机有活塞式压缩机、螺杆式压缩机、滚动转子压缩机和涡旋式压缩机，应用较广的是活塞式压缩机和螺杆式压缩机。速度型压缩机是靠机械的方法使流动的蒸汽获得很高的流速，然后再急剧减速，使蒸汽压力提高。这类压缩机包括离心式和轴流式两种，应用较广的是离心式制冷压缩机。

(1) 活塞式压缩机

活塞式压缩机是应用最为广泛的一种制冷压缩机，它的压缩装置由活塞和汽缸组成。

活塞式压缩机有全封闭式、半封闭式和开启式三种构造形式。全封闭式压缩机一般是小型机，多用于空调机组中；半封闭式除用于空调机组外，也常用于小型的制冷机房中；开启式压缩机一般都用于制冷机房中。氨制冷压缩机和制冷量较大的氟利昂压缩机多为开启式。

(2) 离心式压缩机

离心式压缩机是靠离心力的作用，连续地将所吸入的气体压缩。离心式压缩机的特点是制冷能力大，结构紧凑，重量轻，占地面积少，维修费用低，通常可在30%～100%负荷范围内无级调节。

(3) 螺杆式压缩机

螺杆式压缩机是回转式压缩机中的一种，这种压缩机的汽缸内有一对相互啮和的螺旋形阴阳转子(即螺杆)，两者相互反向旋转。转子的齿槽与汽缸体之间形成V形密封空间，随着转子的旋转，空间容积不断发生变化，周期性地吸入并压缩一定量的气体。与活塞式压缩机相比，其特点是效率高、能耗小，可实现无级调节。

3. 制冷系统其他各主要部件

在制冷系统中，除了压缩机，还有蒸发器、冷凝器和膨胀阀等部件，下面简要介绍一下制冷系统中的其他主要设备。

(1) 蒸发器

蒸发器有两种类型，一种是直接用来冷却空气的，称为直接蒸发式表面冷却器，这种类型的蒸发器只能用于无毒害氟利昂系统，直接装在空调机房的空气处理室中。另一种是冷却盐水或普通水用的蒸发器，在这种类型的蒸发器中，氨制冷系统常采用一种水箱式蒸发器，其外壳是一个矩形截面的水箱，内部装有直立管组或螺旋管组。另外还有一种卧式壳管式蒸发器，可用于氨和氟利昂制冷系统。

(2) 冷凝器

空调制冷系统中常用的冷凝器有立式壳管式和卧式壳管式两种。这两种冷凝器都是以水作为冷却介质，冷却水通过圆形外壳内的许多钢管或铜管，制冷剂蒸汽在管外空隙处冷凝。

立式冷凝器用于氨制冷系统，它的特点是占地小，可以装在室外，可以在系统运行中清洗水管，对冷却水水质的要求可以放宽一些。缺点是冷却水与氨只能进行比较有效地热交换，因而耗水量比较大，适用于水质较差、水温较高而水量充足的地区。

卧式冷凝器在氨和氟利昂制冷系统中均可使用。这种冷凝器可以装于室内或室外，也可装置在贮液器的上方。必须停止运行才能清洗水管。适用于水质较好、水温较低、水量充足的地区。

(3) 膨胀阀

膨胀阀在制冷系统中的作用是：

① 保证冷凝器和蒸发器之间的压力差。这样可以使蒸发器中的液态制冷剂在要求的低压下蒸发吸热；同时，使冷凝器中的气态制冷剂在给定的高压下放热、冷凝。

② 供给蒸发器一定数量的液态制冷剂。供液量过少，将使制冷系统的制冷量降低；供液量过多，部分液态制冷剂来不及在蒸发器内汽化，就随同气态制冷剂一起进入压缩机，引起湿压缩甚至冲缸事故。

常用的膨胀阀有手动膨胀阀、浮球式膨胀阀、热力膨胀阀等。

通过计算合理地选择各种设备和部件，并设计各有关管道使之正确地将各设备和部件连接起来，这样就组成了一个空调制冷系统。

目前，以水作为冷媒的空调系统，常采用冷水机组作为冷源。所谓冷水机组，就是将制冷系统中的制冷压缩机、冷凝器、蒸发器、附属设备、控制仪器、制冷剂管路等全套零部件组成一个整体，安装在同一底座上，可以整机出厂运输和安装，图 7－21 为 YEWS 系列冷水机组的外形图，机组使用时，只要在现场连接电源及冷水的进出水管即可。

冷水机组具有外形美观、结构紧凑、安装调试和操作管理方便等优点，因而得到了广泛的应用。

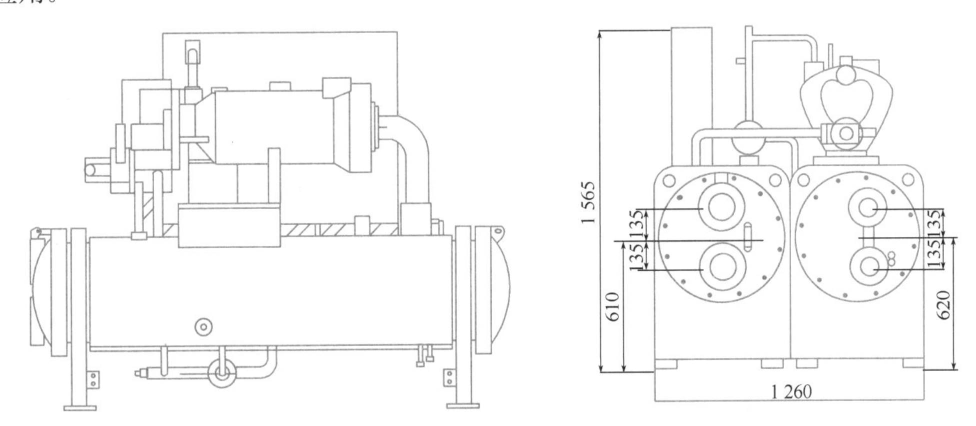

图 7－21　YEWS 型冷水机组的外形图

4. 热泵

目前，许多建筑都采用热泵机组。所谓热泵，即制冷机组消耗一定的能量由低温热源取热，向需热对象供应更多的热量的装置。使用一套热泵机组既可以在夏季制冷，又可以在冬季供热。如图 7－22 所示。

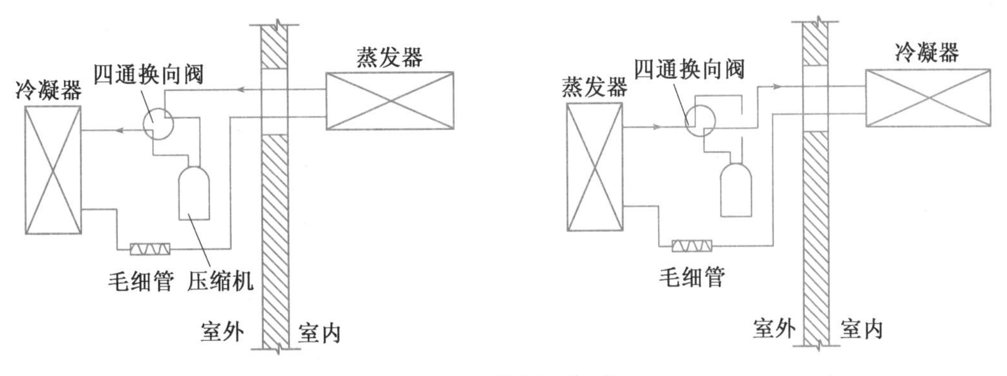

图 7－22　热泵工作原理

热泵取热的低温热源可以是室外空气、地面或地下水、太阳能、工业废热，以及其他建筑物的废热等。由此，利用余热是有效利用低温热能的一种节能技术手段。

目前经常使用的热泵通常有空气源热泵和水源热泵两大类。

空气源热泵通过对外界空气的放热进行制冷，通过吸收外界空气的低位热量经过氟介质气化，然后通过压缩机压缩后增压升温，再通过换热器转化给水加热，压缩后的高温热能以此来加热水温。这种热泵机组随着室外温度的下降，其性能系数明显下降，当室外温度下降到一定温度时(大约在−5～−10 ℃),该机组将无法正常运行,故该机组一般在长江以南地区应用较多。

空气源热泵的主要特点有:

(1) 用空气作为低温热源,取之不尽,用之不竭,到处都有,可以无偿地获取;

(2) 空调水系统中省去冷却水系统,无需另设锅炉房或热力站;

(3) 要求尽可能将空气源热泵冷水机组布置在室外,如布置在裙房楼顶上、阳台上等,这样可以不占用建筑物的有效面积;

(4) 安装简单,运行管理方便;

(5) 不污染使用场所的空气,有利于环保。

水源热泵是一种利用地球表面或浅层水源(如地下水、河流和湖泊等),或人工再生水源(工业废水、地热尾水等)的既可供热又可制冷的高效节能空调系统。水源热泵技术利用热泵机组实现低温热能向高温热能转移,将水体和地层蓄能分别在冬、夏季作为供暖的热源和空调的冷源,即在冬季把水体和地层中的热量“取”出来,提高温度后,供给室内采暖;在夏季把室内的热量取出来,释放到水体和地层中去。

水源热泵是利用了地球表面或浅层水源作为冷热源,进行能量转换的供暖空调系统。

地球表面水源和土壤是一个巨大的太阳能集热器,收集了47%的太阳能量,比人类每年利用能量的500倍还多。水源热泵技术利用储存于地表浅层近乎无限的可再生能源,为人们提供供暖空调,当之无愧地成为可再生能源一种形式。

水源热泵技术利用地下水以及地表水源的过程当中,不会引起区域性的地下以及地表水污染。实际上,水源水经过热泵机组后,只是交换了热量,水质几乎没有发生变化,经回灌至地层或重新排入地表水体后,不会造成对于原有水源的污染。可以说水源热泵是一种清洁能源方式。

地球表面或浅层水源的温度一年四季相对稳定,一般为10～25 ℃,冬季比环境空气温度高,夏季比环境空气温度低,是很好的热泵热源和空调冷源。这种温度特性使得水源热泵的制冷、制热系数可达3.5～5.5。

7.2.6 空调制冷水及冷却水系统

1. 制冷水系统

制冷水系统也称冷冻水系统,是中央空调系统的一个重要组成部分。空调冷冻水系统是指向用户供应冷量的空调水管系统,负责将制冷装置(冷水机组)制备的冷冻水输送到空气处理设备,是中央空调系统的一个重要组成部分,一般可分为开式系统和闭式系统。

(1) 开式系统

开式系统也称为重力式回水系统,如图7-23所示。当空调机房和冷冻站有一定高差且距离较近时,回水借重力自流回冷冻站;使用壳管式蒸发器的开式回水系统,须设置回水池。由于开式系统有贮水池或喷水室,使得水在系统中循环流动时,要与大气或被处理的空气接触,并会引起水量的变化。此系统结构简单,不设置回水泵,调节方便,工作稳定。

开式系统常采用定流量系统,其特点是需要设置冷水箱和回水箱,系统流量大,制冷装置采用水箱式蒸发器,用于喷水室冷却系统。

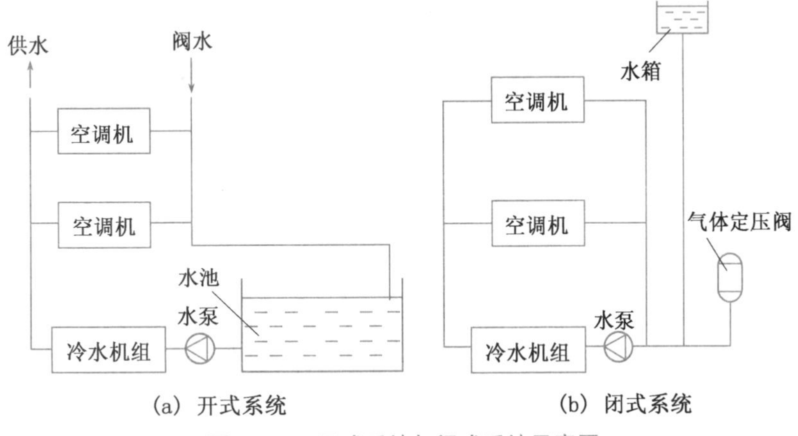

(a) 开式系统　　(b) 闭式系统

图7-23　开式系统与闭式系统示意图

(2) 闭式系统

闭式系统也称为压力式回水系统,水封闭在管路中循环流动,如图7-23所示。为了使水在温度变化时有体积膨胀的余地,闭式系统均需在系统的最高点设置膨胀水箱,膨胀水箱的膨胀管一般接到水泵的入口上,也有接在集水器或回水主管上。由于闭式系统在系统最高点设置膨胀水箱,整个系统充满水时,冷冻水泵的扬程只需克服系统的流动阻力,因此冷冻水泵运行费用少。

闭式系统常采用变流量系统,其特点是水和外界空气接触少,可减缓对管道的腐蚀,制冷装置采用壳管式蒸发器,常用于表面式冷却器的冷冻水系统。

2. 冷却水系统

空调冷却水系统是水冷冷水机组必须设置的系统,冷却水是冷水机组的冷凝器和压缩机的冷却用水,在正常工作时,使用后仅水温升高,水质不受污染。

冷却水系统按供水方式可分为直流式供水和循环式供水两种。

(1) 直流供水系统

直流供水系统将井水、河水或自来水直接打入冷凝器中,升温后的冷却水直接排入河道或下水道,不再重复使用。这种系统设备简单、管理方便,但耗水量大。

(2) 循环冷却水系统

循环冷却水系统是将通过冷凝器后温度升高的冷却水用冷却水泵打入冷却塔,经过降温处理后,再送入冷凝器循环使用的冷却系统。冷却塔按通风方式可分为:

① 自然通风冷却。使用冷却塔或冷却喷水池,靠自然通风使冷却水降温。

② 机械通风冷却。使用风机通风冷却塔或喷射式冷却塔使冷却水降温。

7.3 通风空调工程施工图的识读

7.3.1 通风空调工程施工图的基本规定

通风空调工程施工图的基本规定

通风空调系统施工图的一般规定应符合《建筑给水排水制图标准》(GB/T 50106—2010)、《暖通空调制图标准》(GB/T 50114—2010)、《供热工程制图标准》(CJJ/T 78—2010)的规定。

通风空调施工图的识读时应注意以下几点。

1. 比例

通风空调工程施工图比例,宜选用表7-1中所列比例。

表7-1 通风空调工程施工图常用比例

名称	比例
总平面图	1∶500、1∶1 000、1∶2 000
平面图	与建筑专业比例一致,一般1∶100、1∶150
剖面图等基本图	1∶50、1∶100、1∶150、1∶200
大样图、详图	1∶1、1∶2、1∶5、1∶10、1∶20、1∶50
工艺流程图、系统图	无比例

2. 风管规格标注

低压流体输送用焊接管道应标注公称直径(DN),如DN25、DN50。

输送流体用无缝钢管、螺旋缝或直缝焊接钢管、铜管、不锈钢管,当需要注明外径和壁厚时,用"D(或ϕ)外径×壁厚"表示,如"D108×4""ϕ108×4"。

圆形风管的截面定型尺寸应以直径符号"ϕ"后跟以毫米为单位的数值表示。

矩形风管(风道)的截面定型尺寸应以"A×B"表示。"A"为风管断面尺寸的宽度,"B"为风管断面尺寸的高度,A、B单位均为毫米。如500×250。

3. 管道标高标注

水、气管道所注标高未予说明时,表示管中心标高。矩形风管所注标高未予说明时,表示管底标高;圆形风管所注标高未予说明时,表示管中心标高。

4. 系统及管道编号

一个工程设计中同时有供暖、通风、空调等两个及以上的不同系统时,应进行系统编号。暖通空调系统编号、入口编号,应由系统代号和顺序号组成。系统代号由大写拉丁字母表示,如表7-2所示,顺序号由阿拉伯数字表示。水、蒸汽管道代号如表7-3所示,风管代号如表7-4所示。

表7-2 系统代号

序号	代号	系统名称	序号	代号	系统名称
1	N	(室内)供暖系统	6	X	新风系统
2	L	制冷系统	7	H	回风系统
3	K	空调系统	8	P	排风系统
4	T	通风系统	9	JS	加压送风系统
5	J	净化系统	10	PY	排烟系统

表7-3 水、蒸汽管道代号

序号	代号	管道名称	序号	代号	管道名称
1	R	(供暖、生活、工艺用)热水管	5	LR	空调冷/热水管
2	Z	蒸汽管	6	LQ	空调冷却水管
3	N	凝结水管	7	n	空调冷凝水管
4	L	空调冷水管	8	RH	软化水管

表7-4 风管代号

序号	代号	风管名称	序号	代号	风管名称
1	K	空调风管	4	H	回风管
2	S	送风管	5	P	排风管
3	X	新风管	6	PY	排烟管或排风、排烟共用管道

5. 常用图例

通风空调工程施工图常用图例如见表7-5所示。

表7-5 通风空调工程施工图常用图例

序号	名称	图例	序号	名称	图例
管道阀门和附件			风道阀门和附件		
1	截止阀		1	风、烟道	
2	闸阀		2	天圆地方	
3	蝶阀		3	异径风管	
4	球阀		4	消声器	
5	安全阀		5	送风口	

（续表）

序号	名称	图例	序号	名称	图例
管道阀门和附件			风道阀门和附件		
6	电动阀		6	回(排)风口	
7	自动排气阀		7	风管上返	
8	止回阀		8	风管下返	
9	过滤器		9	防火阀	
10	温度计		10	手动对开多节调节阀	
11	压力表		11	电动对开多节调节阀	
12	丝堵或法兰盲板		12	弯头	
13	柔性接头		13	带倒流片弯头	
14	金属软管		14	三通	

7.3.2 通风空调工程施工图的组成

通风空调工程施工图由设计施工说明、设备材料明细表、通风空调系统平面图、剖面图、系统图、原理图、详图等组成。

通风空调工程施工图的组成

1. 设计施工说明

设计施工说明主要包括：通风空调系统的建筑概况；设计采用的标准规范；系统采用的设计气象参数；房间的设计条件（冬季、夏季空调房间的空气温度、相对湿度、平均风速、新风量、噪声等级、含尘量等）；系统的划分与组成（系统编号、服务区域、空调方式等）；要求自动控制的设计运行工况；风管系统和水系统的一般规定、风管材料及加工方法、管材、支吊架及阀门安装要求、保温、减震做法、水管系统的试压与冲洗等；设备的安装要求；设备的防腐要求等。

2. 通风空调系统平面图

通风空调系统平面图包括建筑物各层通风空调系统的平面图、空调机房平面图、制冷机房平面图等。

(1) 系统平面图

主要表示通风空调系统的设备、风管系统、冷热媒管道、凝结水管道的平面布置。

① 风管系统。包括风管系统的构成、布置及风管上各部件、设备的位置、并注明系统编号、送回风口的空气流向。一般用双线绘制。

② 水管系统。包括冷、热水管道、凝结水管道的构成、布置及水管上各部件、仪表、设备位置等,并注明各管道的介质流向、坡度。一般用单线绘制。

③ 空气处理设备。包括各处理设备的轮廓和位置。

④ 尺寸标注。包括各管道、设备、部件的尺寸大小、定位尺寸以及设备基础的主要尺寸,还有各设备、部件的名称、型号、规格等。

(2) 通风空调机房平面图

一般应包括空气处理设备、风管系统、水管系统、尺寸标注等内容。

① 空气处理设备。应注明按产品样本要求或标注图集所采用的空调器组合段代号、空调箱内风机、表面式换热器、加湿器等设备的型号、数量以及该设备的定位尺寸。

② 风管系统。包括与空调箱连接的送、回风管、新风管的位置及尺寸、用双线绘制。

③ 水管系统。包括与空调箱连接的冷、热媒管道、凝结水管的情况,用单线绘制。

3. 通风空调系统剖面图

剖面图与平面图对应,因此,剖面图主要有系统剖面图、机房剖面图、冷冻机房剖面图等,剖面图上的内容应与在平面图剖切位置上的内容对应一致,并标注设备、管道及配件的标高。

4. 通风空调系统图(轴测图)

通风空调系统图应包括系统中设备、配件的型号、尺寸、定位尺寸、数量以及连接于各设备之间的管道与空间的曲折、交叉、走向和尺寸、定位尺寸等,并应注明系统编号。系统图可用单线绘制也可用双线绘制。

5. 通风空调的原理图

通风空调的原理图主要包括:系统的原理和流程;空调房间的设计参数、冷热源、空气处理及输送方式;控制系统之间的相互连接;系统中的管道、设备、仪表、部件等;整个系统控制点与测点之间的联系;控制方案及控制点参数,用图例表示的仪表、控制元件型号等。

6. 通风空调详图

详图又称大样图,包括制作加工详图和安装详图。如果有国家通用标准图,则只标明图号,不用再绘制详图。如果没有标准图,就必须画出大样图,以便加工、制作和安装。

通风空调详图标明风管、部件及设备制作和安装的具体形式、方法和详细构造和加工尺寸。

7.3.3 通风空调工程施工图识读

以某大酒店通风空调施工图的识读为例。

图 纸 目 录

序号	图 名	图号
1	图纸目录 设计说明	空施—1/15
2	一层空调,通风管道平面	空施—2/15
3	二,三层空调水系统,通风平面	空施—3/15
4	二、三层空调,通风管道平面	空施—4/15
5	冷却塔平面布置图	空施—5/15
	冷却塔设备基础平面	
6	地下一层空调平面图	空施—6/15
7	空调水系统轴测图	—7/15
8	A——A 剖面	空施—8/15
9	B——B 剖面	空施—9/15
	C——C 剖面	
10	空调室内变风量空调机安装图	空施—10/15
	风机盘管安装示意图	
11	D——D 剖面	空施—11/15
	主材料表统计	
12	空调系统原理图	空施—12/15
13	地下一层自动喷水灭火平面图	空施—13/15
14	一层自动喷水灭火平面图	空施—14/15
15	二、三层自动喷水灭火平面图	空施—15/15
特别说明:本工程严格按国家有关强制性标准设计,请业主、承包商、监理三方认真阅读图纸,发现问题及时与本单位联系解决以免造成损失		

设计说明

1. 受某大酒店委托。对该酒店作中央空调系统及通风系统设计。

2. 餐厅大厅空调设计为全空气低风速风管系统。空调机悬吊式贴敷在装饰板下安装。各餐厅包箱空调采用风机盘管加新风系统。

3. 冬夏二季空调系统所需冷热源由设置在该楼地下室内的溴化锂制冷机组提供7℃的循环水;冬季由地下室内的节能型热交换器提供60℃的供水,其回水温度控制在50℃。冬夏二季空调系统合用一套水管路系统。

4. 空调系统所有设备型号及规格详见主设备采料表。

5. 空调供回管其保温材料采用橡树泡沫保温材料。凡管径小于40毫米保温层采用30毫米厚,大于40 mm的管道均采用50 mm厚的保温层。(做法见87R412)。

6. 空调循环管均采用热镀钢管。凡管径小于40 mm的采用丝扣连接;凡大于40 mm的管道均采用丝扣法兰连接。

7. 空调室外蒸气压力必须降到0.6 MPa后方能接到室内各用热设备。

8. 各餐厅包厢,大厅夏季空调温度设计为:27±2℃,冬季室内温度设计值为:20±2℃。

9. 系统安装完毕后,必须先冲洗替网(此时各末端装置进出口处阀门均关闭),待清洁无污物后,打开各处阀门,将压力调高到2.0 MPa,待20分钟后压力降<0.02 MPa为合格。

10. 各穿墙,楼板空调水管均安装套管,套管与紫铜管之间用保温材料填满,施工、安装过程中,必须按本图严格遵守执行。

11. 未详事项请按有关施工及验收规范《GB 50242-97》及《GB 50243-97》中有关条款执行。

12. 节能措施:依《江苏省民用建筑热环境与节能设计标准》DB32/478-2001条款。各空调循环泵,空调机组及风机盘管均选用暖通空调节能控制系统,以达到合理又节能的目的。

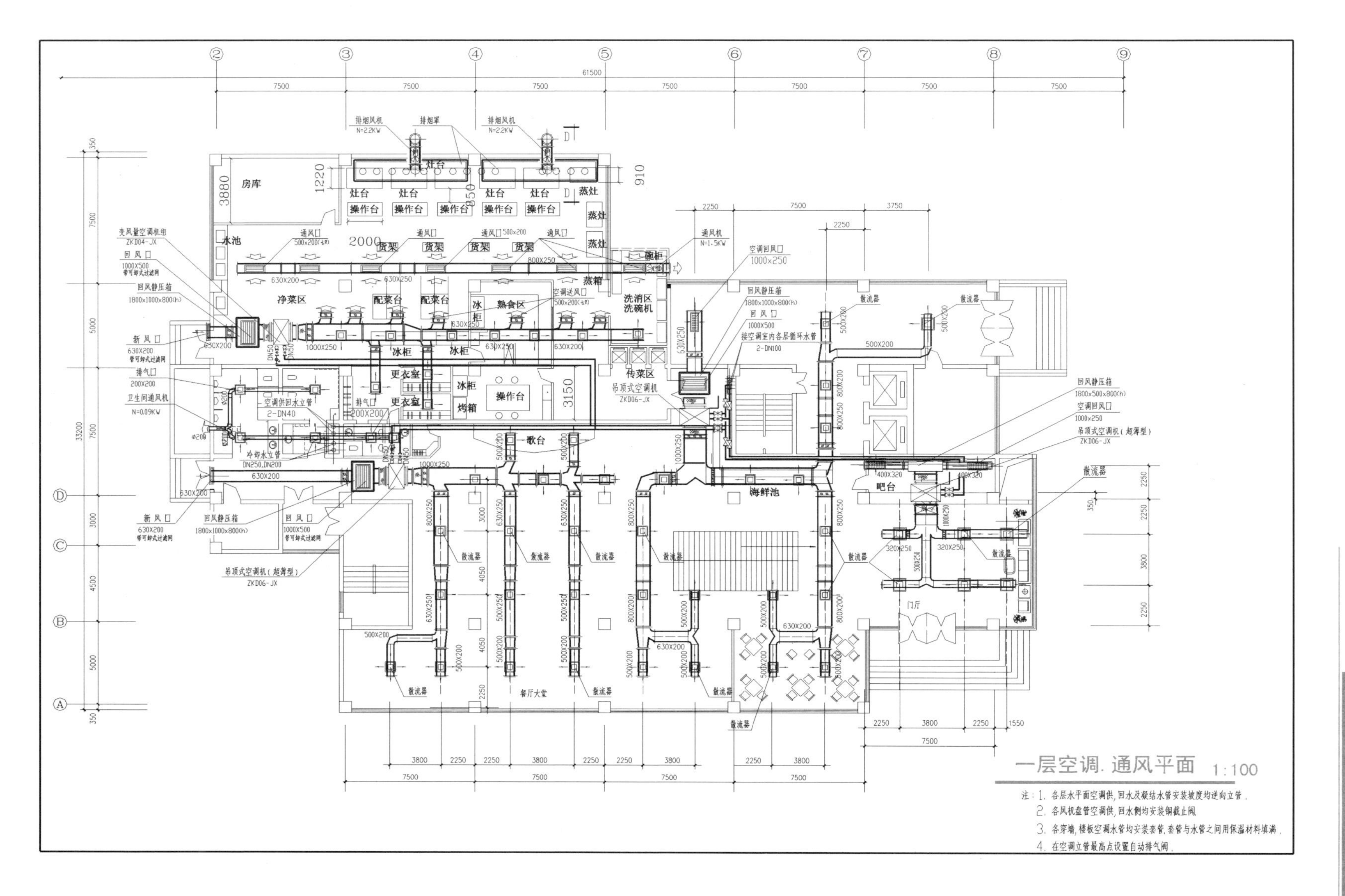
一层空调.通风平面 1:100
注：1. 各层水平面空调供，回水及凝结水管安装坡度均逆向立管。
2. 各风机盘管空调供，回水侧均安装铜截止阀。
3. 各穿墙，楼板空调水管均安装套管，套管与水管之间用保温材料填满。
4. 在空调立管最高点设置自动排气阀。

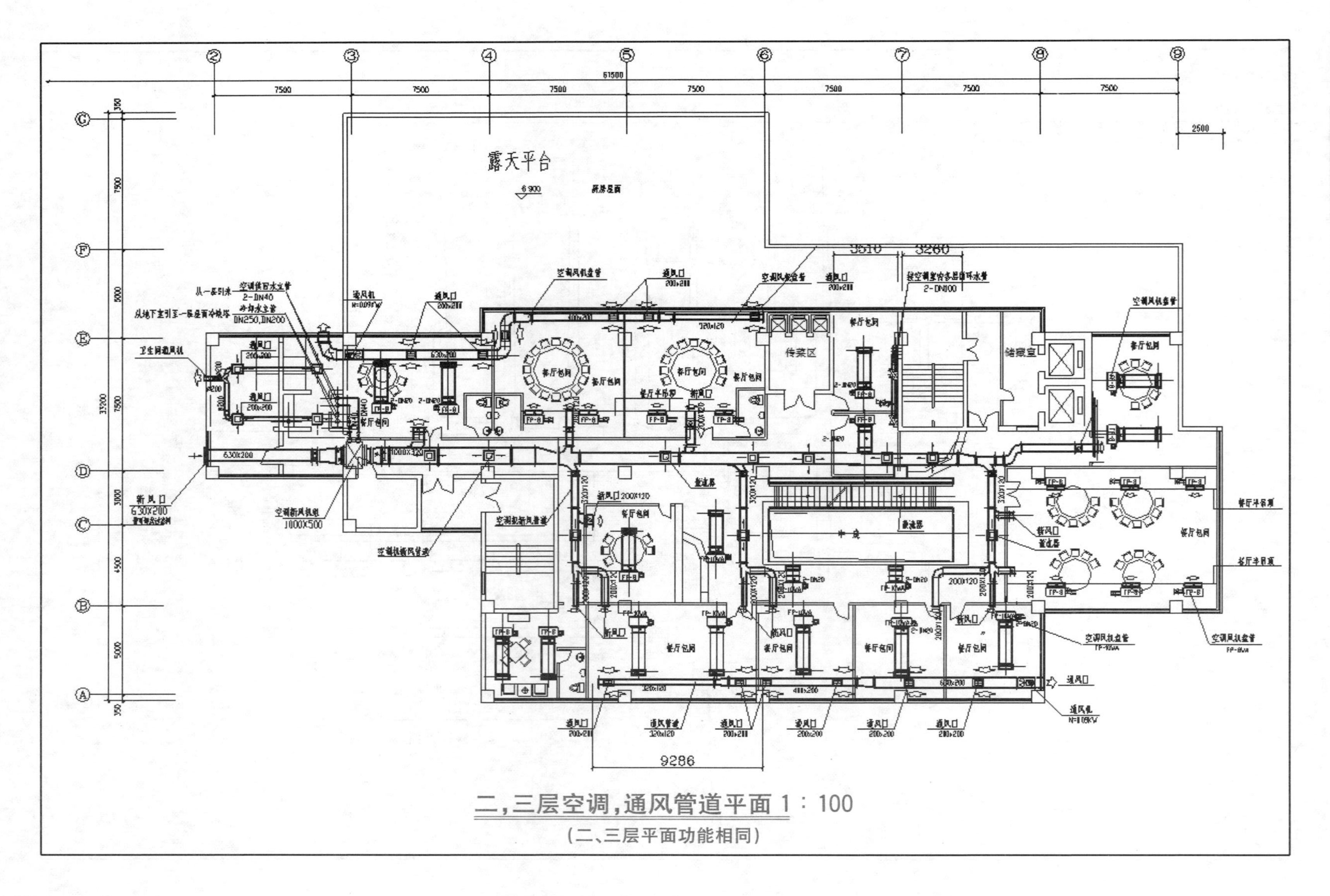
露天平台
61500
7500
9286
传菜区
储藏室
餐厅包间
二,三层空调,通风管道平面 1：100
(二、三层平面功能相同)

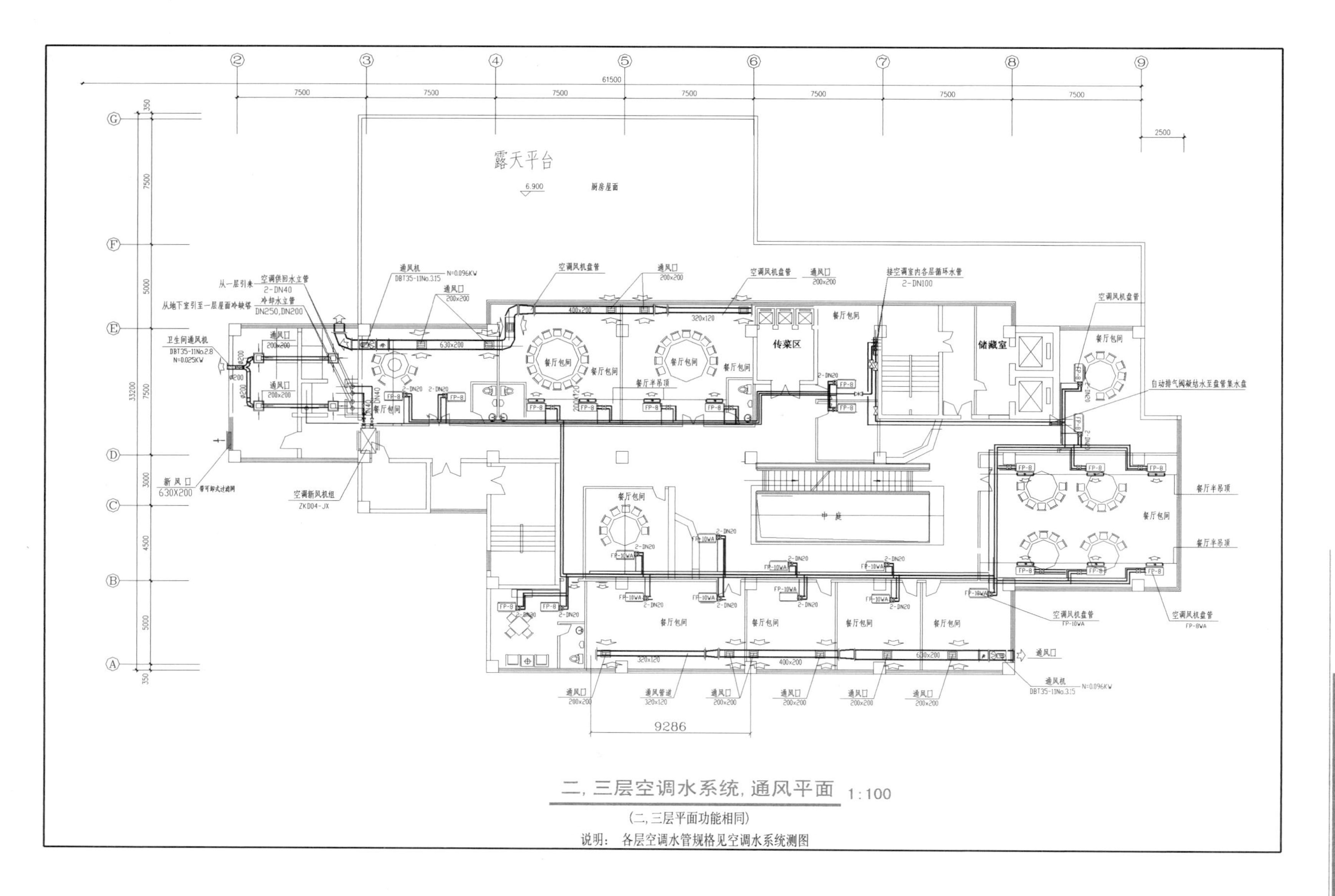

二，三层空调水系统，通风平面 1:100

（二，三层平面功能相同）

说明：各层空调水管规格见空调水系统测图

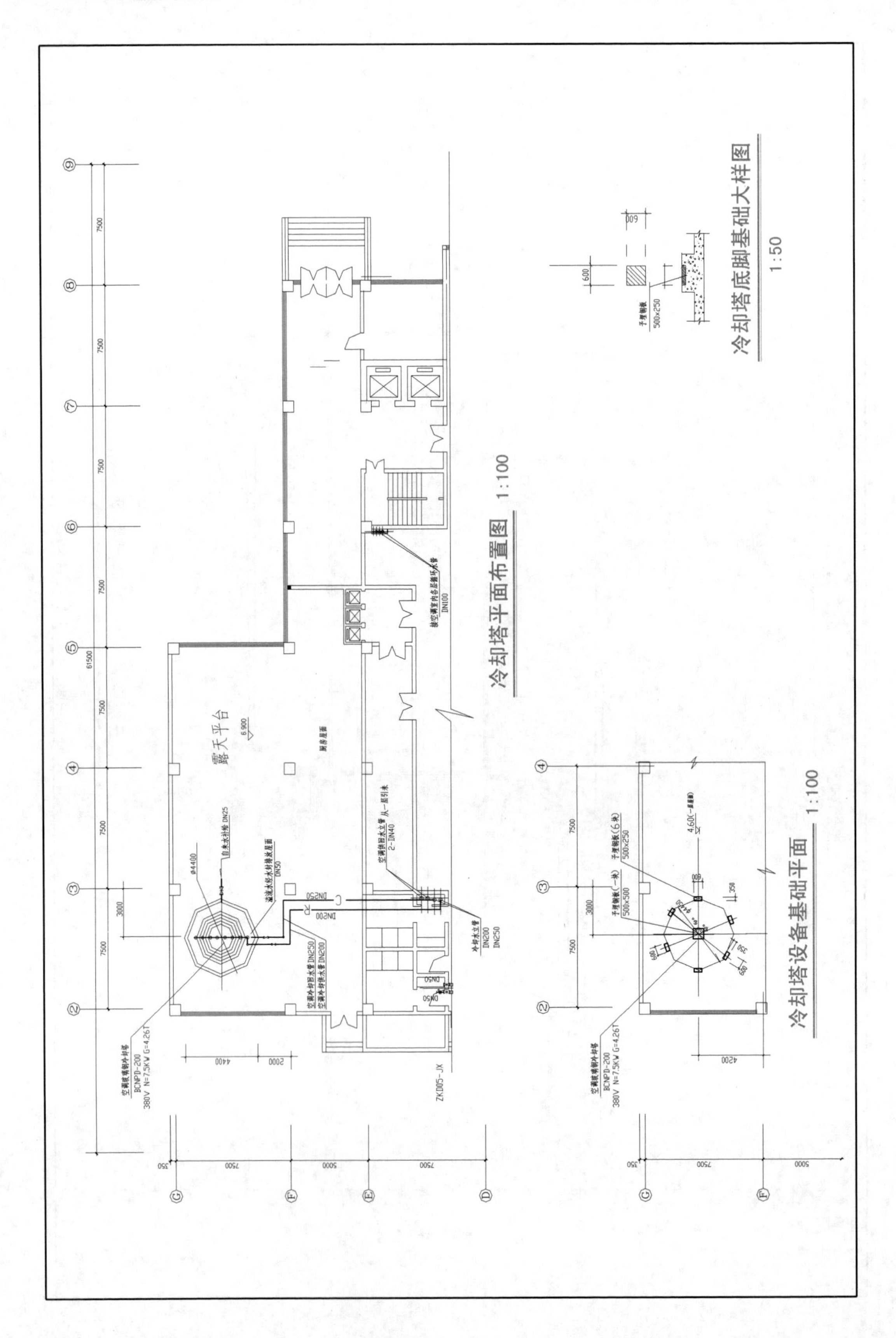
冷却塔平面布置图 1:100
冷却塔设备基础平面 1:100
冷却塔底脚基础大样图 1:50
露天平台
61500
7500
3000
4400
2000
ZKD05-JX

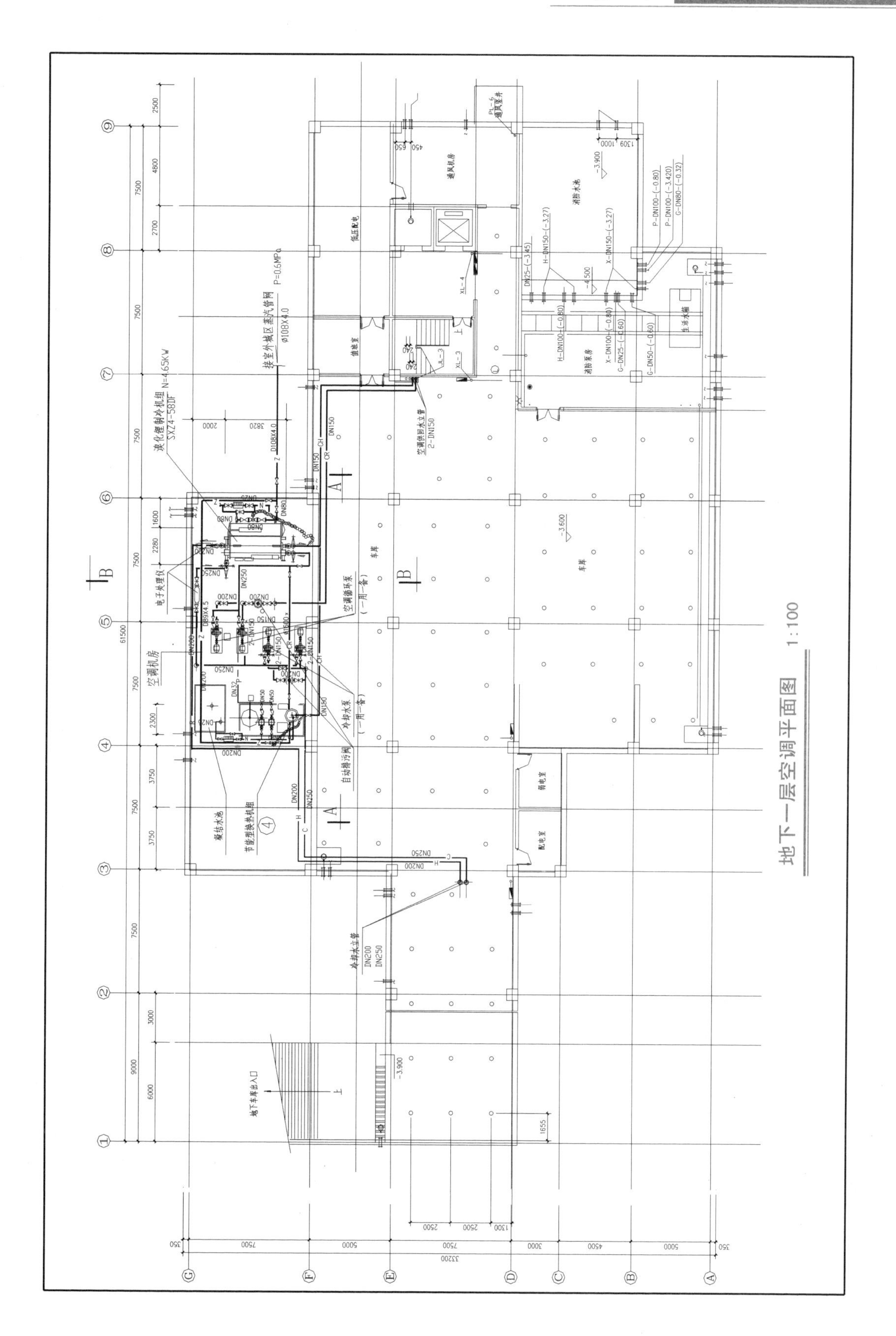

地下一层空调平面图 1:100

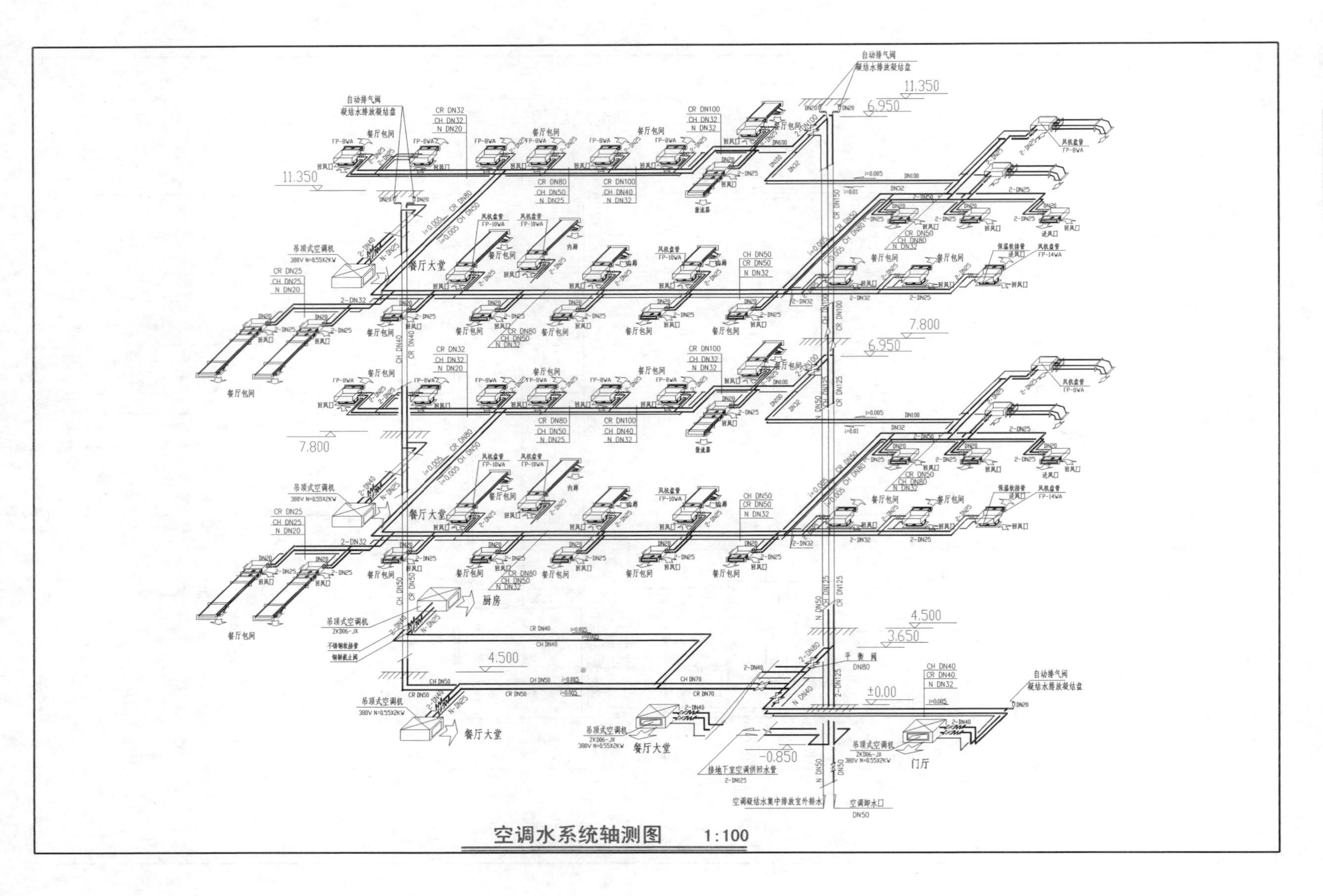

空调水系统轴测图 1:100

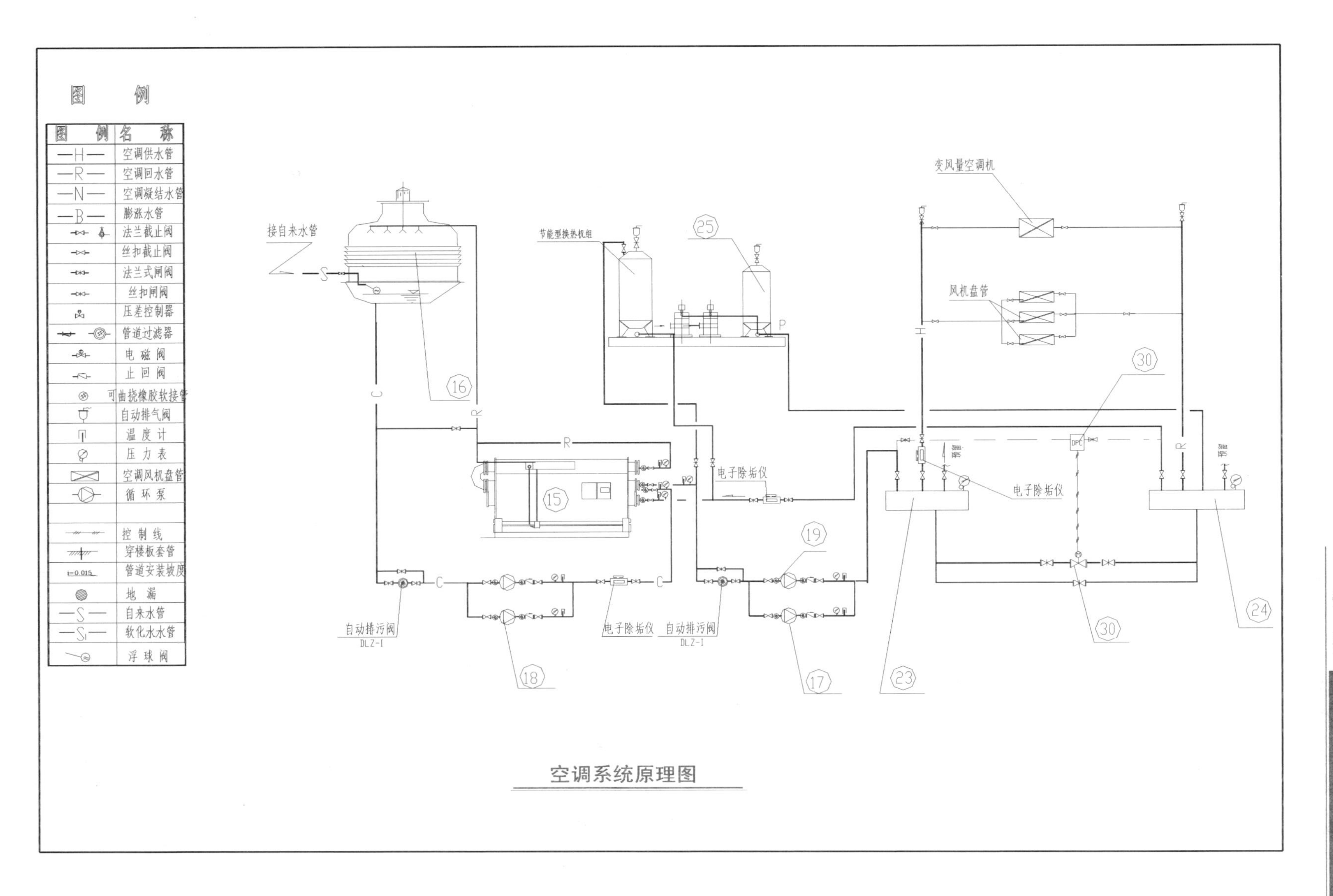

图例
图例 名称
—H— 空调供水管
—R— 空调回水管
—N— 空调凝结水管
—B— 膨胀水管
法兰截止阀
丝扣截止阀
法兰式闸阀
丝扣闸阀
压差控制器
管道过滤器
电磁阀
止回阀
可曲挠橡胶软接管
自动排气阀
温度计
压力表
空调风机盘管
循环泵
控制线
穿楼板套管
i=0.015 管道安装坡度
地漏
—S— 自来水管
—Si— 软化水水管
浮球阀
接自来水管
节能型换热机组
变风量空调机
风机盘管
电子除垢仪
自动排污阀
DLZ-I

空调系统原理图

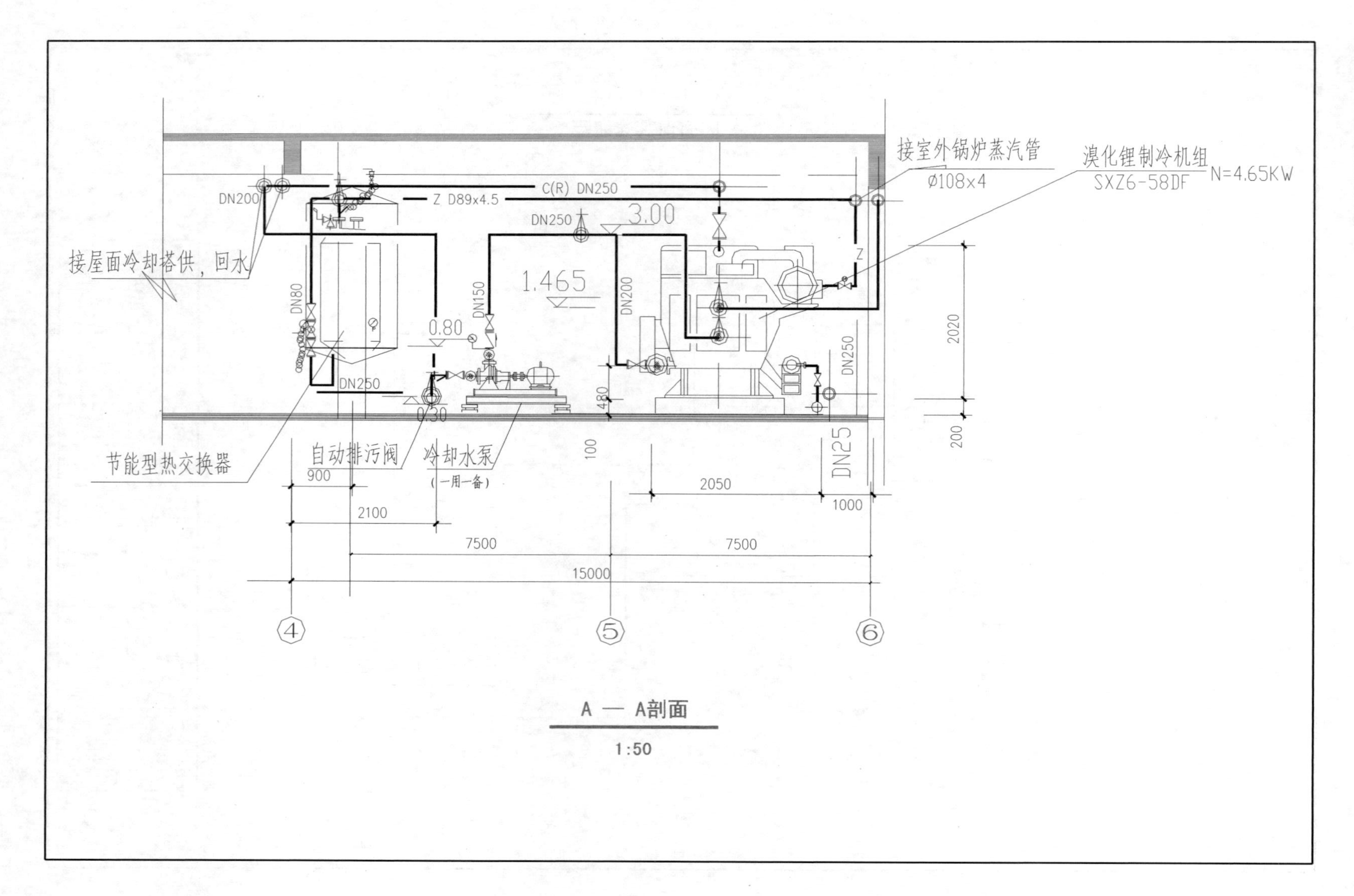

C(R) DN250
Z D89x4.5
DN200
接室外锅炉蒸汽管
Ø108×4
溴化锂制冷机组
SXZ6-58DF
N=4.65KW
DN250
3.00
接屋面冷却塔供，回水
1.465
DN80
DN150
DN200
Z
0.80
2020
DN250
DN250
480
0.30
200
节能型热交换器
自动排污阀
冷却水泵
(一用一备)
100
DN25
900
2050
1000
2100
7500
7500
15000
4
5
6

A — A剖面

1:50

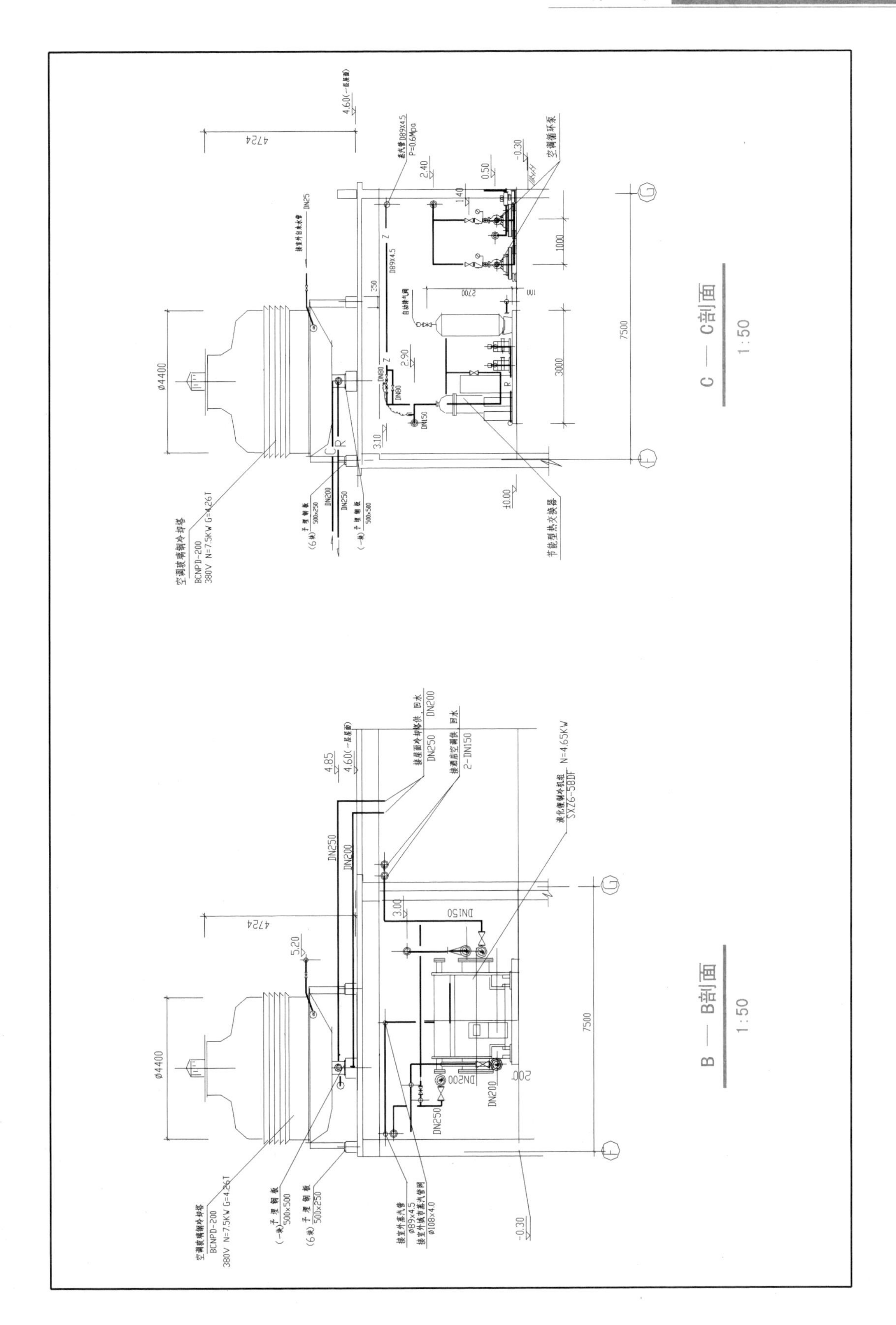
C — C剖面
1:50
B — B剖面
1:50
空调玻璃钢冷却塔
BCNPD-200
380V N=7.5KW G=4.26T
节能型热交换器
空调循环泵
溴化锂制冷机组 N=4.65KW
SXZ6-58DF
Ø4400
4724
7500
3000
1000

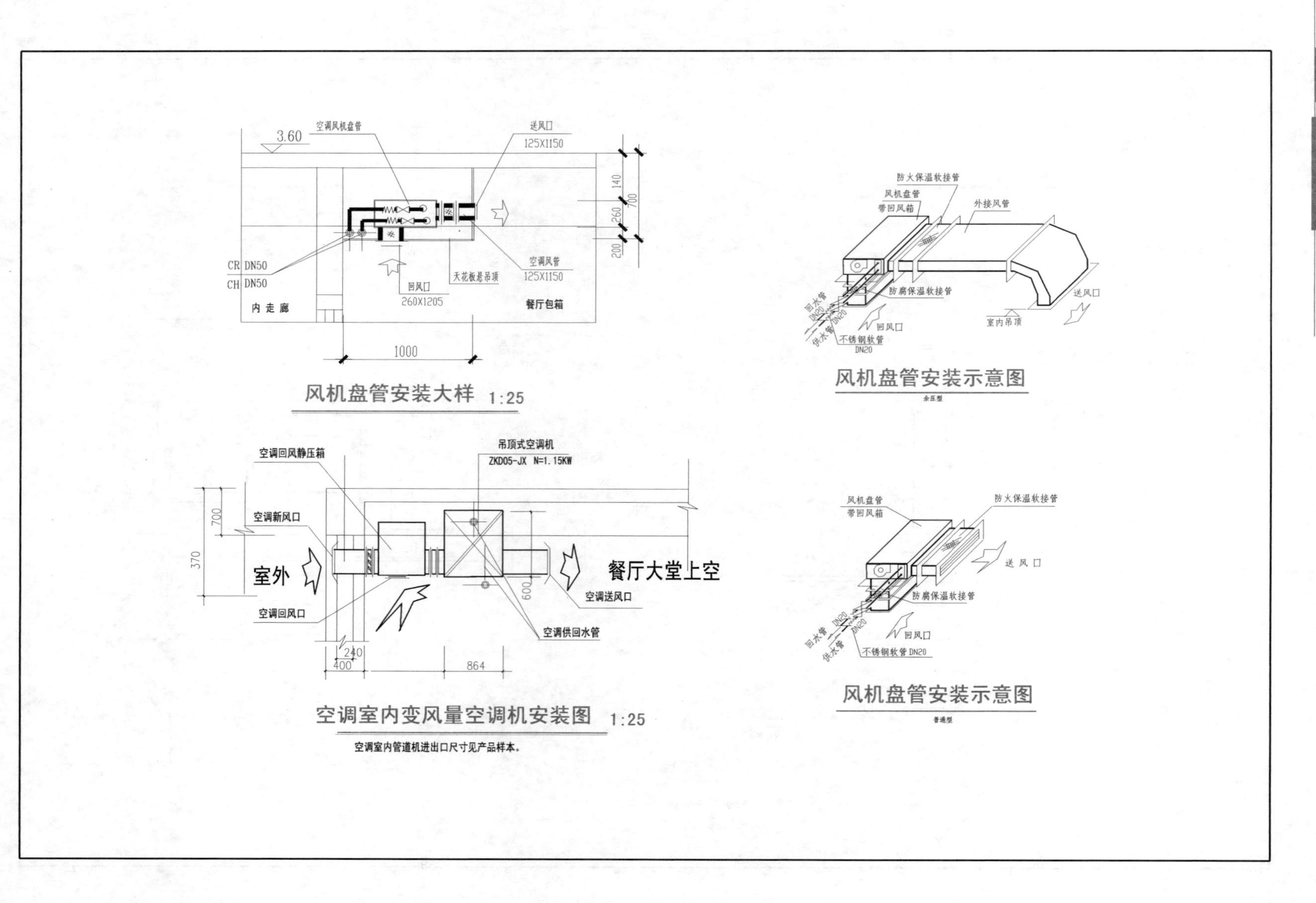

3.60
空调风机盘管
送风口
125X1150
140
260
700
200
CR DN50
CH DN50
空调风管
125X1150
天花板悬吊顶
回风口
260X1205
内走廊
餐厅包箱
1000
风机盘管安装大样 1:25
防火保温软接管
风机盘管
带回风箱
外接风管
防腐保温软接管
回水管
DN20
供水管 DN20
回风口
不锈钢软管
DN20
室内吊顶
送风口
风机盘管安装示意图
余压型
空调回风静压箱
吊顶式空调机
ZKD05-JX N=1.15KW
700
空调新风口
370
室外
餐厅大堂上空
600
空调送风口
空调回风口
空调供回水管
240
400
864
空调室内变风量空调机安装图 1:25
空调室内管道机进出口尺寸见产品样本。
风机盘管
带回风箱
防火保温软接管
送风口
防腐保温软接管
回水管 DN20
供水管 DN20
回风口
不锈钢软管 DN20
风机盘管安装示意图
普通型

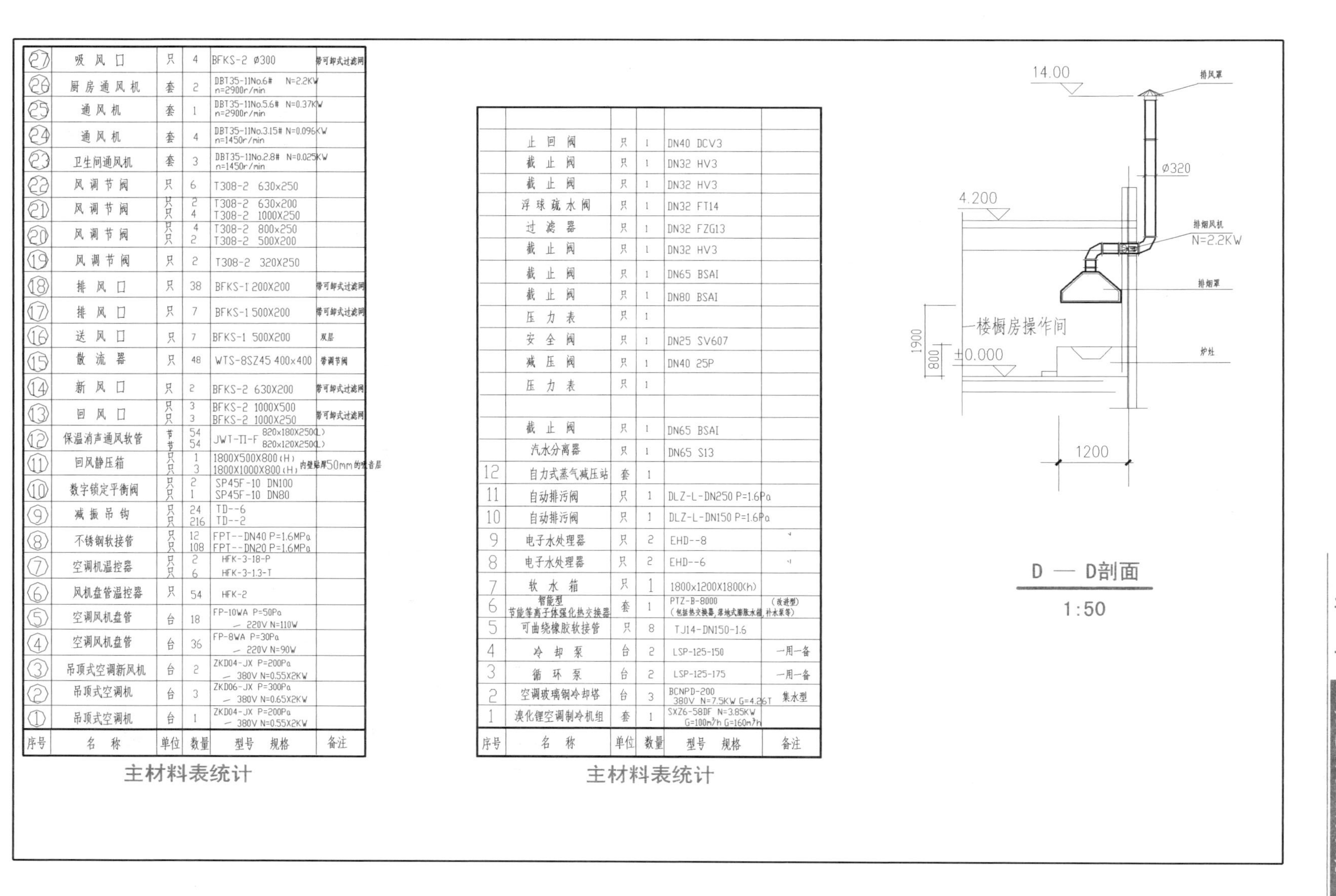

序号	名称	单位	数量	型号 规格	备注
27	吸风口	只	4	BFKS-2 Ø300	带可卸式过滤网
26	厨房通风机	套	2	DBT35-11No.6# N=2.2KW n=2900r/min	
25	通风机	套	1	DBT35-11No.5.6# N=0.37KW n=2900r/min	
24	通风机	套	4	DBT35-11No.3.15# N=0.096KW n=1450r/min	
23	卫生间通风机	套	3	DBT35-11No.2.8# N=0.025KW n=1450r/min	
22	风调节阀	只	6	T308-2 630x250	
21	风调节阀	只 只	2 4	T308-2 630x200 T308-2 1000X250	
20	风调节阀	只 只	4 2	T308-2 800x250 T308-2 500X200	
19	风调节阀	只	2	T308-2 320X250	
18	排风口	只	38	BFKS-1 200X200	带可卸式过滤网
17	排风口	只	7	BFKS-1 500X200	带可卸式过滤网
16	送风口	只	7	BFKS-1 500X200	双层
15	散流器	只	48	WTS-8SZ45 400x400	带调节阀
14	新风口	只	2	BFKS-2 630X200	带可卸式过滤网
13	回风口	只 只	3 3	BFKS-2 1000X500 BFKS-2 1000X250	带可卸式过滤网
12	保温消声通风软管	节 节	54 54	JWT-II-F 820x180X250(L) 820x120X250(L)	
11	回风静压箱	只 只	1 3	1800X500X800(H) 1800X1000X800(H)	内壁贴厚50mm的吸音层
10	数字锁定平衡阀	只 只	2 1	SP45F-10 DN100 SP45F-10 DN80	
9	减振吊钩	只 只	24 216	TD--6 TD--2	
8	不锈钢软接管	只 只	12 108	FPT--DN40 P=1.6MPa FPT--DN20 P=1.6MPa	
7	空调机温控器	只 只	2 6	HFK-3-18-P HFK-3-13-T	
6	风机盘管温控器	只	54	HFK-2	
5	空调风机盘管	台	18	FP-10WA P=50Pa ~220V N=110W	
4	空调风机盘管	台	36	FP-8WA P=30Pa ~220V N=90W	
3	吊顶式空调新风机	台	2	ZKD04-JX P=200Pa ~380V N=0.55X2KW	
2	吊顶式空调机	台	3	ZKD06-JX P=300Pa ~380V N=0.65X2KW	
1	吊顶式空调机	台	1	ZKD04-JX P=200Pa ~380V N=0.55X2KW	

主材料表统计

序号	名称	单位	数量	型号 规格	备注
	止回阀	只	1	DN40 DCV3	
	截止阀	只	1	DN32 HV3	
	截止阀	只	1	DN32 HV3	
	浮球疏水阀	只	1	DN32 FT14	
	过滤器	只	1	DN32 FZG13	
	截止阀	只	1	DN32 HV3	
	截止阀	只	1	DN65 BSAI	
	截止阀	只	1	DN80 BSAI	
	压力表	只	1		
	安全阀	只	1	DN25 SV607	
	减压阀	只	1	DN40 25P	
	压力表	只	1		
	截止阀	只	1	DN65 BSAI	
	汽水分离器	只	1	DN65 S13	
12	自力式蒸气减压站	套	1		
11	自动排污阀	只	1	DLZ-L-DN250 P=1.6Pa	
10	自动排污阀	只	1	DLZ-L-DN150 P=1.6Pa	
9	电子水处理器	只	2	EHD--8	
8	电子水处理器	只	2	EHD--6	
7	软水箱	只	1	1800x1200X1800(h)	
6	智能型 节能等离子体强化热交换器	套	1	PTZ-B-8000 (包括热交换器，落地式膨胀水箱，补水泵等)	(改进型)
5	可曲绕橡胶软接管	只	8	TJ14-DN150-1.6	
4	冷却泵	台	2	LSP-125-150	一用一备
3	循环泵	台	2	LSP-125-175	一用一备
2	空调玻璃钢冷却塔	台	3	BCNPD-200 380V N=7.5KW G=4.26T	集水型
1	溴化锂空调制冷机组	套	1	SXZ6-58DF N=3.85KW G=100m³/h G=160m³/h	

主材料表统计

练习与思考题

一、单项选择题

1. 下列不是通风系统按照作用范围分类的是(　　)。
   A. 全面通风　　B. 局部通风　　C. 机械通风
2. 机械通风系统配置的动力设备是(　　)。
   A. 风机　　B. 空调　　C. 水泵　　D. 风扇
3. 风机的基本性能参数中风量的单位一般以(　　)计。
   A. L/S　　B. m^3/h　　C. m^3/s　　D. m/s
4. 检查口中心距地板面的高度一般为(　　)m。
   A. 0.8　　B. 1.5　　C. 1.2　　D. 1.0
5. 室外进风口进、排风口的水平间距小于 20 m 时，进风口应比排风口至少低(　　)m。
   A. 5　　B. 6　　C. 7　　D. 8
6. 空调系统按照空气处理设备的位置来分类不符合的选项是(　　)。
   A. 集中式空调　　B. 半集中式空调
   C. 分散式空调　　D. 全空气式

二、思考题

1. 建筑通风系统是如何进行分类的?
2. 通风系统的主要设备和构件有哪些?
3. 集中空调系统大致有哪几部分的组成?
4. 空调系统是如何进行分类的?
5. 集中式空调系统与半集中式空调系统各自的优缺点?
6. 简述压缩式制冷机的组成及其工作过程?
7. 什么是热泵?
8. 通风空调工程施工图有哪些内容组成?

第三篇
消防及电气设备自动化

第 8 章　建筑供电及配电

教学要求

理解负荷容量及类别，接地的概念、作用和种类，防雷的概念、建筑物防雷的分级及防雷装置，安全电压的要求；了解城市电力网系统，供电的质量要求，导线截面的选择；掌握低压供配电系统的供配电方式，掌握系统接地的形式和变压器中性点接地、PEN 线重复接地及漏电保护装置。

拓展视频

科技改变生活

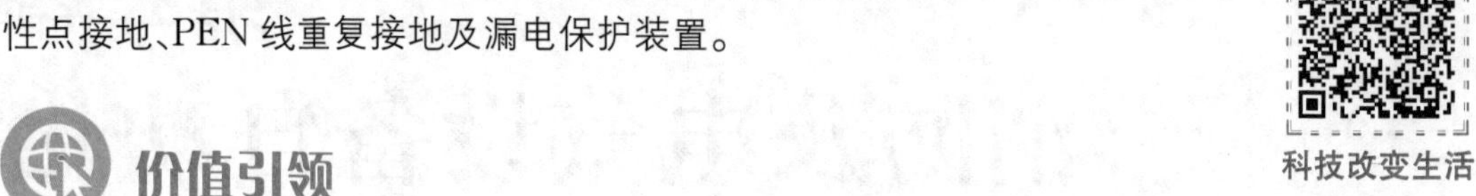

价值引领

科技改变了我们的衣、食、住、行，生活随着科技的发展变得更加快捷、方便、安全，科技让生活日新月异、丰富多彩，年轻人是祖国的未来，一定要努力学习，让不可能的事变为可能，拥抱科技，共享未来。

8.1　城市电力系统概述

火力、水力、核能等发电厂将各种类型的能量转化为电能，然后经变电—送电—变电—配电等过程，将电能分配到各个用电场所，如图 8－1 所示。由于电力不能大量储存，其生产、输送、分配和消费都是在同一时间内完成，因此必须把电厂、电力网、变电所等有机地联结成一个整体，即“电力系统”，如图 8－2 所示。城市范围的各级电压的供配电网路统称为城市电力网，城市电力网是电力系统的重要组成部分。

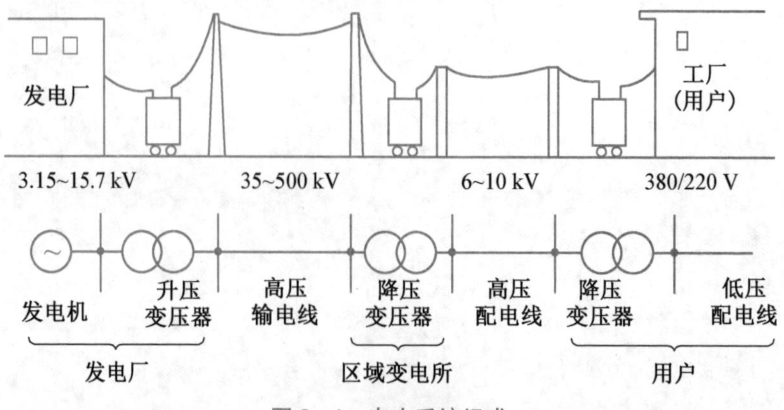

图 8－1　电力系统组成

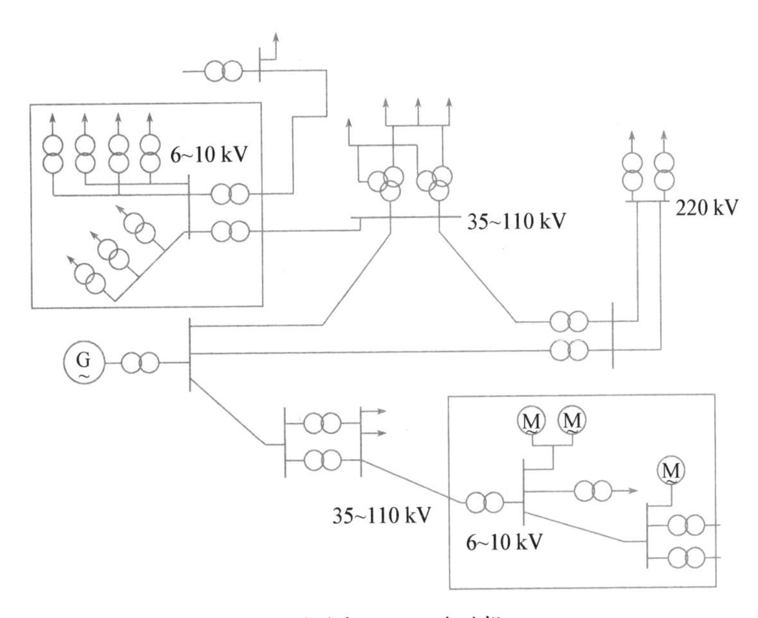

G.发电机　　M.电动机

图 8－2　电力系统示意

大、中城市的电力网有 500 kV 超高压线路，220 kV、110 kV 高压线路，35 kV 或 10 kV 中压网和 380 V 低压网。其中 35 kV、10 kV、380 V 这三级电力是直接向用户供电的，与建筑工程的关系最为密切。按国家标准，电力系统受电设备的标称电压为 500 kV、330 kV、220 kV、110 kV、35 kV、10 kV、0. 38 kV、0. 22 kV。

电力网中常见的变配电所主要有以下几种类型：

(1) 枢纽变电站与电网联系的 220/110 kV 变电站。

(2) 地区枢纽变电站起电网联系作用并供给地区降压为 35 kV 或 10 kV 负荷的 220/110/35 kV 或 110/35/10 kV 降压变电站。

(3) 负荷变电站供给 10 kV 负荷的 110/10 kV 或 35/10 kV 变电站。

(4) 配电所(开闭所)对 35 kV 或 10 kV 同级电压配电场所。

(5) 10 kV 低压变电所或柱上配电变压器对低压用户供电的 35/0. 4 kV 或 10/0. 4 kV 降压变电所。

8. 2　供电质量

供电质量是指供电可靠性和电能质量，电能质量的指标通常是电压、频率和波形，其中尤以电压和频率最为重要。电压质量包括电压的偏移、电压的波动和电压的三相不平衡度等。

1. 供电可靠性

供电的可靠性是运用可靠性技术进行定量的分析，从单个元件的不可靠程度到整个系统的不可靠程度，都可以进行计算。但是这些计算需要大量的调查统计资料，鉴于目前在这方面的资料缺乏，因而一般凭经验作定性的判断。

2. 电压等级

根据国家的工业生产水平，电机、电器制造能力，进行技术经济综合分析比较而确定的。我国规定了三类电压标准：

第一类，额定电压值在 100 V 以下，主要用于安全照明、蓄电池、断路器及其他开关设备的操作电源。

第二类，额定电压值在 100 V 以上、1 000 V 以下，主要用于低压动力和照明。用电设备的额定电压，直流分 110 V、220 V、440 V 三等，交流分 380 V/220 V 和 220 V/127 V 两等。建筑用电的电压主要属于这一范围。

第三类，额定电压值在 1 000 V 以上，主要作为高压用电设备及发电、输电的额定电压。

3. 电压偏移

供电电压偏离(高于或低于)用电设备额定电压的数值占用电设备额定电压值的百分数。大于等于 3 kV 的供电，不超过±5%；小于等于 10 kV 高压供电，低压电力网为±7%。

4. 电压波动

用电设备接线端电压时高时低，这种短时间的电压变化称为电压波动。照明和电子设备对电压的波动比较敏感，但电子设备附有稳压电路，其适应性较强；而照明光源的光通则有明显变化，甚至影响正常工作。对常用设备电压波动的范围有所规定，如连续运转的电动机为±5%，室内主要场所的照明灯为－2.5%～＋5%。

5. 电压频率

在电气设备的铭牌上都标有额定频率。我国电力工业的标准频率为 50 Hz，其波动一般不得超过＋0.5%。在电力工业的发展速度跟不上负荷的增长速度或电力网调频措施不完备时，电网的频率偏差就超过允许值，此时为了保证如电子计算机等重要负荷的正常工作，需要装设稳频装置。

6. 电压的波形

电力系统中交流电的波形从理论上是 50 Hz 的正弦波，但由于大量可控硅整流和变频装置的应用等原因，在电力系统中产生与 50 Hz 基波成整数倍的高次谐波，电压的波形发生畸变，成为非正弦波。高次谐波大大改变了电气设备的阻抗值，造成发热、短路，使设备损坏，电子设备的工作受到干扰。

对供配电系统中的谐波分量的限制，尚未做出规定。一般是尽量限制谐波量的产生，将产生高次谐波的设备与供配电系统屏蔽开。

7. 电压的不平衡度

由于单相负荷在三相系统中不可能完全平衡，因而变压器低压侧和用户端的三个相电压不可能完全平衡。对于单相负荷，接于不同的相上有的可能形成更大的电压偏移；相电压不平衡可造成电动机转子过热。因此，在设计与施工中应尽量使单相负荷平均地分配在三相中，保证三相电压平衡，以维持供配电系统安全和经济运行，三相电压不平衡程度不应超过＋2%。

电源的供电质量直接影响用电设备的工作状况，如电压偏低使电动机转数下降、灯光昏暗，电压偏高使电动机转数增大、灯泡寿命缩短；电压波动导致灯光闪烁、电动机运转不稳定；频率变化使电动机转数变化，更为严重的是可引起电力系统的不稳定运行，影响照明和各种电子设备的正常工作，故需对供电质量进行必要的监测。

用电设备不合理地布置和运行，也对供电质量造成不良影响。如单相负载在各相内，若不是均匀分配，就将造成三相电压不平衡。

8.3 建筑供配电系统

8.3.1 建筑用电负荷容量、类别及分级

建筑供配电基本知识

确定建筑供配电系统之前，首先要确定电气负荷的容量，区分各个负荷的类别主级别，这是供配电设计工作的基础。

1. 负荷类别

负荷类别主要以照明和非工业电力来区分，其目的是按不同电价核算电力支付费用。

(1) 照明和划入照明电价的非工业负荷：民用、非工业用户和普通工业用户的生活、生产照明用电(家用电器、普通插座等)，空调设备用电等，总容量不超过 3 kW 的晒图机、太阳灯等，这类范围较广，详细内容可参阅有关电工手册。

(2) 非工业负荷：商业用电，高层建筑内电梯用电，民用建筑中采暖风机、生活上煤机和水泵等动力用电。

(3) 普通工业负荷：指总容量不足 320 kW 的工业负荷，如纺织合线设备用电、食品加工设备用电等。

2. 负荷容量

负荷容量以设备容量(或称装机容量)、计算容量(接近于实际使用容量)或装表容量(电度表的容量)来衡量。所谓设备容量，是建筑工程中所有安装的用电设备的额定功率的总和(kW)，在向供电部门申请用电时，这个数据是必须提供的。

在设备容量的基础上，通过负荷计算，可以求出接近于实际使用的计算容量(kW)。对于直接由市电供电的系统，需根据计算容量选择计量用的电度表，用户极限是在这个装表容量(A)下使用电力。

在装表容量小于等于 20 A 时允许采取单相供电。而一般情况下均采用三相供电，这样有利于三相负荷平衡和减少电压损失，同时对使用三相电气设备创造了条件。

3. 负荷级别

电力负荷分级是根据建筑的重要性和对其短时中断供电在政治上和经济上所造成的影响和损失来分等级的，对于工业和民用建筑的供电负荷可分为三级。

(1) 一级负荷

中断供电将造成人身伤亡、重大政治影响、重大经济损失或将造成公共场所秩序严重混乱的负荷属于一级负荷。如交通枢纽建筑，国家级承担重大国事活动的会堂、宾馆，经常用于重要国际活动且有大量人员集中的公共场所等。特别重要场所不允许中断供电的负荷应定为一级负荷中的**特别重要负荷**。150 m 及以上的超高层公共建筑的消防负荷应为一级负荷中的特别重要负荷。

(2) 二级负荷

中断供电将造成较大的政治影响,较大经济损失的建筑用电属于二级负荷。

(3) 三级负荷

凡不属于一、二级负荷者称为三级负荷。

根据供配电系统的运行统计资料表明,系统中各个环节以电源对供电可靠性的影响最大,其次是供配电线路等其他因素。因此,为保证供电的可靠性,对于一级负荷应由两个独立电源供电。当一个电源发生故障时,另一个电源不应同时受到损坏。对于一级负荷中特别重要的负荷,其供电应符合下列要求:

① 除双重电源供电外,尚应增设应急电源供电;

② 应急电源供电回路应自成系统,且不得将其他负荷接入应急供电回路;

③ 应急电源的切换时间,应满足设备允许中断供电的要求;

④ 应急电源的供电时间,应满足用电设备最长持续运行时间的要求;

⑤ 一级负荷中的特别重要负荷的末端配电箱切换开关上端口宜设置电源监测和故障报警。

二级负荷,一般应由上一级变电所的两段母线上引双回路进行供电,保证变压器或线路发生常见故障而中断供电时,能迅速恢复供电。

三级负荷可由单电源供电。

4. 备用电源(应急电源)

下列电源可作为备用电源或应急电源:

(1) 供电网络中独立于正常电源的专用馈电线路;

(2) 独立于正常电源的发电机组;

(3) 蓄电池组。

应急电源应根据允许中断供电的时间选择,并应符合下列规定:

(1) 允许中断供电时间为 30 s 或 60 s 的供电,可选用快速自动启动的应急发电机组;

(2) 自动投入装置的动作时间能满足允许中断供电时间时,可选用独立于正常电源之外的专用馈电线路;

(3) 连续供电或允许中断供电时间为毫秒级装置的供电,可选用蓄电池静止型不间断电源装置(UPS);

(4) 除第(3)点外,允许中断供电时间为毫秒级的应急照明供电,可采用应急照明集中电源装置(EPS)。

8.3.2 电源引入方式

建筑用电属于动力系统的一部分,常以引入线(通常为高压断路器)和电力网分界。电源向建筑物内的引入方式应根据建筑物内的用电量大小和用电设备的额定电压数值等因素确定。引入方式有:

(1) 建筑物较小或用电设备负荷量较小,而且均为单相。低压用电设备时,可由电力系统柱上变压器引入单相 220 V 的电源。

(2) 建筑物较大或用电设备的容量较大,但全部为单相和三相低压用电设备时,可由电力系统的柱上变压器引入三相 380 V/220 V 的电源。

(3) 建筑物很大或用电设备的容量很大，虽全部为单相和三相低压用电设备，从技术和经济因素考虑，应由变电所引入三相高压 6 kV 或 10 kV 的电源经降压后供用电设备使用。并且在建筑物内设置变压器，布置变电室。若建筑物内有高压用电设备时，应引入高压电源供其使用，同时装置变压器，满足低压用电设备的电压要求。

8.3.3 供电系统的方案

供电系统应根据建设单位要求，由设计者按工程负荷容量，区分各个负荷的级别和类别，确定供电方案，并经供电部门同意，典型的方案有如下几种：

1. 单电源供电方案(如图 8－3 所示)

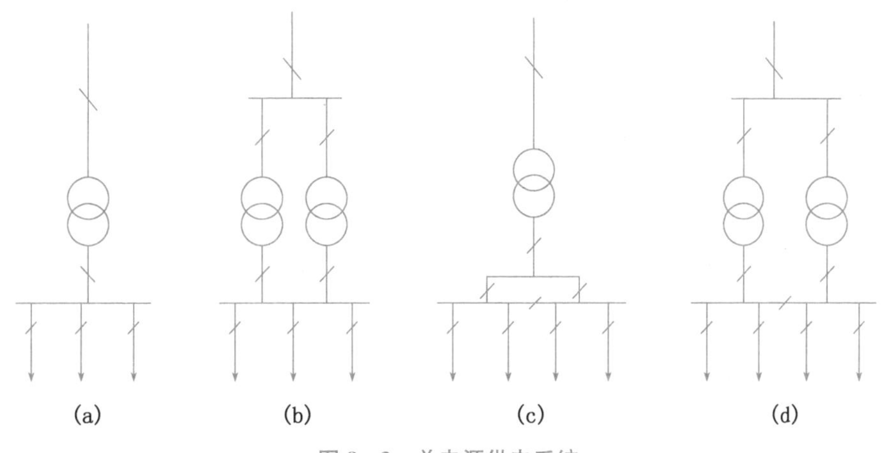

图 8－3 单电源供电系统

(1) 单电源、单变压器、低压母线不分段系统见图 8－3(a)，该系统供电可靠性较低，系统中电源、变压器、开关及母线中，任一环节发生故障或检修时，均不能保证供电。但接线简单、造价低，可适用于三级负荷。

(2) 单电源、双变压器、低压母线不分段系统见图 8－3(b)，该系统中除变压器有备用外，其余环节均无备用。一般情况下，变压器发生故障的可能性比其他元件少得多，该方案和方案(1)相比，可靠性增加不多，而投资却大为增加，故不宜选用。

(3) 单电源、单变压器、低压母线分段系统见图 8－3(c)，仅在低压母线上增加一个分段开关，投资增加不多，但可靠性却比方案(1)大大提高。可适用于一、二级负荷。

(4) 单电源、双变压器、低压母线分段系统见图 8－3(d)，该方案的优点是低压分两段，投资较大，也可先上一台变压器，待接双电源时再增一台变压器。此接线方式具有灵活性和发展余地，也可用于一、二级负荷上。

2. 双电源供电方案(如图 8－4 所示)

(1) 双电源、单变压器、母线不分段系统见图 8－4(a)，因变压器远比电源故障和检修次数要少，故此方案投资较省，较可靠，可适用于二级负荷。

(2) 双电源、单变压器、低压母线分段系统见图 8－4(b)，此方案比方案(1)设备增加不多，可靠性明显提高，可适用于二级负荷。

(3) 双电源、双变压器、低压母线不分段系统见图 8－4(c)，此方案不分段的低压母线，

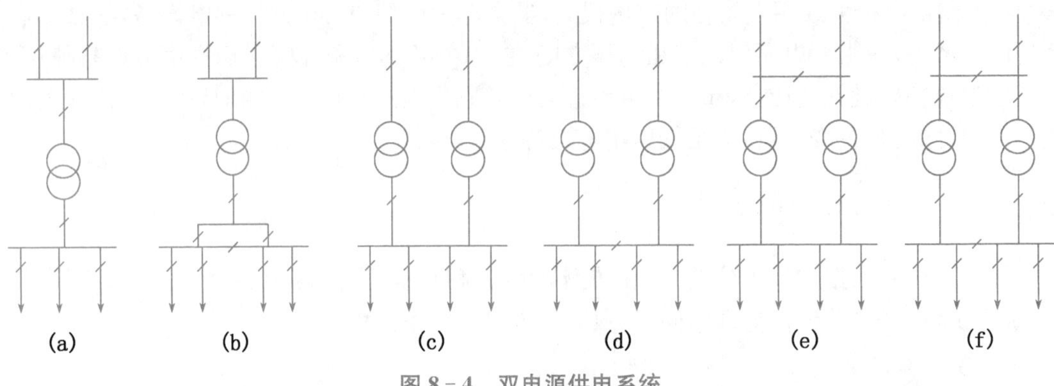

图 8-4　双电源供电系统

限制两变压器合用作用的发挥，故不宜选用。

(4) 双电源、双变压器、低压母线分段系统见图 8-4(d)，该系统中各基本设备均有备用，供电可靠性大为提高，可适用于一、二级负荷。

(5) 双电源、双变压器、高压母线分段系统见图 8-4(e)，因高压设备价格贵，故该方案比方案(4)投资大，并且存在方案(3)的缺点，故一般不宜采用。

(6) 双电源、双变压器、高、低压母线均分段系统见图 8-4(f)，该方案的投资虽高，但供电的可靠性提高更大，适合于一级负荷。

8.3.4　低压配电系统的配电线路

建筑低压配电系统

低压配电系统的配电线路由配电装置(配电盘)及配电线路(干线及分支线)组成。配电方式有放射式、树干式及混合式等数种，如图 8-5 所示。

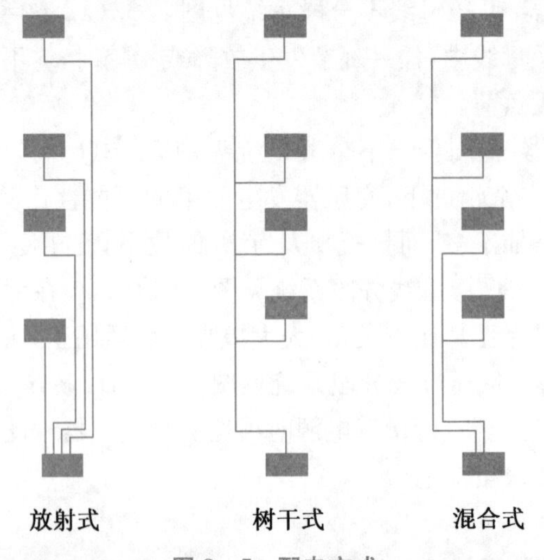

图 8-5　配电方式

放射式的优点是各个负荷独立受电，因而故障范围一般仅限于本回路，线路发生故障需要检修时，只切断本回路而不影响其他回路，同时回路中电动机启动引起的电压的波动，对其他回路的影响也较小。缺点是所需开关和线路较多，因此放射式配电一般多用于比较重要的负荷。

树干式的特点是建设费用低和故障影响的范围较大，当干线上所接用的配电盘不多时，仍然比较可靠，所以在多数情况下一个大系统都采用树干式与放射式相混合的配电方式。

1. 照明配电系统

从低压电源引入的总配电装置（第一级配电点）开始，至末端照明支路配电盘为止，配电级数一般不宜多于三级，每一级配电线路的长度不宜大于 30 m。如从变、配电所的低压配电装置算起，则配电级数一般不多于四级，总配电长度一般不宜超过 200 m，每路干线的负荷计算电流一般不宜大于 200 A。如图 8－6 所示。

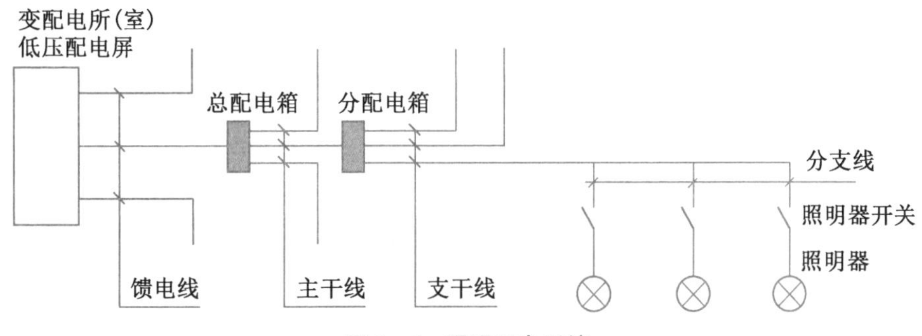

图 8－6 照明配电系统

照明配电系统的特点是按建筑的布局选择若干配电点，一般情况下，在建筑物的每个沉降与伸缩区内设 1～2 个配电点，其位置应使照明支路线的长度不超过 40 m，如条件允许最好将配电点选在负荷中心。

建筑物为平房，一般按所选的配电点连接成树干式配电系统。

当建筑物为多层的楼房时，可在底层设进线电源配电箱或总配电室，其内设置可切断整个建筑照明供电的总开关和三只单相电度表，作为紧急事故或维护干线时切断总电源和计量建筑用电用。建筑的每层均设置照明分配电箱，分配电箱时要做到三相负荷基本平衡。

分配电箱内设照明支路开关及便于切断各支路电源的总开关，考虑短路和过流保护均采用空气开关或熔断器。每个支路开关应注明负荷容量、计算电流、相别及照明负荷的所在区域。当支路开关不多于 3 个时，也可不设总开关。并要考虑设置漏电保护装置。

以上所述为一般照明的配电系统，当有事故照明时，需与一般照明的配电分开，另按消防要求自成系统。

2. 动力配电系统

动力负荷的电价为两种，即非工业电力电价及照明电价。动力负荷的使用性质分为多种，如建筑设备（电梯、自动门等）、建筑设备机械（水泵、通风机等）、各种专业设备（炊事、医疗、实验设备等）。动力负荷的配电需按电价、使用性质归类，按容量及方位分路。对集中负荷采取放射式配电干线。对分散负荷采取树干式配电，依次连接各个动力负荷配电盘。

多层建筑物当各层均有动力负荷时，宜在每个伸缩沉降区的中心每层设置动力配电点，并设分总开关作为检修或紧急事故切断电源用。电梯设备的配电，一般采取直接由总配电装置引至屋顶机房。如图 8－7 所示为动力控制中心，或中心配电室，或楼层配电间的动力系统。

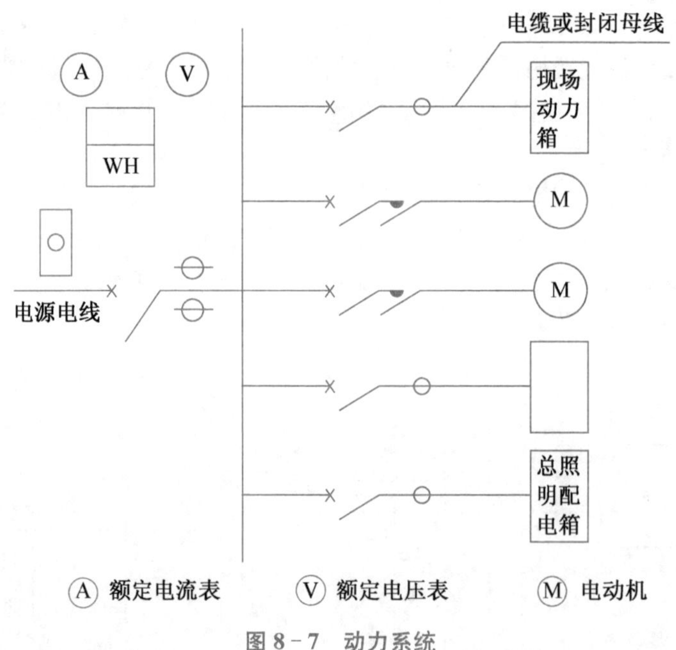

图 8-7　动力系统

3. 配电盘

在整个建筑内部的公共场所和房间内大量设置有配电盘，其内装有所管范围内的全部用电设备的控制和保护设备，其作用是接受和分配电能。

(1) 配电盘的布置

配电盘的布置从技术性方面应保证在每个分电箱的供电各相负荷平衡，其不均匀程度小于 30%，在总盘的供电范围内，各相负荷的不均匀程度小于 10%。从可靠性考虑供电总干线中的电流，一般为 60～100 A。每个配电盘的单相分支线，不应超过 6～9 路；每路分支线上设一个空气开关或熔断器；每支路所接设备(如灯具和插座等)总数不宜超过 20 个(最多不超过 25 个)，花灯、彩灯、大面积照明灯等回路除外。从经济性考虑配电盘设置应位于用电负荷的中心，以缩短配电线路，减少电压损失。一般规定，单相配电盘供电半径 30 m，三相配电盘供电半径 60～80 m。各层配电盘的位置应在多层建筑中在相同的平面位置处，以利于配线和维护，且设置在操作维护方便、干燥通风、采光良好处，并注意不要影响建筑美观和结构合理的配合。

(2) 盘面布置及尺寸

根据盘内设备的类型、型号和尺寸，结合供电工艺情况对设备作合理布置，按照设计手册的相应规定，确定各设备之间的距离，则可确定盘面的布置和尺寸。为方便设计和施工，应尽量采用设计手册中所推荐的典型盘面布置方案。

4. 配电柜

配电柜又称开关柜，是用于安装高低压配电设备和电动机控制保护设备的定型柜。安装高压设备的称高压开关柜，安装低压设备的称低压开关柜。

(1) 高压开关柜

按结构形式分有固定式、活动式和手车式三种。固定式是柜内设备均固定安装，需到柜内进行安装维护，典型产品如 GG-1A 型开关柜，各开关柜均有厂家推荐的标准接线方案，供设计中选用。各开关柜均有固定的外形尺寸，如 GG-1A 型固定式高压开关柜的外形及安装尺寸如图 8－8 所示。

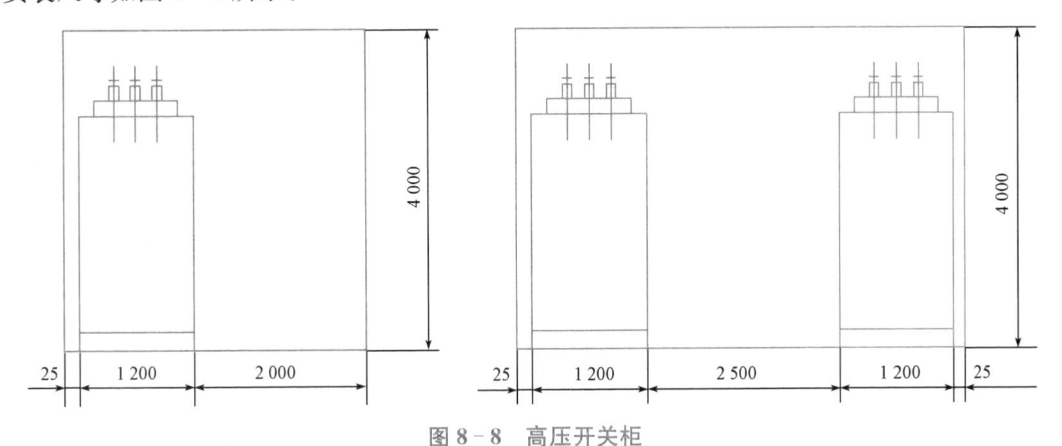

图 8－8　高压开关柜

(2) 低压配电柜

按结构形式分为离墙式、靠墙式和抽屉式三种类型。离墙式为双面维护，有利检修，但占地面积大。靠墙式不利检修，但适于场地较小处或扩建改建工程。抽屉式优点很多，可用备用抽屉迅速替换发生故障的单元回路而立即恢复供电，而且回路多、占地少。但因结构复杂、加工困难、价格较高，故目前国内应用尚不普遍。各低压柜均有标准接线方案供选用，并有固定的外形尺寸。如 BSL-1 型低压配电柜的外形及安装尺寸如图 8－9 所示。

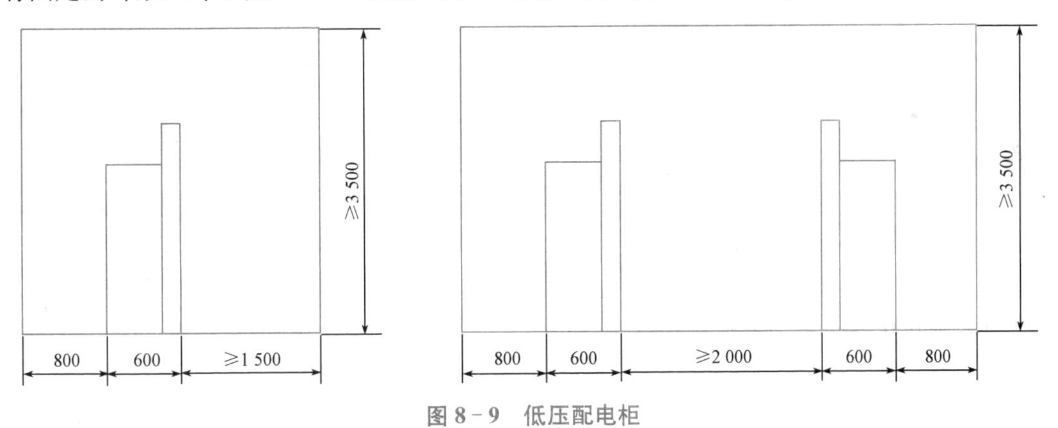

图 8－9　低压配电柜

5. 变配电室

它的作用是从电力系统接受电能和变换电压及分配电能。

变配电所可以分为升压变电所和降压变电所两大类型。升压变电所是将发电厂生产的 6 kV～10 kV 的电能升高至 35 kV、110 kV、220 kV、500 kV 等高压，以利于远距离输电，降压变电所是将高压网送过来的电能降至 6～10 kV 后，分配给用户变压器，再降至 380 V 或 220 V，供建筑物或建筑工地的照明或动力设备、用电器等使用。

变配电所由高压配电室、变压器室和低压配电室三部分组成。此外，还有高压电容器室(提高功率因素用)和值班室。

(1) 位置

变配电室的位置应尽量接近电源侧，并靠近用电负荷的中心。应考虑进出线方便、顺直且距离短、交通运输、检修方便。应尽量躲开多尘、振动、高温、潮湿的场所和有腐蚀性气体、爆炸、火灾危险等场所的正上方或正下方,尽量设在污染源的上风向。不应贴近厕所、浴室或生产过程中地面经常潮湿和容易积水的场所,应根据规划适当考虑发展的可能性。

(2) 形式及布置

变配电所(室)的形式有:独立式、附设式、杆架式等。根据变配电所本身有无建筑物以及该建筑与用电建筑间的相互位置关系布置,附设式又分内附式和外附式。

变配电所一般包括高压配电室、变压器室、低压配电室和控制室(或值班室),有时需设置电容器室。其布置原则为:具有可燃性油的高压开关柜,宜单独布置在高压配电装置室内,但当高压开关柜的数量少于5台时,可和低压配电屏置于同一房间。不具有可燃性油的高、低压配电装置和非油浸电力变配电器及非可燃性油浸电容器可置于同一房间内。

有人值班的变配电室应单独有值班室,只具有低压配电室时,值班室可与低压配电室合并,但应保证值班人员工作的一面或一端到墙的距离不应小于3.0 m。单独值班室与高压配电室应直通户外或通向走廊,独立变配电所宜为单层布置。当采用二层布置时,变压器应设在首层,二层配电室应有吊装设备和吊装平台式吊装孔。各室之间及各室内部应合理布置,布置应紧凑合理,便于设备的操作、巡视、搬运、检修和试验,并应考虑发展的可能性。

(3) 对建筑的要求

① 可燃油油浸电力变配电器室应按一级耐火等级建筑设计,而非燃或难燃介质的电力变压器室、高压配电室、高压电容器室的耐火等级应等于二级或二级以上,低压配电室和低压电容器室的建筑耐火等级不应低于三级。

② 变压器室的门窗应具有防火耐燃性能,门一般采用防火门,通风窗应采用非燃材料。变压器室及配电室门宽宜大于设备的不可拆卸宽度的0.3 m,高度应高于设备不可拆卸高度0.3 m。变压器室、配电室、电容器室的门应外开并装弹簧锁,对相邻设置电气设备的房间,若设门时应装双向开启门或门向低压方向开。

③ 高压配电室和电容室窗户下沿距室外地面高度宜大于或等于1.8 m,其临街面不宜开窗,所有自然采光窗不能开启。

④ 配电室长度大于8.0 m时应在房间两端设有两个出口,二层配电室的楼上配电室至少应有一个出口通向室外平台或通道。

⑤ 变配电所(室)所有门窗,当开启时不应直通具有酸、碱、粉尘、蒸汽和噪声污染严重的相邻建筑。门、窗、电缆沟等应能防止雨、雪及鼠、蛇类小动物进入屋内。

8.4 电气设备的选择

8.4.1 用电负荷的计算

用电负荷的计算指用电设备用电量的确定。为方便供电计算,按不同负荷性质有照明和动力两类负荷,用电负荷的计算实际是指用电设备功率、电流的计算。

1. 负荷曲线

用电设备的工作情况是经常变化的,负荷曲线是功率或电流随时间而变化的曲线。按负荷持续的时间，可分为年、月、日的或某一负荷班的负荷曲线。了解负荷的实际变化情况，有利于进行供电设计和运行管理工作。

2. 负荷的种类

(1) 最大负荷

最大负荷即计算负荷，指消耗电能最多的半小时的平均功率，亦即连续 30 min 的最大平均负荷用 P_{30}、Q_{30}、S_{30} 表示。可依此作为按发热条件选择电气设备的依据，故又称计算负荷，常用 P_{js}（有功功率）、Q_{js}（无功功率）和 S_{js}（视在功率）表示。

(2) 尖峰负荷

电动机启动时，1～2 s 内最大负荷电流。可依此校核电路中的电压损失和电压波动，作为选择保护元件（如熔断器、自动开关和继电保护装置等）的依据和检验电动机启动条件。常用 P_{jf}、Q_{jf} 和 S_{jf} 表示。

(3) 平均负荷

用电设备在某段时间内所消耗的电能除以该段时间所得的平均值，即：

$$P_p = W_t / t \tag{8-1}$$

式中：P_p——平均有功负荷(kW)；

W_t——用电设备在时间 t 内所消耗的电能(kW·h)；

t——实际用电时间(h)。

平均负荷可用于计算某段时间内的用电量和确定补偿电容的大小。常以 P_p、Q_p 和 S_p 表示。

3. 负荷计算的方法

负荷值大小的选定关系到配电设计合理与否。如负荷确定过大，将使导线和设备选得过粗过大，造成材料和投资的浪费；如负荷确定过小，将使供配电系统在运行中电压损失过大，电能损耗增加，发热严重，引起绝缘老化以致烧坏，以及造成短路等故障，从而带来更大的损失。负荷计算的方法有单位面积安装功率法、需要系数法、二项式法和利用系数法等。在建筑电气设计中，方案设计阶段可采用单位建筑面积安装功率法，初步设计阶段多采用需要系数法。

(1) 单位建筑面积安装功率法

建筑物单位建筑面积的安装功率与建筑物的种类、等级、附属设备情况和房间用途等条件有关，而且随着生活和生产水平的提高，其标准逐渐提高。表 8-1 可供参考选用。

表 8-1　单位建筑面积安装功率表

序号	建筑物名称	单位面积安装功率/(W·m^{-2})	备　注
1	国内高层住宅	10～35	—
2	香港高层住宅	10～55	—
3	国内主要旅游饭店、宾馆	30～60	无空调
4		70～120	有空调
5	国外旅游宾馆	60～70	一级的
6		120～140	最高的
7	国外办公大楼	100	其中：照明 25%，动力 37%，空调 38%

查取表 8-1 中相应数值，乘以总建筑面积，即得建筑物的总用电负荷，进而可估算出供配电系统的规模、主要设备和投资费用，从而可满足方案或初步设计的要求。

(2) 需要系数法

需要系数 K_x 是用电设备组所需要的计算负荷(最大负荷)P_{js} 与其设备装机容量 P_s 的比值，即 $K_x=P_{js}/P_s$，根据需要系数 K_x 求总安装容量为 P_s 的用电设备组所需计算负荷 P_{js} 的方法称为需要系数法。

① 需要系数的确定。

每个用电设备的安装容量是指其铭牌额定容量 P_e，指其在额定条件下的最大输出功率。用电设备组的设备容量，是指所接全部设备在额定条件下最大输出功率之和，即 $P_s=\sum P_e$。若设备组的平均效率记以 η_s，则向该设备组输入的功率应为 $P_{s1}=P_s/\eta_s$。若考虑在线路传输中的能量损失计入线路的功率应为平均效率为 η_e，则在线路始端输入的功率应为 $P_{s2}=P_s/(\eta_s \cdot \eta_e)$。若考虑全部设备并不同时运行，计入同时运行系数 K_t(是运行的设备容量与总设备容量之比值)，则输入线路的功率应为 $P_{s3}=K_t \cdot P_s/(\eta_s \cdot \eta_e)$。最后考虑到参加运行的设备也不见得都是在额定条件下满负荷运行，计入负荷系数 K_f(设备实际输出功率与铭牌功率的比值)，则由电源输向用电设备组的计算功率 $P_{js}=K_f \cdot K_t \cdot P_s/(\eta_s \cdot \eta_e)$，将该式整理可得 $P_{js}/P_s=K_f \cdot K_t/(\eta_s \cdot \eta_e)$，可得：$K_x=K_f \cdot K_t/(\eta_s \cdot \eta_e)$。一般情况下 $\eta_s<1$、$\eta_e<1$，$K_f<1$，$K_t<1$、K_x 值总是小于 1。

根据不同类型的建筑、用电设备，整理出有相应的需要系数表，可供设计中查用，各类建筑的照明需要系数见表 8-2。查得的 K_x 值可按下式求出计算负荷：

$$P_{js}=K_x \cdot P_s=K_x \cdot \sum P_e \tag{8-2}$$

表 8-2 照明需要系数表

建筑类别	K_x	建筑类别	K_x
生产厂房(有天然采光)	0.8～0.9	宿舍区	0.6～0.8
生产厂房(无天然采光)	0.9～1	医院	0.5
办公楼	0.7～0.8	食堂	0.9～0.95
设计室	0.9～0.95	商店	0.9
科研楼	0.8～0.9	学校	0.6～0.7
仓库	0.5～0.7	展览馆	0.7～0.8
锅炉房	0.9	旅馆	0.6～0.7

② 基本公式

根据建筑物性质，按表 8-2 查出 K_x 值，求出有功计算负荷 P_{js} 之后，如图 8-10 所示，可按下式求出无功计算负荷：

$$Q_{js}=P_{js} \cdot \tan\phi \tag{8-3}$$

可按下式求出视在计算负荷：

$$S_{js}=\sqrt{P_{js}^2+Q_{js}^2} \cdot P_{js} \tag{8-4}$$

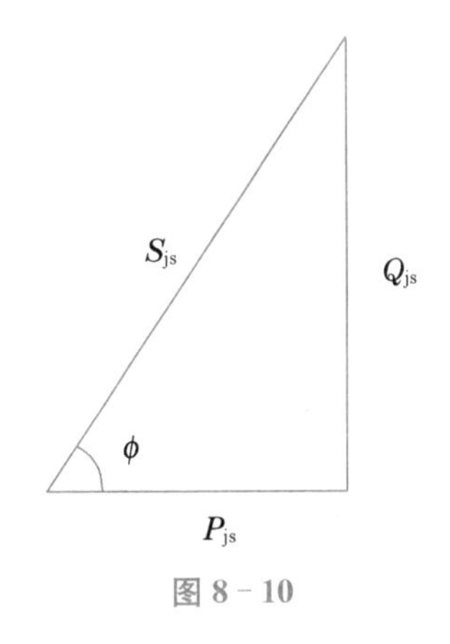

图 8-10

或

$$S_{js}=P_{js}/\cos\phi \tag{8-5}$$

根据所求出的计算功率，可进一步求出线路中的计算电流 I_{js}。若为单项负载，可按下式计算：

$$I_{js}=P_{js}\times 1\,000(V_{el}\times\cos\phi) \tag{8-6}$$

若为三相负载，可按下式计算：

$$I_{js}=P_{js}\times 1\,000(\sqrt{3}\times V_{ex}\times\cos\phi) \tag{8-7}$$

式中：$\cos\phi$、$\tan\phi$——用电设备组的平均功率因数及其对应的正切值(有关设计手册查)；

V_{ex}——配电线路的相电压(数值等于单相用电设备的额定电压，一般为 220 V)；

V_{el}——配电线路的线电压(数值等于三相用电设备的额定电压，一般为 380 V)。

若有单相负荷接入三相电路中，应尽量做到在三相内均匀分配。若三相不平衡，为保证安全用电，应以最大负荷相的电流确定计算负荷。

8.4.2 电气设备的选择

1. 设备容量 P_s 的确定

(1) 动力设备容量

只考虑工作设备不包括备用设备，其值与用电设备组的工作制有关，应按工作制分组分别确定。长期工作制用电设备的容量，就是其铭牌额定容量：$P_s=P_e$；短期和反复短期容量，是将其在某一工作状态下的铭牌额定容量换算到标准工作状态下的功率。多组动力设备的计算负荷，考虑到接入同一干线的各组用电设备的最大负荷并不是同时出现的情况，在确定干线总负荷时，引入一个同时系数 K_t 计算。

(2) 照明设备容量

对于白炽灯等热辐射光源可取其铭牌额定功率；对于荧光灯和高压水银灯等气体放电光源，还应计入镇流器的功率损耗，即比灯管的额定功率应有所增加。

2. 导线和电缆的选择

(1) 导线截面选择条件

导线截面可按导线允许温升、电压损失条件和机械强度三种方法选择,三者都必须保障安全条件。在设计中,按允许温升进行导线截面的选择,按允许电压进行校核,并应满足机械强度的要求。

(2) 线路的工作电流

导线截面选择的计算首先是确定线路的工作电流,因为线路工作电流是影响导线温升的重要因素。

(3) 据允许温升选择导线截面

电流通过电线、电缆必然导致导体发热,从而使其实际工作温度超过环境温度。电流越大,发热越多,甚者超过允许温升,形成火灾。因此各种导线都有一定的容许载流量,或称安全载流量,简称载流量。

由导线载流量数据,可根据导线允许温升选择导线截面;导线载流量数据,是在一定的环境温度和敷设条件下给出的。当环境温度和敷设条件不同时,载流量数据需要乘以校正系数。

3. 开关设备

根据生产工艺要求,产生相应的动作使电路接通或断开的设备。

(1) 照明器控制开关

用于对单个或数个照明器的控制,工作电压为 250 V,额定电流有 1 A、2.5 A、4 A、6 A、10 A 等几种,如图 8-11 所示。

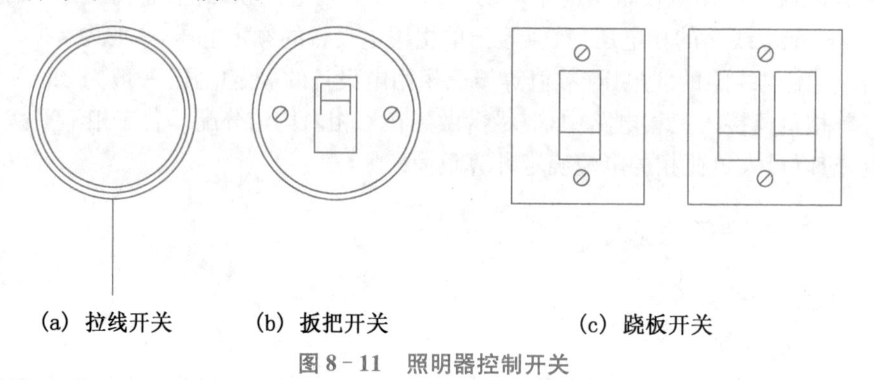

(a) 拉线开关　(b) 扳把开关　(c) 跷板开关

图 8-11　照明器控制开关

(2) 刀开关

刀开关又称刀闸,一般用在低压(不超过 500 V)电路中,用于通、断交直流电源,如图 8-12 所示,刀开关一般用于切断交流 380 V 及以下的额定负载。国产刀开关有 HD11、HS11 等系列,照明配电多采用 HKI 型胶盖开关。

小容量异步电动机不频繁启动和停车时,常采用由带有速断刀极的刀开关与熔断器组合而成的负荷开关(铁壳开关)。

刀开关通常按 $I_e \geq I_j$ 选择,I_e 为刀开关的额定电流(A),I_j 为线路中的计算电流(A)。

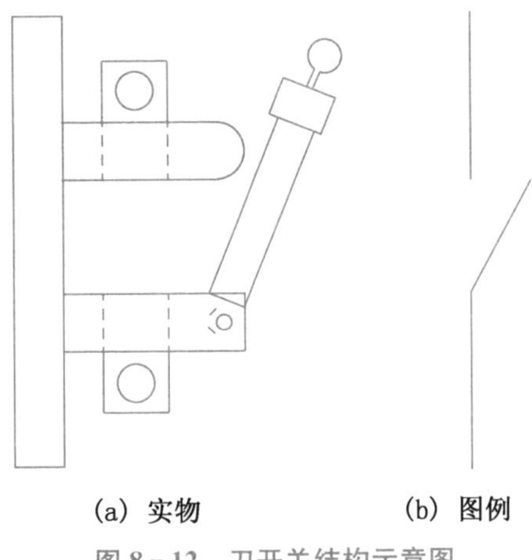

图 8-12 刀开关结构示意图

(3) 自动空气开关

图 8-13 为自动空气开关的基本构造。电路中电流正常时,电磁铁 5 中的吸力小,不能将搭扣 4 吸上,使得接触刀片 1 保持在闭合位置。当过载或短路时,电流增大到一定数值,电磁铁 5 的吸力增大到能吸动搭扣 4 上的衔铁 6,使搭扣脱扣,在弹簧 2 的作用下,接触刀片 1 跳开,将电路切断,完成过载或短路保护。

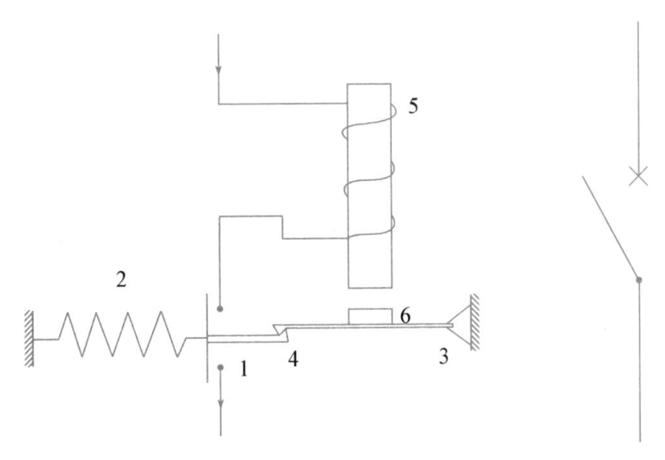

图 8-13 过载自动空气开关

1—接触刀片;2—弹簧;3—搭扣交点;4—搭扣;5—电磁铁;6—衔铁

图 8-14 为欠压(失压)自动空气开关的构造图。电磁线圈接在线电压上,电压正常时,电磁吸力可以将搭扣吸住,使线路保持接通。当欠压(或失压)时,电磁吸力变小,在弹簧 6 的作用下,搭扣被拉开,在弹簧 2 作用下,接触刀片 1 迅速被拉开,切断电路。欠压自动空气开关可装在事故供电线路中,实现工作电源与事故电源的自动切换。

按照自动空气开关的工作条件及性质、线路的额定参数以及计算对脱扣器的动作电流来选择所需要的型号和类型。

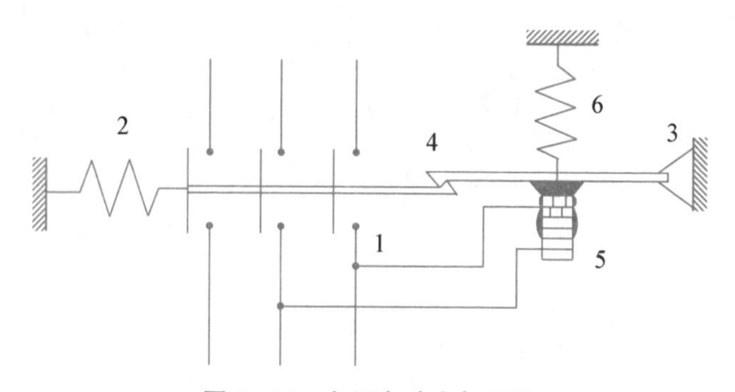

图 8 - 14　欠压自动空气开关

1—接触刀片；2—弹簧；3—搭扣支点；4—搭扣；5—电磁铁；6—弹簧

(4) 保护设备

① 熔断器(图 8 - 15)

熔断器俗称保险丝，串接于被保护的电路中。当电路发生短路或严重过载时，自动熔断，从而切断电路，使线路和设备不致损坏。

按结构形式可分为插入式、旋塞式和管式三种。插入式为 RC1A 型，旋塞式为 RL1 型，管式分普通管式 RM1O 型和具有强灭弧性能的 RTO 型。RTO 型为有填料的管式熔断器。熔断器中起主要作用的熔体部分都是由熔点低、导电性能好的合金材料制成，在小电流电路中常用铅铝合金做熔体材料，在大电流电路中常用铜做熔体材料。熔断器既可保护短路，又可保护较大的过载。电路过载越大，则熔断的时间越短。

图 8 - 15　低压熔断器

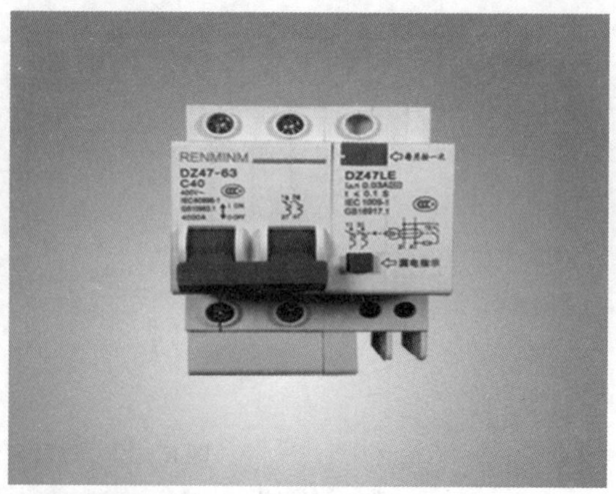

图 8 - 16　家用漏电保护开关图

图 8 - 17　热继电器

② 漏电保护开关(图 8-16)

漏电保护开关是在检测与判断到触电或漏电故障时,能自动切断故障电路的保护装置。

③ 热继电器(图 8-17)

热继电器是以被控对象发热状态为动作信号的一种保护电器,常用于电动机的过载保护。

练习与思考题

一、单项选择题

1. 对于工业和民用建筑的供电负荷可分为(　　)级。

A. 三级　　B. 两级　　C. 四级　　D. 五级

2. 低压配电系统的配电方式有放射式、树干式及(　　)等数种。

A. 阶梯式　　B. 混合式　　C. 网式　　D. 环式

3. 低压电源引入的总配电装置(第一级配电点)开始,至末端照明支路配电盘为止,配电级数一般不宜多于(　　),每一级配电线路的长度不宜大于 30 m。

A. 二级　　B. 三级　　C. 四级　　D. 五级

二、思考题

1. 电力网中常见的变配电所主要有以下几种类型:?
2. 电源引入方式有几种?
3. 供电系统的方案的种类?
4. 变配电室对建筑的要求?
5. 电气设备的选择包括哪几方面?

第9章 建筑电气照明

教学要求

拓展视频
高温持续，节约用电成共识

通过本章的学习，让读者了解照明的基本知识；了解电光源和灯具种类；掌握人工照明标准和照明设计。

价值引领

低碳生活、节约用电，建议把空调制冷温度设置为26摄氏度；能源来自大自然，节能保护大自然，是我们共同的使命；万般能源众家省，源远流长照世人，节能减排从你、我做起，珍惜能源、爱护地球、共创美好未来。

9.1 照明的基本知识

9.1.1 照明系统的概念

建筑电气照明

建筑室内照明系统由照明装置和电气部分组成。照明装置主要是灯具，电气部分则包括了照明开关、照明线路及照明配电盘等。

光是电磁波，可见光是人眼所能感觉到的那部分电磁辐射能，光在空间以电磁波的形式传播，它只是电磁波中很小的一部分，波长范围约在380 nm～780 nm。可见光在电磁波中仅是很小的一部分，波长小于380 nm的叫紫外线；大于780 nm的叫红外线。这两部分虽不能引起视觉，但与可见光有相似特性。在可见光区域内不同波长又呈现不同的颜色，波长从780 nm向380 nm变化时，光的颜色会出现红、橙、黄、绿、青、蓝、紫7种不同的颜色。

380 nm～424 nm紫色，424 nm～455 nm蓝色，

455 nm～492 nm青色，492 nm～565 nm绿色，

565 nm～595 nm黄色，595 nm～640 nm橙色，

640 nm～780 nm红色。

当然，各种颜色的波长范围不是截然分开的，而是由一个颜色逐渐减少，另一个颜色逐

渐增多渐变而成的。

9.1.2 照明的基本物理量

1. 光通量

光源在单位时间内，向周围空间辐射出使人眼产生光感觉的能量称为光通量，以字母表示，单位是流明(lm)。

2. 发光强度

发光强度是光源在给定方向上、单位立体角内辐射的光通量，称为光源在该方向上的发光强度，以字母 I 表示，单位：坎德拉(cd)。发光强度是表征光源(物体)发光强弱程度的物理量。

如图 9-1 所示，对于各方向具有均匀辐射光通量的光源，在各方向上的光强相等，其值为：

$$I=\Phi/\omega \tag{9-1}$$

式中：Φ——光源在 ω 立体角内所辐射出的总光通量(lm)；

ω——光源发光范围的立体角，或称球面角。

$$\omega=S/r \tag{9-2}$$

式中：r——球的半径(cm)；

S——与 ω 立体角相对应的球表面积(cm^2)。

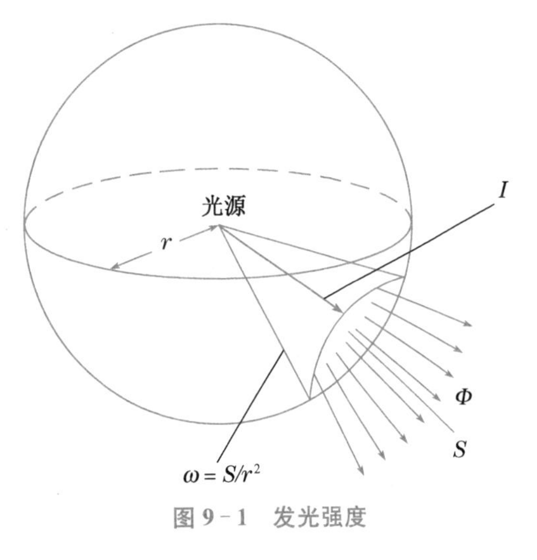

图 9-1 发光强度

3. 照度

被照物体表面单位面积接收到的光通量称为照度，用符号 E 表示，单位：勒克司(lx)。如果光通量(lm)均匀地投射在面积为 $S(m^2)$ 的表面上，则该平面的照度值为：

$$E=\Phi/S \tag{9-3}$$

由于照度不考虑被照面的性质(反射、透射和吸收)，也不考虑观察者在哪个方向，因此它只能表明被照物体上光的强弱，并不表示被照物体的明暗程度。

自然光的光照度大约如下：

晴天在阳光直射下 1000000lx

晴天在背阴处 100000lx

晴天在室内北窗附近 2000lx

晴天在室内中央 200lx

晴天在室内角落 20lx

晴天在月夜地面 0.2lx

4. 亮度

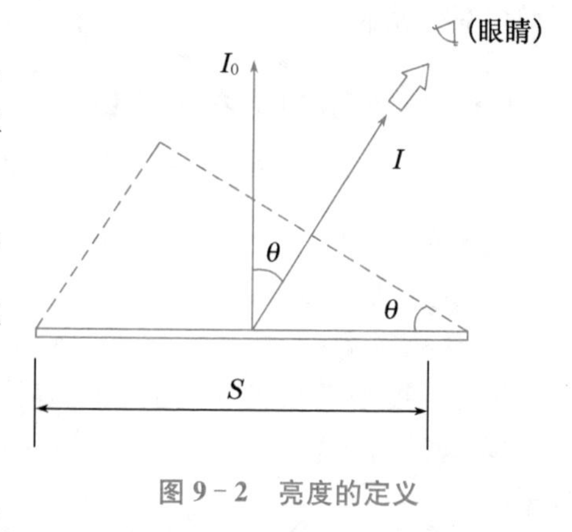

图 9-2 亮度的定义

亮度是一单元表面在某一方向上的光强密度。它等于该方向上的发光强度和此表面在该方向上的投影面积之比，即：

$$B_\theta=\frac{I_\theta}{S\cdot\cos\theta} \qquad (9-4)$$

式中：B_θ——发光表面沿 θ 方向的亮度，cd/m^2（坎德拉/米^2）；

I_θ——发光表面沿 θ 方向的发光强度，cd；

$S\cdot\cos\theta$——发光表面的投影面积，m^2。

太阳中心的亮度高达 2×10^9 cd/m^2；晴朗天空的亮度为$(0.5\sim2)\times10^4$ cd/cm^2；荧光灯表面的亮度仅为$(0.6\sim0.9)\times10^4$ cd/cm^2。

5. 光通发散度

光通发散度或称光出射度，是用来表示物体表面被光源照射后反射或透射出光的量。

其定义式为：

$$M=F/S \qquad (9-5)$$

式中：F——反射或透射的光通量(lm)；

S——反射或透射的发光面积(m^2)。

6. 材料的光学性质

光线在传播过程中遇到介质时，一部分光通量被介质反射，一部分透过介质，还有一部分被吸收。各种材料的反光和透光能力对照明设计是很重要的。在光滑的材料表面上可看到定向反射和定向透射，如玻璃镜面和磨光的金属表面。半透明或表面粗糙的材料，可使入射光线发生扩散。扩散的程度与材料性质有关：乳白玻璃对入射光线有较好的均匀扩散能力，在外观上亮度很均匀；磨砂玻璃的特点是具有走向扩散能力，其外观上的最大亮度方向随入射光的方向而变化。

9.1.3 照明的分类

照明种类是按照明的功能来划分的。分为正常照明、事故应急照明、值班照明、警卫照明、障碍照明和景观照明。

1. 正常照明

在正常情况下的室内外照明。《建筑电气设计技术规程》(JBJ/T 16—2008)规定：所有使用房间和供工作、运输、人行的屋顶、室外庭院和场地，皆应设置正常照明。正常照明有 3 种方式：一般照明、局部照明和混合照明。

(1) 一般照明。在整个场所或场所中的某部分照度基本上均匀的照明。

(2) 局部照明。局限于某工作部位的固定或移动照明。

(3) 混合照明。一般照明和局部照明共同组成的照明。

2. 应急照明

下列场所正常照明电源失效时，应设置应急照明：

(1) 需确保正常工作或活动继续进行的场所，应设置备用照明；

(2) 需确保处于潜在危险之中的人员安全的场所,应设置安全照明;

(3) 需确保人员安全疏散的出口和通道,应设置疏散照明。

3. 值班照明

在非工作时间内供值班用的照明。值班照明可利用正常照明中能单独控制的一部分,或利用应急照明的一部分甚至全部作为值班照明。

需在夜间非工作时间值守或巡视的场所,应设置值班照明:

(1) 面积超过 500 m^2 的商店及自选商场,面积超过 200 m^2 的贵重品商店;

(2) 商店、金融建筑的主要出入口,通向商品库房的通道,通向金库、保管库的通道;

(3) 单体建筑面积超过 3 000m^2 的库房周围的通道;

(4) 其他有值班照明要求的场所。

4. 警卫照明

有警卫要求的建筑中下列场所应设置警卫照明:

(1) 警卫区域周围的全部走道,通向警卫区域所在楼层的全部楼梯、走道;

(2) 警卫区域所在楼层的电梯厅和配电设施处;

(3) 警卫区域所在建筑物主要出入口内外以及该建筑室外监控摄像机的拍摄区域;

(4) 其他有警卫照明要求的场所。

5. 障碍照明

在建筑上装设的作为障碍标志的照明。如在飞机场周围较高的建筑物上,或在有船舶通行的航道两侧,应按民航和航运部门的有关规定装设障碍灯。

6. 景观照明

城市中的标志性建筑、大型商业建筑、具有重要社会影响的构筑物等,宜设置景观照明。

9.2 电光源和灯具

9.2.1 电光源

我们把将电能转换为光能的设备称为电光源。电光源按发光原理分为热辐射光源、气体放电光源和固体发光光源。

1. 热辐射光源

主要是利用电流的热效应,将具有耐高温、低挥发性的灯丝加热到白炽程度而产生部分可见光。如白炽灯、卤钨灯等。

2. 气体放电光源

主要是利用电流通过气体(或蒸汽)时,激发气体(或蒸汽)电离、放电而产生的可见光。按放电介质分:气体放电灯(氙、氖灯),金属蒸气灯(汞、钠灯);按放电形式分:辉光放电灯(霓虹灯),弧光放电灯(荧光灯、钠灯)。

3. 固体发光光源

固体发光光源是指固体发光材料在电场激发下产生的光源。包括发光二极管(LED)和有机发光二极管(OLED),具有耗电量少、寿命长、色彩丰富、耐震动、可控性强等特点。

4. 常用电光源

(1) 白炽灯

① 构造和工作原理

白炽灯是由灯丝、支架、引线、玻壳和灯头等部分组成。

白炽灯是靠电流通过灯丝加热至白炽状态，利用热辐射而辐射出可见光，因此灯丝选用高熔点材料——钨。当灯泡工作时，由于温度很高，钨丝逐渐蒸发，一般在灯内充入氩、氮或者二者的混合气等惰性气体，钨在蒸发过程中遇到惰性气体的阻拦，有一部分钨粒子返回灯丝上，减慢了钨粒子沉积在玻壳上的速度，从而提高了灯泡的寿命和发光效率，由于氩、氮成本较高，因此小功率灯泡还是真空的。

② 特性

a. 白炽灯的光色。显色性高，显色指数大于 97，钨丝白炽灯的光谱能量分布中，长波光(红光)强，短波光(蓝光和紫光)弱，一般白炽灯的灯温为 2 800～2 900 K，用于一般场所；高色温灯泡的色温为 3 200 K，主要用于舞台照明、摄像，但与日光色仍有较大的差别。

b. 发光效率(光效)。灯泡的发光效率是灯泡输入的光通量与输入电功率之比。白炽灯的发光效率是比较低的。

c. 启动电流。白炽灯钨丝冷态电阻比热态电阻小得多，白炽灯为纯电阻负载，服从欧姆定律，所以启动电流为额定电流的 7～10 倍，但过渡过程很短(只有 0.07～0.38 s)。可以认为是瞬时点燃的。

d. 寿命。白炽灯在工作中，因钨丝的蒸发，逐渐变细，在某一点处断裂，结束其使用寿命，尤其当电压值高于额定值时，其寿命将大大缩短。一般白炽灯泡的平均寿命为 1 000 h，电压变化对其寿命影响较大，当电压高出其额定值 5%时，其寿命减少 50%。双螺旋钨丝，用钨质支架将灯丝固定，灯管两端为陶瓷头及作为镍或铝合金触头，灯管内充填氮气或惰性气体(氩或氪、氙)另加微量的卤族元素(氟、氯、溴)，故卤钨灯是利用充填气体中卤素物质的化学反应的一种钨丝灯。

(2) 卤钨灯

① 构造和工作原理

卤钨灯也是一种热辐射光源，当钨丝通电后，加热至白炽状态而发光，同时从钨丝上蒸发出来的钨，向玻璃方向迁移，但因充填气体中有卤素，钨与卤素化合生成气态的卤化钨。卤化钨扩散到灯丝附近的高温区时，又被分解成钨和卤族元素，分解出的钨有可能落回钨丝上使灯丝上损失的钨得以补充，而卤族元素又向灯泡壁区域扩散，在那里又与钨原子化合再次扩散到灯丝附近发生分解，如此形成所谓卤钨循环。在这个过程中卤族元素不断地把向灯管壁移近的钨“运回”到灯丝上，这个过程在灯管整个使用寿命期中进行，故有效地防止灯管的黑化，从而使卤钨灯在整个使用期间保持良好的透光性，光通量输出降低很少。

卤钨循环使再生的钨回到灯丝上，但并不是回到它蒸发前所在位置，而是向灯丝两端温度较低的部位迁移，在蒸发严重的位置(热点)，得不到应有补充，所以卤钨循环对延长灯丝寿命作用不大。

② 特性

由于卤钨灯的卤钨循环，减少了管壁上钨的沉积，改善了透光率；又因灯管工作温度提高，辐射的可见光量增加，从而使发光效率大大提高。

由于卤钨灯中充惰性气体，可抑制钨蒸发，使灯的寿命有所提高。

卤钨灯工作温度高，光色得到改善，发光白，而白炽灯光色发黄，卤钨灯的显色性好，其色温特别适用于电视播放照明、舞台照明以及摄影、绘图照明等。

卤钨灯能瞬时点燃，适用于要求调光的场所，如体育馆，观众厅等。

卤钨灯工作温度高，灯管壁的温度达 600 ℃左右，从防火角度考虑不能与易燃物接近，使用时应注意散热条件，但不允许采用人工冷却(如电扇吹)。

卤钨灯安装必须保持水平，倾斜角度不得大于 4°，否则会严重影响寿命；耐震性差，不宜在有震动的场所使用。

(3) 荧光灯

荧光灯是一种低气压汞蒸气放电光源，它具有结构简单、制造容易、光色好、发光效率高、寿命长和价格便宜等优点，目前在电气照明中被广泛应用。

① 构造

荧光灯是由荧光灯管、镇流器和启动器(跳泡)组成。

荧光灯的基本构造和常用接线如图 9-3 所示。

荧光灯管内壁涂有荧光粉，两端装有钨丝电极，并引至管的灯脚，管内抽真空后充入少量汞和惰性气体氩，汞是灯管工作的主要物质，氩气是为了降低灯管启动电压和启动时抑制电极钨的溅射，以延长灯管寿命。

② 工作原理

荧光灯管是具有负电阻特性的放电光源，需要镇流器和启动器才能正常工作。

当合上电源开关后，线路电压加到启动器的两个电极上。启动器是一个小型的辉光灯，电极间距较小，在线路电压作用下产生辉光放电而发热，其中 U 形双金属片电极由膨胀系数不同的两种材料构成，受热后张开，与固定电极接触而接通电路，此时电流流经金属片电极迅速冷却，经数秒钟后，它冷却收缩而发射电子，启动器的触点闭合后，辉光放电停止，双金属片电极迅速冷却，经数秒钟后，它冷却收缩而与固定电极弹开分离。就在这弹开的一瞬间，串联在电路中的镇流器(为一电感线圈)产生一个较高的自感电动势，与电源电压叠加而施加在灯管的两端，从而使灯管两极间击穿放电，当电子从阴极向阳极高速运动时，和灯管内的汞和氩气原子相碰撞而溢出电子，这些电子再与其他气体原子相碰撞，从而使气体不断电离形成自持放电过程，灯管内的水银蒸气原子在放电时激发出紫外线，紫外线照射到灯管内壁的荧光质上而产生可见光，在这一过程中，所消耗的电能只有较小的一部分转变为可见光，而大部分电能变为热能而散发了。

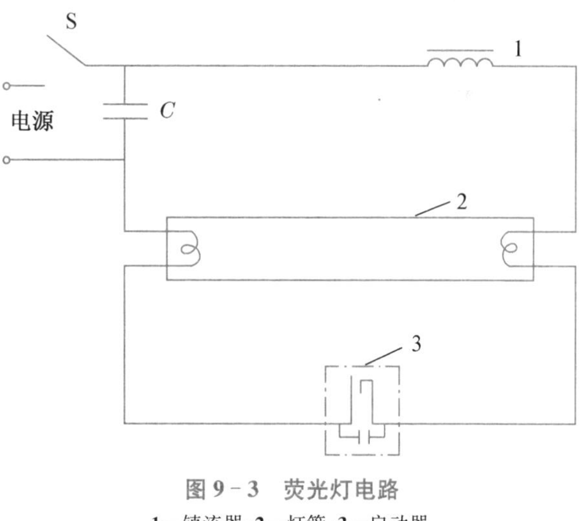

图 9-3 荧光灯电路

1—镇流器；2—灯管；3—启动器

由于荧光管具有负电阻特性，为了在灯管点燃之后能稳定地工作，需要保持稳定放电，这一任务由镇流器来担当，用它来克服负阻效应，限制和稳定通过灯管的工作电流，灯管稳定工作后，电流流经镇流器和灯管，使镇流器上产生较大的电压降，灯管两端的电压比线路电压低很多，在这个电压下启动器不足以产生辉光放电，故在灯管正常工作时启动器不会再闭合。

③ 特性

光色。由于荧光灯采用不同的荧光材料，发出的光谱也不同，因而形成各种各样的光色，采用三基色荧光质，根据光学混合定律，混合发出的光是白色。

发光效率高，比白炽灯高3位，但由于有镇流器，功率因数较低。荧光灯管的寿命可达3 000 h，其条件是每启动一次连续点燃3 h，如果频繁地开关灯管，会大大地缩短荧光灯寿命。因此，开关频繁的场所不宜采用荧光灯。

光的闪烁。荧光灯用50 Hz交流电供电，随着交流电的变化，其发光也有周期性的明暗变化，这个现象称为“闪烁”效应，对固定的物体，闪烁效应不易察觉。但对运动的物体，则很明显，如果物体转动的频率是荧光灯变化频率的整数倍时，实际在转动的物体看上去好像没转动，因而往往造成人身伤亡事故，在这种场所，要采取措施防止闪烁效应。

环境因素。温度过低或过高，都会使荧光灯不易启动，最适宜的环境温度为18～25 ℃。其次空气温度过高，灯管也不易启动，因此荧光灯不宜用在室外。

(4) 高压汞灯

① 构造和工作原理

高压汞灯的主要部分是石英放电管，是由耐高温的石英玻璃制成的管子，里面封装有钨制成的主电极(E_1、E_2)和辅助电极(E_3)，管中的空气被抽出，充有一定量的汞和少量的氩气，为了保温和避免外界对放电管的影响，在它的外面还有一个硬质玻璃外壳，主电极装置在放电管的两端，当合上开关以后电压即加在辅助电极E_3和主电极E_1之间，因其间距很小，E_1和E_3极尖被击穿，发生辉光放电，产生大量的电子和离子，在两个主电极尖的弧光发电，灯管起燃。为了限制主电极与辅助电极之间的放电电流，辅助电极串联一个约为40～60 Ω的电阻，当两个主电极放电以后，辅助电极实际上就不参与工作了。从合上开关到放电管完全稳定工作，约需4～8 min。

放电管工作时，汞蒸气压力升高(2～6个大气压)，高压汞灯由此得名。在高压汞灯外玻璃泡的内壁涂以荧光质，便构成荧光高压汞灯，涂荧光质主要是为了改善光色，还可以降低灯泡的亮度，所以做照明的大多是荧光高压汞灯。

放电管工作时，在两个主电极间是弧光放电，发出强光，同时水银蒸气电离后发出紫外线，又激发外玻壳内壁涂的荧光粉，以致发出很强的荧光，所以它是复合光源。

② 特性

a. 效率高：可达40～60 lx/W，节省电能。

b. 寿命长：有效寿命可达5 000 h。

c. 显色性差：高压汞灯的光色呈蓝绿色，缺少红色成分，显色性差，显色指数为20～30，照到树叶很鲜明，但照到其他物体上，就变成灰暗色，失真很大，故室内照明一般不采用，主要用于街道、广场、车站等不需要分辨颜色的场所。

d. 灯的再启时间较长：高压汞灯熄灭后，不能立刻再启动，必须等待冷却以后，一般为5～10 min，故不宜在开关频繁和要求迅速点亮的场所。外壳温度较高，选用时应考虑散热和防火。

(5) 高压钠灯

① 构造和工作原理

高压钠灯与高压汞灯相似，是由玻璃外壳、陶瓷放电管、双金属片和加热线圈等组成，并且需外接镇流器。

细而长的放电管是由半透明多晶氧化铝陶瓷制成，因为这种陶瓷在高温下具有良好抗钠腐性能，而玻璃或石英玻璃在高温下容易受钠腐蚀。陶瓷放电管在抽真空后充入钠之外，还充入一定量的汞，以改善灯的光色和提高光效，管内封装一对电极，玻璃外壳内抽成真空，并充入氩气。

当开关合上时，启动电流通过加热线圈和双金属片，加热线圈发热使双金属片角点断开，在这瞬间镇流器产生高压自感电动势，使放电管击穿放电，启动后借助放电管的高温使双金属片保持断开状态。高压钠灯从启动到正常稳定工作约需 4～8 min，在这一过程中，灯光的光色在变化，起初是很暗的红白色辉光，很快变为亮蓝色，随后发出单一黄光，随着钠蒸气压力的增高，发出金白色光。高压钠灯还有电子触发器启动的方式。

② 特性

a. 发光效率高：可达 130～150 lx/W，用于需要高效率的场所。

b. 寿命长：平均寿命可达 5 000 h。

c. 灯的再启动时间长：与高压汞灯相似，熄灭后再启动时间约 10～15 min，故不能作事故照明灯用。

d. 光色：显色性较差，低压钠灯以荧光为主，显色性很差，随着钠蒸气压力增高光色得到改善，呈金白色。它的透雾性好，适合于需要高亮度、高效率的场所，如主要交通通路、飞机场跑道、沿海及内河港口城市的路灯。

(6) LED 灯具

① 特性

LED(Light Emitting Diode)灯具是属于发光二极管的一种，能够将电能转化为光能的半导体，它改变了白炽灯钨丝发光与节能灯三基色粉发光的原理，而采用电场发光。照明需用的白色光 LED 仅在 2000 年以后才发展起来，LED 灯具可采用直流 DC220V 电压，不需要启辉器和镇流器。启动时间短，无闪频。

LED 的心脏是一个半导体的晶片，晶片的一端附在一个支架上，一端是负极，另一端连接电源的正极，使整个晶片被环氧树脂封装起来。半导体晶片由两部分组成，一部分是 P 型半导体，在它里面空穴占主导地位，另一端是 N 型半导体，在这边主要是电子。但这两种半导体连接起来的时候，它们之间就形成一个 P-N 结。当电流通过导线作用于这个晶片的时候，电子就会被推向 P 区，在 P 区里电子跟空穴复合，然后就会以光子的形式发出能量，这就是 LED 灯发光的原理。而光的波长也就是光的颜色，是由形成 P-N 结的材料决定的。

LED 可以直接发出红、黄、蓝、绿、青、橙、紫、白色的光。

② 主要特点

a. 节能：白光 LED 的能耗仅为白炽灯的 1/10，节能灯的 1/4。

b. 长寿：寿命可达 10 万小时以上，对普通家庭照明可谓“一劳永逸”。

c. 可以工作在高速状态：节能灯如果频繁的启动或关断，灯丝就会发黑，很快的坏掉，所以更加安全。

d. 固态封装，属于冷光源类型。所以它很好运输和安装，可以被装置在任何微型和封闭的设备中，不怕振动。

e. 环保，没有汞的有害物质。LED 灯泡的组装部件可以非常容易地拆装，不用厂家回收都可以通过其他人回收。

f. 配光技术使 LED 点光源扩展为面光源，增大发光面，消除眩光，升华视觉效果，消除视觉疲劳。

g. 透镜与灯罩一体化设计。透镜同时具备聚光与防护作用，避免了光的重复浪费，让产品更加简洁美观。

h. 无频闪。纯直流工作，消除了传统光源频闪引起的视觉疲劳。

i. 耐冲击，抗雷力强，无紫外线(UV)和红外线(IR)辐射。无灯丝及玻璃外壳，没有传统灯管碎裂问题，对人体无伤害、无辐射。

j. 低热电压下工作，安全可靠。表面温度≤60 ℃(环境温度 Ta=25 ℃时)。

宽电压范围，全球通用 LED 灯。85 V～264 VAC 全电压范围恒流，保证寿命及亮度不受电压波动影响。采用 PWM 恒流技术，效率高，热量低，恒流精度降低线路损耗，对电网无污染。功率因数≥0.9，谐波失真≤20%，EMI 符合全球指标，降低了供电线路的电能损耗和避免了对电网的高频干扰污染。

9.2.2 灯 具

灯具是一种控制光源发出的光进行再分配的装置，它与光源共同组成照明器，但在实际应用中，灯具与照明器并无严格的界限。灯具的作用如下：

(1) 合理配光。即将光源发出的光通量重新分配，以达到合理利用光通量的目的。各种灯具配光通量的特性可用灯具的配光曲线来表示。

配光曲线：将光源在空间各个方向的光强用矢量表示，并把各矢量的端点连接成曲线，用来表示光强分布的状态，称为配光曲线。

(2) 限制眩光。在视野内，如果出现很亮的东西，会产生刺眼感，这种刺眼的亮光称为眩光，眩光对视力危害很大，引起不舒适感觉或视力降低，限制眩光的方法是使灯具有一定的保护角，并配合适当的安装位置和悬挂高度或者限制灯具的表面亮度。

光源下端与灯具下檐边线同水平线之间夹角称为保护角，灯具的保护角，是为了保护眼睛不受光源下直射光的照射面设计的，所以在规定的灯具悬挂高度下，在其保护角范围内，使光源在强光视角区内隐蔽起来，避免直接眩光。对避免直接眩光要求较高的地方，可采用格栅式灯具。

(3) 提高光源的效率。灯具的效率是反映灯具的技术经济效果的指标，从一个灯具射出的光通量 F_2 与灯具光源发出的光通量 F_1 之比，称为灯具的效率 η。因为 $F_2<F_1$，所以 $\eta<1$。各种灯具的效率，可查阅有关照明手册。

9.2.3 灯具的分类和选择

照明灯具很难按一种方法来分类，可从不同角度来分类，如按光源分类，根据安装方法分类等等。

1. 按配光曲线分类

(1) 直接配光(直射型灯具)。90%～100%的光通量向下,其余向上,即光通量集中在下半部,直射型灯具效率高,但灯的上半部几乎没有光线,顶棚很暗,与照亮灯光容易形成对比眩光,又由于某种原因它的光线集中,方向性强,产生的阴影也较浓。

(2) 半直接配光(半直射型灯具)。60%～90%的光通量向下,其余向上,向下光通量仍占优势,它能将较多的光线照射到工作面上,又使空间环境得到适当的亮度,阴影变淡。

(3) 均匀扩散配光(漫射型灯具)。40%～60%的光通量向下,其余向上,向上和向下的光通量大致相等,这类灯具是用漫射透光材料制成封闭式灯罩,造型美观、光线柔和,但光的损失较多。

(4) 半间接配光(半间接型灯具)。10%～40%的光通量下,其余向上,这种灯具上半部用透明材料,下半部用漫射透光材料做成,由于上半部光通量的增加,增加了室内反射光的照明效果,光线柔和,但灯具的效率低。

(5) 配光(间接型灯具)。0～10%的光通量向下,其余向上,这类灯具全部光线都由上半球射出,经顶棚反射到室内,光线柔和,没有阴影和眩光,但光损失大,不经济,适用于剧场、展览馆等。

2. 按结构特点分类

(1) 开启型。其光源与外界环境直接相通。

(2) 闭合型。透明灯具是闭合型,透光罩把光源包合起来,但是罩内外空气仍能自由流通,如乳白玻璃球形灯等。

(3) 密闭型。透明灯具固定处有严密封口,内外隔绝可靠,如防水、防尘灯等。

(4) 防爆型。符合《防爆型电气设备制造检验规程》的要求,能安全地在有爆炸危险性性质的场所中使用。

3. 按安装方式分类

分为吊式 X、固定线吊式 X_1、防水线吊式 X_2、人字线吊式 X_3、杆吊式 G、链吊式 L、座灯头式 Z、吸顶式 D、壁式 B 和嵌入式 R 等,如图 9-4 所示。

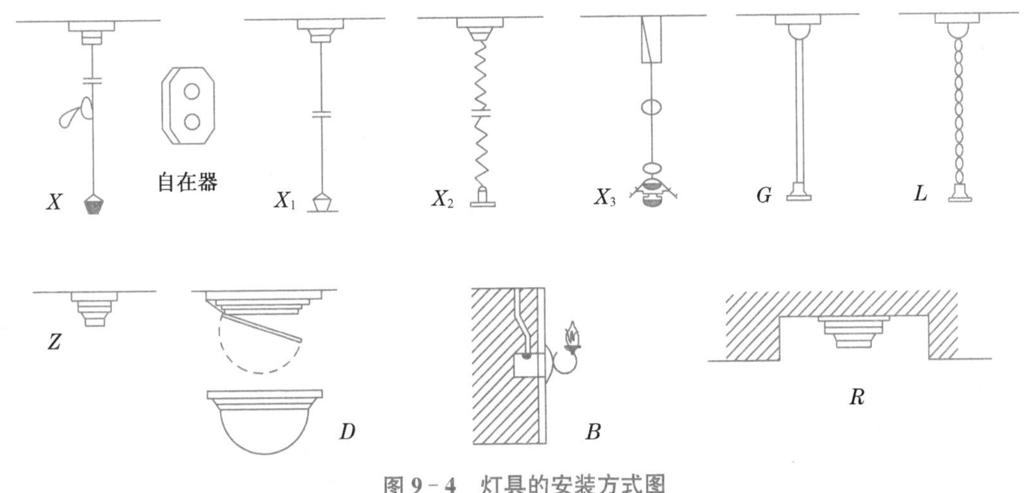

图 9-4 灯具的安装方式图

4. 灯具的选择

(1) 首先应根据建筑物各房间的不同照度标准、对光色和显色性的要求、环境条件(温度、湿度等)、建筑特点、对照明可靠性的要求,根据基建投资情况结合考虑长年运行费用(包括电费、更换光源费、维护管理费和折旧费等),根据电源电压等因素,确定光源的类型、功率、电压和数量。如可靠性要求高的场所,需选用便于启动的白炽灯;高大的房间宜选用寿命长、效率高的光源,办公室宜选用光效高、显色性好、表面亮度低的荧光灯做光源等。

(2) 技术性主要指满足配光和限制眩光的要求。高大的厂房宜选深照型灯具,宽大的车间宜选广照型、配用型灯具,使绝大部分光线直照到工作面上。一般公共建筑可选半直射型灯具,较高级的可选漫射型灯具,通过顶棚和墙壁的反射使室内光线均匀、柔和。豪华的大厅可考虑选用半反射型或反射型灯具,使室内无阴影。

(3) 应综合从初投资和年运行费用全面考虑其经济性。满足照度要求而耗电最少即最经济,故应选光效高、寿命长的灯具为宜。

(4) 应结合环境条件、建筑结构情况等安装使用中的各种因素加以考虑其使用性。如环境条件干燥场所、清洁房间尽量选开启式灯具;潮湿处(如厕所、卫生间)可选防水灯头保护式灯具;特别潮湿处(如厨房、浴室)可选密闭式灯具(防水、防尘灯);有易燃易爆物场所(如化学车间)应选防爆灯;室外应选防雨灯具;易发生碰撞处应选带保护网的灯具;振动处应选卡口灯具。对于安装条件,应结合建筑结构情况和使用要求,确定灯具的安装方式,选用相应的灯具。如一般房间为线吊,门厅等处为杆吊,门口处壁装,走廊为吸顶安装等。

(5) 不同建筑有不同的特点和不同的功能,灯具的选择应和建筑特点、功能相适应。特别是临街建筑的灯光,应和周围的环境相协调,以便创造一个美丽和谐的城市夜景。根据不同功能要求选择灯具是比较复杂的,但对从事建筑设计的人员来说又是十分重要的一项工作。

由于建筑的多样性、环境的差异性和功能的复杂性,决定了满足这些要求的灯具选择很难确定一个统一的标准。但一般来说应恰当考虑灯具的光、色、型、体和布置,合理运用光照的方向性、光色的多样性、照度的层次性和光点的连续性等技术手段,起到渲染建筑、烘托环境和满足各种不同需要的作用。如大阅览室中采用三相均匀布置的荧光灯,创造明亮、均匀而无闪烁的光照条件,以形成安静的读书环境;宴会厅采用以组合花灯或大吊灯为中心,配上高亮度的无影白炽灯具,产生温暖而明朗的光照条件,形成一种欢快热烈的气氛。

9.2.4 灯光照明在建筑装饰中的作用

现代建筑物非常重视电气装饰对室内空间环境所产生的美学效果及由此对人们所产生的心理效应。因此,一切居住、娱乐、社交场所的照明设计的主要任务便是艺术主题和视觉的舒适性。电光源的迅速发展,使现代照明设计不但能提供良好的光照条件,而且在此基础上可利用光的表现力对室内空间进行艺术加工,从而共同创造现代生活的文明。

空间的不同效果,可以通过光的作用充分表现出来。实验证明,室内空间的开敞性与光的亮度成正比,亮的房间感觉要大一点,暗的房间感觉要小一点,充满房间的无形漫射光,也使空间有无限的感觉，而直接光能加强物体的阴影和光影对比，能加强空间的立体感。不同光的特性，通过室内亮度的不同分布，使室内空间显得比单一性质的光更有生气。

可以利用光的作用，来加强希望注意的地方（如趣味中心），也可用来削弱不希望被注意的次要地方，从而进一步使空间得到完善和净化。许多商店为了突出新产品，在那里用较高亮度的重点照明，而相应地削弱次要的部位，以获得良好的照明艺术效果。照明也可以使空间变得具有实和虚的效果，例如许多台阶照明、家具的底部照明，都能使物体和地面“脱离”，形成浮悬的效果而使空间更显得空透、轻盈。

建筑装饰照明设计的基本原则应该是“安全、适用、经济、美观”。

1. 安全性

所谓安全性主要是针对用电事故考虑。一般情况下，线路、开关、灯具的设置都需有可靠的安全措施。诸如分电盘和分线路一定要有专人管理，电路和配电方式要符合安全标准，不允许超载。在危险的地方要设置明显标志，以防止漏电、短路等火灾和伤亡事故发生。

2. 适用性

所谓适用性，是指能提供一定数量和质量的照明，保证规定的照度水平，满足工作、学习和生活的需要。灯具的类型、照度的高低、光色的变化等，都应与使用要求相一致。

一般生活和工作环境，需要稳定柔和的灯具，使人们能适应这种光照环境而不感到厌倦。

3. 经济性

照明设计的经济性有两个方面的含义：一是采用先进技术，充分发挥照明设施的实际效益，尽可能以较小的费用获得较大的照明效果；二是在确定照明设施时要符合我国当前在电力供应、设备和材料方面的生产水平。

4. 美观

照明装置还具有装饰房间、美化环境的作用。特别是对于装饰性照明，更应有助于丰富空间的深度和层次，显示被照物体的轮廓，表现材质美，使色彩和图案更能体现设计意图，达到美的意境。但是，在考虑美化作用时应从实际出发，注意节约。对于一般性生产、生活设施，不能过度为了照明装饰的美观而花费过多的资金。

9.3 照明标准和照明设计

9.3.1 照明标准

目前，在我国照明工程的设计实践中，采用标准包括《建筑照明设计标准》(GB/T 50034—2024)、《城市照明建设规划标准》(CJJ/T 307—2019)。

1.《建筑照明设计标准》

《建筑照明设计标准》(GB/T 50034—2024)是住房和城乡建设部为了使建筑照明设计符合建筑功能和保护人们视力健康的要求，做到节约能源、技术先进、经济合理、使用安全和维修方便，经广泛调查研究、认真总结实践经验，参考有关国际标准和国外先进标准，在广泛征求意见的基础上，组织修订的国家标准。

本标准共分7章，2个附录，主要内容包括：总则、术语、基本规定、照明数量和质量、照明标准值、照明节能、照明配电及控制等。

本标准修订的主要技术内容是：修改了原标准规定的照明功率密度限值；补充了图书馆、博览、会展、交通、金融等公共建筑的照明功率密度限值；更严格地限制了白炽灯的使用范围；增加了发光二极管灯应用于室内照明的技术要求；补充了科技馆、美术馆、金融建筑、宿舍、老年住宅、公寓等场所的照明标准值；补充和完善了照明节能的控制技术要求；补充和完善了眩光评价的方法和范围；对公共建筑的名称进行了规范统一。

2.《城市照明建设规划标准》

《城市照明建设规划标准》(CJJ/T 307—2019)是中国建筑科学研究院为了确保城市道路照明能为车辆驾驶人员及行人创造良好的视看环境，达到保障交通安全，提高交通运输效率，方便人民生活，防止犯罪活动和美化城市环境的效果而特别制定的标准。

本标准的主要技术内容包括：总则、术语、基本规定、城市照明总体设计、重点地区照明规划设计、城市照明建设实施。

9.3.2 照明设计

灯具选择完成后，照明设计的内容包括灯具布置和照明计算。

1. 灯具布置

包括确定灯具的高度布置和平面布置两部分内容，即确定灯具在房间内的具体空间位置。

(1) 灯具的高度(竖向)布置

灯具的高度布置如图9-5所示。图中 h_c 称垂度，h 称计算高度，h_p 称工作面的高度，h_s 称悬吊高度，单位均为m。

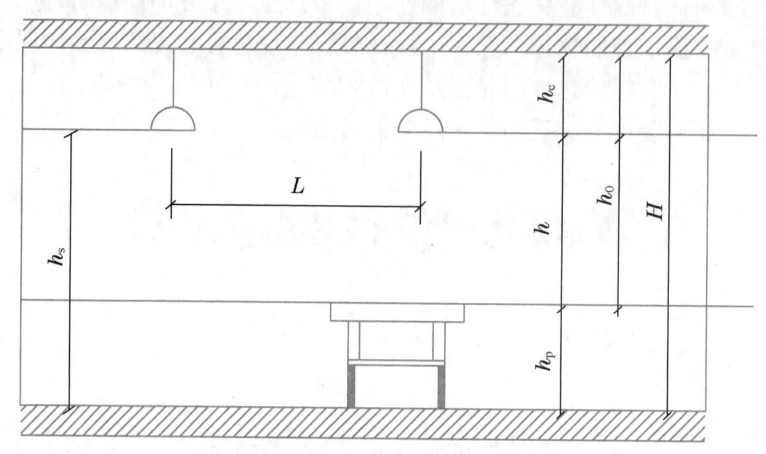

图9-5 灯具的高度布置

确定灯具的悬吊高度应考虑如下因素：

① 保证电气安全

对工厂的一般车间不宜低于2.4 m，对电气车间可降至2 m。对民用建筑一般无此项限制。

② 限制直接眩光

与光源种类、瓦数及灯具形式相对应，规定出最低悬吊高度，对于不考虑限制直接眩光的普通住房，悬吊高度可降至 2 m。

③ 便于维护管理

用梯子维护时不超过 6～7 m。用升降机维护时，高度由升降机的升降高度确定。有行车时多装于屋架的下弦。

④ 提高经济性

即应符合表 9-1 所规定的合理距高比 L/H 值。对于直射型灯具，查表 9-1 即可。对于半直射型和漫射型灯具，除满足表 9-1 的要求外，还应考虑光源通过顶棚二次配光的均匀性。分别应满足：半直射型 $L/H<5\sim6$；漫射型 $h_c/h_0\approx0.25$。

表 9-1 合理距高比 L/H 值

灯具类型	L/H		单行布置时房间最大宽度
	多行布置	单行布置	
配照型、广照型	1.8～2.5	1.8～2	$1.2h$
深照型、镜面深照型、乳白玻璃罩灯	1.6～1.8	1.5～1.6	h
防爆灯、圆球灯、吸顶灯、防水防尘灯	2.3～3.2	1.9～2.5	$1.3h$
荧光灯	1.4～1.5		

⑤ 相关因数

和建筑尺寸配合，如吸顶灯的安装高度即为建筑的层高。为防止晃动，垂度 h_c 一般为 0.3～1.5 m，多取为 0.7 m。

⑥ 常用参考数据

一般灯具的悬挂高度为 2.4～4.0 m；配照型灯具的悬挂高度为 3.0～6.0 m；搪瓷探照型灯具悬挂高度为 5.0～10.0 m；镜面探照型灯具悬挂高度为 8.0～20 m；其他灯具的适宜悬吊高度见表 9-2。

表 9-2 灯具适宜悬吊高度 单位：m

灯具类型	灯具距地高度	灯具类型	灯具距地高度
防水、防尘灯	2.5～5	软线吊灯	>2
防爆灯	2.5～5	荧光灯	>2
双照型配照灯	2.5～5	磷钨灯	7～15
隔爆型、安全型灯	2.5～5	镜面磨砂灯泡	>2.5
圆球灯、吸顶灯	2.5～5	裸露砂灯泡	>4
乳白玻璃吊灯	2.5～5	路灯	>5.5

(2) 灯具的平面布置

灯具的平面对照明的质量有重要的影响，主要反映在光的投射方向、工作面的照度、照明的均匀性、反射眩光和直射眩光以及视野内各平面的亮度分布、阴影、照明装置的安装功率和初次投资、用电的安全性、维修的方便性等方面。灯具的平面布置方式分为均匀布置和选择布置或两者结合的混合布置。选择布置易造成强烈阴影，一般不单独采用。

当实际布灯距离比等于或略小于相应合理距离比时，即认为布灯合理。灯具离墙的距离，一般取(1/3～1/2)L，当靠墙有工作面时取(1/4～1/3)L，L 为灯距。灯具的平面布置确定后，房间内灯具的数目就可确定。由光源种类、灯具形式和布置等因素组成的照明系统也就可以确定。

2. 照明计算

照明计算的实质是进行亮度的计算。因亮度计算相当困难，故直接计算与亮度成正比的照度值，以间接反映亮度值，使计算简化。因此照明计算，实际上是进行照度计算。

(1) 已知照明系统和光源的功率与总功率，求在某点产生的照度。用以进行照度的验算。

(2) 已知照明系统和照度标准，求所需光源的功率和总功率。一般认为工作面上任何一点的照度，不低于最低照度(照度标准值)，且不超出 20%就算正确，认为布灯和灯具选择合理，满足要求。

目前国内在一般照明工程中常用的照明计算方法，大体分两大类：

(1) 点照度的计算

该法可求出工作面任何一点的照度，或其上的亮度分布，多用以进行照明的验算。

(2) 平均照度计算

平均照度的计算适合于进行一般均匀照明的水平照度计算，分单位功率法和利用系数法。单位功率法又称为单位容量法，可分为估算法和单位功率法。本章主要介绍估算法。

建筑总用电量的估算为：

$$P=\omega\times S\times 10^{3}(\mathrm{kW}) \tag{9-6}$$

式中：P——建筑物(该功能相同的所有房间)的总用电量；

ω——单位建筑面积安装功率(W/m^2)，其值查表 9-3 确定；

S——建筑物(或功能相同的所有房间)的总面积(m^2)。则每盏灯泡的瓦数(灯数为 n 盏)为：

$$p=P/n \tag{9-7}$$

表 9-3　综合建筑物单位面积安装功率估算指标　　单位：W·m^{-2}

序号	建筑物名称	单位功率	序号	建筑物名称	单位功率
1	学校	5	7	实验室	10
2	办公室	5	8	各种仓库(平均)	5
3	住宅	4	9	汽车库	8
4	托儿所	5	10	锅炉房	4
5	商店	5	11	水泵房	5
6	食堂	4	12	煤气站	7

近年来随着家电的普及，生活用电量明显增加，有些地区提出住宅用电估算值提高到 5～8 W/m²，应注意选用实际调查资料。

9.4 照明配电及控制

9.4.1 照明配电系统

(1) 一般照明光源的电源电压应采用 220 V；1 500 W 及以上的高强度气体放电灯的电源电压宜采用 380 V。

(2) 安装在水下的灯具应采用安全特低电压供电，其交流电压值不应大于 12 V，无纹波直流供电不应大于 30 V。

(3) 正常照明单相分支回路的电流不宜大于 16 A，所接光源数或发光二极管灯具数不宜超过 25 个；当连接建筑装饰性组合灯具时，回路电流不宜大于 25 A，光源数不宜超过 60 个；连接高强度气体放电灯的单相分支回路的电流不宜大于 25 A。

(4) 电源插座不宜和普通照明灯接在同一分支回路。

(5) 照明分支线路应采用铜芯绝缘电线，分支线截面不应小于 1.5 mm²。

9.4.2 照明控制

(1) 公共建筑和工业建筑的走廊、楼梯间、门厅等公共场所的照明，宜按建筑使用条件和天然采光状况采取分区、分组控制措施。

(2) 公共场所应采用集中控制，并按需要采取调光或降低照度的控制措施。

(3) 旅馆的每间(套)客房应设置节能控制型总开关；楼梯间、走道的照明，除应急疏散照明外，宜采用自动调节照度等节能措施。

(4) 住宅建筑共用部位的照明，应采用延时自动熄灭或自动降低照度等节能措施。当应急疏散照明采用节能自熄开关时，应采取消防时强制点亮的措施。

(5) 除设置单个灯具的房间外，每个房间照明控制开关不宜少于 2 个。

(6) 当房间或场所装设两列或多列灯具时，宜按下列方式分组控制：

① 生产场所宜按车间、工段或工序分组；

② 在有可能分隔的场所，宜按每个有可能分隔的场所分组；

③ 电化教室、会议厅、多功能厅、报告厅等场所，宜按靠近或远离讲台分组；

④ 除上述场所外，所控灯列可与侧窗平行。

(7) 有条件的场所，宜采用下列控制方式：

① 可利用天然采光的场所，宜随天然光照度变化自动调节照度；

② 办公室的工作区域，公共建筑的楼梯间、走道等场所，可按使用需求自动开关灯或调光；

③ 地下车库宜按使用需求自动调节照度；

④ 门厅、大堂、电梯厅等场所，宜采用夜间定时降低照度的自动控制装置。

(8) 大型公共建筑宜按使用需求采用适宜的自动(含智能控制)照明控制系统。其智能照明控制系统宜具备下列功能:

① 宜具备信息采集功能和多种控制方式,并可设置不同场景的控制模式;

② 当控制照明装置时,宜具备相适应的接口;

③ 可实时显示和记录所控照明系统的各种相关信息并可自动生成分析和统计报表;

④ 宜具备良好的中文人机交互界面;

⑤ 预留与其他系统的联动接口。

练习与思考题

1. 照明中光通量、光强度、照度和亮度如何定义?
2. 常用的电光源有哪些?荧光灯的工作过程是怎样的?
3. 简述灯具布置应考虑哪些因素?
4. 灯具布置时常用哪些措施限制眩光?

第 10 章　火灾自动报警系统

教学要求

通过本章的学习，让读者了解火灾探测器及手动火灾报警按钮的设置方式；了解报警控制器的分类、消防联动控制系统构成以及消防联动控制设备的具体功能。

拓展视频

消防安全宣传

价值引领

消防安全与人们的生活息息相关，火灾威胁公共安全，危害生命财产；维护消防安全、保护消防设施、预防火灾、报告火警是每个大学生应尽的义务；年轻人在火灾面前应更加积极、主动、科学地采取各种防范措施，不断增强维护安全的责任感、使命感，提高预防火灾的意识。

10.1　火灾自动报警系统介绍

火灾自动报警系统：探测火灾早期特征、发出火灾报警信号，为人员疏散、防止火灾蔓延和启动自动灭火设备提供控制与指示的消防系统。可用于人员居住和经常有人滞留的场所、存放重要物质或燃烧后产生重要污染需要及时报警的场所。如图 10－1 所示。

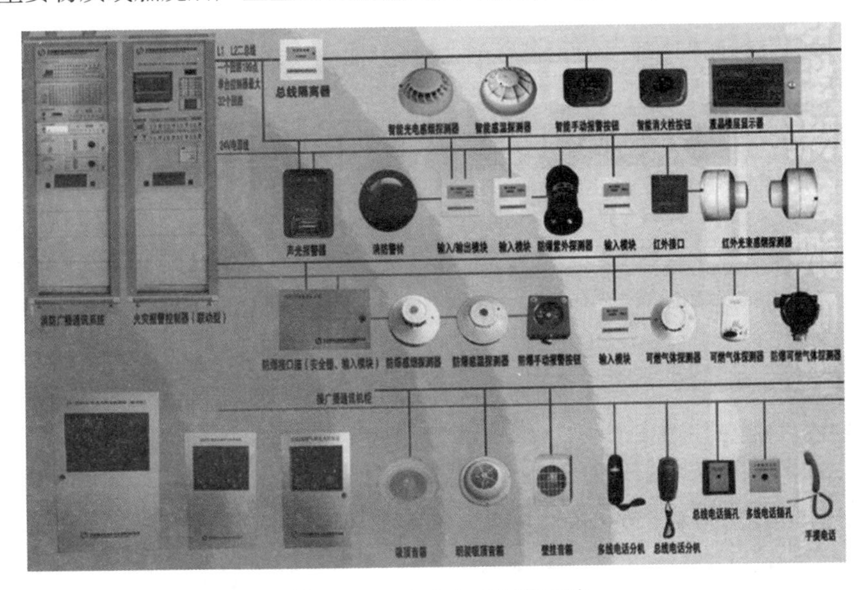

图 10－1　火灾自动报警系统

10.2 火灾自动报警系统的分类

火灾自动报警系统按照功能和作用不同可以分为 4 个系统：火灾探测报警系统、消防联动控制系统、可燃气体探测报警系统、电气火灾监控系统。

1. 火灾探测报警系统

火灾探测报警系统由火灾报警控制器、触发器件和火灾警报装置等组成，能及时、准确地探测保护对象的初起火灾，并做出报警响应，告知建筑中的人员火灾的发生，从而使建筑中的人员有足够的时间在火灾发展蔓延到危害生命安全的程度时疏散至安全地带，是保障人员生命安全的最基本的建筑消防系统。如图 10-2 所示。

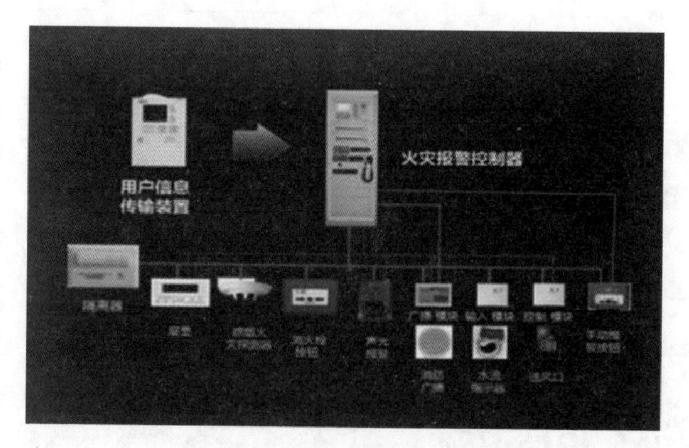

图 10-2 火灾探测报警系统

1) 报警控制器

报警控制器按其作用和性质，又可分为区域火灾报警控制器和集中火灾报警控制器。

区域火灾报警控制器是直接接受火灾探测器(或中继器)发来的报警信号的多路火灾报警控制器，区域火灾报警控制器接受火灾探测器发来的电信号，然后以声、光及数字方式显示出火灾发生的区域或房间号码，并把火灾信号传递给集中火灾报警控制器。

集中火灾报警控制器能接受区域火灾报警控制器或火灾探测器发来的火灾报警信号，然后以声、光及数字方式显示出火灾发生的区域。集中火灾报警控制器的作用是把若干个区域火灾报警控制器连成一体，组成一个扩大的自动报警系统，以便集中监测、管理。

区域报警控制器和集中报警控制器在其组成和工作原理上基本相似，但选择上有以下几点区别：

(1) 区域报警控制器控制范围小，可单独使用，而集中报警控制器负责整个系统，不能单独使用。

(2) 区域报警控制器的信号来自各种探测器，而集中报警控制器的输入一般来自区域报警探测器。

(3) 区域报警探测器必须具备自检功能，而集中报警控制器应有自检及巡检两种功能。

2) 触发器件

包括火灾探测器和手动报警按钮。在火灾自动报警系统中，自动或手动产生火灾报警信号的器件，火灾探测器是能对火灾参数(如烟、温度、火焰辐射、气体浓度等)响应，并自动产生火灾报警信号的器件，手动火灾报警按钮是手动方式触发器件。

(1) 火灾探测器的选择

目前，火灾探测器按其工作原理分为感温式、感烟式、感光式、气体式和复合式五种基本类型。按其测控范围火灾探测器又可分为点型和线型。

(2) 火灾探测器设置要求

火灾探测区域一般以独立的房(套)间划分,探测区域内的每个房间内至少应设置一只火灾探测器。敞开或封闭楼梯间、防烟楼梯间前室、消防电梯前室、消防电梯与防烟楼梯间合并前室、走道、坡道、电气管道井、电缆隧道、闷顶、夹层等场所都应单独划分探测区域,设置相应探测器。

(3) 手动火灾报警按钮的设置

每个防火分区应至少设置一个手动火灾报警按钮,从一个防火分区内的任何位置到最邻近的一个手动火灾报警按钮的距离不应大于 30 m。手动火灾报警按钮不宜兼消火栓启泵按钮的功能。手动火灾报警按钮应设置在明显且便于操作的部位,宜设置在疏散通道或出入口处。当安装在墙上时,其底边距地高度宜为 1.3 m~1.5 m,且有明显标志。

2. 消防联动控制系统

消防联动控制系统由消防联动控制器、消防控制室图形显示装置、消防电气控制装置(防火卷帘控制器、气体灭火控制器等)、消防电动装置、消防联动模块、消火栓按钮、消防应急广播设备、消防电话等设备和组件组成。

在火灾发生时联动控制器按设定的控制逻辑准确发出联动控制信号给消防泵、喷淋泵、防火门、防火阀、防排烟阀和通风等消防设备,完成对灭火系统、疏散诱导系统、防排烟系统及防火卷帘等其他消防有关设备的控制功能,当消防设备动作后将动作信号反馈给消防控制室并显示。监视建筑消防设施的运行状态,即接收来自消防联动现场设备以及火灾自动报警系统以外的其他系统的火灾信息或其他触发和输入信息。通过传输设备将火灾报警控制器发出的火灾报警信号及其他有关信息传输到建筑消防设施及消防安全管理远程监控系统。消防联动控制系统的构成如图 10-3 所示。

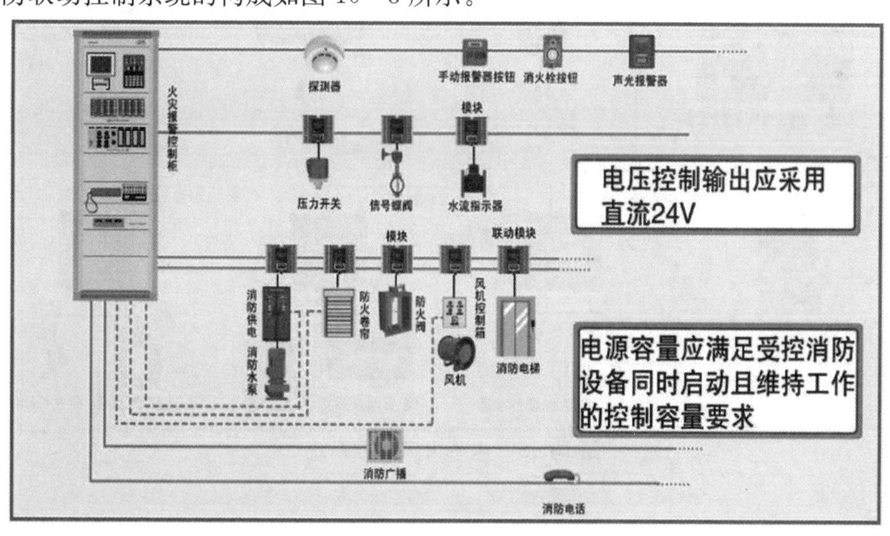

图 10-3　消防联动控制系统

3. 可燃气体探测报警系统

可燃气体探测报警系统由可燃气体报警控制器、可燃气体探测器和火灾声警报器组成,能够在保护区域内泄露可燃气体的浓度低于爆炸下限的条件下提前报警,从而预防由于可燃气体泄漏引发的火灾和爆炸事故的发生。可燃气体探测报警系统是火灾自动报警系统的独立子系统,属于火灾预警系统。可燃气体探测报警系统的构成如图所示:

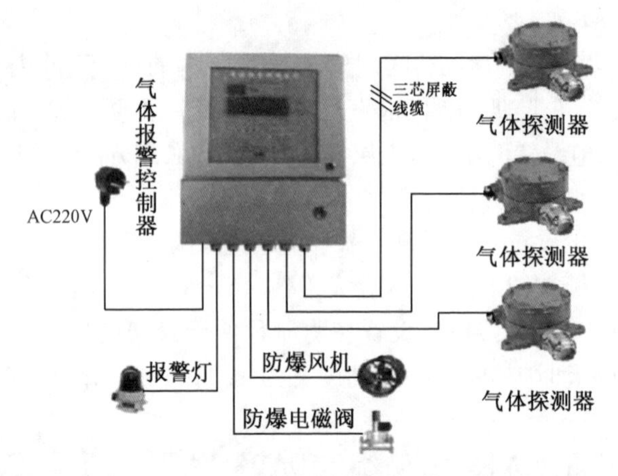

图 10-4 可燃气体探测报警系统

4. 电气火灾监控系统

电气火灾监控系统由电气火灾监控器、电气火灾监控探测器组成，能在发生电气故障，产生一定电气火灾隐患的条件下发出报警，提醒专业人员排除电气火灾隐患，实现电气火灾的早期预防，避免电气火灾的发生。电气火灾监控系统是火灾自动报警系统的独立子系统，属于火灾预警系统。电气火灾监控系统的构成如图所示：

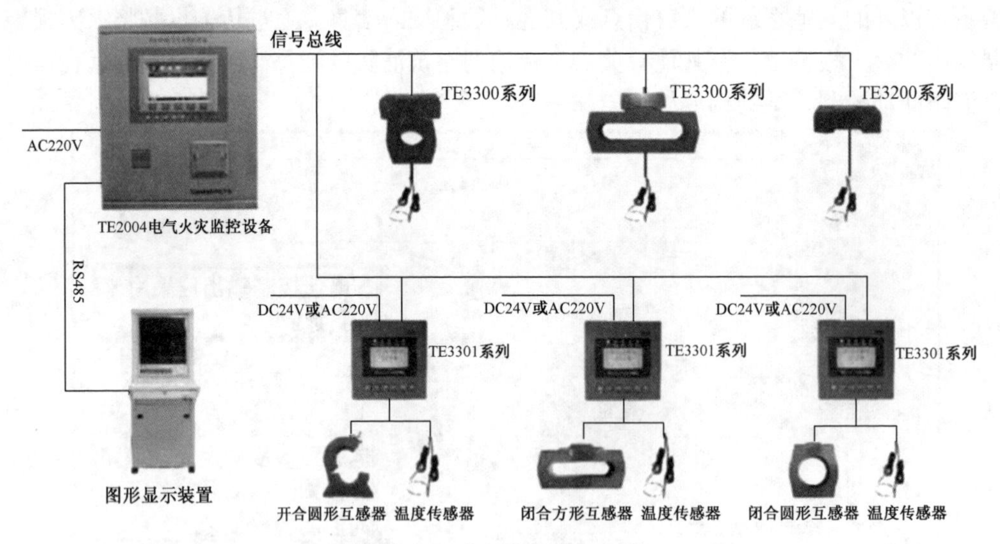

图 10-5 电气火灾监控系统

10.3 火灾自动报警系统的设计形式

根据建筑物防火等级的不同，国家标准《火灾自动报警系统设计规范》(GB50116—2013)中规定，火灾自动报警系统有三种基本设计形式：区域报警系统、集中报警系统和控制中心报警系统。

1. 区域报警系统

其保护对象仅需要报警，不需要联动自动消防设备的保护对象。如图10－6。

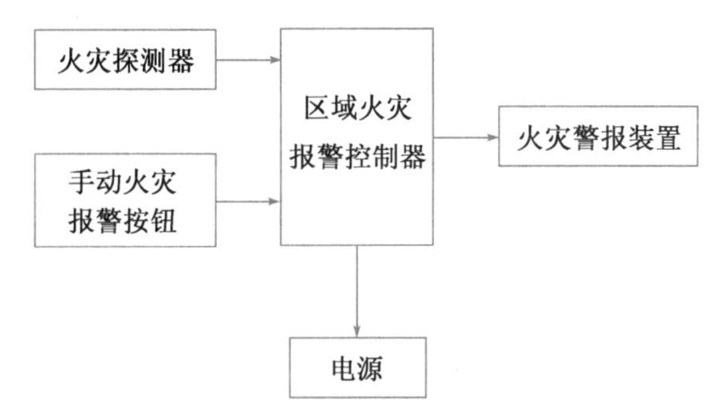

图10－6 区域报警系统基本构成原理

2. 集中报警系统

其保护对象不仅需要报警，同时需要联动自动消防设备，且只设置一台具有集中控制功能的火灾报警控制器和消防联动控制器的保护对象，并应设置一个消防控制室。如图10－7。

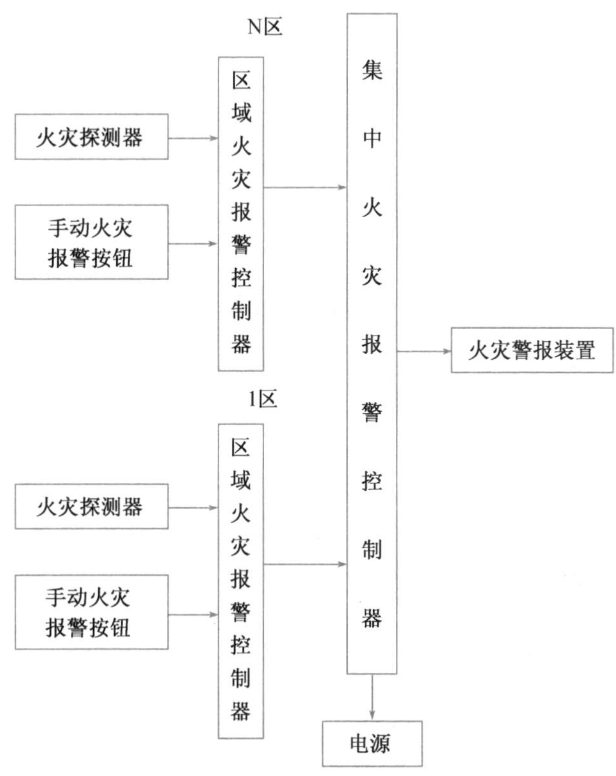

图10－7 集中报警系统基本构成原理

3. 控制中心报警系统

其保护对象设置两个及以上消防控制室的保护对象，或已设置两个及以上集中报警系统的保护对象，应采用控制中心报警系统。本系统适用于规模大，需要集中管理的群体建筑及超高层建筑。如图10－8所示。

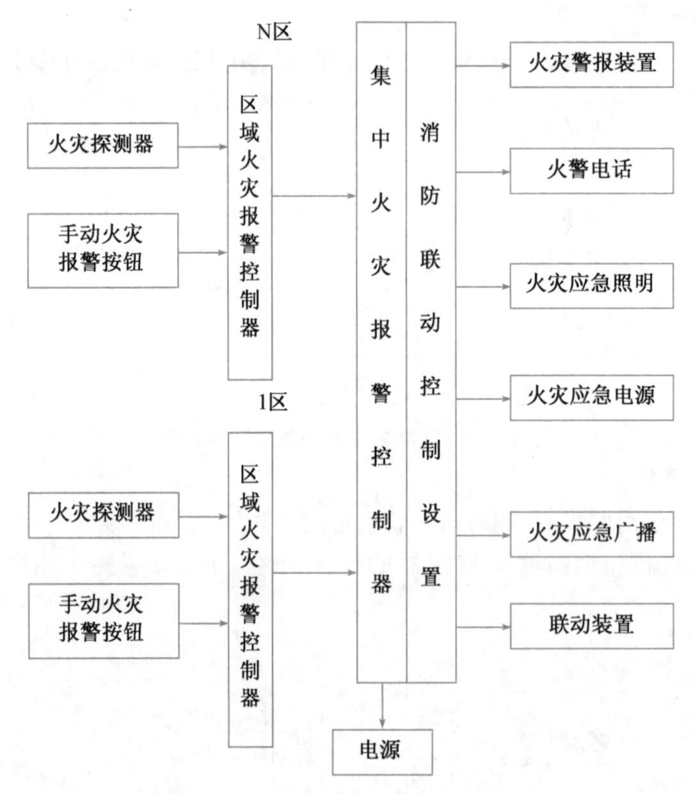

图 10-8 控制中心报警系统基本构成原理

10.4 消防联动控制

消防联动设备是火灾自动报警系统的执行部件，消防控制室接收火警信息后应能自动或手动启动相应消防联动设备。

1. 消防联动控制对象

消防联动控制对象应包括以下的内容：① 灭火设施；② 火灾警报装置与应急广播；③ 非消防电源的断电控制；④ 消防电梯运行控制；⑤ 防火门、防火卷帘、水幕的控制；⑥ 防烟排烟设施。

2. 消防联动设备的联动要求

(1) 当消防联动设备的编码控制模块和火灾探测器的控制信号和火警信号在同一总线回路上传输时，其传输总线应按消防控制线路要求敷设，而不应按报警信号传输线路要求敷设。

(2) 消防水泵、防烟和排烟风机属重要消防设备，其动作的可靠性直接关系到灭火工作的成败。当采用总线编码控制时，还应在消防控制室设置手动直接控制装置，即建立通过硬件电路直接启动的控制操作线路。

(3) 设置在消防控制室外的消防联动控制设备的动作状态信号，均应在消防控制室显示，以便实行系统的集中控制管理。

(4) 火灾发生时，火灾报警控制器发出警报信息，消防联动控制器根据火灾信息管理部联动关系，输出联动信号，启动有关消防设备实施防火灭火。消防联动必须在“自动”和“手动”状态下均能实现。

在自动情况下，智能建筑中的火灾自动报警系统按照预先编制的联动逻辑关系，在火灾报警后，输出自动控制指令，启动相关设备动作；手动情况下，应能根据手工操作，实现对应控制。

10.5 智能建筑消防控制设备

智能建筑消防控制设备应具备下列部分或全部控制装置：

(1) 火灾报警控制器。接收、显示和传输火灾报警故障信号，并能对自动消防设备发出控制信号。

(2) 火灾警报装置与应急广播的控制装置。火灾发生时按照人员所在位置距火场的远近依顺序发出警报，组织人员有秩序地进行疏散。

(3) 非消防电源控制装置。消防控制室在确认火灾后，能切断有关部位的非消防电源，并接通警报装置及火灾应急照明灯和安全疏散指示灯。

(4) 电梯回降控制装置。消防控制室在确认火灾后，能控制电梯全部停于首层，并接收其反馈信号。

(5) 室内消火栓系统控制装置。确认火灾后实施灭火。

(6) 自动灭火系统控制装置。确认火灾后实施灭火。

(7) 常开防火门、防水卷帘的控制装置。火灾时实施防火，防止火灾蔓延。

(8) 防烟、排烟系统和空调通风系统控制装置。防止烟气蔓延，提供救生保障。

10.6 消防联动控制设备的具体功能

1. 排烟、正压送风与空调通风系统

一般在地下室的小防火分区设置单变速或双变速排烟风机，同时设置一台送风机，其作用是在正常状态时利用双速风机进行排气，用送风机送入新风以便进行地下室的空气交换；发生火灾时，在消防控制室消防联动柜的作用下利用单速风机(或利用双速风机)进行排烟，用送风机兼作补风机，以利消防抢救。这样送风机的启动和作用是受消防控制中心控制的。此外在消防过程中排烟阀或排烟防火阀需打开进行排烟，一定要注意其联动。

空调机则相反，在风管上安装防火调节阀或防烟防火阀，在发生火灾时在消防控制室消防联动控制柜的作用下关闭风阀与空调机，使火情得不到新风，从而得到控制。

电梯前室的正压送风风口与楼顶的正压送风机的控制又有区别，电梯前室的感烟探测器感受到烟信号后将此信号送至消防控制室，消防控制室的联动控制柜发出信号，控制楼顶正压送风机打开，同时开启正压送风口风阀，或者正压送风口在现场的手动控制也可以联动正压送风机，使加压风机向电梯前室送正风以利消防抢救。

以上几种风机均需要在消防控制室设置远程手动启、停装置。

2. 消火栓泵、喷淋泵及稳压泵系统

消火栓泵、喷淋泵及稳压泵系统构成消防系统。

消火栓系统的联动关系，主要体现在消水栓按钮与消防泵控制柜上。消火栓按钮的动作信

号应作为报警信号及启动消火栓泵的联动触发信号,由消防联动控制器联动控制消防泵启动。

闭式自动喷水灭火系统是利用火场达到一定温度时,能自动地将喷头打开,水流驱动湿式报警阀上的压力开关动作,压力开关的动作信号作为触发信号,直接启动喷洒水泵,联动控制不应受消防联动控制器处于自动或手动状态影响。同时,压力开关和水流指示器动作信号传入火灾自动报警控制器。喷淋泵启动信号和故障信号通过喷淋泵控制柜反馈回火灾自动报警控制器。

3. 电梯、电动防火卷帘及防火门

(1) 电梯

在确认火灾后,由消防联动控制柜控制消防电梯停于首层或消防转换层的功能,供消防人员扑救火灾使用;客梯将轿厢迅速停在就近的相应层或指定层,并打开轿厢门,让人员迅速撤离电梯。消防电梯在首层设有紧急迫降控制和返回信号接点,通过该接点信号控制消防电梯停于首层,轿厢内应设置能直接与消防控制室通话的专用电话。

(2) 电动防火卷帘

防火卷帘电动机电源一般为三相交流 380 V,防火卷帘控制器的控制电源可接交流或直流 24 V。根据规范要求,在疏散通道上的防火卷帘应在卷帘两侧设感烟、感温探测器组,在任意一侧两只独立的感烟火灾探测器的报警信号或任一只专门用于联动防火卷帘的感烟火灾探测器的报警信号,通过报警总线上的控制模块控制防火卷帘降至距地面 1.8 m,任一只专门用于联动防火卷帘的感温火灾探测器的报警信号应联动,防火卷帘下降到楼板面。

非疏散通道上设置的防火卷帘应由防火卷帘所在防火分区内任两只独立的火灾探测器的报警信号,作为防火卷帘下降的联动触发信号,联动控制防火卷帘直接下降到楼板面。防火卷帘两侧都应设置手动控制按钮,在探测器组误动作时,能强制开启防火卷帘。另外在消防控制中心设有手动紧急下降防火卷帘的控制按钮。在防火卷帘订货时,要对其配套的控制箱(柜)提出要求。

(3) 电动门与闭门器

根据规范规定,用于楼梯间和前室的防火门应具有自行关闭的功能。防烟楼梯间及其前室、消防电梯部前室的防火门应为常开的电动防火门并和自动报警系统联动。防火门平时打开,火灾发生时所有防火门能在自动报警系统控制下自动关闭,也能在控制室控制其关闭,行人手动打开防火门后,也能自动关闭,阻断烟火蔓延并在楼梯间或前室形成一个封闭的防烟空间,配合正压送风防烟系统起到阻火防烟的作用。

4. 电源

消防设备的电源均应是双回路供电或双电源供电,要根据重要程度做不同选择。另外在火灾发生时,要根据电源使用性质的不同分别进行切断,即对十分重要的建筑可按相关区域自动切除这类负荷的非消防电源,对于一般建筑可从配电室自动或手动回路切除。而对于照明电源的切断应慎重进行。

另外在对消防控制室的设备进行供电时,不宜选用插座供电,且不应采取漏电保护开关。

5. 火灾报警装置和火灾应急广播

(1) 火灾光警报器应设置在每个楼层的楼梯口、消防电梯前室、建筑内部拐角等处的明显部位,且不宜与安全出口指示标志灯具设置在同一面墙上。

每个报警区域内应均匀设置火灾警报器,其声压级不应小于 60 dB;在环境噪声大于 60 dB 的场所,其声压级应高于背景噪声 15 dB。

火灾警报器采用壁挂安装在墙面上，底边距地面应大于2.2 m。

同一建筑内设置多个火灾声警报器时，火灾自动报警系统应能同时启动和停止所有火灾声警报器工作。

(2) 消防应急广播系统是火灾疏散和灭火指挥的重要设备，在整个消防控制管理系统中起着极其主要的作用。

① 民用建筑内扬声器应设置在走道和大厅等公共场所。每个扬声器的额定功率不应小于3 W，其数量应能保证从一个防火分区内的任何部位到最近一个扬声器的直线距离不大于25 m，走道末端距最近的扬声器距离不应大于12.5 m。

② 在环境噪声大于60 dB的场所设置的扬声器，在其播放范围内最远点的播放声压级应高于背景噪声15 dB。

③ 壁挂扬声器的底边距地面高度应大于2.2 m。

练习与思考题

一、单项选择题

1. 火灾探测区域一般以独立的房(套)间划分，探测区域内的每个房间内至少应设置(　　)火灾探测器。

A. 1只　　B. 2只　　C. 3只　　D. 4只

2. 每个防火分区应至少设置一个手动火灾报警按钮，从一个防火分区内的任何位置到最邻近的一个手动火灾报警按钮的距离不应大于(　　)m。

A. 25　　B. 30　　C. 45　　D. 50

3. 手动火灾报警按钮应设置在明显且便于操作的部位，宜设置在疏散通道或出入口处。当安装在墙上时，其底边距地高度宜为(　　)m，且有明显标志。

A. 1.3～1.5　　B. 1.2～1.4　　C. 1.4～1.5　　D. 1.3～1.6

4. 同一建筑内设置多个火灾声警报器时，火灾自动报警系统应能同时启动和停止(　　)火灾声警报器工作。

A. 所有　　B. 着火层

C. 着火层及上下层　　D. 地下各层及地上一层

5. 疏散通道上的防火卷帘应在任意一侧两只独立的感烟火灾探测器的报警信号或任一只专门用于联动防火卷帘的感烟火灾探测器的报警信号，通过报警总线上的控制模块控制防火卷帘降至距地面(　　)m，任一只专门用于联动防火卷帘的感温火灾探测器的报警信号应联动，防火卷帘下降到楼板面。

A. 1.2　　B. 1.5　　C. 1.8　　D. 2.0

二、思考题

1. 火灾探测器设置要求有哪些？
2. 火灾报警装置的设置要求有哪些？
3. 火灾自动报警系统设计形式有哪些，具体要求是什么？

第 11 章 建筑电气施工图

教学要求

拓展视频

爱岗敬业，平凡岗位展风采

本章让学生了解绘制建筑电气施工图的步骤和主要内容，重点使学生了解电气施工图的图例和如何正确识读电气施工图。

价值引领

爱岗敬业看似平凡，实则伟大。爱岗敬业不仅是个人生存和发展的需要，也是社会存在和发展的需要。爱岗敬业的人，会在自己的工作岗位上勤勤恳恳，不断地钻研学习，一丝不苟，精益求精，便更有可能为社会为国家做出崇高而伟大的奉献。让我们都努力成为爱岗敬业的人。

建筑电气施工图是表达电气设计的重要技术资料，是进行建筑施工、预算、设备采购的依据。设计制图的内容必须准确、统一，并应便于阅读和进行技术交流，以满足设计和施工管理等方面的要求。为此，国家专门制定了《建筑电气制图标准》(GB/T 50786—2012)，电气设计制图必须严格遵循。

11.1 电气施工图的基本规定

11.1.1 图线

电气施工图的基本规定

(1) 建筑电气专业的图线宽度(b)应根据图纸的类型、比例和复杂程度，按现行国家标准《房屋建筑制图统一标准》(GB/T 50001—2017)中的规定选用，并宜为 0.5 mm、0.7 mm、1.0 mm。

(2) 电气总平面图和电气平面图宜采用三种及以上的线宽绘制，其他图样宜采用两种及以上的线宽绘制。

(3) 同一张图纸内，相同比例的各图样，宜选用相同的线宽组。

(4) 同一个图样内，各种不同线宽组中的细线，可统一采用线宽组中较细的细线。

(5) 建筑电气专业常用的制图图线、线型及线宽宜符合表11-1的规定。

表11-1 图线、线型及线宽

<table>
<tr><th colspan="2">图线名称</th><th>线 型</th><th>线 宽</th><th>一般用途</th></tr>
<tr><td rowspan="5">实线</td><td>粗</td><td></td><td>b</td><td rowspan="2">本专业设备之间电气通路连接线、本专业设备可见轮廓线、图形符号轮廓线</td></tr>
<tr><td rowspan="2">中粗</td><td rowspan="2"></td><td>0.7b</td></tr>
<tr><td>0.7b</td><td rowspan="2">本专业设备可见轮廓线、图形符号轮廓线、方框线、建筑物可见轮廓</td></tr>
<tr><td>中</td><td></td><td>0.5b</td></tr>
<tr><td>细</td><td></td><td>0.25b</td><td>非本专业设备可见轮廓线、建筑物可见轮廓；尺寸、标高、角度等标注线及引出线</td></tr>
<tr><td rowspan="5">虚线</td><td>粗</td><td></td><td>b</td><td rowspan="2">本专业设备之间电气通路不可见连接线；线路改造中原有线路</td></tr>
<tr><td rowspan="2">中粗</td><td></td><td>0.7b</td></tr>
<tr><td></td><td>0.7b</td><td rowspan="2">本专业设备不可见轮廓线、地下电缆沟、排管区、隧道、屏蔽线、连锁线</td></tr>
<tr><td>中</td><td></td><td>0.5b</td></tr>
<tr><td>细</td><td></td><td>0.25b</td><td>非本专业设备不可见轮廓线及地下管沟、建筑物不可见轮廓线等</td></tr>
<tr><td rowspan="2">波浪线</td><td>粗</td><td></td><td>b</td><td rowspan="2">本专业软管、软护套保护的电气通路连接线、蛇形敷设线缆</td></tr>
<tr><td>中粗</td><td></td><td>0.7b</td></tr>
<tr><td colspan="2">单点长画线</td><td></td><td>0.25b</td><td>定位轴线、中心线、对称线；结构、功能、单元相同围框线</td></tr>
<tr><td colspan="2">双点长画线</td><td></td><td>0.25b</td><td>辅助围框线、假想或工艺设备轮廓线</td></tr>
<tr><td colspan="2">折断线</td><td></td><td>0.25b</td><td>断开界限</td></tr>
</table>

(6) 图样中可使用自定义的图线、线型及用途，并应在设计文件中明确说明。自定义的图线、线型及用途不应与本标准及国家现行有关标准相矛盾。

11.1.2 比例

电气总平面图、电气平面图的制图比例，宜与工程项目设计的主导专业一致，采用的比例宜符合表11-2的规定，并应优先采用常用比例。

表11-2 电气总平面图、电气平面图的制图比例

序号	图名	常用比例	可用比例
1	电气总平面图、规划图	1∶500、1∶1 000、1∶2 000	1∶300、1∶5 000
2	电气平面图	1∶50、1∶100、1∶150	1∶200
3	电气竖井、设备间、电信间、变配电室等平、剖面图	1∶20、1∶50、1∶100	1∶25、1∶150
4	电气详图、电气大样图	10∶1、5∶1、2∶1、1∶1、1∶2、1∶5、1∶10、1∶20	4∶1、1∶25、1∶50

11.1.3 编号和参照代号

(1) 当同一类型或同一系统的电气设备、线路(回路)、元器件等的数量大于或等于2时,应进行编号。

(2) 当电气设备的图形符号在图样中不能清晰地表达其信息时,应在其图形符号附近标注参照代号。

(3) 编号宜选用1、2、3……数字顺序排列。

(4) 参照代号采用字母代码标注时,参照代号宜由前缀符号、字母代码和数字组成。当采用参照代号标注不会引起混淆时,参照代号的前缀符号可省略,参照代号的字母代码应按表11-6,11-7,11-8,11-9选择。

(5) 参照代号可表示项目的数量、安装位置、方案等信息。参照代号的编制规则宜在设计文件里说明。

11.1.4 标注

1. 电气设备的标注应符合下列规定

(1) 宜在用电设备的图形符号附近标注其额定功率、参照代号;

(2) 对于电气箱(柜、屏),应在其图形符号附近标注参照代号,并宜标注设备安装容量;

(3) 对于照明灯具,宜在其图形符号附近标注灯具的数量、光源数量、光源安装容量、安装高度、安装方式。

2. 电气线路的标注应符合下列规定

(1) 应标注电气线路的回路编号或参照代号、线缆型号及规格、根数、敷设方式、敷设部位等信息;

(2) 对于弱电线路,宜在线路上标注本系统的线型符号,线型符号应按表11-4标注;

(3) 对于封闭母线、电缆梯架、托盘和槽盒宜标注其规格及安装高度。

3. 线缆敷设方式、敷设部位和灯具安装方式,应分别按表11-6,11-7,11-8的文字符号标注。

11.2 常用符号

11.2.1 图形符号

图样中采用的图形符号应符合下列规定:

(1) 图形符号可放大或缩小;

(2) 当图形符号旋转或镜像时,其中的文字宜为视图的正向;

(3) 当图形符号有两种表达形式时,可任选用其中一种形式,但同一工程应使用同一种表达形式;

(4) 当现有图形符号不能满足设计要求时,可按图形符号生成原则产生新的图形符号;

新产生的图形符号宜由一般符号与一个或多个相关的补充符号组合而成；

(5) 补充符号可置于一般符号的里面、外面或与其相交。

表 11-3 强电图样的常用图形符号

序号	常用图形符号		说明	应用类别
	形式 1	形式 2		
1		3	导线组(示出导线数，如示出三根导线)	电路图、接线图、平面图、总平面图、系统图
			T 型连接	
			导线的双 T 连接	
			跨接连接(跨越连接)	
2			软连接	
3			端子	
4			端子板	电路图
5			动合(常开)触点，一般符号；开关，一般符号	电路图、接线图
6			动断(常闭)触点	
7			先断后合的转换触点	
8			中间断开的转换触点	
9			先合后断的双向转换触点	
10			延时断开的动合触点(当带该触点的器件被释放时，此触点延时断开)	

（续表）

序号	常用图形符号		说明	应用类别
	形式1	形式2		
11			延时断开的动断触点（当带该触点的器件被吸合时，此触点延时断开）	电路图、接线图
12			延时闭合的动断触点（当带该触点的器件被释放时，此触点延时闭合）	
13			自动复位的手动按钮开关	
14			具有动合触点且自动复位的蘑菇头式的应急按钮开关	
15			接触器；接触器的主动合触点（在非操作位置上触点断开）	
16			隔离器	
17			隔离开关	
18			断路器，一般符号	
19			电压表	电路图、接线图、系统图
20			灯、信号灯，一般符号	电路图、接线图、平面图、系统图
21			电缆梯架、托盘和槽盒线路	平面图、总平面图
22			电缆沟线路	

（续表）

序号	常用图形符号		说明	应用类别
	形式1	形式2		
23			中性线	电路图、平面图、系统图
24			保护线	
25			保护线和中性线共用线	
26			带中性线和保护线的三相线路	
27			向上配线或布线	平面图
28			向下配线或布线	
29			垂直通过配线或布线	
30			由下引来配线或布线	
31			由上引来配线或布线	
32			连接盒；接线盒	
33			电源插座、插孔，一般符号（用于不带保护极的电源插座）	
34	3		多个电源插座（符号表示三个插座）	
35			带保护极的电源插座	
36			单相二、三极电源插座	
37			带保护极和单极开关的电源插座	
38			开关，一般符号（单联单控开关）	
39			双联单控开关	
40			三联单控开关	
41	n		n联单控开关，n>3	
42			带指示灯的开关（带指示灯的单联单控开关）	

（续表）

序号	常用图形符号		说明	应用类别
	形式1	形式2		
43			带指示灯双联单控开关	平面图
44			带指示灯三联单控开关	
45	n		带指示灯的 n 联单控开关，n>3	
46	t		单极限时开关	
47	SL		单极声光控开关	
48			双控单极开关	
49			单极拉线开关	
50			按钮	
51			带指示灯的按钮	
52	E		应急疏散指示标志灯	
53			应急疏散指示标志灯（向右）	
54			应急疏散指示标志灯（向左）	
55			应急疏散指示标志灯（向左、向右）	
56			专用电路上的应急照明灯	
57			自带电源的应急照明灯	
58			荧光灯，一般符号（单管荧光灯）	
59			二管荧光灯	
60			三管荧光灯	
61	n		多管荧光灯，n>3	
62			单管格栅灯	

（续表）

序号	常用图形符号		说明	应用类别
	形式1	形式2		
63			二管格栅灯	平面图
64			三管格栅灯	
65			投光灯，一般符号	
66			聚光灯	
67			风扇；风机	

（6）图样中的电气线路可采用表11-4的线型符号绘制。

表11-4　图样中的电气线路线型符号

序号	线性符号		说明
	形式1	形式2	
1	S	—— S ——	信号线路
2	C	—— C ——	控制线路
3	EL	—— EL ——	应急照明线路
4	PE	—— PE ——	保护接地线
5	E	—— E ——	接地线
6	LP	—— LP ——	接闪线、接闪带、接闪网
7	TP	—— TP ——	电话线路
8	TD	—— TD ——	数据线路
6	TV	—— TV ——	有线电视线路
7	BC	—— BC ——	广播线路
8	V	—— V ——	视频线路
9	GCS	—— GCS ——	综合布线系统线路
10	F	—— F ——	消防电话线路
11	D	—— D ——	50 V 以下的电源线路
12	DC	—— DC ——	直流电源线路

(7) 绘制图样时,宜采用表 11－5 的电气设备标注方式表示。

表 11－5　电气设备的标注方式

序号	标注方式	说明
1	$\frac{a}{b}$	用电设备标注 a—参照代号　b—额定容量(kW 或 kVA)
2	－a＋b/c　注 1	系统图电气箱(柜、屏)标注 a—参照代号　b—位置信息　c—型号
3	－a　注 1	平面图电气箱(框、屏)标注 a—参照代号
4	a　b/c　d	照明、安全、控制变压器标注 a—参照代号　a/b—一次电压/二次电压　d—额定容量
5	$a-b\frac{c\times d\times L}{e}f$　注 2	灯具标注 a—数量　b—型号 c—每盏灯具的光源数量 d—光源安装容量　e—安装高度(m)"—"表示吸顶安装 L—光源种类　f—安装方式
6	$\frac{a\times b}{c}$	电缆梯架、托盘和槽盒标注 a—宽度(mm)　b—高度(mm)　c—安装高度(m)
7	a/b/c	光缆标注 a—型号　b—光纤芯数　c—长度
8	a　b－c(d×e＋f×g) i－jh　注 3	线缆的标注 a—参照代号　b—型号　c—电缆根数 d—相导体根数　e—相导体截面(mm^2) f—N、PE 导体根数　g—N、PE 导体截面(mm^2) i—敷设方式和管径(mm)　j—敷设部位 h—安装高度(m)
9	a－b(c×2×d)e－f	电话线缆的标注 a—参照代号　b—型号　c—导线对数 d—导体直径(mm) e—敷设方式和管径(mm),参见 GB/T 50786 中表 4.2.1－1 f—敷设部位,参见 GB/T 50786 中表 4.2.1－2

注:1. 前缀"—"在不会引起混淆时可省略。

2. 当电源线缆 N 和 PE 分开标注时,应先标注 N 后标注 PE(线缆规格中的电压值在不会引起混淆时可省略)。

(8) 图样中线缆敷设方式、敷设部位和灯具安装方式的标注宜采用表 11－6,11－7,11－8的文字符号。

表 11－6　线缆敷设方式标注的文字符号

序号	名称	文字符号	序号	名称	文字符号
1	穿低压流体输送用焊接钢管(钢导管)敷设	SC	7	电缆托盘敷设	CT
			8	电缆梯架敷设	CL
2	穿普通碳素钢电线套管敷设	MT	9	金属槽盒敷设	MR
3	穿可挠金属电线保护套管敷设	CP	10	塑料槽盒敷设	PR
			11	钢索敷设	M
4	穿硬塑料导管敷设	PC	12	直埋敷设	DB
5	穿阻燃半硬塑料导管敷设	FPC	13	电缆沟敷设	TC
6	穿塑料波纹电线管敷设	KPC	14	电缆排管敷设	CE

表 11－7　线缆敷设部位标注的文字符号

序号	名称	文字符号	序号	名称	文字符号
1	沿或跨梁(屋架)敷设	AB	7	暗敷设在顶板内	CC
2	沿或跨柱敷设	AC	8	暗敷设在梁内	BC
3	沿吊顶或顶板面敷设	CE	9	暗敷设在柱内	CLC
4	吊顶内敷设	SCE	10	暗敷设在墙内	WC
5	沿墙面敷设	WS	11	暗敷设在地板或地面下	FC
6	沿屋面敷设	RS			

表 11－8　灯具安装方式标注的文字符号

序号	名称	文字符号	序号	名称	文字符号
1	线吊式	SW	7	吊顶内安装	CR
2	链吊式	CS	8	墙壁内安装	WR
3	管吊式	DS	9	支架上安装	S
4	壁装式	W	10	柱上安装	CL
5	吸顶式	C	11	座装	HM
6	嵌入式	R			

(9) 电气设备常用参照代号宜采用表 11－9 的字母代码。

表 11-9　电气设备常用参照代号的字母代码

项目种类	设备、装置和元件名称	参照代号的字母代码	
		主类代码	含子类代码
两种或两种以上的用途或任务	35 kV 开关柜	A	AH
	20 kV 开关柜		AJ
	10 kV 开关柜		AK
	6 kV 开关柜		—
	低压配电柜		AN
	并联电容器箱(柜、屏)		ACC
	直流配电箱(柜、屏)		AD
	保护箱(柜、屏)		AR
	电能计量箱(柜、屏)		AM
	信号箱(柜、屏)		AS
	电源自动切换箱(柜、屏)		AT
	动力配电箱(柜、屏)		AP
	应急动力配电箱(柜、屏)		APE
	控制、操作箱(柜、屏)		AC
	励磁箱(柜、屏)		AE
	照明配电箱(柜、屏)		AL
	应急照明配电箱(柜、屏)		ALE
	电度表箱(柜、屏)		AW
	弱电系统设备箱(柜、屏)		—

11.3　导线与电缆

11.3.1　导线

电气施工图识图基础

导线是传输电能的导体。按线芯材料分为:铜芯导线和铝芯导线;按线芯股数分类:单股导线和多股导线;按有无绝缘层分类:裸导线(无绝缘层导线)和绝缘导线;裸导线一般在高压架空线路上使用,绝缘导线在 10 kV 及以下线路上使用。导线的规格以导线的线芯截面积(mm^2)计。

1. 绝缘导线

按绝缘材料分为:聚氯乙烯塑料线和橡胶绝缘线。

橡胶绝缘线　　聚氯乙烯塑料线

图 11-1　绝缘导线

2. 照明线路敷设

(1) 明敷:导线穿管(金属管、塑料管)或者导线外面敷设线槽沿建筑物的墙面或天花板表面、桁架、屋柱等外表面敷设,配管、线槽裸露在外。如图 11-2 所示。

图 11-2　导线穿管、线槽明敷

(2) 暗敷:将管子(金属管、塑料管)预先埋入墙内、楼板内或顶棚内,然后将导线穿入管内。如图 11-3 所示。

图 11-3　导线穿管暗敷

(3) 桥架敷设:桥架由钢材制作,由托盘、梯架的直线段、弯通、附件以及支、吊架等组成,是用于支承电缆的具有连续的刚性结构系统的总称。桥架敷设是一种新型的电线、电缆敷设方式,形式多样,广泛应用在工程中,具有安装方便、结构简单和耐腐蚀的特点。如图 11-4 所示。

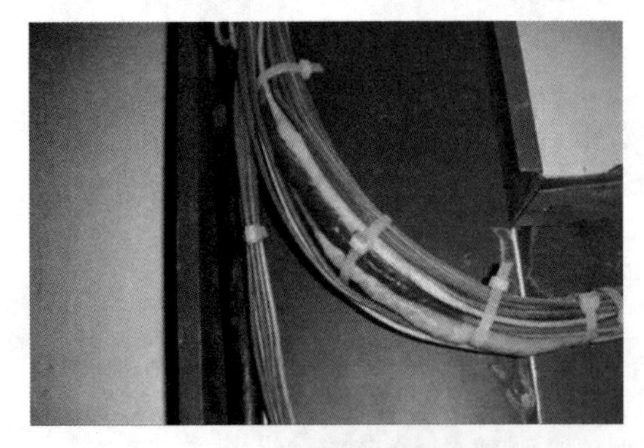

(a) 桥架内部导线敷设

(b) 桥架内部电缆敷设

(c) 桥架外观

图 11-4 桥架敷设

11.3.2 电缆

1. 电缆

由 1 根或多根相互绝缘的导体和外包绝缘保护层制成,将电力或信息从一处传输到另一处的导线。如图 11-5 所示。

2. 电缆分类

电缆根据类型不同分为:普通电缆、阻燃电缆(ZR-系列)、耐火电缆(NH-系列);根据用途不同分为:电力电缆、控制电缆、补偿电缆、屏蔽电缆、高温电缆、计算机电缆、信号电缆、同轴电缆、耐火电缆、船用电缆、矿用电缆、铝合金电缆等;根据应用场所不同分为:室内用电缆(V 系列、YJV 系列)和室外用电缆(VV22 系列、YJV22 系列)。电缆的用途功能不同,电缆组成结构有所不同,如图 11-6 所示。

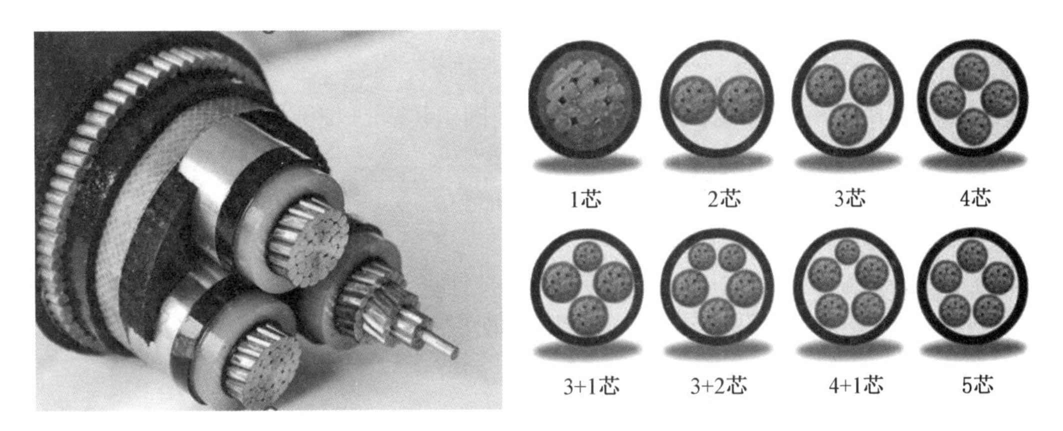

图 11-5　电缆

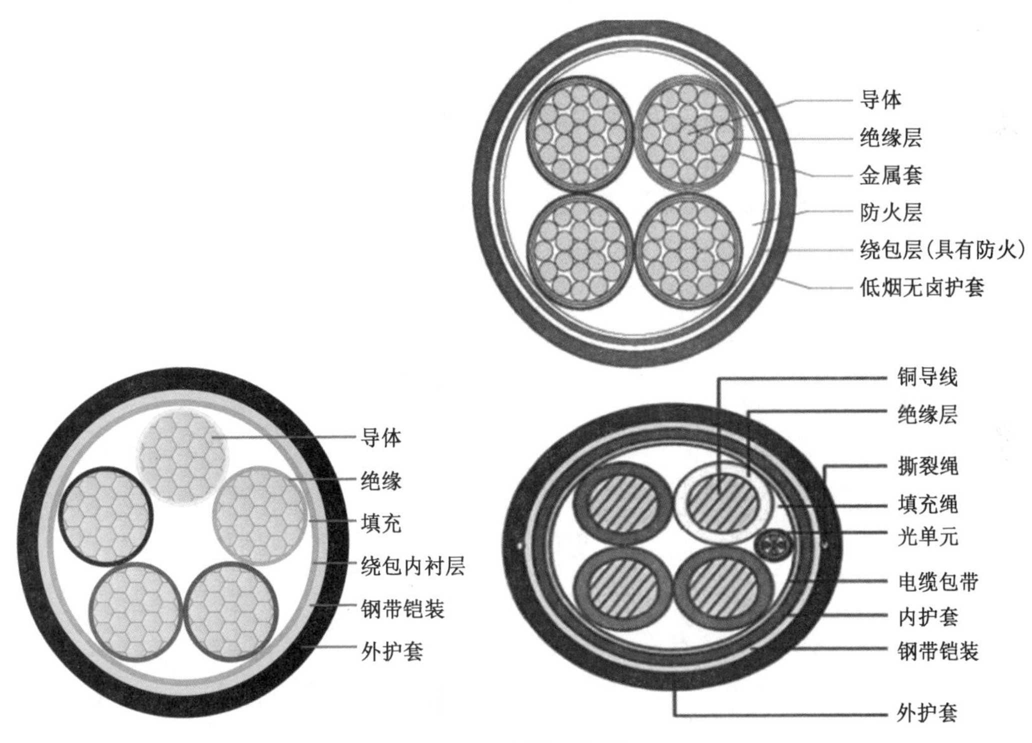

图 11-6　电缆组成结构

3. 电缆型号代码

电缆型号代码由 9 部分构成

(1) 类型代码:普通电缆缺省,ZR-阻燃、NH-耐火。

(2) 用途代码:电力电缆缺省,K-控制电缆,P-信号电缆,DJ-计算机电缆。

(3) 绝缘层代码:V-聚氯乙烯,Y-聚乙烯,YJ-交联聚乙烯,X-橡皮,Z-纸。

(4) 导体代码:T-铜芯缺省表示,L-铝芯。

(5) 内护层(护套)代码:V-聚氯乙烯,Y-聚乙烯,Q-铅包,L-铝包,H-橡胶,HF-非燃性橡胶,LW-皱纹铝套,F 氯丁胶,N-丁腈橡皮护套。

(6) 特征代码:统包型不用表示,F-分相铅包分相护套,D-不滴油,CY-充油,P-屏蔽,C-滤尘器用,Z-直流。

(7) 铠装层代码:0无,2-双钢带(24-钢带、粗圆钢丝),3-细圆钢丝,4-粗圆钢丝(44-双粗圆钢丝)。

(8) 外护层代码:0-无,1-纤维层,2-聚氯乙烯护套,3-聚乙烯护套。

(9) 额定电压:以数字表示,kV。

举例:电缆 YJV22(3×50+2×25)SC100,含义是室外普通电缆,内外护层采用交联聚乙烯塑料绝缘,由3根截面积是50 mm^2 和2根截面积是25 mm^2的铜芯导线组成,电缆穿在直径为100 mm的焊接钢管内。

11.4 电气施工图的内容

在初步设计被批准后,就可以进行施工图设计,进行步骤是:

(1) 收集设计资料;

(2) 明确设计意图、落实电气设计标准;

(3) 有关专业碰头落实各专业相关问题,取得共识;

(4) 绘制总平面图;

(5) 绘制照明和动力平面图;

(6) 绘制供电系统图;

(7) 设计弱电系统图和平面图;

(8) 写设计说明和电气材料明细表;

(9) 审图;

(10) 编制电气工程概算书。

施工图是建设单位编制标底及施工单位编制施工图预算进行投标和结算的依据,同时,它也是施工单位进行施工和监理单位进行工程质量监控的重要工程文件。

11.4.1 电气施工图的深度

施工图主要是将已经批准的初步设计图,按照施工的要求予以具体化。施工图的深度应能满足下列要求:

(1) 根据图纸,可以进行施工和安装。

(2) 根据图纸,修正工程概算或编制施工预算。

(3) 安排设备、材料详细规格和数量的订货要求。

(4) 根据图纸,对非标产品进行制作。

11.4.2 电气施工图组成

电气施工图基本组成

一套完整的施工图,内容以图纸为主,一般分为:

(1) 图纸目录。列出新绘制的图纸、所选用的标准图纸或重复利用的图纸等的编号及名称。

(2) 设计总说明(即首页)。内容一般包括施工图的设计依据;设计指导思想;本工程项目的设计规模和工程概况;电气材料的用料和施工要求说明;主要设备规格型号;采用新材料、新技术或者特殊要求的做法说明;系统图和平面图中没有交代清楚的内容,例如,进户线的距地标高、配电箱的安装高度、部分干线和支线的敷设方式和部位、导线种类和规格及截面积大小等内容。对于简单的工程,可在电气图纸上写成文字说明。

(3) 配电系统图。它能表示整体电力系统的配电关系或配电方案。从配电系统图中能够看到该工程配电的规格、各级控制关系、各级控制设备和保护设备的规格容量、各路负荷用电容量及导线规格等。

(4) 平面图。它表征了建筑各层的照明、动力、电话等电气设备的平面位置和线路走向。它是安装电器和敷设支路管线的依据。根据用电负荷的不同而有照明平面图、动力平面图、防雷平面图、电话平面图等。

(5) 大样图。表示电气安装工程中的局部作法明晰图,例如舞台聚光灯安装大样图、灯头盒安装大样图等。在《电气设备安装施工图册》中有大量的标准作法大样图。

(6) 二次接线图。它表示电气仪表、互感器、继电器及其他控制回路的接线图。例如加工非标准配电箱时需要配电系统图和二次接线图。

(7) 设备材料表。为了便于施工单位计算材料、采购电气设备、编制工程概(预)算和编制施工组织计划等方面的需要,电气工程图纸上要列出主要设备材料表。表中应列出主要电气设备材料的规格、型号、数量以及有关的重要数据,要求与图纸一致,而且要按照序号编号。设备材料表是电气施工图中不可缺少的内容。

此外,还有电气原理图、设备布置图、安装接线图等。

电气施工图根据建筑物功能不同,电气设计内容有所不同。通常可分为内线工程和外线工程两大部分:

内线工程:照明系统图、动力系统图、电话工程系统图、共用天线电视系统图、防雷系统图、消防系统图、防盗保安系统图、广播系统图、变配电系统图、空调配电系统图。

外线工程:架空线路图、电路线路图、室外电源配电线路图。

11.5 电气施工图的识读

11.5.1 电气施工图的识读方法

要正确识读电气施工图,要做到以下几点:

(1) 要熟知图纸的规格、图标、设计中的图线、比例、字体和尺寸标注方式等。

(2) 根据图纸目录,检查和了解图纸的类别及张数,应及时配齐标准图和重复利用图。

(3) 按图纸目录顺序,识读施工图,对工程对象的建设地点、周围环境、工程范围有一个全面的了解。

(4) 阅读图纸时,应先整体后局部,先文字后图样,先图形后尺寸等原则仔细阅读。

(5) 注意各类图纸之间的联系,以避免发生矛盾而造成事故和经济损失。例如配电系

统图和平面图可以相互验证。

(6) 认真阅读设计施工说明书，明确工程对施工的要求，根据材料清单做好订货的准备。

11.5.2 照明施工图的识读

电气配电系统图识读

1. 照明系统图

照明系统图用来表示照明工程的供电系统、配电线路的规格和型号、负荷的计算功率和计算电流、干线的分布情况以及干线的标注方式等，主要表达的内容如下：

(1) 供电电源的种类及表达方式。

建筑照明通常采用 220 V 的单相交流电源，若负荷较大，即采用 380/220 V 的三相四线制电源供电。

(2) 导线的型号、截面、敷设方式和部位及穿管直径和管材种类。

导线分进户线、干线和支线。由进户点到室内总配电箱的一段线路称为进户线；从总配电箱到分配电箱的线路称为干线；从分配电箱引至灯具、插座及其他用电设备的线路称为支线。

在系统图中，进户线和干线的型号、截面、敷设方式和部位及穿管直径和管材种类均是其重要内容。配电导线的表示方法为

$$a-b(c\times d)e-f$$

式中：a—回路编号(回路少时可省略)；

b—导线型号(导线型号代号见表 11-10)；

c—导线根数；1. 2. 3. 4. 5……

d—导线截面(mm^2)；

e—导线敷设方式(敷设方式代号见表 11-6)及管材管径；

f—敷设部位(敷设部位代号见表 11-7)。

如某照明系统图中进户线标注为 BX500V(3×25+1×15)RC25—FC 即表示进户线为 BX 型采用铜芯橡胶绝缘线，共 4 根，其中三根截面为 25 mm^2，一根为 15 mm^2。穿管敷设，管径为 25 mm，管材为水煤气管。敷设部位为沿地面暗设。

(3) 总开关的型号规格、熔断器的规格型号。

(4) 计算负荷。照明供电电路的计算功率、计算电流、需要系数等均应标注在系统图上。

表 11-10 导线型号代号

名称	型号	名称	型号
铜芯橡胶绝缘线	BX	铝芯橡胶绝缘线	BLX
铜芯塑料绝缘线	BV	铝芯塑料绝缘线	BLV
铜芯塑料绝缘护套线	BVV	铝芯塑料绝缘护套线	BLVV
铜母线	TMY	裸铝线	LI
铝母线	LMY	铁质线	TI

2. 电气照明平面图

电气照明平面图描述的主要对象是照明电气线路和照明设备，通常包括如下内容：

电气平面图识读

(1) 电源进线和电源配电箱及各配电箱的形式、安装位置，以及电源配电箱内的电气系统。

(2) 照明线路中导线的根数、线路走向。

(3) 照明灯具的类型、灯泡及灯管功率、灯具的安装方式、安装位置等。

(4) 照明开关的类型、安装位置及接线等。

(5) 插座及其他日用电气的类型、容量、安装位置及接线等。

表 11-11 灯具类型型号代号

敷设方式	代号	敷设方式	代号
普通吊灯	P	工厂一般灯具	G
壁灯	B	荧光灯	Y
花灯	H	隔爆灯	G
吸顶灯	D	防水防尘灯	F
柱灯	Z	水晶底罩灯	J
投光灯	T	卤钨探照灯	L

11.5.3 照明施工图的识读实例

以某单位办公楼的电气施工图的识读为例。

电气设计说明

一、工程概况：

详见建筑图册。

二、设计依据：

1. 国家现行的本专业规程规范。

《建筑设计防火规范》(GB 50016—2006)

《建筑照明设计标准》(GB 50043—2004)

《民用建筑电气设计规范》(JGJ 16—2008)

《建筑物防雷设计规范》(GB 50057—2000 年版)

2. 建筑等工种及业主提供的设计条件和资料。

三、设计范围：照明设计、网络、电话、防雷接地设计。

四、照明设计

1. 供电电源

电源为电压为 380/220 V，三相四线制供电，由甲方自理，本设计仅预埋进线保护钢管。照明用电按三级负荷供电。

2. 线路敷设：

1) 在平面图中：

实线：——表示线路采用铜芯线穿保护管沿顶板或墙暗敷。

虚线：----表示线路采用铜芯线穿保护管沿地板或墙暗敷。

2) 明照线路采用 BV－2.5 mm² 铜芯导线穿阻燃塑料管暗敷，其配电线路管线配合如下：

1～3 根穿 PC20，4～5 根穿 PC20，6～8 根穿 PC25，8 根以上分 2 根管敷设。

3. 设备安装高度：

1) 平面图中各配电箱等设备的安装方式如下：

序号	名称	图例或代号	安装高度
01	配电箱	▭ *AL*	底边距地 1.5 m 嵌墙暗装
02	跷板开关	[symbols]	底边距地 1.3 m 暗装
03	普通插座	[symbol]	底边距地 0.3 m 暗装
04	柜式分体空调插座	K1	底边距地 0.3 m 暗装
05	挂式分体空调插座	K2	底边距地 2.0 m 暗装
06	排气扇	[symbol]	底边距地 2.3 m 暗装

2) 各灯具安装方式详见各有关照明平面图，灯具型号由甲方自定。

4. 其他：

1) 为达到节能目的，本建筑照明应满足《建筑照明设计标准》(GB 50034—2004)的规定，参考指标如下：

场所或房间	功率密度值 (W/m^2)	照度标准值 (lx)	显色指数 Ra	备注
办公室	≤11	300	≥80	a. 本工程所造型的荧光灯均为三基色荧光灯，均配高效高品质电子镇流器。 b. 需要二次装修的场所，其照度、功率密度值及灯具的显色指数应满足国家规范要求。
会议室	≤11	300	≥80	
走廊		50	≥80	

2) 节能控制措施

a) 一般较小的房间采用一灯一控方式。

b) 大面积场所可采用集中控制，也可采用分散控制，但每开关所控灯数不宜太多，一般为≤6套。

c) 所有荧光灯均为三基色荧光灯，均配高效高品质电子镇流器，功率因数 $\cos\phi>0.90$。

五、电话、网络设计

1. 本设计仅为弱电管线设计，线路干线及各设备选型、安装方式、高度等由相关部门定。网络、电话进线由甲方与电信部门协商解决，进线处预埋 SC50 进线保护管。

2. 各弱电设备所需～220 V 电源就近接自插座回路。

3. 设备安装：层接线箱(FD)距地 1.5 米安装，网络、电话插座距地 0.3 m 暗装(除注明外)。

4. 线路敷设：分支线采用非屏蔽超五类对纹线，穿阻燃塑料管 PC20 敷设。

5. 图中未标注或说明者，其做法均按国标图集及有关规范进行施工。

6. 楼接线箱及入户套管均应可靠接地。

六、防雷接地设计

1. 预计雷击次数为 0.076 次/a；根据《建筑物防雷设计规范》(GB 50057—2000 年版)，本工程防雷保护按第三类防雷建筑物设防。

2. 接地装置：利用建筑物基础底板(或基础地梁)内两条主钢筋通长焊接连成闭合的钢筋网作接地装置。接地装置纵横相交处应焊接(详平面)，其做法参见 99D501—1 有关页次。

3. 引下线：利用建筑物结构柱内二主筋(>ϕ16，上下焊通)通长焊接作防雷引下线，其下端与接地装置焊拉，上端伸出天面与层面避雷带焊接，要求各引下线在经过每层纵横梁及楼板时，均应与梁或板内二主筋进行焊接。

4. 层面避雷带：采用 ϕ10 镀锌圆钢沿屋面四周，女儿墙上敷设并焊接成闭合网格作为屋面避雷带，其网格应不大于 20 m×20 m或 24 m×16 m。屋面避雷带的安装参见 99D501—1 有关页次。

5. 屋面避雷带、引下线及接地装置应焊接成电气通路，不许漏焊。

6. 为防止雷电波侵入，凡进入本建筑物的各种金属管道及电缆的金属外皮等均应在进出处与接地装置连接；为防止过电压侵入低压线路，在进线总配电箱及电信设备、弱电设备等处设 SPD 保护。

7. 本建筑物内外设有接地端子板"⊥"若干处，供测量，接地及等电位连接用，其做法参见 99D501—1 有关页次。各接地电阻测试点距室外地平 0.5 m 暗装。

8. 本工程应作总等电位联结，将建筑物内所有的金属管道、金属构件、接地干线、PE 干线连接成一体，并可靠接地，做法参见 02D501—2 有关页次。

9. 凡高出屋面的金属管道和构件必须就近与屋面避雷带焊接，凡裸露于空气中的防雷接地装置均应刷防锈漆二遍，灰漆一遍(镀锌件除外)。

10. 本工程接地体为电气接地用，其接地电阻要求 R≤4 欧，如实测电阻达不到要求，应适当增加垂直接地极。

11. 各接地平面图中各线型或图例含义如下：

序号	线型或图例	线型或图例含义
1	————	接地体
2	LP LP LP	屋面避雷带
3	⊥	接地端子板
4	▭ MEB	总等电位联结端子板

12. 所有防雷及接地装置的制作，安装应参照国家标准图集 03D501—3 的相应部分进行。

七、设备接地保护

本建筑内配电系统采用 TN—S 接地型式，电源于进户配电箱处进行重复接地，设专用 PE 线，所有电气装置正常不带电的金属部分(配电箱、插座箱外壳等)，均应与 PE 线或就近与预埋连接钢板可靠焊(连)接。要求建筑物内的 PE 干线、接地干线及各类金属管道作总连接钢板可靠焊(连)接。要求建筑物内的 PE 干线、接地干线及各类金属管道作总等电位联接，其做法详国标图集 02D501-2 有关页次。

八、其他

1. 图中未详者，请按国标图集及国家现行的施工验收规范要求施工。

2. 平面图中建筑标高以建筑专业图纸为准。

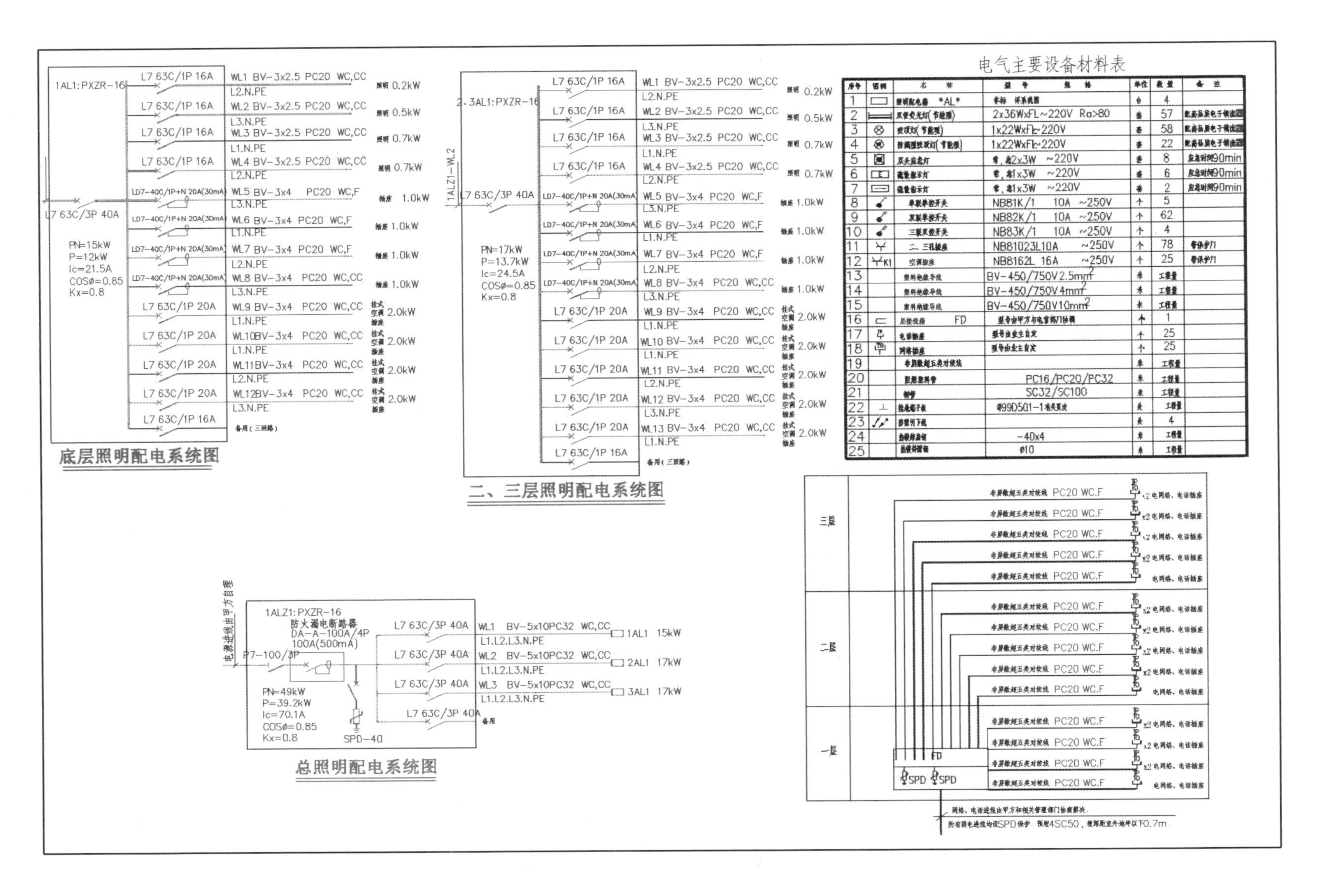

电气主要设备材料表

序号	图例	名称	型号 规格	单位	数量	备注
1		照明配电箱 *AL*	非标 详系统图	台	4	
2		双管荧光灯(节能型)	2x36WxFL~220V Ra>80	套	57	配高品质电子镇流器
3		吸顶灯(节能型)	1x22WxFL~220V	套	58	配高品质电子镇流器
4		防潮型吸顶灯(节能型)	1x22WxFL~220V	套	22	配高品质电子镇流器
5		双头应急灯	管，灯2x3W ~220V	套	8	应急时间90min
6		疏散指示灯	管，灯1x3W ~220V	套	6	应急时间90min
7		疏散指示灯	管，灯1x3W ~220V	套	2	应急时间90min
8		单联单控开关	NB81K/1 10A ~250V	个	5	
9		双联单控开关	NB82K/1 10A ~250V	个	62	
10		三联双控开关	NB83K/1 10A ~250V	个	4	
11		二、三孔插座	NB81023L10A ~250V	个	78	带保护门
12		空调插座	NB8162L 16A ~250V	个	25	带保护门
13		塑料绝缘导线	BV-450/750V 2.5mm²	米	工程量	
14		塑料绝缘导线	BV-450/750V 4mm²	米	工程量	
15		塑料绝缘导线	BV-450/750V 10mm²	米	工程量	
16		层接线箱 FD	型号由甲方与电信部门协调	个	1	
17		电话插座	型号由业主自定	个	25	
18		网络插座	型号由业主自定	个	25	
19		非屏蔽超五类对绞线		米	工程量	
20		阻燃塑料管	PC16/PC20/PC32	米	工程量	
21		钢管	SC32/SC100	米	工程量	
22		接地端子板	见99D501-1有关页次	处	工程量	
23		防雷引下线		处	4	
24		热镀锌扁钢	-40x4	米	工程量	
25		热镀锌圆钢	ø10	米	工程量	

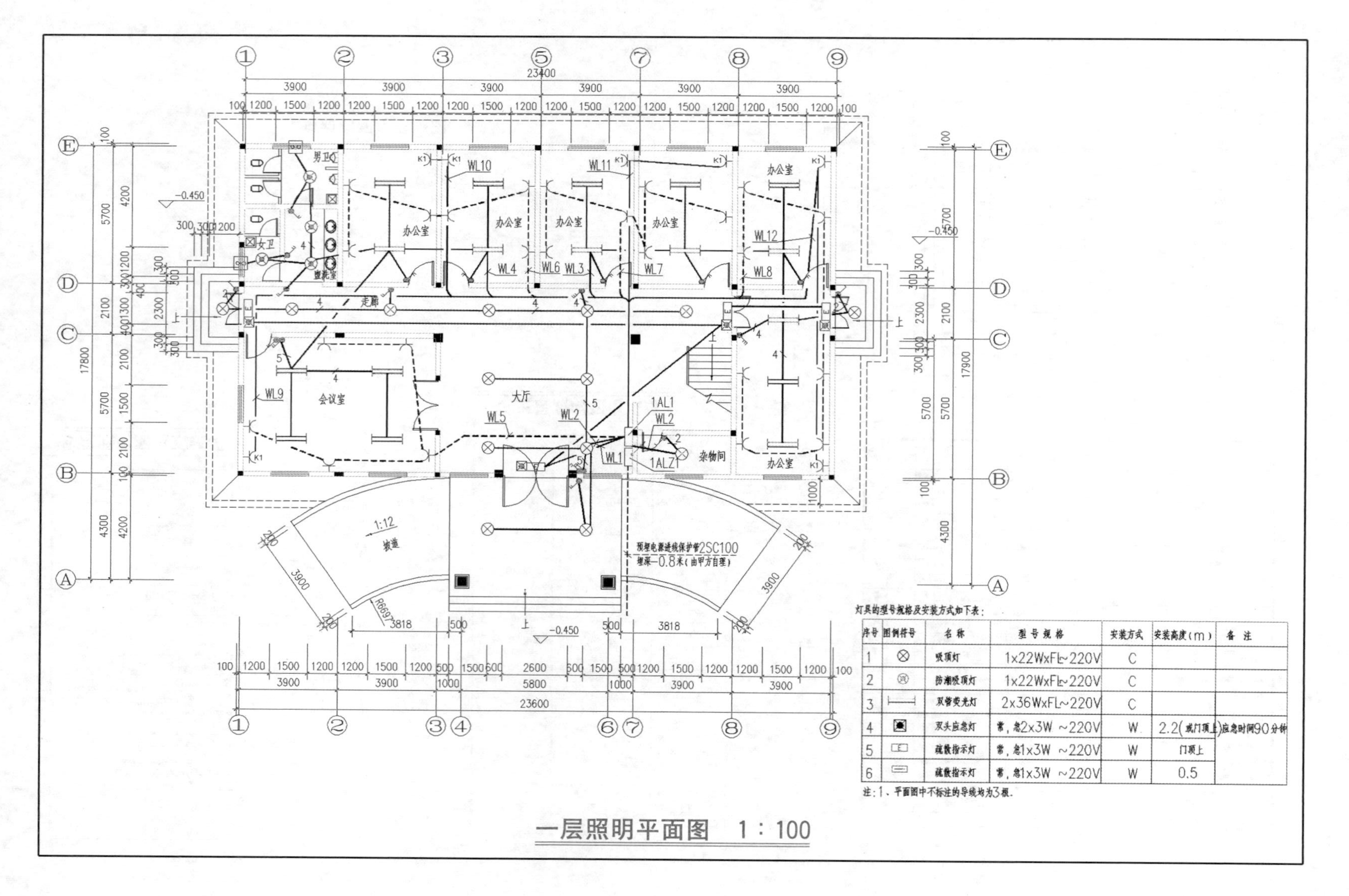

灯具的型号规格及安装方式如下表：
序号 图例符号 名称 型号规格 安装方式 安装高度（m） 备注
1 吸顶灯 1x22WxFL~220V C
2 防潮吸顶灯 1x22WxFL~220V C
3 双管荧光灯 2x36WxFL~220V C
4 双头应急灯 常，急2x3W ~220V W 2.2(或门顶上) 应急时间90分钟
5 疏散指示灯 常，急1x3W ~220V W 门顶上
6 疏散指示灯 常，急1x3W ~220V W 0.5
注：1．平面图中不标注的导线均为3根。
一层照明平面图 1：100

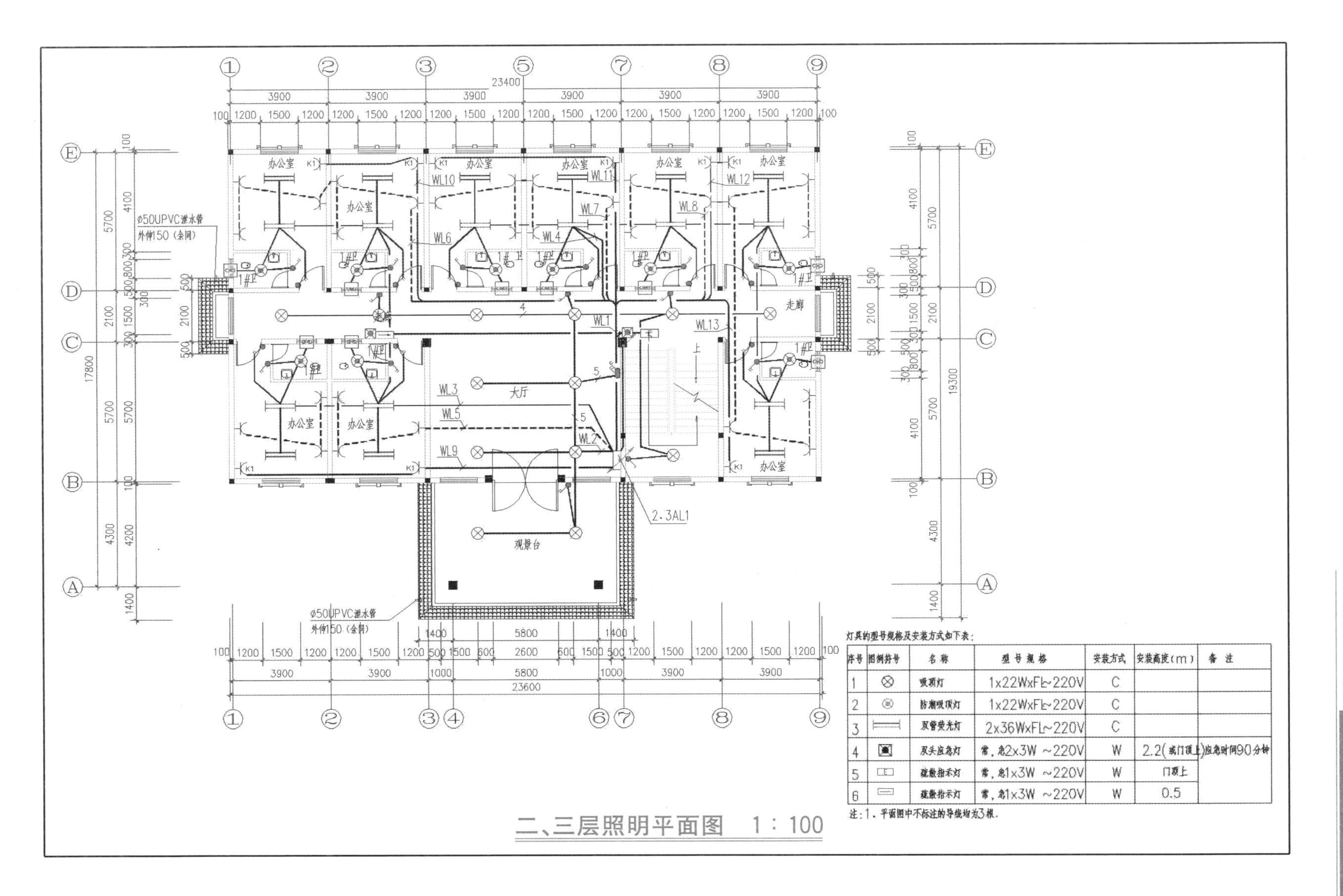

灯具的型号规格及安装方式如下表：

序号	图例符号	名称	型号规格	安装方式	安装高度（m）	备注
1	⊗	吸顶灯	1x22WxFL~220V	C		
2		防潮吸顶灯	1x22WxFL~220V	C		
3		双管荧光灯	2x36WxFL~220V	C		
4		双头应急灯	常，急2x3W ~220V	W	2.2（或门顶上）	应急时间90分钟
5		疏散指示灯	常，急1x3W ~220V	W	门顶上	
6		疏散指示灯	常，急1x3W ~220V	W	0.5	

注：1．平面图中不标注的导线均为3根。

二、三层照明平面图 1：100

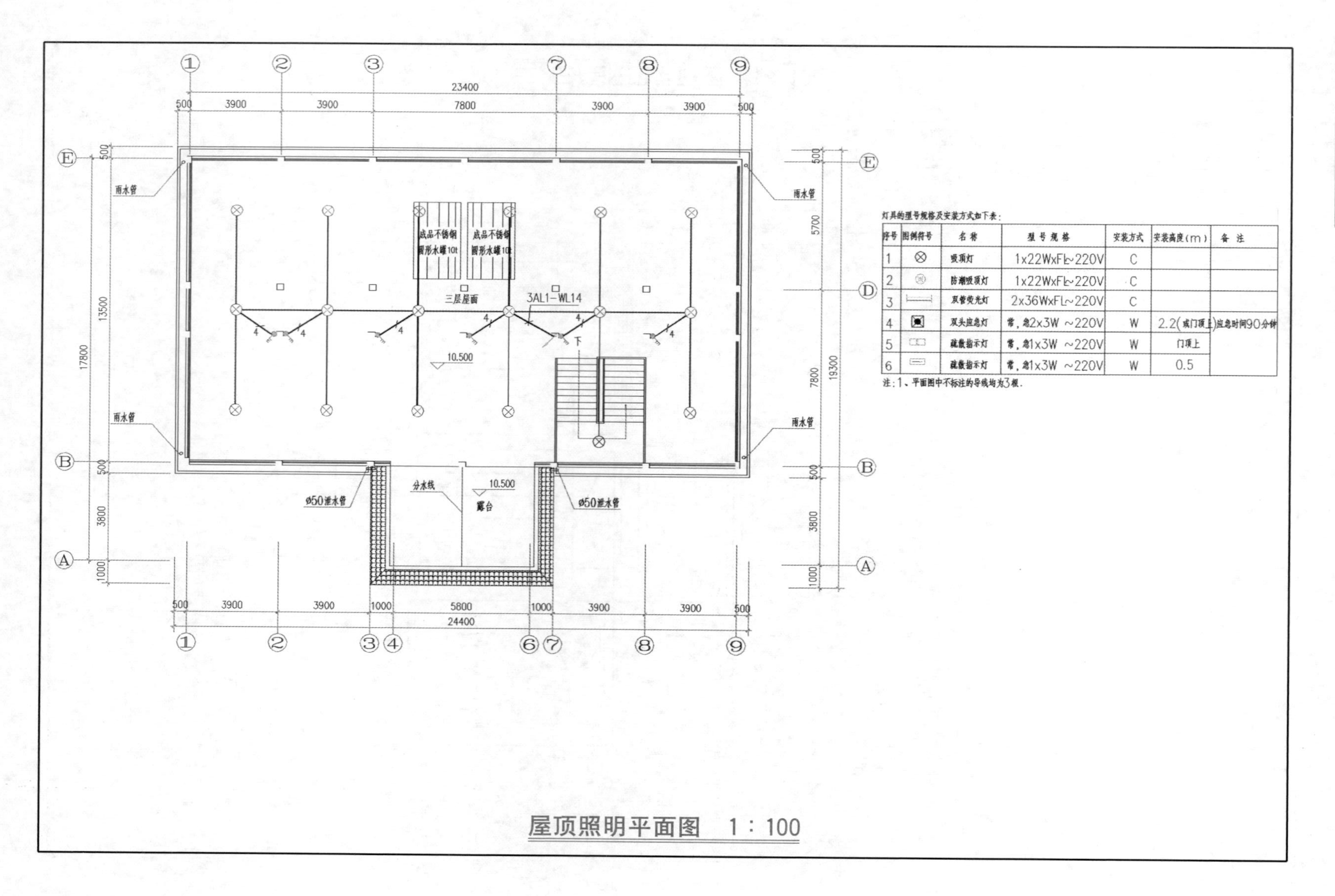

灯具的型号规格及安装方式如下表：

序号	图例符号	名称	型号规格	安装方式	安装高度(m)	备注
1	⊗	吸顶灯	1x22WxFL~220V	C		
2		防潮吸顶灯	1x22WxFL~220V	C		
3		双管荧光灯	2x36WxFL~220V	C		
4		双头应急灯	常，急2x3W ~220V	W	2.2(或门顶上)	应急时间90分钟
5		疏散指示灯	常，急1x3W ~220V	W	门顶上	
6		疏散指示灯	常，急1x3W ~220V	W	0.5	

注：1、平面图中不标注的导线均为3根.

屋顶照明平面图　1：100

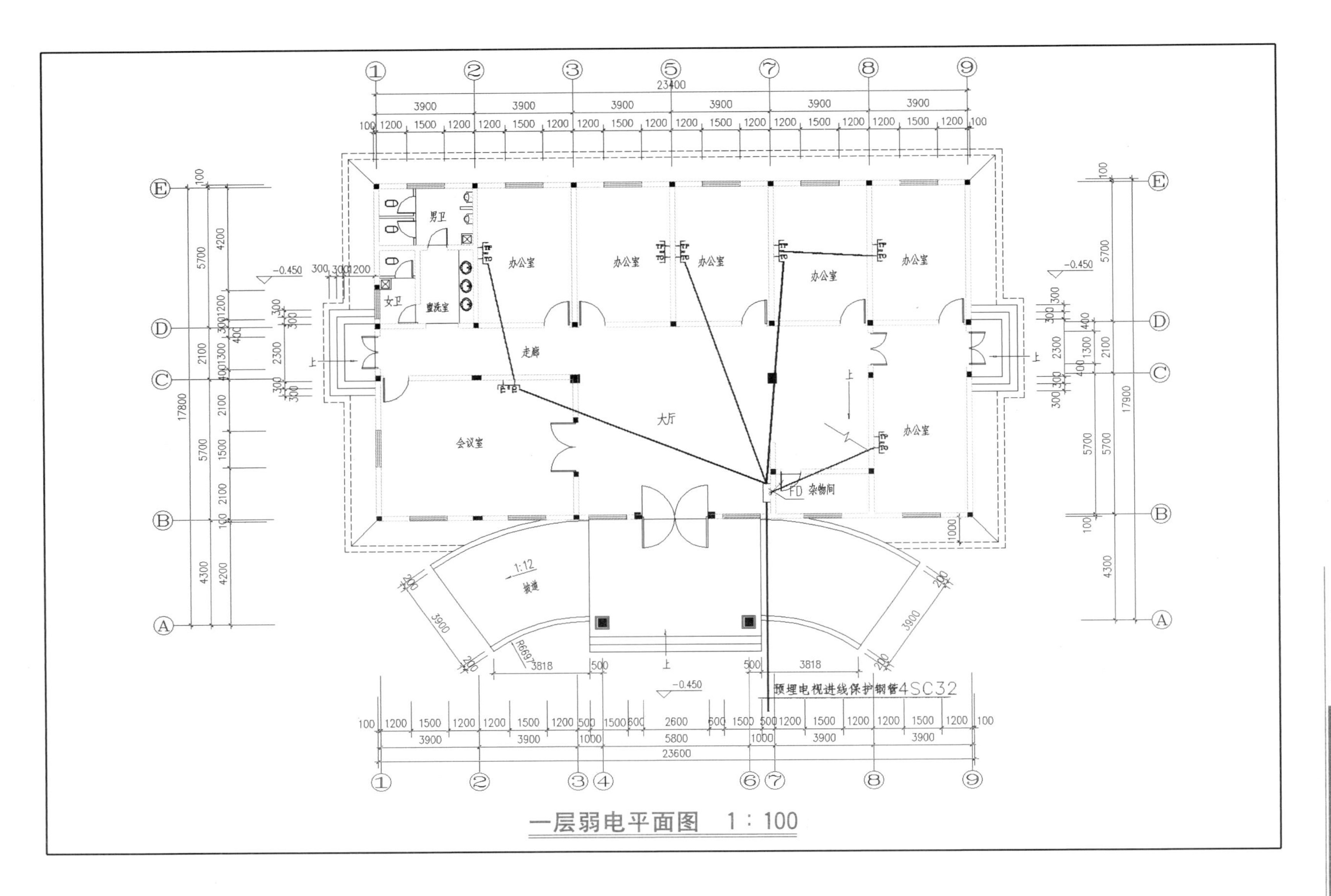

一层弱电平面图 1：100

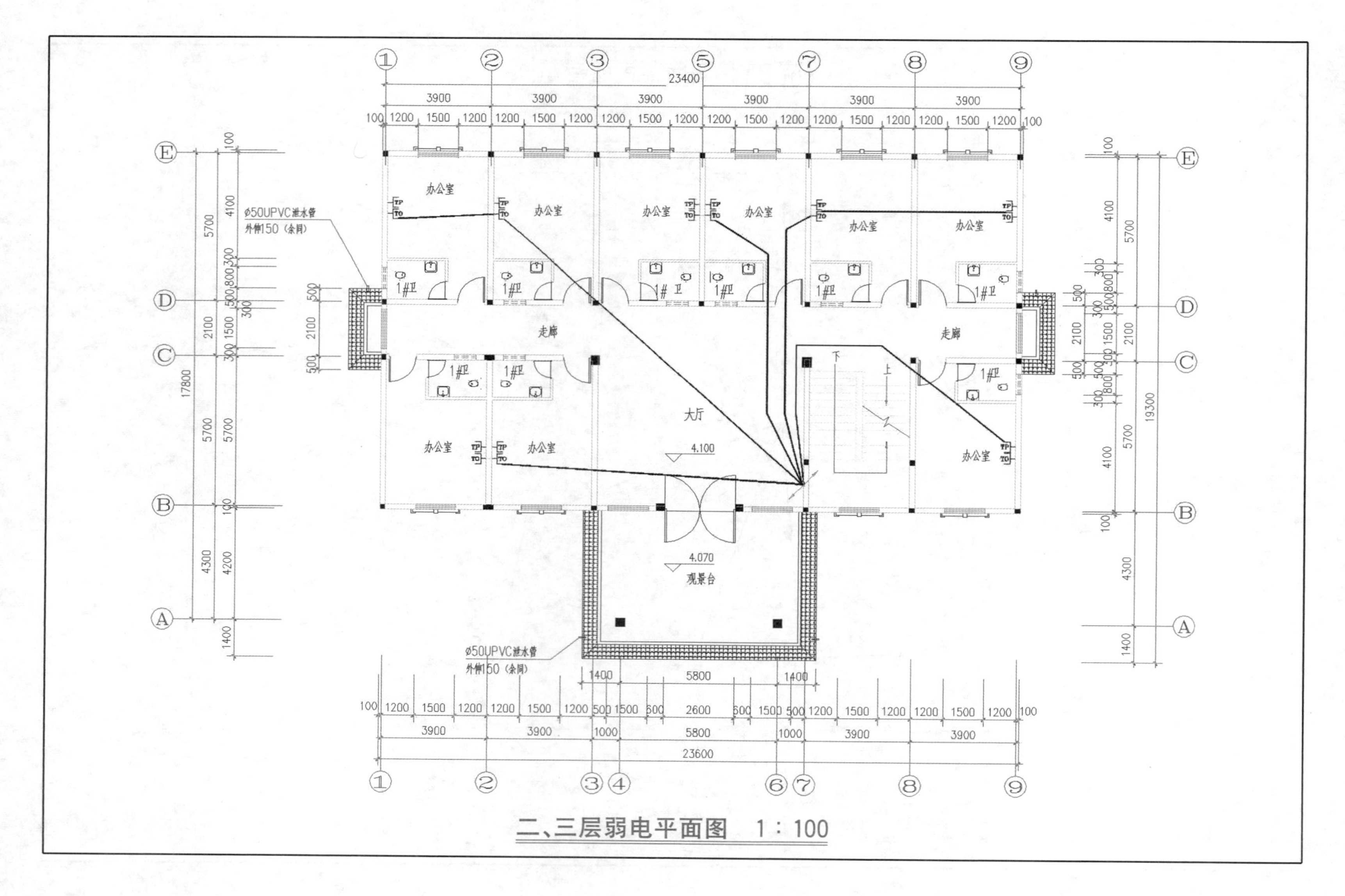
二、三层弱电平面图　1：100
办公室
走廊
大厅
观景台
1#卫
4.100
4.070
Ø50UPVC泄水管
外伸150（余同）
23400
23600
19300
17800

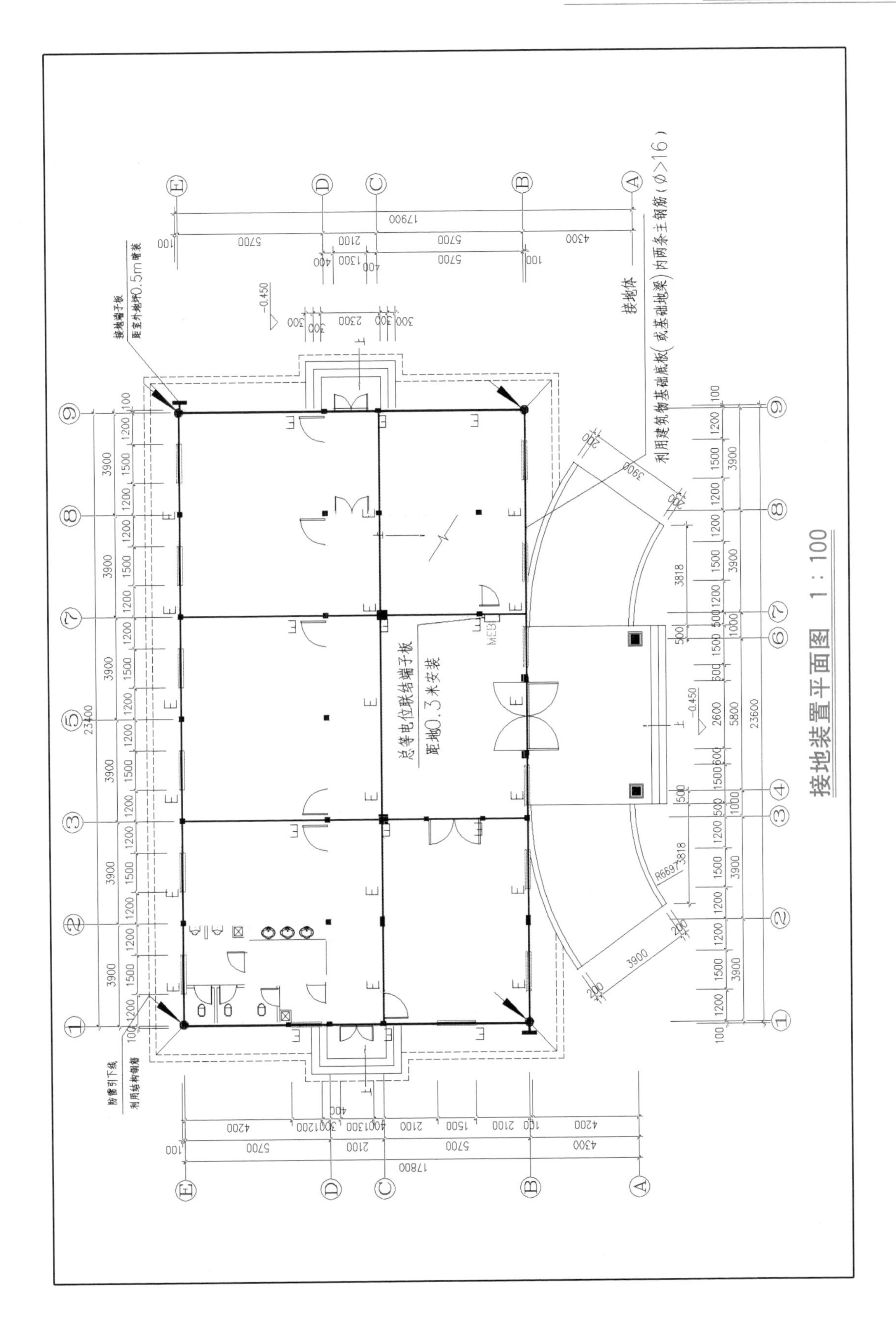

接地装置平面图 1：100
总等电位联结端子板
距地0.3米安装
MEB
利用建筑物基础底板（或基础地梁）内两条主钢筋（φ>16）
接地体
接地端子板
距室外地坪0.5m暗装
防雷引下线
利用结构钢筋

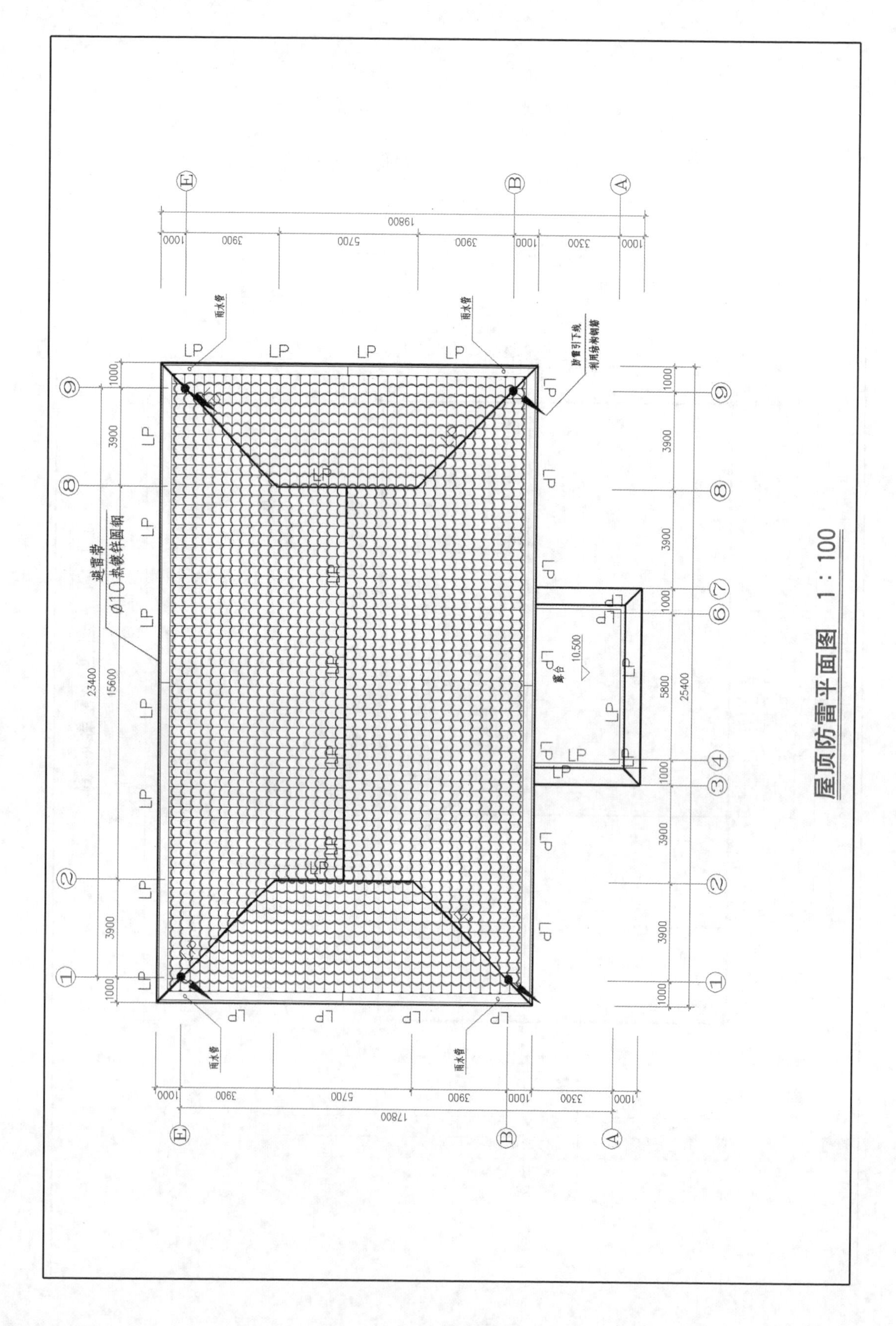
屋顶防雷平面图 1：100
避雷带
ø10热镀锌圆钢
雨水管
防雷引下线
利用结构钢筋
露台
10.500
23400
15600
25400
19800
17800

练习与思考题

1. 一套建筑电气施工图一般包括哪些图纸内容?
2. 建筑电气施工图的识读要注意几点?
3. 建筑照明施工图内容包括哪些?

第 12 章　安全用电和建筑防雷

教学要求

拓展视频

家居安全用电

通过本章的学习，让读者掌握安全用电的基本常识；掌握保护接地与保护接零的基本知识；掌握建筑防雷的基本措施。

价值引领

电的发明为人类带来了光明、带来了温暖、带来了许许多多的方便；电已成为现代文明的能源基础，电的发现和应用极大地节省了人类的体力劳动和脑力劳动，使人类的力量长上了翅膀。各种现代电器不断地进入我们的生活，安全用电，人人有责，要确保人身设备安全。

12.1　安全用电

1. 安全电压等级

安全用电

当工频(f=50 Hz)电流流过人体时，安全电流为 0.008～0.01 A。人体的电阻，主要集中在厚度 0.005～0.02 mm 的角质层，但该层易损坏和脱落，去掉角质后的皮肤电阻约800～1 200 Ω，可求出安全电压 U=IR=0.01 A×1 200 Ω=12 V。故我国确定安全电压为12 V。当空气干燥，工作条件好时可使用 24 V 和 36 V。12 V、24 V 和 36 V 为我国规定的安全电压三个等级。

2. 安全电压的条件

(1) 因人而异。一般来说，手有老茧、身心健康、情绪乐观的人电阻大，较安全；皮肤细嫩、情绪悲观、疲劳过度的人电阻小，较危险。

(2) 与触电时间长短有关。触电时间越长，情绪紧张，发热出汗，人体电阻减小，危险大。若可迅速脱离电源，则危险小。

(3) 与皮肤接触的面积和压力大小有关。接触面积和压力越大，越危险；反之，越安全。

(4) 与工作环境有关。在低矮潮湿，仰卧操作，不易脱离现场情况下触电危险大，安全电压取 12 V。其他条件较好的场所，可取 24 V 或 36 V。

3. 用电安全的基本原则

(1) 直接接触防护,防止电流经由身体的任何部位通过;限制可能流经人体的电流,使之小于电击电流。

(2) 间接接触防护,防止故障电流经由身体的任何部位通过;限制可能流经人体的故障电流,使之小于电击电流;在故障情况下触及外露可导电部分时,可能引起流经人体的电流等于或大于电击电流时,能在规定的时间内自动断开电流。

(3) 正常工作时的热效应防护,应使所在场所不会发生地热或电弧引起可燃物燃烧。

4. 用电安全保护措施

预防触电事故,保证电气工作的安全措施可分为组织措施和技术措施两方面。

(1) 组织措施:工作许可制度,工作监护制度。

(2) 技术措施:绝缘、屏护、间距、接地、接零、应用漏电保护。

绝缘就是用绝缘材料把带电体封闭起来。

屏护是采用遮拦、护罩、护盖、箱匣等把带电体同外界隔绝开来。

间距就是保证人体与带电体之间的安全距离。

12.2 安全用电技术措施

12.2.1 接地的种类

(1) 工作接地:是指发电机、变压器的中性点接地,主要作用是加强低压系统电位的稳定性,减轻由于一相接地,高低压短接等原因产生过电压的危险性。

(2) 保护接地:就是将正常情况下不带电,而在绝缘材料损坏后或其他情况下可能带电的电器金属部分(即与带电部分相绝缘的金属结构部分)用导线与接地体可靠连接起来的一种保护人的方式。

(3) 保护接零:是指电气设备正常情况下不带电的金属部分用金属导体与系统中的零线连接起来,当设备绝缘损坏碰壳时,就形成单相金属性短路,短路电流流经相线—零线回路,而不经过电源中性点接地装置,从而产生足够大的短路电流,使过流保护装置迅速动作,切断漏电设备的电源,以保障人身安全。

(4) 重复接地:当系统中发生碰壳或接地短路时,可以降低零线的对地电压;当零线发生断裂时,可以使故障程度减轻。

(5) 防雷接地:针对防雷保护设备(避雷针、避雷线、避雷器等)的需要而设置的接地。

对于直击雷,避雷装置(包括过电压保护接地装置在内)促使雷云正电荷和地面感应负电荷中和,以防止雷击的产生;对于静感应雷,感应产生的静电荷,其作用是迅速地把它们导入地中,以避免产生火花放电或局部发热造成易燃或易爆物品燃烧爆炸的危险。

(6) 防静电接地:设备移动或物体在管道中流动,因摩擦产生静电,它聚集在管道,容器和贮灌或加工设备上,形成很高电位,对人身安全及对设备和建筑物都有危险。作为静电接地,静电一旦产生,就导入地中,以消除其聚集的可能。

(7) 隔离接地:把干扰源产生的电场限制在金属屏蔽的内部,使外界免受金属屏蔽内干扰源的影响。也可以把防止干扰的电器设备用金属屏蔽接地,任何外来干扰源所产生的电场不能穿进机壳内部，使屏蔽内的设备，不受外界干扰源的影响。

(8) 屏蔽接地：为了防止电磁干扰，在屏蔽体与地或干扰源的金属壳体之间所做的永久良好的电气连接称为屏蔽接地。所以屏蔽接地属于保护接地。

(9) 等电位接地：医院的某些特殊的检查和治疗室、手术室和病房中，病人所能接触到的金属部分(如床架、床灯、医疗电器等)，不应发生有危险的电位差，因此要把这些金属部分相互连接起来成为等电位体并予以接地，称为等电位接地。高层建筑中为了减少雷电流造成的电位差，将每层的钢筋网及大型金属物体连接成一体并接地，也是等电位接地。

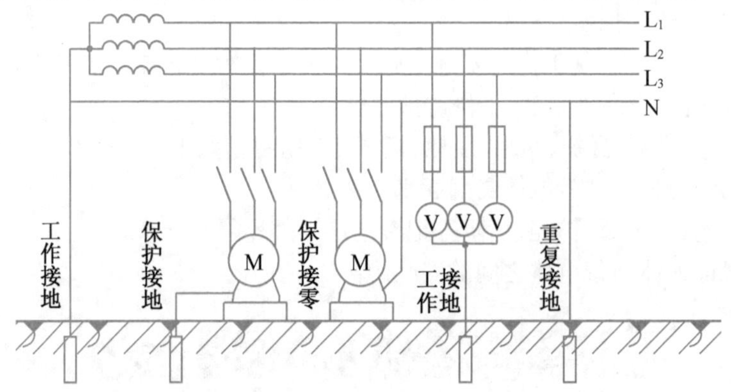

图 12－1　几种接地方式示意图

12.2.2　低压配电系统接地方式

按国际电工委员会(IEC)的规定，低压电网有五种接地方式

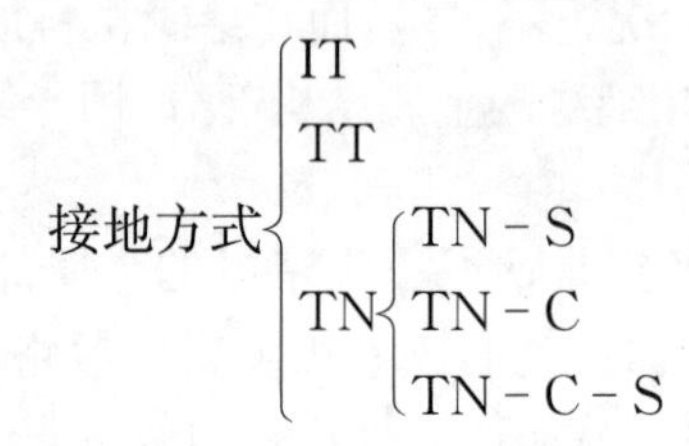

T—through(通过)表示电力网的中性点(发电机、变压器的星形连接的中间结点)是直接接地系统；

N—neutral(中性点)表示电气设备正常运行时不带电的金属外露部分与电力网的中性点采取直接的电气连接，即“保护接零”系统。

第一个字母(T 或 I)表示电源中性点的对地关系；

第二个字母(N 或 T)表示装置的外露导电部分的对地关系；

横线后面的字母(S、C 或 C－S)表示保护线与中性线的结合情况，S 表示中性线和保护线是分开的，C 表示中性线和保护线是合一的。

1. IT 系统

电源变压器中性点不接地(或通过高阻抗接地)，而电气设备外壳采用保护接地。电力系统的带电部分与大地间无直接连接(或经电阻接地)，而受电设备的外露导电部分则通过保护线直接接地。

这种系统主要用于10 kV及35 kV的高压系统和矿山、井下的某些低压供电系统，不适合在施工现场应用。

2. TT系统

电源变压器中性点接地，电气设备外壳采用保护接地。电气设备的外露导电部分用PE线接到接地极(此接地极与中性点接地没有电气联系)。

在采用此系统保护时，当一个设备发生漏电故障，设备金属外壳所带的故障电压较大，而电流较小，不利于保护开关的动作，对人和设备有危害。为消除T系统的缺陷，提高用电安全保障可靠性，TT系统接地装置耗用钢材多，而且难以回收、费工时、费料。根据并联电阻原理，特提出完善TT系统的技术革新。

TT系统在国外被广泛应用，在国内仅限于局部对接地要求高的电子设备场合，在施工现场一般不采用此系统。但如果是公用变压器，而有其他使用者使用的是TT系统，则施工现场也应采用此系统。

3. TN系统

TN系统即电源系统有一点直接接地，负载设备的外露导电部分通过保护线连接到此接地点的系统，也是最常用的系统。根据电气设备外露导电部分与系统连接的不同方式又可分三类:即TN－C系统、TN－S系统、TN－C－S系统。

(1) TN－C系统

TN－C系统为三相四线制中性点直接接地，整个系统的中性线(N)与保护线(PE)是合一的系统，如图12－2所示。

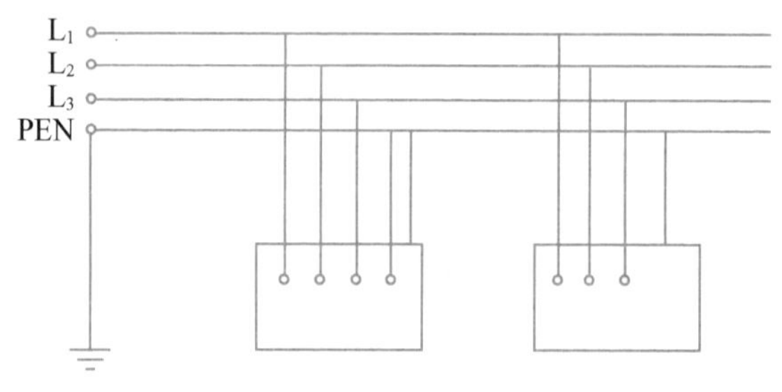

图12－2 TN－C系统示意图

① 它是利用中性点接地系统的中性线(零线)作为故障电流的回流导线，当电气设备相线碰壳，故障电流经零线回到中点，由于短路电流大，因此可采用过电流保护器切断电源。TN－C系统一般采用零序电流保护。

② TN－C系统适用于三相负荷基本平衡场合，如果三相负荷不平衡，则PEN线中有不平衡电流，再加一些负荷设备引起的谐波电流也会注入PEN，从而中性线N带电，且极有可能高于50 V，它不但使设备机壳带电，对人身造成不安全，而且还无法取得稳定的基准电位。

③ TN－C系统应将PEN线重复接地，其作用是当接零的设备发生相与外壳接触时，可以有效地降低零线对地电压。

TN－C系统存在以下缺陷:

① 当三相负载不平衡时，在零线上出现不平衡电流，零线对地呈现电压。当三相负载严重不平衡时，触及零线可能导致触电事故。

② 通过漏电保护开关的零线，只能作为工作零线，不能作为电气设备的保护零线，这是

由于漏电开关的工作原理所决定的。

③ 对接有二极漏电保护开关的单相用电设备，如用于 TN－C 系统中其金属外壳的保护零线，严禁与该电路的工作零线相连接，也不允许接在漏电保护开关前面的 PEN 线上，但在使用中极易发生误接。

④ 重复接地装置的连接线，严禁与通过漏电开关的工作零线相连接。

(2) TN－S 系统

TN－S 系统为三相五线制中性点直接接地，整个系统的中性线(N)和保护线(PE)是分开的系统，如图 12－3 所示。此系统安全可靠性高，目前正在逐步推广采用。

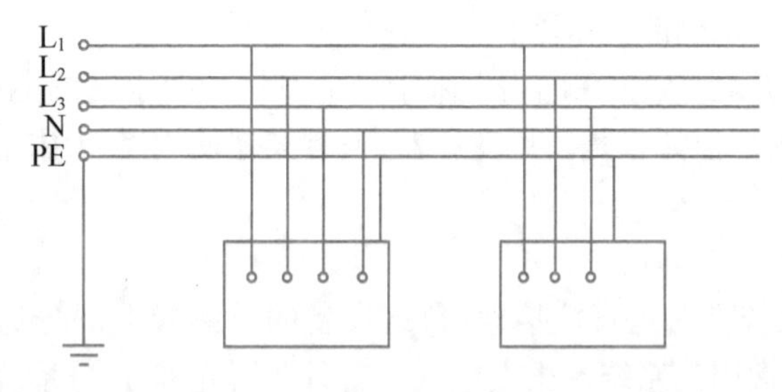

图 12－3　TN－S 系统示意图

① 当电气设备相线碰壳，直接短路，可采用过电流保护器切断电源。

② 当 N 线断开，如三相负荷不平衡，中性点电位升高，但外壳无电位，PE 线也无电位。

③ TN－S 系统 PE 线首末端应做重复接地，以减少 PE 线断线造成的危险。

④ TN－S 系统适用于工业企业、大型民用建筑。

单独使用独一变压器供电的或变配电所距施工现场较近的工地基本上都采用了 TN－S 系统，与逐级漏电保护相配合，确实起到了保障施工用电安全的作用，但 TN－S 系统必须注意几个问题：

① 保护零线绝对不允许断开。否则在接零设备发生带电部分碰壳或是漏电时，就构不成单相回路，电源就不会自动切断，就会产生两个后果：一是使接零设备失去安全保护；二是使后面的其他完好的接零设备外壳带电，引起大范围的电气设备外壳带电，造成可怕的触电威胁。因此在《施工现场临时用电安全技术规范》(JGJ 46—2016)规定专用保护线必须在首末端做重复接地。

② 同一用电系统中的电器设备绝对不允许部分接地部分接零。否则当保护接地的设备发生漏电时，会使中性点接地线电位升高，造成所有采用保护接零的设备外壳带电。

③ 保护接零 PE 线的材料及连接要求：保护零线的截面应不小于工作零线的截面，并使用黄/绿双色线。与电气设备连接的保护零线应为截面不少于 2.5 mm^2 的绝缘多股铜线。保护零线与电气设备连接应采用铜鼻子等可靠连接，不得采用铰接；电气设备接线柱应镀锌或涂防腐油脂，保护零线在配电箱中应通过端子板连接，在其他地方不得有接头出现。

(3) TN－C－S 系统

TN－C－S 系统为三相四线制中性线直接接地，整个系统中有一部分中性线与保护线是合一的的系统。它由两个接地系统组成，第一部分是 TN－C 系统，第二部分是 TN－S 系统，其分界面在 N 线与 PE 线的连接点，如图 12－4 所示。

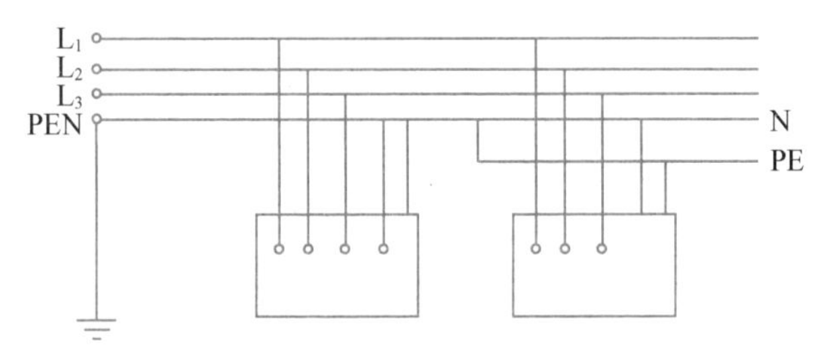

图 12-4 TN-C-S 系统示意图

① 当电气设备发生单相碰壳,同 TN-S 系统;

② 当 N 线断开,故障同 TN-S 系统;

③ TN-C-S 系统中 PEN 应重复接地,而 N 线不宜重复接地。

PE 线连接的设备外壳在正常运行时始终不会带电,所以 TN-C-S 系统提高了操作人员及设备的安全性。施工现场一般当变压器距现场较远或没有施工专用变压器时采取 TN-C-S 系统。

12.2.3 等电位连接

1. 等电位

等电位即是等电势,在一个带电线路中如果选定两个测试点,测得它们之间没有电压即没有电势差,则我们就认定这两个测试点是等电势的,它们之间也是没有阻值的。

2. 建筑中的等电位连接

建筑中的等电位连接是将建筑物中各电气装置和其他装置外露的金属及可导电部分与人工或自然接地体用导体连接起来,以减少电位差。

根据《建筑物防雷设计规范》(GB 50057—2010)中第 6.3 条:屏蔽、接地和等电位连接的要求如下:

(1) 所有与建筑物组合在一起的大尺寸金属件都应等电位连接在一起,并应与防雷装置相连。但第一类防雷建筑物的独立接闪器及其接地装置除外。

(2) 在需要保护的空间内,采用屏蔽电缆时其屏蔽层应至少在两端,并宜在防雷区交界处做等电位连接,系统要求只在一端做等电位连接时,应采用两层屏蔽或穿钢管敷设,外层屏蔽或钢管应至少在两端,并宜防雷交界处做等电位连接。

(3) 分开的建筑物之间的连接线路,若无屏蔽层,线路应敷设在金属管、金属格栅或钢筋成格栅形的混凝土管道内。金属管、金属格栅或钢筋格栅从一端到另一端应是导电贯通,并应在两端分别连接到建筑物的等电位连接带上;若有屏蔽层,屏蔽层的两端应连到建筑物的等电位连接带上。

(4) 对由金属物、金属框架或钢筋混凝土钢筋等自然构件构成的建筑物或房间的格栅形大空间屏蔽,应将穿入大空间屏蔽的导电金属物就近与其做等电位连接。

3. 等电位连接的分类

等电位联结有总等电位联结、局部等电位联结和辅助等电位联结,如图 12-5,图 12-6 所示。

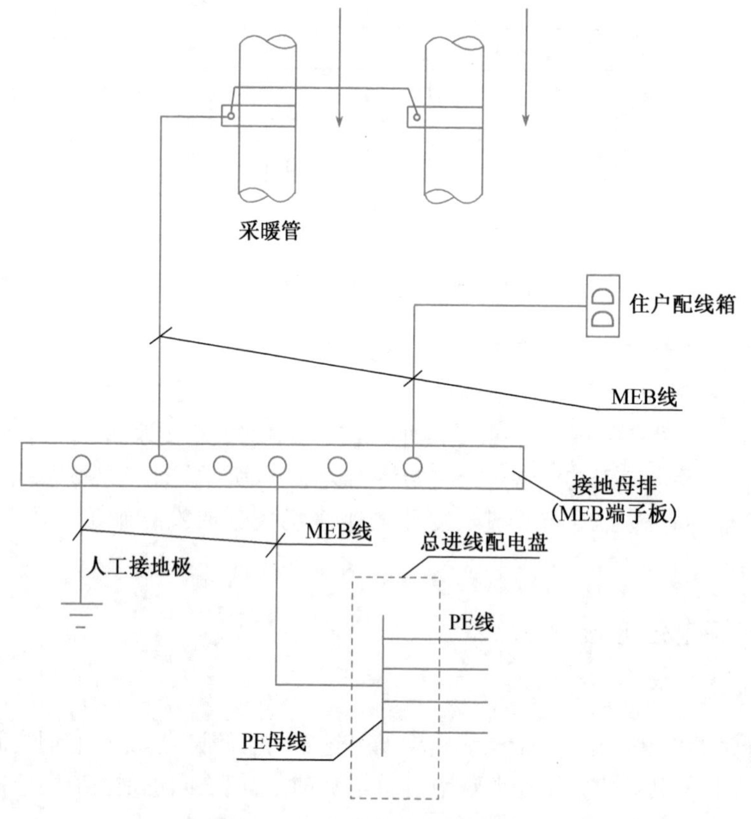

图 12-5　总等电位连接示意图

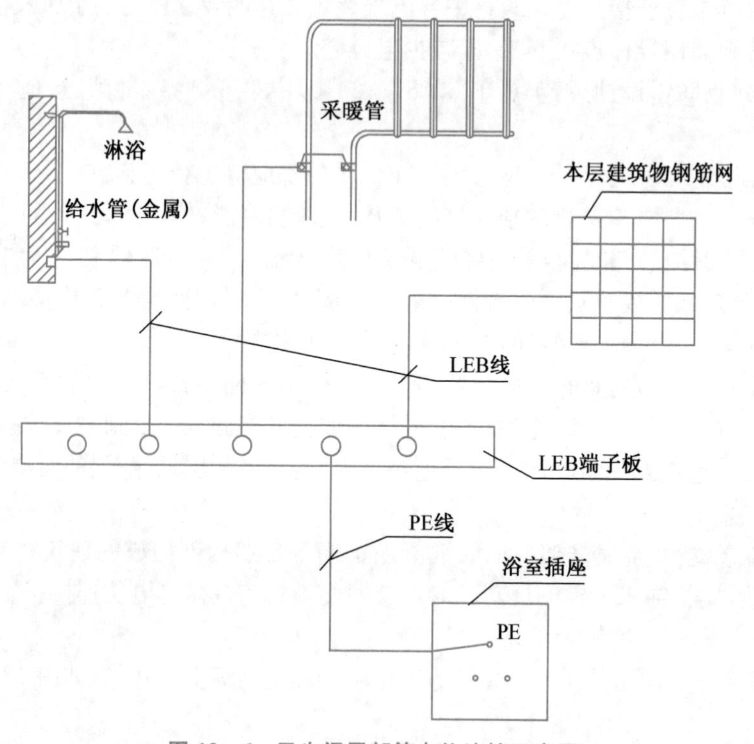

图 12-6　卫生间局部等电位连接示意图

(1) 总等电位连接(MEB)

总等电位连接的作用在于降低建筑物内间接接触电压和不同金属部件间的电位差，并消除自建筑物外经电气线路和各种金属管道引入的危险故障电压的危害，它应通过进线配电箱近旁的总等电位连接端子板(接地母排)将下列导电部分互相连通；进线配电箱的PE(PEN)母排；公用设施的金属管道，如上、下水、热力、煤气等管道；如果可能，应包括建筑物金属结构；如果做了人工接地，也包括其接地极引线。

建筑物每一电源进线都应做总等电位连接，各个总等电位连接端子板应互相连通。

(2) 辅助等电位连接(SEB)

将两导电部分用导线直接作等电位连接，使故障接触电压降至接触电压限值以下，称作辅助等电位连接。

下列情况下需做辅助等电位连接：电源网络阻抗过大，使自动切断电源时间过长，不能满足防电击要求时；自TN系统同一配电箱供给固定式和移动式两种电气设备，而固定式设备保护电器切断电源时间不能满足移动式设备防电击要求时；为满足浴室、游泳池、医院手术室等场所对防电击的特殊要求时。

(3) 局部等电位连接(LEB)

当需在一局部场所范围内作多个辅助等电位连接时，可通过局部等电位连接端子板将下列部分互相连通，以简便地实现该局部范围内的多个辅助等电位连接，被称作局部等电位连接：PE母线或PE干线；公用设施的金属管道；如果可能，包括建筑物金属结构。

4. 等电位连接线和等电位连接端子板的选用

等电位连接线和等电位连接端子板宜采用铜质材料。

(1) 等电位连接线的截面见表12-1。

(2) 等电位连接端子板的截面不得小于所接等电位连接线截面。

表12-1　等电位连接线的截面要求

<table>
<tr><th>类别
取值</th><th>总等电位连接线</th><th>局部等电位连接线</th><th colspan="2">辅助等电位连接线</th></tr>
<tr><td rowspan="2">一般值</td><td rowspan="2">不下于0.5×进线PE(PEN)线截面</td><td rowspan="2">不下于0.5×进线PE(PEN)线截面②</td><td>两电气设备外露导电部分间</td><td>1×最小PE线截面</td></tr>
<tr><td>电气设备与装置分导电部分间</td><td>0.5×最小PE线截面</td></tr>
<tr><td rowspan="3">最小值</td><td>6 mm^2 铜线或相同电导值导线②</td><td rowspan="3">同右</td><td>有机械保护时</td><td>2.5 mm^2 铜线或4 mm^2 铝线</td></tr>
<tr><td rowspan="2">热镀锌钢圆钢Φ10
扁钢25×4 mm^2</td><td>无机械保护时</td><td>4 mm^2 铜线</td></tr>
<tr><td>热镀锌钢
圆钢Φ8
扁钢20×4 mm^2</td><td></td></tr>
<tr><td>最大值</td><td>25 mm^2 铜线或相同电导值导线②</td><td>同左</td><td colspan="2">—</td></tr>
</table>

注：① 局部场所内最大PE线截面。

② 不允许采用无机械保护的铝线

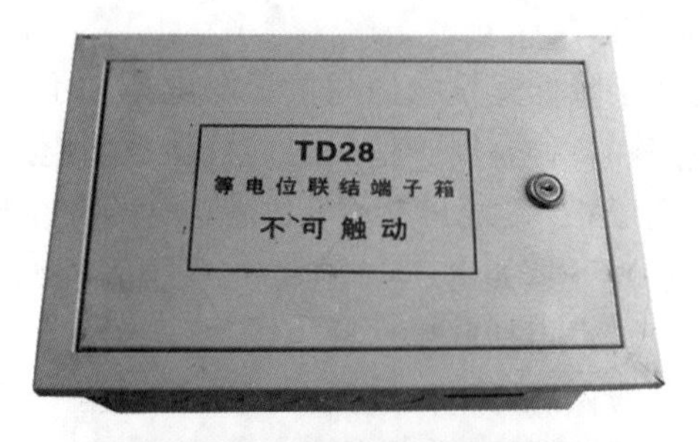

图 12-7 等电位连接端子板

12.3 建筑防雷

12.3.1 雷电的形成

建筑防雷

雷电是由雷云对地面建筑物及大地的自然放电引起的，它会对建筑物或设备产生严重破坏。因此对雷电的形成过程及放电条件应有所了解，从而采取适当的措施，保护建筑物不受雷击。

在天气闷热潮湿的时候，地面上的水受热变为蒸汽并且上升，在空中与冷空气相遇，使蒸汽凝结成小水滴，形成积云。云中水滴受到强烈气流吹袭，分裂为一些小水滴和大水滴，小水滴带负电荷，大水滴带正电荷。负电荷形成雷云，正电荷形成雨。带负电的雷云由于静电感应与大地形成一个大的电容器。当电场强度很大，超过大气的击穿强度时，即发生了雷云与大地间的放电，就是一般所说的雷击。

雷电造成的破坏作用，一般可分为直接雷、间接雷两大类。直接雷是指雷云对地面直接放电。间接雷是雷云的二次作用（静电感应效应和电磁效应）造成的危害。无论是直接雷还是间接雷，都可能演变成雷电的第三种作用形式——高电位侵入，即很高的电压（可达数十万伏）沿着供电线路和金属管道，高速侵入变电所、用电户等建筑内部。

12.3.2 雷电的危害

1. 静电感应

当线路或设备附近发生雷云放电时，虽然雷电流没有直接击中线路，但在导线上会感应出大量和雷云极性相反的束缚电荷。当雷云对大地上其他目标放电，雷云中所带电荷迅速消失，导线上的感应电荷就会失去雷云电荷的束缚而成为自由电，并以光速向导线两端急速涌去，从而出现过电压，这种过电压称为静电感应过电压。

一般由雷电引起局部地区感应过电压，在架空线路上可达300～400 kV，在低压架空线上可达100 kV，在通信线路上可达40～60 kV。由静电感应产生的过电压对接地不良的电气系统有破坏作用，使建筑物内部金属构架与金属器件之间容易发生火花，引起火灾。

2. 磁感应

由于雷电流有极大的峰值和陡度，在它周围有强大的交变电磁场，处在此场中的导体会感应出极高的电动势，在有气隙的导体之间放电，产生火花，引起火灾。

由雷电引起的静电感应和电磁感应统称为感应雷（又叫二次雷）。解决的办法是将建筑金属屋顶、建筑物内的大型金属物品等做良好的接地处理，使感应电荷能迅速流向地下，防止在缺口处形成高电压和放电火花。

3. 直击雷过电压

带电的雷云与大地上某一点之间发生迅猛的放电现象，如称作直击雷，当雷云通过线路或电气设备放电时，放电瞬间线路或电气设备将流过数十万安的巨大雷电流，此电流以光速向线路两端涌去，大量电荷将使线路发生很高的过电压，势必将绝缘薄弱处击穿而将雷电流导入大地，这种过电压为直击雷过电压。直击雷电流（在短时间内以脉冲的形式通过）的峰值有几十千安，甚至上百千安。一次雷电放电时间（从雷电流上升到峰值开始，到下降到1/2峰值为止的时间间隔）通常有几十微秒。

当雷电流通过被雷击的物体时会发热，引起火灾。同时在空气中会引起雷电冲击波和次声波，对人和牲畜带来危害。此外，雷电流还有电动力的破坏作用，使物体变形、折断。防止直击雷的措施主要采取避雷针、避雷带、避雷线、避雷网作为接闪器，把雷电流通过接地引下线和接地装置，将雷电流迅速而安全地送到大地，保证建筑物、人身和电气设备的安全。

4. 雷电波的侵入

雷电波的侵入主要是指直击雷或感应雷从输电线路、通信光缆、无线天线等金属引入建筑物内，对人和设备发生闪击和雷击事故。此外，由于直击雷在建筑物或建筑物附近入地，通过接地网入地时，接地网上会有数百千伏的高电位，这些高电位可以通过系统中的零线、保护接地线或通信系统传入室内，沿着导线的传播方向扩大范围。

防止雷电波侵入的主要措施是对输电线路等能够引起雷电波侵入的设备，在进入建筑物前装设避雷器等保护装置，它可以将雷电高电压限制在一定的范围内，保证用电设备不被高电波冲击击穿。

12.3.3 建筑物的防雷

建筑物根据其重要性、使用性质、发生雷电事故的可能性和后果，按防雷要求分为三类。

1. 第一类防雷建筑物的防雷

(1) 防直击雷的措施

装设独立避雷针或架空避雷线（网），使被保护的建筑物的风帽等突出屋面的物体均处于接闪器的保护范围内，引导雷电流按预先安排好的通道泄入大地，从而避免雷云向被保护的建筑物放电。架空避雷网的网格尺寸不应大于10 m×10 m。独立避雷针的杆塔、架空避雷线的端部和架空避雷网的各支柱处应至少设一根引下线。

对用金属制成或有焊接、绑扎连接钢筋网的杆塔、支柱，宜利用其作为引下线。独立避雷针和架空避雷线（网）的支柱及其接地装置至被保护建筑物及与其有联系的管道、电缆等

金属物之间的距离不得小于 3 m。

架空避雷线至屋面和各种突出屋面的风帽等物体之间的距离不得小于 3 m。

独立避雷针、架空避雷线或架空避雷网应有独立的接地装置，每一引下线的冲击接地电阻不宜大于 10 Ω。在土壤电阻率高的地区，可适当增大冲击接地电阻。

(2) 防雷电感应的措施

建筑物内的设备、管道、构架、电缆的金属外皮、钢屋架、钢窗等金属物均应接到防雷电感应的接地装置上。金属屋面周边每 18～24 m 以内应采用引下线接地一次。

平行敷设的管道、构架、电缆的金属外皮等长金属物，其净距小于 100 mm 时应采用金属线跨接，跨接点的间距不应大于 30 m；交叉净距小于 100 mm 时，其交叉处应跨接。

防雷电感应的接地装置应和电气设备的接地装置共用，其工频接地电阻不应大于10 Ω。屋内接地干线与防雷电感应接地装置的连接不应少于两处。

(3) 防止雷电波侵入的措施

低压线路宜全线采用电缆直接埋地敷设，在入户端应将电缆的金属外皮、钢管接到防雷电感应的接地装置上。架空线应使用一段金属铠装电缆或护套电缆穿钢管直接埋地引入，其埋地长度不应小于 15 m。在电缆与架空线连接处，应装设避雷器，避雷器、电缆的金属外皮、钢管和绝缘子的铁脚、金具等连在一起接地，冲击接地电阻不宜大于 10 Ω。

架空金属管道，在进出建筑物处，应与防雷电感应的接地装置相连。距离建筑物 100 m 内的管道，应每隔 25 m 左右接地一次，冲击接地电阻不宜大于 20 Ω，宜利用金属支架或钢筋混凝土支架的焊接、绑扎钢筋网作为引下线，其钢筋混凝土基础宜作为接地装置相连。

(4) 当建筑物高于 30 m 时，应采取防侧击的措施

① 从 30 m 起每隔不大于 6 m，沿建筑物四周设水平避雷带并与引下线相连。

② 30 m 及以上外墙上的栏杆、门窗等较大的金属物与防雷装置连接。

③ 在电源引入的总配电箱处装设过电压保护器。

2. 第二类防雷建筑物的防雷

在屋角、屋脊、女儿墙或屋檐上装设环状避雷带，并在屋面上装设不大于 10 m×10 m 的网络；突出屋面的物体，应沿其顶部四周装设避雷带。

引下线应优先利用建筑物钢筋混凝土中的钢筋。当专设引下线时，其数量不应少于两根，间距不应大于 18 m。当利用建筑物钢筋混凝土柱中的钢筋作为防雷装置的引下线时，其引下线的数量不做具体规定，间距不应大于 18 m，但建筑物外廓各个角上柱中的钢筋应被利用。

3. 第三类防雷建筑物的防雷

在建筑物的屋角、屋脊、女儿墙或屋檐上应装设环状避雷带或避雷针。当采用避雷带保护时，应在屋面上装设不大于 20 m×20 m 的网格，引下线间距不应大于 25 m。

12.3.4 防雷装置

1. 建筑物防雷的主要装置

建筑物防雷主要采用接闪器系统，由接闪器、引下线和接地装置三大部分组成，如图 13-8 所示。

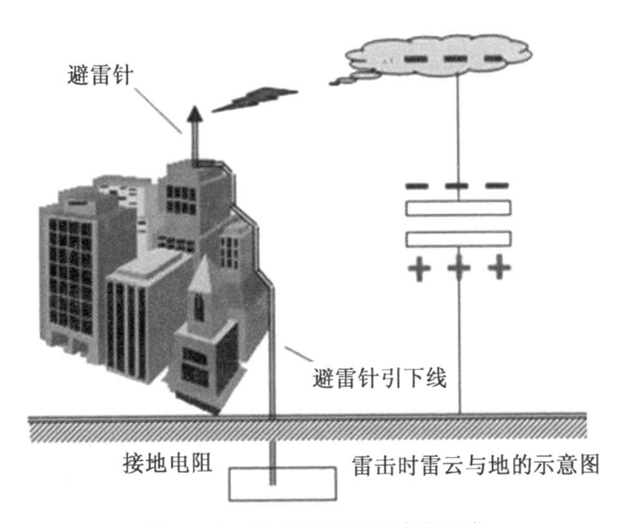

图 12-8 接闪器防雷系统的组成

(1) 接闪器

① 避雷针。接闪避雷针是建筑物最突出的良导体。在雷云的感应下,针的顶端形成的电场强度最大,所以最容易把雷电流吸引过来,完成避雷针的接闪作用。避雷针结构一般用镀锌圆钢或焊接钢管制成,圆钢截面不得小于 100 mm^2,钢管厚度不得小于 3 mm。避雷针的直径,在针长 1 m 以下时圆钢直径为 12 mm,钢管直径不得小于 20 mm;对针长 1～2 m 时圆钢直径不得小于 16 mm,钢管直径不得小于 25 mm;烟囱顶上的圆钢直径不小于 20 mm。

避雷针顶端形状可做成尖形、圆形或扇形,如图 12-9 所示,对于砖木结构房屋,可把避雷针敷设于山墙顶部瓦屋脊上。可利用木杆做支持物,针尖需高出木杆 30 cm。避雷针应考虑防腐蚀,除应镀锌或涂漆外,在腐蚀性较强的场所,还应适当加大截面积或采取其他防腐措施。

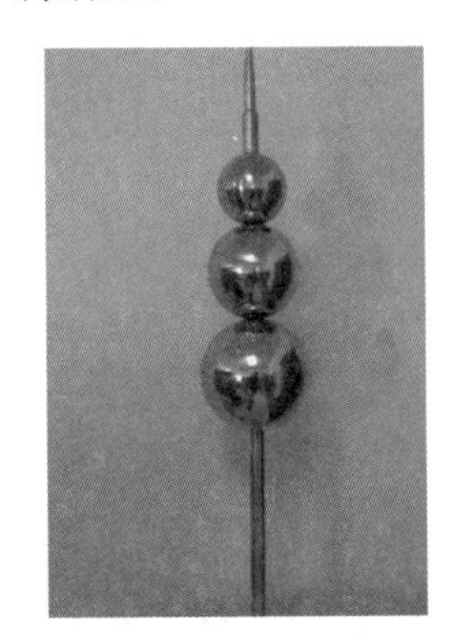   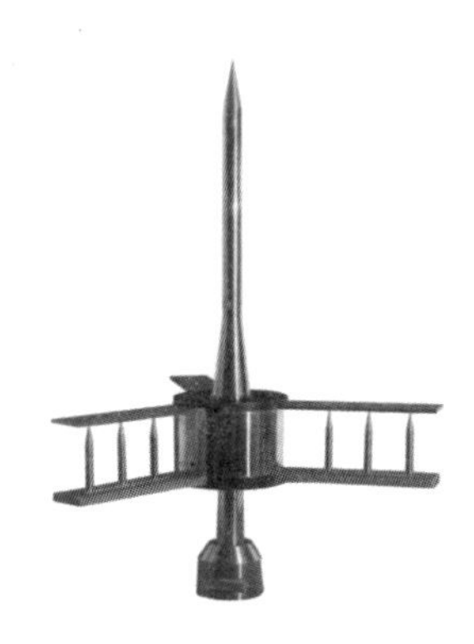

图 12-9 各种形状的避雷针

单支避雷针的保护范围如图 12－10 所示。图中所用各符号的意义如下(单位均为 m)：

h——避雷针的高度(由地面算起)；

h_s——被保护建筑物的高度；

h_a 雷针在建筑物以上的高度；

r_x——避雷针在高度 hx 的水平面上的保护半径；

r——在地面上的保护半径。

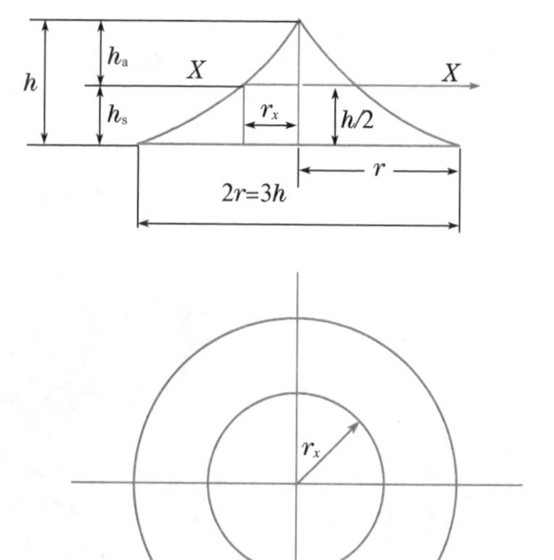

图 12－10　单支避雷针的保护范围

则避雷针在地面上的保护半径为：$r=1.5h$，即避雷针在高度 h 水平面上的保护半径，$h_s<h/2$ 时，$r_x=(1.5h-2h_s)p$；$h_s\geqslant h/2$，$r_x=h_a\times p$(式中：p 为高度影响系数。当 $h\leqslant 30$ m 时，$p=1$；当 $30<h\leqslant 120$ m 时，$p=5.55.5/\sqrt{h}$)

② 避雷带。通过试验发现不论屋顶坡度多大，都是屋角和檐角的雷击率最高。屋顶坡度越大，则屋脊的雷击率越大。避雷带就是对建筑物雷击率高的部位，进行重点保护的一种接闪装置，如图 12－11 所示。

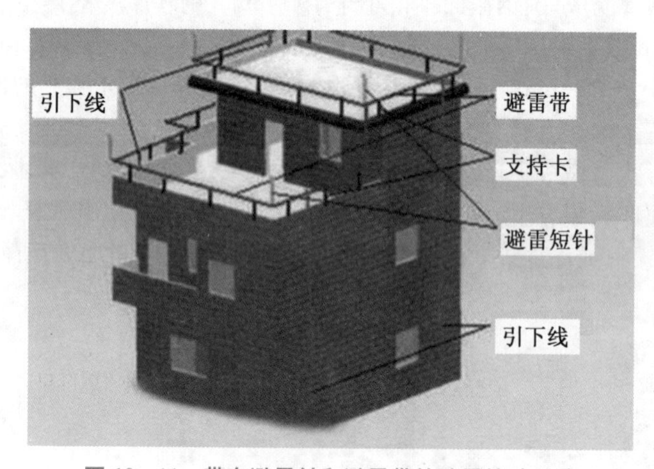

图 12－11　带有避雷针和避雷带的防雷接地系统

③ 避雷网。通过对不同屋顶坡度建筑物的雷击分布情况调查发现，对于屋顶平整，又没有突出结构(如烟囱等)的建筑物，雷击部位是有一定规律性的。当建筑物较高、屋顶面积较大但坡度不大时，可采用避雷网作为局面保护的接闪装置。

④ 结构避雷网(带)。分明装和暗装两种。明装避雷网(带)一般可用直径 8 mm 的圆钢或截面 12×4 mm^2 的扁钢做成。为避免接闪部位的振动力，宜将网(带)支起 10～20 cm，支持点间距取 0.8～1.0 m，应注意美观和伸缩问题。暗装时可利用建筑内不小于 Φ3 mm 的钢筋。

(2) 引下线

引下线连接接闪器与接地装置的金属导体。引下线的作用是把接闪器上的雷电流连接到接地装置并引入大地。引下线可分明装和暗装两种，明装如图12－11所示。

明装时一般采用直径8 mm的圆钢或截面12×4 mm^{2}的扁钢。在易受腐蚀部位，截面应适当加大。建筑物的金属构件，如消防梯、铁爬梯等均可作为引下线。但应注意将各部件连成电气通路。引下线应沿建筑物外墙敷设，距墙面15 mm，固定支架间距不应大于2 m，敷设时应保持一定的松紧度，从接闪器到接地装置，引下线的敷设应尽量短而直。若必须弯曲时，弯角应大于90°。引下线应敷设于人们不易触及之处。由地下0.3 m到地上1.7 m的一段引下线应加保护设施，以避免机械损坏。

暗装时引下线的截面应加大一级，而且应注意与墙内其他金属构件的距离。若利用钢筋混凝土中的钢筋作引下线时，最少应利用四根柱子，每柱中至少用到两根主筋，如图13－12所示。一般情况下，引下线不得少于两根，其间距不大于30米；长度、高度不超过40米的建(构)筑物，可只设一根引下线。

引下线应躲开建筑物的出入口和行人较易接触的地点。

图12－12　暗装引下线做法

(3) 接地装置

接地装置引导雷电流安全泄入大地的导体，是接地体和接地线的总称。

① 自然接地体。利用有其他功能的金属物体埋于地下，作为防雷保护的接地装置。比如：直埋铠装电缆金属外皮，直埋金属水管或工艺管道等。

② 基础接地。利用建筑物基础中的结构钢筋作为接地装置，既可达到防雷接地又可节省造价。筏片基础最为理想。独立基础，则应根据具体情况确定，以确保电位均衡，消除接触电压和跨步电压的危害。

③ 人工接地体。专门用于防雷保护的接地装置。分垂直接地体和水平接地体两类。垂直接地体可采用直径20～50 mm的钢管(壁厚3.5 mm)、直径19 mm的圆钢、L50×5的角钢做成。长度均为2.5 m一段，间隔5 m埋一根，顶端埋深为0.5～1.0 m，用接地连接条或水平接地体将其连成一体。水平接地体和接地连接条可采用截面为25 mm×4 mm～40 mm×4 mm的扁钢、截面10 mm×10 mm的方钢或直径8 mm～14 mm的圆钢做成。埋深一般为0.5～1.0 m。如图12－13所示。

埋接地线时，应将周围填土夯实，不得回填砖石、灰渣等各类杂土。接地体通常均应采用镀锌钢材，土壤有腐蚀性时，应适当加大接地体和连接条截面，并加厚镀锌层，各焊点必须刷樟丹油或沥青油，以加强防腐。接地电阻的数值应符合规范要求。

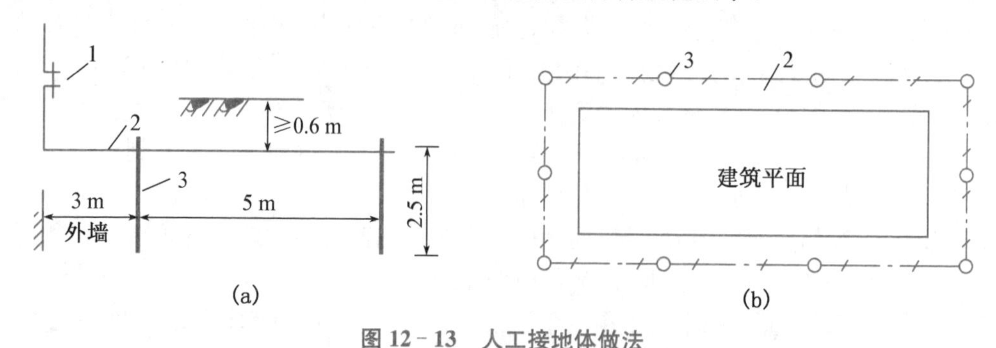

图 12－13　人工接地体做法

练习与思考题

一、单项选择题

1. 下列哪个不是我国规定的安全电压等级（　　）。
A. 12 V　　B. 24 V　　C. 36 V　　D. 5 V
2. 下列哪个不是 TN 系统（　　）。
A. TN-C 系统　　B. TN-S 系统　　C. TN-C-S 系统　　D. TN-P 系统
3. 一般情况下，引下线不得少于（　　），其间距不大于 30 米。
A. 2 根　　B. 3 根　　C. 4 根　　D. 1 根
4. 明装避雷网（带）宜将网（带）支起（　　）高度。
A. 10～20 cm　　B. 20～30 cm　　C. 30～40 cm　　D. 10～30 cm
5. 水平接地体和接地连接条埋深一般为（　　）。
A. 0.5～1.0 m　　B. 1.0～2.0 m　　C. 0.8～1.0 m　　D. 1.0～1.5 m

二、思考题

1. 安全电压等级有哪几种，分别是多少？
2. 接地的种类有哪几种？
3. 低压配电系统接地方式分几类，最常用的是哪几类？
4. 建筑物防雷系统分几类？各类是如何考虑防雷要求的？
5. 简述防雷装置的组成，单根避雷针保护范围如何确定？
6. 接闪器的类型有几种？
7. 引下线明装、暗装的设置要求是什么？

参考文献

[1] 谷峡. 建筑给水排水工程[M]. 哈尔滨:哈尔滨工业大学出版社,2001.

[2] 张健. 建筑给水排水工程[M]. 2 版. 重庆:重庆大学出版社,2006.

[3] 马铁椿. 建筑设备[M]. 3 版. 北京:高等教育出版社,2014.

[4] 刘源全、张国军等. 建筑设备[M]. 北京:北京大学出版社,2006.

[5] 周玲. 建筑设备安装识图与施工工艺[M]. 西安:西安交通大学出版社,2012.

[6] 高明远、杜一民. 建筑设备工程[M]. 2 版. 北京:中国建筑工业出版社,1989.

[7] 周孝清等. 建筑设备[M]. 北京:中国建筑工业出版社,2003.

[8] 冯刚. 建筑设备与识图[M]. 北京:中国计划出版社,2008.

[9] 中华人民共和国住房和城乡建设部. 建筑设计防火规范:GB 50016—2014[S]. 2018 年版. 北京:中国计划出版社,2018.

[10] 中华人民共和国住房和城乡建设部. 建筑防火通用规范:GB 55037—2022[S]. 北京:中国建筑工业出版社,2002.

[11] 中华人民共和国住房和城乡建设部. 建筑给水排水制图标准:GB/T 50106—2010[S]. 北京:中国建筑工业出版社,2010.

[12] 中华人民共和国住房和城乡建设部. 建筑给水排水设计规范:GB 50015—2019[S]. 北京:中国计划出版社,2019.

[13] 中华人民共和国建设部. 建筑给水排水及采暖工程施工质量验收规范 GB 50242—2002[S]. 北京:中国建筑工业出版社,2002.

[14] 陈秀生等. 建筑给水排水设计手册[M]. 2 版. 北京:中国建筑工业出版社,2001.

[15] 中华人民共和国住房和城乡建设部. 建筑电气制图标准:GB/T 50786—2012[S]. 北京:中国建筑工业出版社,2012.

[16] 中华人民共和国住房和城乡建设部. 民用建筑电气设计标准:GB 51348—2019[S]. 北京:中国建筑工业出版社,2019.